中等职业教育国家规划教材

全国中等职业教育教材审定委员会审定

Internet 应用

（第4版）

史建军　主　编

黄洪杰　副主编

電子工業出版社

Publishing House of Electronics Industry

北京 • BEIJING

内容简介

本书从基础知识和基础操作入手，循序渐进、直观明了、信息量大，配合大量的图片和实例，使读者可以在本书的指导下自己动手连接 Internet，学会浏览和搜索 Internet 资源，能撰写、阅读和收发电子邮件，能够从 Internet 搜索需要的软件并下载到自己的计算机中，学会网络病毒的防范方法，能够建立网站，制作和维护网页，学会上传网页。

本书是中等职业学校的教材，兼顾了目前中等职业教育的几种办学模式（中专、职高、技校）的特点和差异，淡化了各类职业中等学校的界限，本书也可以作为具有中等文化程度的学生、计算机爱好者和工程技术人员自学的参考教材。

图书在版编目（CIP）数据

Internet 应用 / 史建军主编. —4 版. —北京：电子工业出版社，2012.5
中等职业教育国家规划教材
ISBN 978-7-121-15601-4

Ⅰ. ①I… Ⅱ. ①史… Ⅲ. ①互联网络－中等专业学校－教材 Ⅳ. ①TP393.4

中国版本图书馆 CIP 数据核字（2011）第 274337 号

策划编辑：关雅莉
责任编辑：周宏敏　　文字编辑：施易含
印　　刷：三河市兴达印务有限公司
装　　订：三河市兴达印务有限公司
出版发行：电子工业出版社
　　　　　北京市海淀区万寿路 173 信箱　邮编 100036
开　　本：787×1 092　1/16　印张：19.75　字数：506 千字
版　　次：2002 年 6 月第 1 版
　　　　　2012 年 5 月第 4 版
印　　次：2020 年12月第 19 次印刷
定　　价：33.00 元

凡所购买电子工业出版社图书有缺损问题，请向购买书店调换。若书店售缺，请与本社发行部联系，联系及邮购电话：（010）88254888，88258888。

质量投诉请发邮件至 zlts@phei.com.cn，盗版侵权举报请发邮件至 dbqq@phei.com.cn。

本书咨询联系方式：（010）88254617，luomn@phei.com.cn。

前 言

根据教育部《关于全面推进素质教育、深化中等职业学校教育教学改革的意见》中关于中等职业学校教学制度创新、专业设置、课程改革、教材建设的精神和中等职业学校计算机及应用专业《Internet 应用》课程教学大纲的要求，为了适应全面推进素质教育，深化中等职业教育教学改革的需要，提高中等职业学校教学质量和办学效益，充分发挥中等职业教育在提高国民素质和民族创新能力中的重要作用，培养与社会主义现代化建设要求相适应，德智体美等全面发展，具有综合职业能力，在生产、服务、技术和管理第一线工作的高素质劳动者和中初级专门人才，配合教育部颁布的中等职业学校计算机及应用专业教学大纲的实施，我们编写了这本《Internet 应用》（三年制、四年制）教材。

为了适应中等职业教育课程改革的需要，特别是适应学分制的模块式课程和综合化课程的需要，增强课程的灵活性、适用性和实践性，新教材的体系采用模块化结构、单元组合、任务驱动的模式，每个单元掌握部分基本知识、学会一些操作技能，最后完成一个具体任务。几个单元形成一个模块，几个小任务组合成一个大任务，以完成任务为手段，以实现教学目标为目的。

教材既兼顾目前中等职业教育的几种办学模式（中专、职高、技校）的特点和差异，又淡化了各类职业中等学校的界限。对培养目标统一定位在“具有综合职业能力，在生产、服务、技术和管理第一线工作的高素质劳动者和中初级专门人才”上，淡化“技术员”和“操作工人”的界限。

教材的知识和技能体系按照由浅入深、先易后难的原则，具体安排为：网络基础知识→Internet连接→浏览器的使用→电子邮件的应用→网上下载和解压缩→网络病毒及防范→网页制作→网页上传。

教材采用双重模块结构，增强了课程的灵活性和适用性。教材设计为八个模块：网络基础知识、Internet 连接、浏览器的使用、电子邮件的应用、网上下载和解压缩、网络病毒及防范、网页制作、网页上传。其中前七个模块为基础模块，要求开设该课程的学校必须完成教学，网页上传为选修模块，可以根据地区和学校的实际情况酌情选用。

本课程的参考教学时数为 72 学时。全书共为两篇四章，上篇为计算机网络，即第 1 章的内容；下篇为 Internet 应用，即第 2 章、第 3 章和第 4 章的内容。下篇采用项目式教学范例，以利于学生上机操作。第 2 章、第 3 章是本书的重点。

为了方便教师教学，本书有配套教材《Internet 应用（第 4 版）上机指导与练习》。另外，本书还配有电子教学参考资料包（教学指南、电子教案及习题答案）免费提供给教师使用。请有需要的教师登录华信教育资源网（www.hxedu.com.cn）免费下载或与电子工业出版社联系。

本教材由史建军主编，黄洪杰任副主编，参加编写的还有管建光、付杰、张辉、王钰、钱力、田敏等。

编者意在奉献给读者一本实用并具有特色的教材，由于水平有限，难免有错误和不妥之处，敬请广大师生和读者批评指正。

编　者

2012 年 4 月

目　　录

上篇　计算机网络

下篇　Internet 应用

上篇　计算机网络

第 1 章

计算机网络基础

知识目标

1．了解计算机网络的产生、发展及其功能；
2．了解常用的通信设备、网络传输介质和网络互联设备；
3．掌握计算机网络的基本概念、常用术语；
4．了解网络的体系结构；
5．理解计算机网络的各种分类；
6．了解局域网的组成和分类；
7．了解计算机网络协议的概念；
8．了解 ISO/OSI 参考模型；
9．了解 TCP/IP 协议；
10．了解网络管理的基本知识；
11．了解网络安全所要解决的问题；
12．了解常用的网络安全措施；
13．了解 Internet 的产生、发展与应用的基础知识。

计算机网络是计算机技术与通信技术的结合，是当今计算机科学与工程中迅速发展的新兴技术之一，也是计算机应用中一个空前活跃的领域。人们可以借助计算机网络实现信息的交换和共享。如今，网络技术已经深入到人们日常工作、生活的每个角落，随处都可以看到网络的存在，随处都可以享受到网络给人们生活带来的便利。

1.1　计算机网络概述

1.1.1　网络的概念

所谓计算机网络是指利用通信手段，把地理上分散的、能够以相互共享资源（硬件、软件和数据等）的方式有机地连接起来的、而又各自具备独立功能的计算机系统的集合。

计算机网络各种各样，小到办公室、实验室里几台计算机的连接，大到数家公司乃至多个国家的众多计算机联网，常说的 Internet 就是一个连接着世界各地数百万台计算机的大型网络系统。但不管怎样，它都应包含三个主要组成部分：若干台主机（Host）、一个通信子网和一系列的通信协议。

（1）主机（Host）：用来向用户提供服务的各种计算机。

（2）通信子网：用于进行数据通信的通信链路和节点交换机。

（3）通信协议：这是通信双方事先约定好的也是必须遵守的规则，这种约定保证了主机与主机、主机与通信子网以及通信子网中各节点之间的通信。

1.1.2 计算机网络的形成

计算机网络是计算机技术与通信技术相结合的产物。最初的计算机网络是一台主机通过电话线连接若干个远程的终端，这种网络称为面向终端的计算机通信网，它是以单个主机为中心的星形网，效率低，功能也很有限。

第二代计算机网络在理念上发生了很大的变化，以 ARPAnet 为代表的第二代计算机采用了以“通信子网”为中心的模式。即先构建一个通信子网，许多主机和终端设备在通信子网的外围再构成一个“用户资源子网”。由于通信子网可以采用租用的手段，加上多路复用技术的应用，不再使用类似于电话通信的电路交换方式，而是采用更适合于数据通信的分组交换方式，大大降低了计算机网络中通信的费用。

20 世纪 70 年代，由于人们对于计算机网络的高度重视，形成了多家并举、群雄割据的局面。包括 IBM 在内的许多公司纷纷提出了自己的网络体系结构，这在很大程度上促进了计算机网络的发展，但也带来了相当多的负面效应。比如不同公司网络产品的连通就是一个大问题。为此，国际标准化组织 ISO 于 1977 年提出了一个试图使各种计算机在世界范围内互相连通的标准框架，即“开放系统互联参考模型”，简称 OSI/RM。这是第三代计算机网络的一个真正的开端。

Internet 的出现是在 20 世纪 80 年代的中期，在传入我国以后有各种各样的称呼，现在已经被规范地称为国际互联网或因特网。目前已经连接了 175 个国家和地区，约 1000 万个网络，1.5 亿多台计算机和 4 亿以上的用户，有 10 万多个组织注册了 Internet 网络地址。它的发展之快受到了全世界的瞩目。Internet 并没有完全按照 OSI 网络体系结构运作，也就是说，它拥有自己的一套体系结构，不过它仍然属于第三代计算机网络。

20 世纪 90 年代至今，计算机网络的发展更加迅猛。由于各种高速通信子网的建成和完善，我们实际上已进入了第四代计算机网络，其突出的特点就是一个“快”字。

1.1.3 网络的功能和服务

1. 计算机网络的功能

计算机技术和通信技术结合而产生的计算机网络，不仅使计算机的作用范围超越了地理位置的限制，而且也增大了计算机本身的威力，拓宽了服务，使得它在各领域发挥了重要作用，日益成为计算机应用的主要形式。计算机网络具有下述功能：

（1）数据通信。在计算机网络中，计算机与计算机之间、计算机与终端设备之间之所以能够实现快速、可靠和安全的通信交往和信息传递，都离不开网络的数据通信功能，这是网络最基本的功能。

（2）资源共享。入网的用户可以共享网络中的数据、数据库、软件和硬件资源，这是网络的主要功能。通过资源共享，不但增强了网络上计算机的处理能力，提高了计算机软硬件的利用率，还可以节省投资，便于集中管理，避免和减少了重复投资。

（3）可提高系统的可靠性。用户可以借助硬件和软件的手段来保证系统的可靠性。

（4）能进行分布处理。可以把工作分散到网络中的各个计算机上完成，这样既达到了处理大型任务的目的，又使得一台计算机不会负担过重，在一定程度上提高了计算机的处理能力。

（5）可以集中控制、管理和分配网络中的软件、硬件资源。

2. 计算机网络的服务

为了方便用户，计算机网络在其基本功能的基础上，又提供了以下几种有效的服务：

（1）文件与打印服务

文件服务可以有效地使用存储设备，管理一个文件的多次复制，对关键数据进行备份等。它是计算机网络提供的主要服务之一。

打印服务用来对打印设备进行控制和管理。它可以减少一个部门所需要的打印机数量，通过打印队列作业管理减少计算机传送打印作业的时间，有效地共享特定的打印机。

（2）应用服务

应用服务是一种更替网络客户运行软件的网络服务。它可以协调硬件及软件在最为合适的平台上运行应用程序，在网络上不必对每一台计算机进行升级便可增强关键硬件的处理能力。

（3）消息服务

消息服务内容包括对二进制数据、图像数据以及数字化声像数据的存储、访问和发送。消息服务的典型应用是网络电子邮件（E-mail）。随着国际互联网的广泛应用，各种 E-mail 服务，已成为与世界上其他计算机用户进行通信的普遍方法。

（4）数据库服务

采用数据库服务提高了数据处理的效率，减少了网络传输，实现了数据共享，减少了数据冗余。

1.1.4　计算机网络的应用

计算机网络正处于迅速发展阶段，网络技术的不断更新，性能和服务的日益完善，进一步扩大了它的应用范围。计算机网络可用于办公自动化、工厂自动化、企业管理信息系统、生产过程实时控制、军事指挥和控制系统、辅助教学系统、医疗管理系统、银行系统、软件开发系统和商业系统等方面，其中主要应用如下：

（1）办公自动化

计算机在办公环境下的应用，最初只是用于会计计算、文字处理。随着局域网的普及，计算机则更多地用于快速存储、传送和检索信息，改变了现有的办公通信模式，并发展了全新的信息处理策略，从而大大提高了办公自动化的能力。

办公自动化系统集计算机、数据库、计算机网络、声音、图像、文字技术于一体，除了传统的电话、电传外，还使用远程传真、电子邮件、数据终端及图形终端等通信设备；在处理方式上，具有数据处理、文字处理、文件归档和检索等多项功能。

（2）工厂自动化

这方面的应用包括生产自动化、计算机辅助设计、计算机辅助制造、计算机集成制造系统、生产过程实时控制等。

（3）校园网

网络在教育与教学方面的应用是一个重要的方面，许多学校都建立了校园网，通过高速主干网将各个部门的局域网连接起来，并通过Internet共享全球范围内的教学成果和科研成果。在管理方面主要有：人事管理、学生学籍管理、考试成绩管理、设备管理、教学科目管理等；在科研方面主要有：图书资料检索、科研规划制定、科研成果管理等；在教学方面主要有：计算机辅助教学和计算机辅助实验等。

（4）计算机协同工作技术

计算机协同工作技术是指地域分散的一个群体借助计算机网络技术，共同完成一项任务。它包括群体工作方式研究和支持群体工作的相关技术研究两部分。通过建立协同工作环境，改善人们通信的方式，消除或减少在时间和空间上的障碍，从而节省工作人员的时间和精力，提高群体工作质量和效率。计算机协同工作将计算机技术、网络通信技术、多媒体技术及多种社会科学紧密结合起来，可向人们提供一种全新的交流方式。现在正在发展的此类系统有工作流程管理系统、多媒体计算机会议（即视频会议）、协同编著和设计系统等。

1.1.5 计算机网络技术的发展

目前，计算机网络正处于高速发展阶段。在这一阶段中，计算机网络发展的特点是，Internet的广泛应用与高速网络技术的迅速发展。

Internet是覆盖全球的信息基础设施之一。对于广大Internet用户来说，它好像是一个庞大的广域计算机网络。用户可以利用Internet来实现全球范围的电子邮件、WWW信息查询与浏览、电子新闻、文件传输、语音与图像通信服务等功能。Internet是一个由多个广域网和局域网互联的大型网际网，它对推动世界科学、文化、经济和社会的发展有着不可估量的作用。

在Internet飞速发展与广泛应用的同时，高速网络的发展也引起了人们越来越多的注意。高新网络技术发展主要表现在宽带综合业务数据网B-ISDN、异步传输模式ATM、高速局域网、交换局域网与虚拟网络上。

进入20世纪90年代以来，世界经济已经进入了一个全新的发展阶段。世界经济的发展推动着信息产业的发展，信息技术与网络的应用已成为衡量21世纪综合国力与企业竞争力的重要标准。在1993年9月，美国宣布了国家信息基础设施（National Information Infrastructure，NII）建设计划，NII被形象地称为信息高速公路。美国建设信息高速公路的计划触动了世界各国，人们开始认识到信息技术的应用与信息产业的发展将会对各国经济发展产生重要的作用，因此很多国家纷纷开始制订各自的信息高速公路的建设计划。对于国家信息基础设施建设的重要性已在各国达成共识。1995年2月全球信息基础设施委员会（Global Information Infrastructure Committee，GIIC）成立，目的是推动与协调各国信息技术与信息服务的发展与应用。在这种情况下，全球信息化的发展趋势已不可逆转。

建设信息高速公路就是为了满足人们在未来随时随地对信息交换的需要，在此基础上人们相应地提出了个人通信与个人通信网（Personal Communication Network，PCN）的概念，它将最终实现全球有线网、无线网的互联；邮电通信网与电视通信网的互联；固定通信与移动通信的结合。在现有电话交换网（PSTN）、公共数据网（PDN）、广播电视网的基础上，利用无线通信、卫星移动通信、有线电视网等通信手段，可以使任何人在任何地方、任何时间，都能使用各种通信服务，并最终走向“全球一网”。

1.2　计算机网络的组成和分类

1.2.1　计算机网络的组成

计算机网络主要由网络硬件和网络软件组成。

网络硬件包括拓扑结构、网络服务器、网络工作站、传输介质和网络设备等。网络服务器是网络的核心，它为使用者提供了主要的网络资源。网络工作站实际上就是一台入网的计算机，它是用户使用网络的窗口。网络的拓扑结构决定了网络中服务器和工作站之间通信线路的连接方式。传输介质是网络通信用的信号通道。网络设备是构成网络的一些部件。

网络软件包括网络操作系统、通信软件和通信协议等。

一台计算机的运行依赖于操作系统的支持，操作系统用于管理、调度、控制计算机系统的多种资源，并为用户提供友好的界面。同样，对于计算机网络系统也需要有一个相应的网络操作系统来支持其运行。

目前计算机网络操作系统有三大主流：UNIX、NetWare 及 Windows Server 系列。UNIX 网络操作系统是一个可以同时管理微型机、小型机和大、中型机的网络操作系统；Windows Server 是由微软公司推出的一种网络操作系统，可运行在微型机和工作站上，支持分布式数据；NetWare 则主要面向微机。另外，Linux 因其开放源代码等特点也逐渐被人们所接受。

网络操作系统的主要部分存放在服务器上，其主要功能是服务器管理及通信管理。网络中使用的通信软件和通信协议一般都包含在网络操作系统中。

1.2.2　网络的分类

计算机网络的种类繁多、性能各异，根据不同的分类原则，可以分为多种不同类型的计算机网络。例如，按覆盖范围分类，有局域网、城域网和广域网；按网络的拓扑结构分类，有星形网、环形网、总线形网、树形网等；按传输带宽分类，有基带网和宽带网；按网络结构分类，有以太网和令牌环网；按信息传输介质分类，有无线网、有线网和光纤网；按使用的传输技术分类，有广播式网络和点对点式网络。

下面介绍按覆盖范围分类的三种计算机网络。

1. 局域网

局域网（Local Area Network，LAN），就是在一个有限的区域内将数台计算机或其他外围设备以某种网络结构连接起来，实现彼此连通、互相传输数据并共享信息资源的目的。

LAN 在距离上一般被限制在一定规模的地理区域内（如一个实验室、一幢大楼、一个校园）。在校园内将各科系办公室、图书馆等若干台计算机连接在一起，以实现资源共享的网络称为校园网，这是比较典型的局域网，如图 1.2.1 所示。

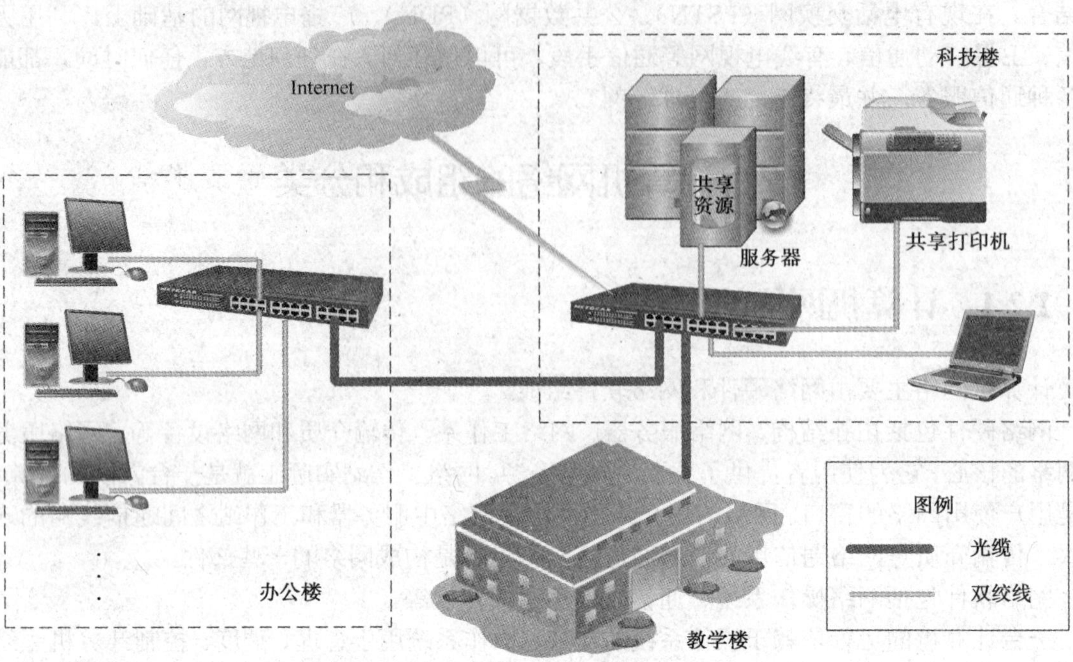

图 1.2.1　某校园网示意图

局域网的主要特点可以归纳如下：

（1）地理范围有限，参加组网的计算机通常处在 1～2km 的范围内；

（2）信道的带宽宽，数据传输率高，一般为 1～1000Mbps；

（3）数据传输可靠，误码率低；

（4）局域网大多采用总线形、星形及环形拓扑结构，结构简单，实现容易；

（5）网络的控制一般趋向于分布式，从而减少了对某个节点的依赖性，避免一个节点故障对整个网络的影响；

（6）通常网络归一个单一组织所拥有和使用，不受公共网络管理规定的约束，容易进行设备的更新和新技术的引用，不断增强网络功能。

目前，局域网的建立和应用已经非常普遍，随着网络的普及，其应用范围也会越来越广，像公文发送、会议通知，甚至视频会议等都可以通过局域网来实现。局域网对于办公自动化和提高综合管理水平的确有很大帮助。

2. 城域网

城域网（Metropolitan Area Network，MAN），是介于局域网与广域网之间的一种高速网络。如将整个城市各个中小学的校园网络通过光纤连接起来，就形成了一个覆盖整个城市范围的教育城域网，如图 1.2.2 所示。

最初，城域网的主要应用是互联城市范围内的许多局域网。今天，城域网的应用范围已大大拓宽，能用来传输不同类型的业务，包括实时数据、语音和视频等。城域网能有效地工作于多种环境，其主要特性有：

（1）地理覆盖范围可达 100km；

（2）数据传输速率为 45～150Mbps；

（3）工作站数大于 500 个；

（4）差错率小于 10^{-9}；

（5）传输介质主要是光纤；

（6）既可用于专用网，又可用于公用网。

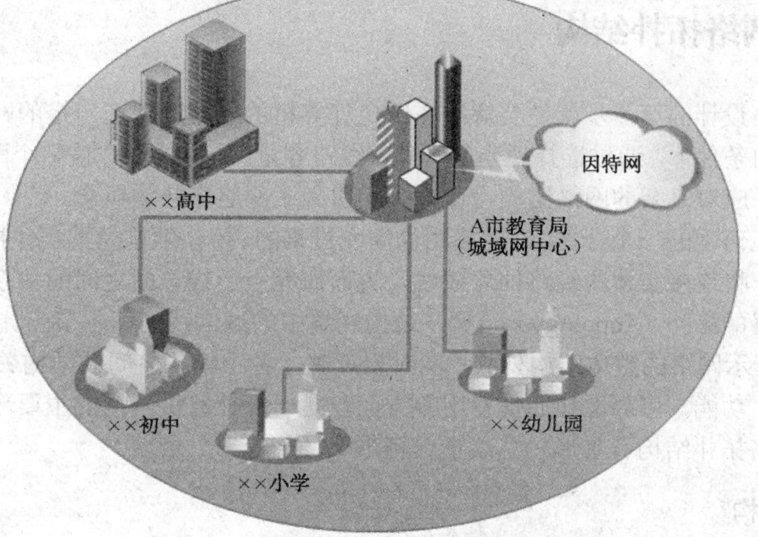

图 1.2.2 某市教育城域网示意图

3. 广域网

广域网（Wide Area Network，WAN）是指计算机主机（多指大、中型计算机）间所构成的网络，它的连线范围不再局限于某一区域，而可能是跨越数千公里的远距离通信，它通常利用公共通信设施（如电信局的交换机和通信线路）来作为通信的介质。

广域网最根本的特点就是机器分布范围广，一般从数千米到数千千米，因此网络所涉及的范围可以为市、省、国家，乃至世界范围，其中最著名的就是 Internet，如图 1.2.3 所示。

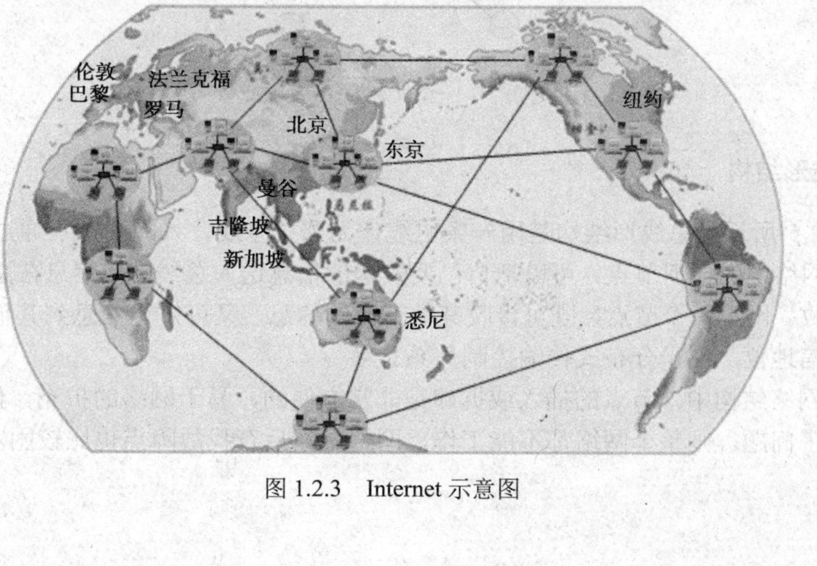

图 1.2.3 Internet 示意图

广域网的这一特点决定了它的一系列特性。单独建造一个广域网是极其昂贵和不现实的，所以，常常借用传统的公共传输（电报、电话）网来实现。由于这些传输网原来是用于传送声音和信号的，这就使广域网的数据传输速率较低，再加上传输距离远，因此错误率也比较高。此外，广域网的布局不规则，使得网络的通信控制比较复杂，要求联到网上的用户必须严格遵守各种标准和规程。

1.2.3　网络拓扑结构

计算机网络设计的第一步就是要解决在给定计算机的位置及保证一定的网络响应时间、吞吐量和可靠性的条件下，通过选择适当的线路、线路容量、连接方式，使整个网络的结构合理，成本低廉。为了应对复杂的网络结构设计，人们引入了网络拓扑的概念。

拓扑学是几何学的一个分支，它是从图论演变过来的。拓扑学首先把实体抽象成与其大小、形状无关的点，将连接实体的线路抽象成线，进而研究点、线、面之间的关系。

计算机网络的拓扑（Topology）结构，是指网络中的通信线路和各节点计算机之间的几何排列，它用以表示网络的整体结构外貌，同时也反映了各个模块之间的结构关系。它影响着整个网络的设计、功能、可靠性和通信费用等方面，是研究计算机网络的主要环节之一。

常见的网络拓扑结构有星形、总线形、树形、环形等。

1. 星形结构

在星形拓扑结构中，节点通过点到点通信线路与中心节点连接，如图 1.2.4 所示。中心节点控制全网的通信，任何两节点之间的通信都要通过中心节点。星形拓扑结构简单，易于实现，便于管理，但是网络的中心节点是全网可靠性的瓶颈，中心节点的故障将造成全网瘫痪。

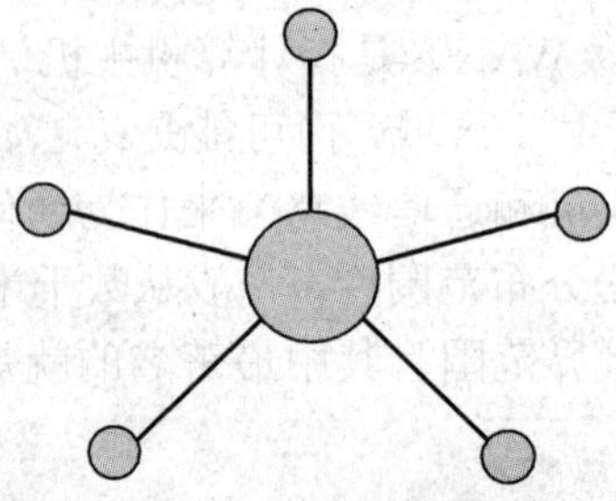

图 1.2.4　星形结构

2. 总线形结构

如图 1.2.5 所示，总线形结构是用一条电缆作为公共总线，入网的节点通过相应接口连接到线路上。网络中的任何节点，可以把自己要发送的信息送入总线，使信息在总线上传播，供目的节点接收。网上每个节点，既可接收其他节点的信息，又可发送信息到其他节点，它们处于平等的通信地位，属于分布式传输控制关系。

在这种网络结构中，节点的插入或拆卸是非常方便的，易于网络的扩充。但可靠性不高，如果总线出了问题，则整个网络都不能工作，网络中断后查找故障点也比较困难。

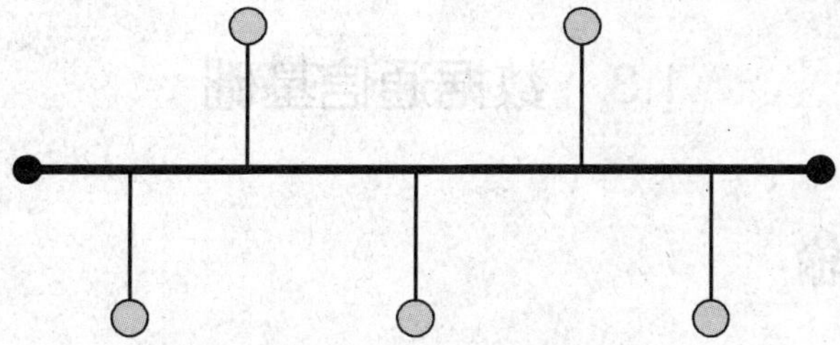

图 1.2.5　总线形结构

3. 树形结构

在树形拓扑结构中，节点按层次进行连接，信息交换主要在上下节点之间进行，相邻及同层节点之间一般不进行数据交换。

树形拓扑结构虽有多个中心节点，但各个中心节点之间很少有信息流通。各个中心节点均能处理业务，但最上面的主节点有统管整个网络的能力。所谓统管是通过各级中心节点去分级管理，从这个意义上说，它是一个在分级管理基础上的集中式网络，适宜于各种管理工作。树形结构的优点是通信线路连接简单，网络管理软件也不复杂，维护方便。缺点是资源共享能力差，可靠性低，如中心节点出现故障，则和该中心节点连接的节点均不能工作。树形结构的示意图如图 1.2.6 所示。

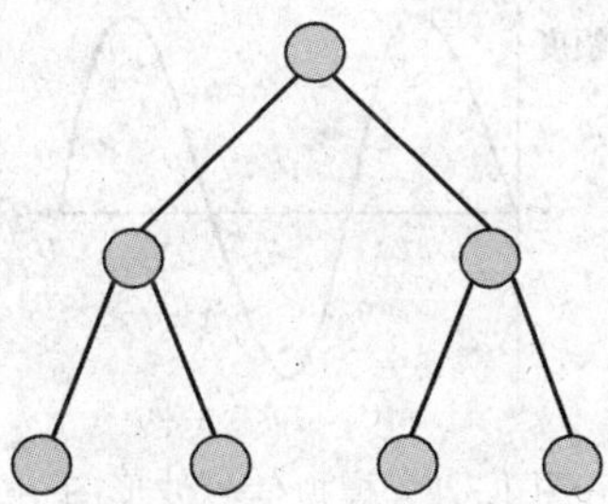

图 1.2.6　树形结构

4. 环形结构

在环形拓扑结构中，节点通过点到点通信线路连接成闭合环路，如图 1.2.7 所示。环中数据将沿一个方向逐站传送。环形拓扑结构简单，控制简便，结构对称性好，传输速率高，应用较为广泛。但是环中每个节点与连接节点之间的通信线路都会转为网络可靠性的瓶颈，环中任何一个节点出现线路故障，都可能造成网络瘫痪。为保证环的正常工作，需要较复杂的环维护处理，环中节点的加入和撤出过程都比较复杂。

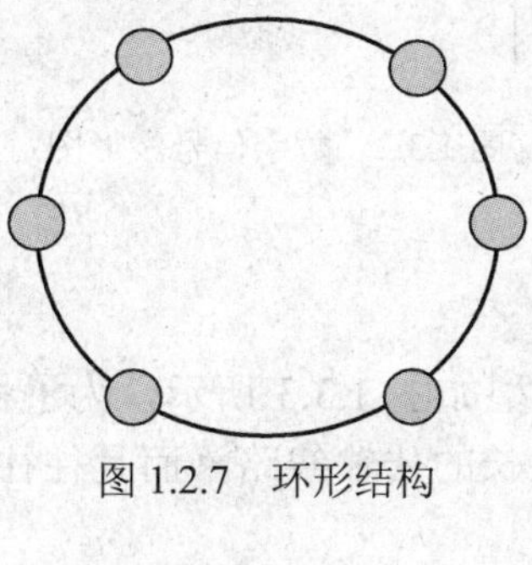

图 1.2.7　环形结构

1.3 数据通信基础

1.3.1 数据传输

1. 数据通信

数据通信是指通过适当的传输线路将数据信息从一台设备传送到另一台设备的全过程（这里所说的设备可以是计算机、终端设备或其他任何通信设备）。数据通信包含了数据处理和数据传输两方面的内容。在计算机网络中，数据处理主要由计算机系统来完成，而数据传输则依靠数据通信系统来实现。

2. 信号类型

（1）模拟信号

模拟信号是波形圆滑且连续变化的信号。数据可以通过改变模拟信号的频率、幅度或相位来运载。传统的通信技术主要是传输模拟信号，如电话线传输的语音信号，如图 1.3.1 所示。

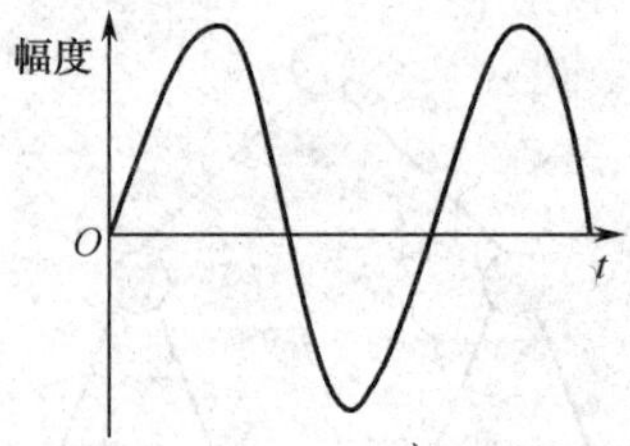

图 1.3.1 模拟信号波形图

（2）数字信号

数字信号是一种按时间间隔取值的离散信号，取值为有限个 0 或 1 这样的数字。数字信号利用编码来反映数据信息。计算机所能处理的信号都是数字信号，如图 1.3.2 所示。

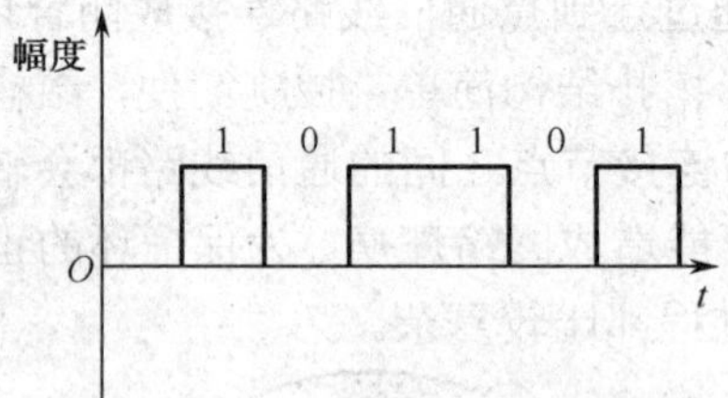

图 1.3.2 数字信号波形图

3. 数据传输系统

数据传输系统中数据通信的模型如图 1.3.3 所示，为了将一个数据终端设备发出的数据传送到指定设备，通常不仅要经过很长的传输线路，而且往往还需要进行调制/解调、多路复用以及交换等处理。数据传输系统由如下几个部分组成。

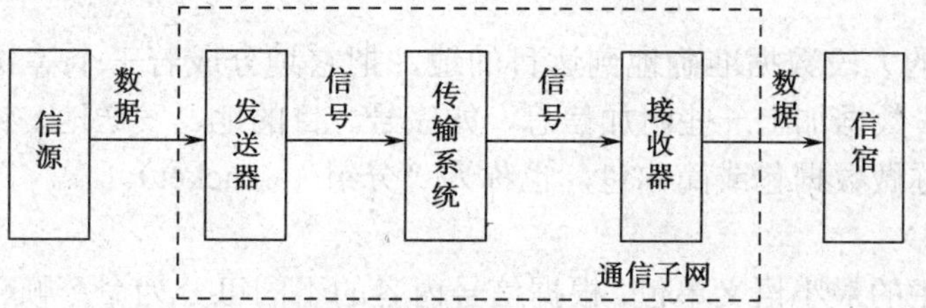

图 1.3.3　数据通信模型

（1）传输线路

它是信息的传输通路，由各种类型的传输介质和有关的中间通信设备组成。

（2）调制解调器（MODEM）

由发送端的数据终端设备所发出的数据，通常并不以其原有的形式直接传送，而是被转换成模拟信号（称为调制）。当模拟信号传输到目标终端之后也需要再把它转换成适合数据终端设备接收的数字信号（称为解调）。这就是调制解调器的功能。

（3）多路复用器

为了提高传输线路的效率，使多个终端设备共用一条物理信道传输信息，就要增加一种设备——多路复用器。它将多个信源所发出的信号，有序地纳入一条物理信道中进行传输。到达目的地后，再将物理信道中的多路信号分别送入对应的目标终端设备。多路复用器有时也叫多路转换器。

（4）交换器

当许多终端设备要相互通信时，它们之间都采用固定的连接是不现实的。一种可行的方法是在任意两个要进行通信的终端之间建立临时连接，然后通过该连接把源终端发出的信息经转换送至目标终端，通信结束后再拆除连接。交换器就是用来实现这种临时连接和传输信息的设备。

4. 数据传输有关术语

数据传输中常常会用到一些术语，为了便于理解，我们将其中一些常用术语的含义简述如下：

（1）信道

信道是信号传输的通道，通常是一种抽象的描述。与传输介质相比，它更侧重逻辑上的含义。

（2）点对点通信

一条物理信道直接连接两个需要通信的数据设备，称为“点对点通信”，它在通信量特别大的时候使用，效率极高。

（3）多点共享信道通信

多个数据终端共用一条通信信道。这与点对点通信的方式不同，要想利用好共享信道就必须先解决“识别”的问题，即从一个节点发出的信号将传播到该信道上的所有终端设备，而各终端要确定收到的信号是否是发给自己的。

共享信道通信提供了一种方便，如果一个数据终端设备有一条消息需要告诉每个节点时，发出的信号可以迅速传播到每个终端，称为“广播通信方式”。

共享信道通信方式节省线路，建网费用低，因此得到了广泛的应用。

（4）包（分组）

为了使要传送的大段数据准确地到达目的地，把它划分成若干个等长或不等长的小段数据，然后对每一小段数据加上一些附加信息，如序号、目的地、发送地、错误检测信息等，如此包装后的数据段称做数据包或简称包，也称为“分组”（Packet）。

（5）帧（Frame）

帧是数据通信中的最小语义单位，根据信号内容的不同可分为命令帧、响应帧、数据帧等。

（6）数据传输速率

数据传输率（Data Rate），是指单位时间内传送的二进制数据位数，通常用“位/秒”（bps）、“千位/秒”（kbps）或“兆位/秒”（Mbps）作计量单位。

（7）信道容量

信道允许的最大传输速率，是数据通信信道的主要性能参数之一。

（8）误码率（Error Rate）

误码率指数据传输中出错数据占被传输数据总数的比例，也是通信信道的主要性能参数。

1.3.2 数据通信的传输技术

1. 基带传输和频带传输

（1）基带传输

所谓基带（Base Band）是指电信号固有的基本频带。而基带传输是指将数字设备发出的数据信号，原封不动地送入信道上去传输。这要求信道频带足够宽。

（2）频带传输

为了利用电话线一类的模拟通信线路，我们可以把数字信号调制成音频信号后再发送和传输，到达接收端后再把音频信号解调成原来的数字信号，这就是频带传输。

2. 异步传输和同步传输

（1）异步传输

有数据需要发送的终端设备，可以在任何时刻向信道发送信号，而不管接收方是否知道它已开始发送操作。每次仅发送一个小数据段，通常是 1 字节，发送方在送出的每一段信号前面加一个起始位，后面加一个或两个停止位。这种传输方式的缺点是开销大，效率低，速度慢。优点是控制简单，如果传输有错只需要重新发送一个字符。

（2）同步传输

这种传输方式的特点是以报文或分组为单位进行传输。也是目前网络中采用较多的一种传输方式。其缺点是控制复杂，如果传输中出现错误则需要重新传送整个数据段。

3. 单工、半双工与全双工通信方式

（1）单工通信

这种方式只允许数据按指定的一个方向传输，主要用于数据采集系统，这时只要求发送方配置调制器，接收方配置解调器。

（2）半双工通信

任何时刻信道上只有一个方向的数据传输，另一时刻才允许有相反方向的数据传输，这种传输方式称为半双工。

（3）全双工通信

允许两个方向上同时传输数据的传输方式，这种方式的效率高，使用方便，是现在计算机之间较常用的通信方式。不过这种通信方式要求有两个完全独立的信道。

1.3.3　数据传输介质

传输介质用来载送计算机网络中的数据，所有的传输系统都建立在某种类型的介质上。计算机网络常用的传输介质有双绞线、同轴电缆和光纤等。此外，正在发展的无线传输技术采用电磁波或红外线作为传输介质。

1. 双绞线

双绞线由按规则螺旋结构排列的两根、四根或八根绝缘导线组成。为了降低信号的干扰程度，每一对双绞线一般由两根绝缘铜导线相互缠绕而成，每根铜导线的绝缘层上分别涂有不同的颜色，便于区别。

最常见的双绞线应用是电话系统，而局域网布线中最常用的传输介质也是双绞线。双绞线既能传输模拟信号，又能传输数字信号。

双绞线分为非屏蔽双绞线（UTP）（如图 1.3.4 所示）和屏蔽双绞线（STP）两大类。目前屏蔽双绞线主要有 3 类和 5 类两种；非屏蔽双绞线主要有 3 类、4 类、5 类、超 5 类四种。

屏蔽双绞线电缆最大的特点在于封装在其中的双绞线与外层绝缘胶皮之间有一层金属材料，这种结构能减小辐射，防止信息被窃听，同时还具有较高的数据传输速率（5 类屏蔽双绞线在 100m 内可达到 155Mbps，而非屏蔽双绞线只能达到 100Mbps）。但屏蔽双绞线电缆的价格相对较高，安装时要比非屏蔽双绞线困难，必须使用特殊的连接器，技术要求也比非屏蔽双绞线电缆高。与屏蔽双绞线相比，非屏蔽双绞线电缆外面只有一层绝缘胶皮，因而质量轻、易弯曲、易安装，组网灵活，非常适用于结构化布线。所以，在无特殊要求的计算机网络布线中，常使用非屏蔽双绞线电缆，采用 RJ-45 接口（俗称“水晶头”，如图 1.3.5 所示）和网络连接设备进行连接。

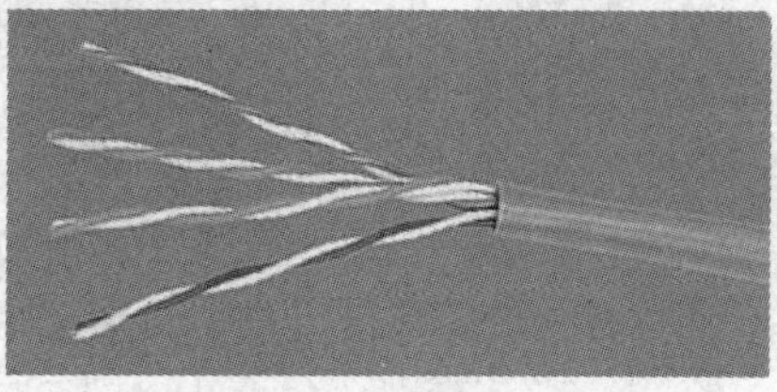

图 1.3.4　UTP-5 双绞线

图 1.3.5　RJ-45 接口

中小型局域网一般使用非屏蔽双绞线进行网络连接。表 1.3.1 列出了不同类型非屏蔽双绞线的主要技术参数和用途，以供参考。

表 1.3.1　非屏蔽双绞线（UTP）的主要技术参数和用途

UTP 类别	最高工作频率（MHz）	最高数据传输速率（Mbps）	主 要 用 途
3 类	16	10	10M 网络
4 类	20	16	16M 网络
5 类	100	100	10M 和 100M 网络
超 5 类	200	155	10M、100M 和 1000M 网络环境

2. 同轴电缆

同轴电缆由内外两个导体构成，内导体是一根铜质导线或多股铜线，外导体是圆柱形铜箔或用细铜丝编织的圆柱形网，内外导体之间用绝缘物充填，最外层是保护性塑料外壳，如图 1.3.6 所示。

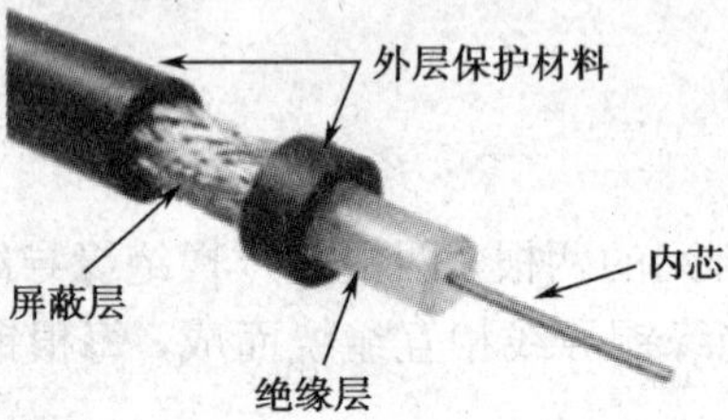

图 1.3.6　同轴电缆示意图

同轴电缆按阻抗特性主要分为 75Ω电缆和 50Ω电缆。75Ω电缆适用于宽带传输，主要用在有线电视网中；50Ω电缆适用于基带传输，一般用在计算机网络中。

50Ω电缆根据直径又分为粗同轴电缆（粗缆）和细同轴电缆（细缆）两种。粗同轴电缆直径为 10mm，在传输速率为 10Mbps 时，传输距离可达 500m。细同轴电缆直径为 5mm，在传输速率为 10Mbps 时，传输距离可达 185m。粗同轴电缆价格较高，安装较为复杂。

与双绞线相比，同轴电缆的抗干扰能力强，屏蔽性能好，常用于设备与设备之间的连接，或用于总线形网络拓扑中。同轴电缆采用 BNC 接头（如图 1.3.7 所示）、T 形接头（如图 1.3.8 所示）以及终端匹配器（也称终端适配器，如图 1.3.9 所示）等和其他网络设备相连接组成网络。

图 1.3.7　与电缆相连接的 BNC 接头

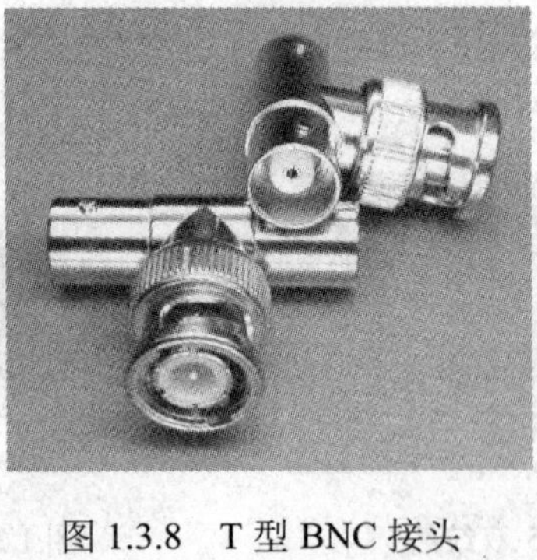

图 1.3.8　T 型 BNC 接头

图 1.3.9　终端适配器

3. 光纤

光纤又称光缆，用光束传输信号。20 世纪 80 年代初期，光纤开始进入网络布线。与双绞线和同轴电缆相比较，光纤适应了目前利用网络长距离传输大容量信息的要求，在计算机网络中发挥着重要的作用，成为传输介质中的佼佼者。

光纤是一种直径为 50～100μm 的柔软、能传导光束的传输介质。多种玻璃和塑料可以用来制造光纤，其中使用超高纯度石英玻璃纤维制作的光纤可以得到最低的传输损耗。

光纤具有圆柱形的形状，主要由三个同心部分组成：光纤芯、包层和护套。光纤芯是最内层部分，它由一根或多根非常细的玻璃或塑料制成的纤维组成。每一根纤维都由各自的包层包着，包层是一种玻璃或塑料的涂层，它具有与光纤芯不同的光学特性。最外层是护套，它包着一根或一束已加包层的纤维。护套是由分层的塑料和其附属材料制成的，用它来防止潮气、擦伤、压伤和其他外界带来的危害。图 1.3.10 所示为光缆外观和横截面示意图。

图 1.3.10　光缆外观和横截面示意图

根据传输点模数的不同，光纤分为单模光纤和多模光纤两种。

单模光纤的纤芯直径很小，为 2～8μm，采用激光二极管 LD 作为光源。单模光纤的传输频带宽、容量大，传输距离长，但需激光源，成本较高，通常在建筑物之间或地域分散的环境中使用。单模光纤是当前计算机网络研究和应用中的重点。

多模光纤的纤芯直径较大，为 50～125μm，采用发光二极管 LED 作为光源。多模光纤的传输速率低、距离短，整体的传输性能差，但成本低，一般用于建筑物内或地理位置相邻的环境中。

与铜质电缆相比较，光纤明显具有其他传输介质所无法比拟的优点：

（1）传输信号的频带宽，通信容量大；信号衰减小，传输距离长，抗干扰能力强，应用范围广。

（2）抗化学腐蚀能力强，适用于一些特殊环境下的布线。

（3）原材料资源丰富。

当然，光纤也存在一些缺点：如质地脆，机械力度低；切断和连接中技术要求较高等，这些缺点也限制了目前光纤的普及应用。

4. 无线传输介质

有线传输并不是在任何时候都能实现的。例如，通信线路要通过一些高山、岛屿时就可能因施工困难而无法敷设；再如，公司临时在一个场地做宣传而需要联网时，敷设有线线缆可能也不符合公司的实际利益……特别是在通信距离很远，敷设电缆既昂贵又费事时，往往可以考虑采用无线传输介质进行网络连接。无线传输介质有多种，这里主要介绍微波、红外线和无线电波三种。

（1）微波。微波是一种被广泛采用的无线传输介质。微波通信主要有地面微波通信（如图 1.3.11 所示）和卫星微波通信（如图 1.3.12 所示）两种形式。由于微波在空间只能直线传播，而地球表面是一个曲面，因此其传输距离受到限制，一般只有 50km 左右，在远距离信号传输中，必须借助中继站才能将信号传送到目的地。

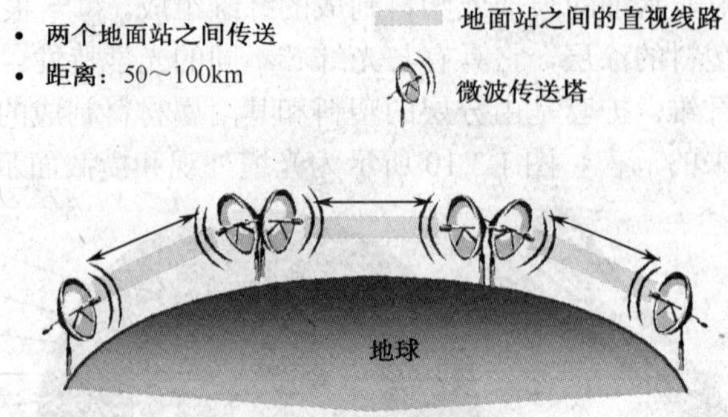

图 1.3.11　地面微波通信示意图

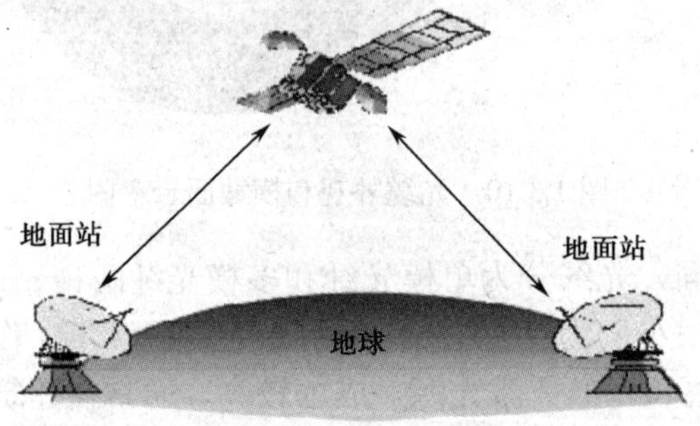

图 1.3.12　卫星微波通信

（2）红外线。红外线通信是一种廉价、近距离的无线通信方式。红外线作为传输介质，有较强的方向性，窃听困难，并且对邻近区域的类似系统也不会产生干扰。由于红外信号没有穿透墙壁和一些其他固体的能力，所以要求视距（直观可见距离）传输。基于这些特点，红外线常用来做近距遥控和无线局域网络接入，许多笔记本电脑和手机上都有红外接口，可以使用红外线来传递数据。

（3）无线电波。采用无线电波作为无线网络的传输介质是目前应用最多的无线连接方式，这主要是因为无线电波的覆盖范围较广，具有很强的抗干扰、抗噪声、抗衰减能力，所以其通信安全性较好。

在无线网络接入中，通常使用 S 频段（2.4～2.4835GHz 频率范围）的无线电波，这个频段也叫 ISM（Industry-Science-Medical，即工业-科学-医疗）频段，该频段不受无线电管理委员会的限制，属于自由辐射频段，人们可以自由使用。

目前，应用前景非常广阔的蓝牙（Blue Tooth）技术就是 ISM 频段中的无线电波，它是 1998 年由东芝、爱立信、IBM、Intel 和诺基亚共同提出的一种近距离无线数据通信技术标准，传输距离约为 10m。一台蓝牙设备可以同时与 7 台其他蓝牙设备建立连接，蓝牙设备间的连接不要求特别的通信方向和视角，在有效范围内可以绕过障碍物进行通信。采用蓝牙通信技术可以将多种通信设备、计算机甚至是智能家电以无线的方式连接起来，如图 1.3.13 所示。

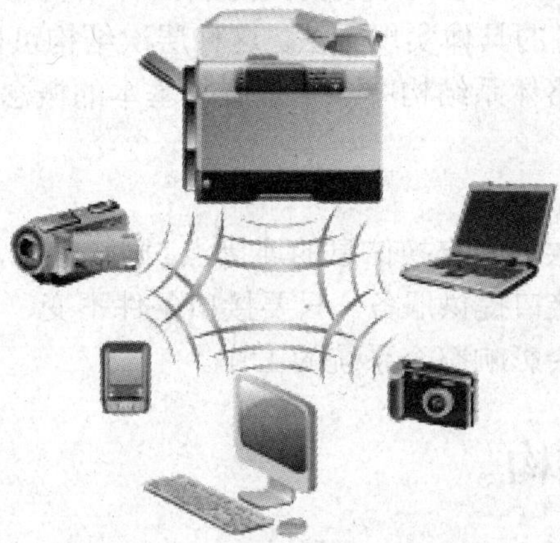

图 1.3.13　多种设备的蓝牙互联示意图

此外，在无线领域，随着移动运营商对上网费用的降低、3G 技术的发展和手机无线网站提供的功能与服务的多样化，使得几乎所有的有线互联网应用都已经在手机屏幕得到了自然的延伸，我们的信息网络正在逐渐经历从计算机桌面到掌上手机屏幕的转变，特别是 iPhone 和 iPad 的出现，个人移动终端将成为我们新的信息门户。

1.4　网络参考模型和网络协议

1.4.1　基本概念

1. 网络协议（Protocol）

计算机网络是由多个互联的节点组成的，节点之间需要不断地交换数据与控制信息。要做到有条不紊地交换数据，每个节点都必须遵守一些事先约定好的规则。这些规则明确地规定了所交换数据的格式和时序。这些为网络数据交换而制定的规则、约定与标准被称为网络协议。

网络协议是计算机彼此交流的一种“语言”，是网络通信的基础。网络中不同类型的计算机必须使用相同的协议才能进行通信。

任何一种通信协议都包括三个组成部分：语法、语义和时序。

（1）语法规定了通信双方“如何讲”，确定用户数据与控制信息的结构与格式。

（2）语义规定通信双方准备“讲什么”，即需要发出何种控制信息，以及完成的动作与做出的响应。

（3）时序规定双方“何时进行通信”，即对事件实现顺序的详细说明。

2. 层次（Layer）

层次是人们对复杂问题处理的基本方法。人们对于一些难以处理的复杂问题，通常是分解为若干个较容易处理的小一些的问题。在计算机网络中，采用的就是层次结构。将总体要实现的很多功能分配在不同的层次中，每个层次对要完成的服务及服务实现的过程都有明确规定；不同的网络系统分成相同的层次；不同系统的同等层具有相同的功能；高层使用低层提供的服务时，并不需要知道低层服务的具体实现方法。这种层次结构可以大大降低复杂问题处理的难度，因此，层次是计算机网络体系结构中一个重要与基本的概念。

3. 接口（Interface）

接口是同一节点内相邻层之间交换信息的连接点。同一个节点的相邻层之间存在着明确规定的接口，低层向高层通过接口提供服务。只要接口条件不变、低层功能不变，低层功能的具体实现方法与技术的变化不会影响整个系统的工作。

1.4.2 网络体系结构

计算机网络系统通常采用结构化的分层设计方法，将网络的通信子系统分成一组功能分明、相对独立和易于操作的层次，依靠各层之间的功能组合来提供网络的通信服务，从而减少了网络系统设计、修改和更新的难度。

读一读：分层思想

如果两个国别的人进行远程交流，通常需要从三个方面来考虑：一是交流内容，也就是要确定谈什么；二是所用语言，就是要使用双方都能听懂的语言，比如使用英语；三是通信手段，也就是如何实现通信，如可以选择打电话、发传真、发送电子邮件、网上聊天等。如果把这个交流过程分层的话，可以分为 3 层，分别是内容层、语言层和传输层，如图 1.4.1 所示。

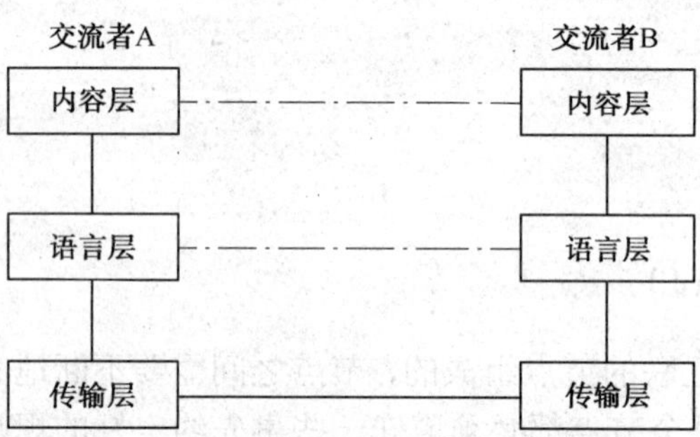

图 1.4.1 人类交流过程分层示意图

如果选择用打电话的方式来交流，那么，电话拨号规则属于传输层，通话语言规则属于语言层，而通话应答规则属于内容层。

通过上面的例子可以看出，这种分层思想有两个显著的优点：一是每一层都相对独立，可分别实现不同的功能，且容易管理；二是各层可以相对独立地制定规则，而不影响其他层的规则。

网络协议对计算机网络是不可缺少的，一个功能完备的计算机网络需要制定一整套复杂的协议集。对于结构复杂的网络协议来说，最好的组织方式是层次结构模型。计算机网络协议就是按照层次结构模型来组织的。我们将网络层次结构模型与各层协议的集合定义为计算机网络体系结构。

网络体系结构对计算机网络应该实现的功能进行了精确的定义，而这些功能是用什么样的硬件与软件去实现的，则是具体的实现问题。体系结构是抽象的，而实现是具体的，它是指能够运行的一些硬件和软件。

1.4.3　OSI 参考模型

通信网络的利用形式越来越多样化，应用领域也越来越广泛，人们开始认识到有必要把具有不同网络体系结构的计算机系统相互连接起来。为了降低设计的复杂性，增强通用性和兼容性，计算机网络一般设计成层次结构。网络中的计算机要通信，必须经过一层一层的信息转换来实现。网络分层的优点在于，可在多种硬件系统和软件系统之间做出选择，组建网络，保证网络正常地工作。

由于历史原因，计算机和通信工业界的组织机构和厂商，在网络产品方面，制定了不同的协议和标准。为了协调这些协议和标准，提高网络行业的标准化水平，以适应不同网络系统的相互通信，CCITT（国际电报电话咨询委员会）和 ISO（国际标准化组织）认识到有必要使网络体系结构标准化，并组织制定了 OSI（Opening System Interconnection，开放系统互联）参考模型。它兼容于现有网络标准，为不同网络体系提供参照，将不同机种的计算机系统联合起来，使它们之间可以相互通信。

当今的网络大多是建立在 OSI 参考模型基础上的。在 OSI 参考模型中，网络的各个功能层分别执行特定的网络操作。理解 OSI 参考模型有助于更好地理解网络，选择合适的组网方案，改进网络的性能。

OSI 参考模型共分七层结构：物理层、链路层、网络层、传输层、会话层、表示层和应用层。图 1.4.2 所示的是 OSI 参考模型层次示意图。

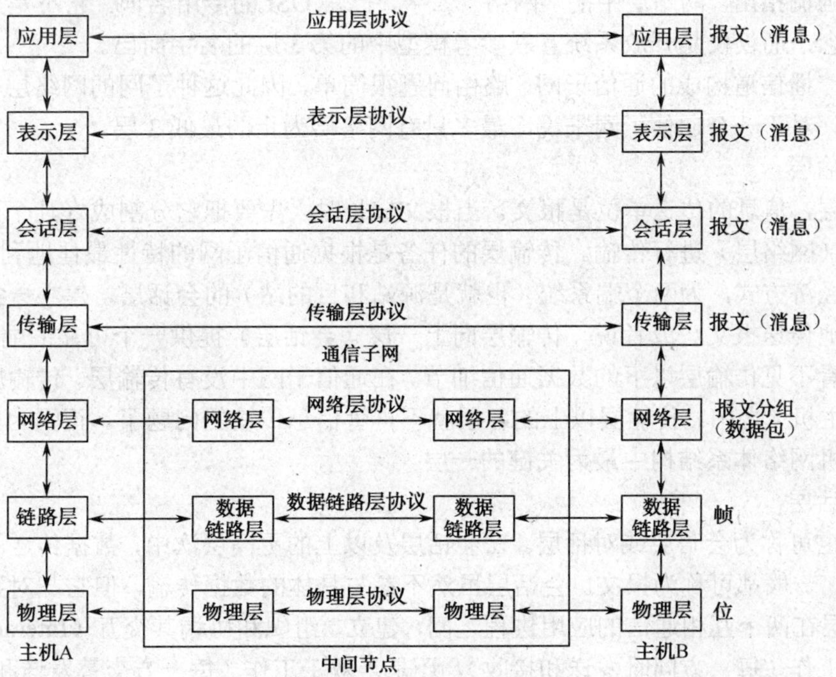

图 1.4.2　OSI 参考模型

（1）物理层

该层为通信提供物理链路，实现数据流的透明传输。“透明”是一个很重要的术语，它表示某一个实际存在的事物看起来却好像不存在一样。这和人们日常生活中的描述恰恰相反。比如我们说增加一件事的透明度一般意味着“让大家看清这件事”。而“透明地传送数据流”表示经实际电路传送后的数据流没有发生变化，因此，对传送数据流来说，这个电路好像没有对其产生什么影响，因而好像是看不见的。也就是说，这个电路对该数据流来说是透明的。这样，任意组合数据流都可以在这个电路上传送。物理层定义了与传输线以及接口硬件的机械、电气、功能和过程有关的各种特性，以便建立、维护和拆除物理连接。在物理层上所传数据的单位是比特（bit）。当然，哪几个比特代表什么意思，不是物理层所关心的。

（2）数据链路层

数据链路层负责在网络中的两个相邻节点间无差错地传送以帧为单位的数据。每一帧包括一定数量的数据和一些必要的控制信息。和物理层相似，数据链路层要负责建立、维持和释放数据链路的连接。在传送数据时，若接收节点检测到所传数据中有差错，就要通知发送方重发这一帧，直到这一帧正确无误地到达接收节点为止。

在每一帧所包括的控制信息中，有同步信息、地址信息、差错控制，以及流量控制信息等。这样，数据链路层就把一条有可能出差错的实际链路，转变成为让网络向下看起来好像是一条不出差错的链路。

（3）网络层

在计算机网络中进行通信的两个计算机之间可能要经过许多个节点和链路，也可能还要经过好几个通信网。在网络层，数据的传送单位是分组或包。网络层的任务就是要选择合适的路由，使发送站的传输层所传下来的分组能够正确无误地按照地址找到目的站，并交付给目的站的传输层。这就是网络层的寻址功能。

这里要强调指出，网络层中的“网络”二字，已是 OSI 的专用名词。它不是人们通常谈到的网络的概念，而仅仅是开放系统互联参考模型中的第 3 层的名字而已。

对于由广播信道构成的通信子网，路由问题很简单，因此这种子网的网络层非常简单，甚至可以没有。对于一个通信子网来说，最多只有网络层为止的最低 3 层。

（4）传输层

在传输层，信息的传送单位是报文。当报文较长时，先要把它分割成好几个分组，然后再交给下一层（网络层）进行传输。传输层的任务是根据通信子网的特性最佳地利用网络资源，并以可靠和经济方式，为两个端系统（也就是源站和目的站）的会话层，建立一条运输连接线路，以透明地传送报文。或者说，传输层向上一层（会话层）提供一个可靠的端到端的服务。它使会话层看不见传输层以下的数据通信细节。在通信子网中没有传输层。传输层只能存在于端系统（即主机）之中。传输层以上的各层就不再管信息传输的问题了。正因为如此，传输层就成为计算机网络体系结构中最为关键的一层。

（5）会话层

这一层也可称为会晤层或对话层。在会话层及以上的更高层次中，数据传送的单位没有另外再取名字，一般都可称为报文。会话层虽然不参与具体的数据传输，但它却对数据传输进行管理。会话层在两个互相通信的应用进程之间，建立、组织和协调其交互（Interaction）。例如，确定是双工工作（每一方同时发送和接收），还是半双工工作（每一方交替发送和接收）。当发生意外时（如已建立的连接突然断了），要确定在重新恢复会话时应从何处开始。

（6）表示层

表示层主要解决用户信息的语法表示问题。表示层将欲交换的数据从适合于某一用户的抽象语法（Abstract Syntax），变换为适合于OSI系统内部使用的传送语法（Transfer Syntax）。有了这样的表示层，用户就可以把精力集中在他们所要交谈的问题本身，而不必要更多地考虑对方的某些特性，例如，对方使用什么样的语言。对传送的信息加密（和解密）也是表示层的任务之一。由于数据的安全与保密这一问题比较复杂，在7层中的其他一些层次也与这一问题有关。

（7）应用层

应用层是 OSI 参考模型中的最高层。应用层确定进程之间通信的性质以满足用户的需要（这反映在用户所产生的服务请求上）；负责用户信息的语义表示，并在两个通信者之间进行语义匹配。应用层不仅要提供应用进程所需要的信息交换和异地操作，而且还要作为互相作用的应用进程的用户代理（User Agent），来完成一些为进行语义上有意义的信息交换所必需的功能。在OSI的7个层次中，应用层是最复杂的，所包含的应用层协议也最多，有些还在研究和开发之中。

在ISO和CCITT中共同努力下，这7个层次的许多标准都已制定出来了。遵循这些标准的很多产品也已开发成功。但由于没有形成系统规模，影响力不大，因此暂时还只能作为一种理想化的标准。

读一读：

以下这个例子可以很好说明ISO参考模型。

假设克拉玛依市A公司的买买提经理要给牡丹江市B公司的朴经理发一封信，但是买买提经理只懂维吾尔语，而朴经理只懂朝鲜语，按照OSI参考模型的分层思想，完成这个任务的过程如图1.4.3所示。

经理	买买提经理用维吾尔文写好信件 ↓				朴经理阅读信件 ↑	经理
秘书	把信件译成汉语并打印出来 ↓				拆信并将汉语译成朝鲜文，然后交给经理 ↑	秘书
办事员	把信件装入信封，并写上收信人地址、邮政编码、姓名等 ↓				把信件交给秘书 ↑	办事员
收发室	加上“航空”标志，把信送到邮局 ↓				把信件送到经理室 ↑	收发室
邮局	选择飞往北京的航班 ↓	检查是否到达目的地 ↑	邮局	选择飞往牡丹江的航班 ↓	将信件送到B公司的收发室 ↑	邮局
机场	将信件送上飞机 ↓	从飞机上取下信件 ↑	机场	将信件送上飞机 ↓	从飞机上取下信件 ↑	机场
飞机	将信件送到北京机场 →	到达北京 ↑	飞机	将信件送到牡丹江机场 →	到达牡丹江市 ↑	飞机

图1.4.3 与OSI参考模型类似的生活实例

图 1.4.3 所示的信息传递过程中，A 公司经理执行“应用层”的功能，只处理商务工作本身；秘书执行“表示层”的功能，将维吾尔文译成汉语；办事员执行“会话层”的功能，从这一层开始，对于信息的传递而言，信件的内容就变得不重要了，关键是要把信完好无损地送达目的地。

在以下各层中，每一层都给信件加上了“协议信息”后交给下一层。例如，在第四层（传输层），A 公司收发室要在信件上标明邮寄方式“航空”；在第三层（网络层），邮局要根据邮寄方式和目的地选择中转邮局和航班；在第二层（数据链路层），机场要对邮件进行检查，如果发现损坏（如信封破损、地址模糊等），将及时进行补救；第一层（物理层）则是用飞机运送邮件。

信件到达目的地后的处理方法与发送过程相反，在第六层（表示层），秘书将汉语译成朝鲜文交给经理；在第七层（应用层），朴经理就能收到并阅读买买提经理发来的信息了。

图 1.4.3 所示的信息传递过程中，A 公司经理执行“应用层”的功能，只处理商务工作本身；秘书执行 “表示层”的功能，将维吾尔文译成汉语；办事员执行“会话层”的功能（从这一层开始，对于信息的传递而言，信件内容就变得不重要了，关键是要把信完好无损地送达目的地）；收发室在信件上标明“航空”，执行“传输层”的功能； 邮局加盖邮戳并选择中转邮局和航班，执行“网络层”功能；机场对邮件进行检查，如果发现损坏（如信封破损、地址模糊等），将及时进行补救，执行“数据链路层”功能；用飞机运送邮件则执行了“物理层”的功能……

1.4.4 TCP/IP 协议

除 OSI 参考模型之外，TCP/IP 网络体系结构因其在 Internet 中的使用，而在计算机网络中占有非常重要的地位。这是因为尽管 OSI 的体系结构理论上比较完善，但实际上完全符合各层次的商用产品却很少进入市场，远远不能满足用户的需求。

TCP/IP（Transmission Control Protocol/Internet Protocol，传输控制协议/网际协议）最初是为美国 ARPA 网设计的，目的是使不同厂家生产的计算机能在共同的网络环境下运行。它涉及异构网的通信问题，后发展成为 Internet 采用的一种网络协议，它规范了网络上的所有通信设备，尤其是一台主机与另一台主机的数据往来格式以及传送方式。

TCP 是传输控制协议，它规定一种可靠的数据信息传递服务，它的主要作用就是使网络工作更可靠。

IP 协议又称互联网协议，是支持网与网互联的数据协议，IP 详细地规定了计算机在通信时必须遵循的规则的全部细节。

尽管 TCP 和 IP 两个协议可以分开使用，但它们是作为一个系统整体来设计的，连接到互联网上的计算机既需要 TCP 协议又需要 IP 协议。

1. TCP/IP 协议及其基本特点

TCP/IP 一开始就考虑了多种异构网的互联问题，有较好的网络管理功能，这些都是它的优点。当前 Internet 所使用的协议中最著名的就是传输层的 TCP 协议和网络层的 IP 协议。因此，现在人们常用 TCP/IP 表示 Internet 所使用的体系结构。

TCP/IP 协议的主要特点是：

（1）适用于多种异构网络的互联。例如，Internet 就是采用 TCP/IP 协议把各种互异的广域网和局域网在全球范围内互联而成的，所有网络与 Internet 互联必须遵守的规则就是 TCP/IP 协议。

（2）可靠的端－端协议。IP 对应于 OSI 的网络层协议，网际互联是 IP 设计的核心。TCP 对应于 OSI 的传输层协议，是确保可靠性的机制，具有解决数据报丢失、损坏、重复等异常情况的能力，是一种可靠的端—端协议。

（3）与操作系统紧密结合。随着 TCP/IP 技术的成熟和 Internet 的大范围推广使用，操作系统与 TCP/IP 的结合越来越紧密。目前，流行的 UNIX 操作系统、Windows 95/98，以及 Windows NT 等都已将 TCP/IP 作为其内核的一部分。

（4）效率高。TCP/IP 虽然也分层次，但层次之间的调用关系不像 OSI 那样严格。在 OSI 中，两个（N）实体的通信必须涉及下一层的（*N*-1）实体，而 TCP/IP 则可跳过下一层而使用更低层提供的服务，这就减小了不必要的开销，提高了协议的效率。

（5）TCP/IP 对面向连接服务和无连接服务并重，无连接服务的数据报传输对互联网中数据传送及语音通信都十分方便。

（6）有较好的网络管理功能。

2. TCP/IP 协议的组成

TCP/IP 与 OSI/RM 有不少的差别。它一共有三个层次，最高的是应用层，相当于 OSI 中的最高三层。接下来与 OSI 传输层相当的是传输控制协议 TCP（或 UDP），再下面与 OSI 网络层相当的是互联网协议 IP。TCP/IP 标准中并没有对最低二层做出规定，这是因为在设计时考虑到要与具体的物理传输介质无关。

TCP/IP 协议集的主要内容和组成如下，其中第 4 部分实际上不属于 TCP/IP 的范围。

（1）应用层

对应于 OSI 应用层、表示层和会话层，也称为“应用软件”。应用层包含的常用协议有：

简单邮件传送协议（Simple Mail Transfer Protocol，SMTP）它提供 ASCII 码电子邮件服务。非 ASCII 码电子邮件的传送需使用“多用途 Internet 邮件扩充（Multipurpose Internet Mail Extensions，MIME)”。

域名系统（Domain Name System，DNS）提供主机名到 IP 地址的转换服务。

远程登录协议（Telecommunication network，Telnet）为使用网络中远程主机而提供虚拟终端服务。

文件传送协议（File Transfer Protocol，FTP）提供网络中不同计算机之间的文件传送（及其他文件操作）服务。

NetBIOS 提供 PC 的通信服务。

（2）传输层

对应于 OSI 的传输层。这一层的协议主要有：

TCP（Transmission Control Protocol）提供基于连接的、可靠的字节流送服务。

UDP（User Datagram Protocol）提供数据报送服务。

NVP（Network Voice Protocol）提供声音传送服务。

传输控制协议 TCP 是一个完整的传输协议的典范，位于网际层协议 IP 之上，除了能提供进程通信能力外，主要特点是可靠性很高，几乎可以解决所有的可靠性问题。TCP 提供面向连接的数据流管道传输。它所采用的最基本的可靠性技术有：确认和超时重传；流量控制；拥挤控制。

（3）网际层

对应于 OSI 的网络层。这一层的协议主要有：

IP（Internet Protocol）为传输层提供网际传输服务。

ICMP（Internet Control Message Protocol）Internet 控制报文协议，它允许其他主机（或路由器）报告有关 IP 服务的状况。

ARP（Address Resolution Protocol）将 IP 地址转换成网络物理地址。

RARP（Reverse ARP）将网络物理地址转换成 IP 地址。

TCP/IP 技术是为了容纳物理网络技术的多样性而设计的，这种宽容性主要体现在 IP 层中。各种网络技术的帧格式、地址格式等上层协议可见的因素差别很大。TCP/IP 的重要性之一就是通过 IP 数据报和 IP 地址将它们统一起来，达到屏蔽低层细节、向上层提供统一服务目的。

IP 协议向上层（主要是 TCP 层）提供统一的 IP 数据报，使得各种物理帧的差异性对上层协议不复存在，这是 TCP/IP 迈向异种网互联的最重要的一步。

（4）网络接口和硬件

对应于 OSI 的数据链路层和物理层，也叫“物理网”。最常见的几种物理网是：

① IEEE 802.3 以太网；

② X.25 公用数据网；

③ ARPANET；

④ 其他网络，如 SAN 网、DECNET 等。

1.4.5 其他常用的网络协议

一些公司根据国际标准和自己的产品特点制定了自己的网络协议，如 IBM 公司的 IBM DLC 协议、Microsoft 公司的 NetBEUI 协议、ATM Call Manager 协议和 Novell 公司的 IPX/SPX 协议等。

1. IPX/SPX 及其兼容协议

IPX/SPX（Internetwork Packet Exchange/Sequences Packet Exchange，网际包交换/顺序包交换）是 Novell 公司的通信协议集。IPX/SPX 具有强大的路由功能，适合于大型网络使用。

在 Novell 网络环境中，IPX/SPX 及其兼容协议是最好的选择。在 Windows 网络中，无法直接使用 IPX/SPX 通信协议。

Windows Server 中提供了两个 IPX/SPX 的兼容协议：“NWLink IPS/SPX 兼容协议”和“NWLink NetBIOS”，两者统称为“NWLink 通信协议”。NWLink 协议是 Novell 公司 IPX/SPX 协议在微软网络中的实现，它在继承了 IPX/SPX 协议优点的同时，也适应了微软的操作系统和网络环境。Windows Server 网络可以利用 NWLink 协议获得 NetWare 服务器的服务。如果你的网络从 Novell 环境转向微软平台，或两种平台共存时，NWLink 通信协议是最好的选择。

NWLink 协议中的“NWLink IPX/SPX 兼容协议”只能作为客户端协议实现对 NetWare 服务器的访问，离开了 NetWare 服务器，此兼容协议将失去作用；而“NWLink NetBIOS”协议不仅可在 NetWare 服务器与 Windows Server 之间传递信息，还能够用于 Windows 计算机之间的通信。

2. NetBEUI

NetBEUI（NetBIOS Extended User Interface，用户扩展接口）由 IBM 于 1985 年开发完成，它是一种体积小、效率高、速度快的通信协议。NetBEUI 也被微软广泛采用，微软在其早期产品中，如 DOS、Windows 3.x 主要选择 NetBEUI 作为自己的通信协议。在微软如今的主流产品中，NetBEUI 已成为其固有的默认协议。

NetBEUI 是专门为由几台到百余台 PC 所组成的单网段部门级小型局域网而设计的，它不具有跨网段工作的功能，即 NetBEUI 不具备路由功能。如果你在一个服务器上安装了多块网卡，或要采用路由器等设备进行两个局域网的互联时，不能使用 NetBEUI 通信协议。否则，与不同的网卡（每一块网卡连接一个网段）相连的设备之间，以及不同的局域网之间无法进行通信。

虽然 NetBEUI 存在许多不尽如人意的地方，但它也具有其他协议所不具备的优点。在三种通信协议中，NetBEUI 占用内存最少，在网络中基本不需要任何配置。

3. PPP 和 SLIP 协议

PPP 是点对点协议（Point-to-Point Protocol）的缩写，是通过串行线路运行 TCP/IP 协议的标准。它能够建立用户端到目的地址之间的一条完整的线路连接，并且具有数据压缩和校验等功能，PPP 协议是一种被广泛认可的 Internet 标准，拨号上网使用的就是 PPP 协议。

SLIP 协议（Serial Line IP，串行线路 IP 协议）是 Internet 上一种较老的通信协议。由于不是国际标准，已逐步被 PPP 协议所取代。

1.5　局域网技术

1.5.1　局域网的分类

按网络的拓扑结构来分类，局域网有星形、总线形、环形及混合结构等类型。

1. 总线形结构

总线形结构是局域网最主要的拓扑结构之一，图 1.5.1 给出了实际的总线形局域网的计算机连接情况。

总线形局域网的主要特点是：

（1）总线通常采用同轴电缆作为传输介质；

（2）所有的节点都通过网卡直接连接到总线上；

（3）在总线形局域网中所有节点共享传输介质，因此是一种共享型局域网；

（4）所有节点都可以通过总线来发送和接收数据，但在一定时间内只允许一个节点利用总线发送数据；

（5）节点在发送数据时采用广播方式，即其他节点都可以接收到数据；

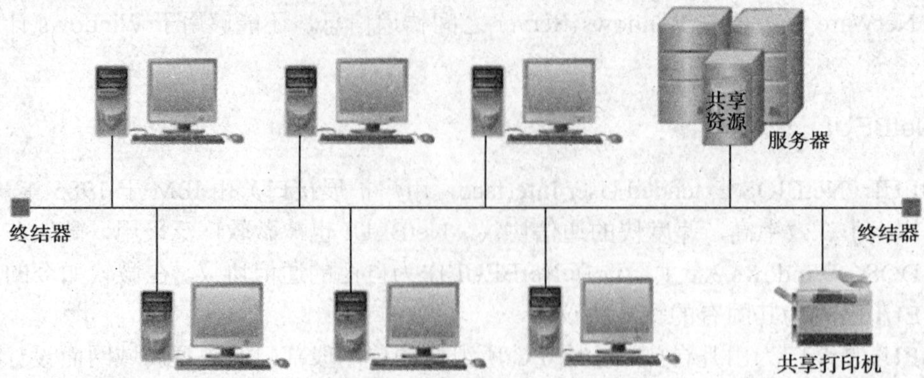

图 1.5.1 总线形结构

（6）由于总线作为公共传输介质为多个节点共享，就有可能出现同一时刻有多个节点利用总线发送数据的情况，因此会出现冲突，造成传输失败。

总线形拓扑的优点是：结构简单，实现容易，易于扩展，可靠性较好。

总线形结构是局域网中采用较多的一种拓扑形式，总线形结构的典型代表是著名的以太网，在以太网中采用 CSMA/CD（冲突检测/载波侦听）介质访问控制方法来解决冲突。

2. 环形结构

环形结构是一种有效的结构形式，采用分布式控制，控制简单，结构对称性好，传输速率高。

如图 1.5.2 所示，这种结构由传输线路构成一个封闭的环，入网的计算机通过网卡连到这个环形线路上。

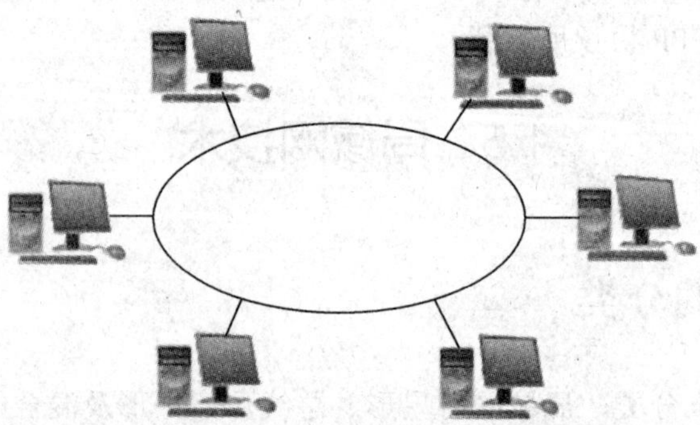

图 1.5.2 环形结构

在环形结构中各计算机地位相等，网络中通信设备和线路比较节省。网络中的信息流是定向的，网络传输延迟也是确定的。由于无信道选择问题，所以网络管理软件比较简单。这种结构主要用于令牌网（Token Ring），在这种网中，令牌在环中依次传递，与这个环相连的所有工作站、服务器和外设，拿到令牌就可以发送消息。令牌网的主要好处就是传输速率较快，同时它的运行性能、效率也远比以太网优越。

环形拓扑结构也有其缺点：可靠性较差，难以维护，节点的增加和减少较困难。

3. 星形结构

根据星形拓扑的定义，星形拓扑中存在着中心节点，每个节点通过点到点线路与中心节点连接，任何两个节点之间的通信都要通过中心节点。

如图 1.5.3 所示，网中的所有计算机都通过双绞线直接和集线器相连，从外部结构看其物理结构是星形的。在这种星形结构中，当某个工作站出现故障时不会使整个网络瘫痪，只会影响到这根双绞线所连接的工作站，因此这种结构的连接可靠性很高。另外，由于星形拓扑结构本身的特点，对网络设备的添加、移动和减少也都很容易完成。

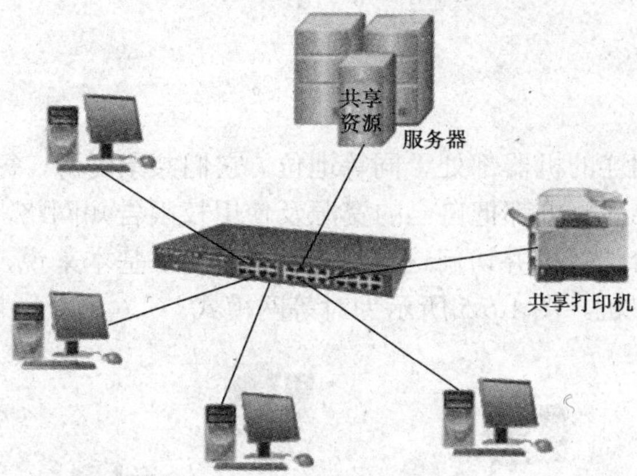

图 1.5.3　星形/总线结构

在星形结构中采用的也是广播式的通信方法，当一个工作站发送信息时，网上所有的其他工作站都可以收到这些信息。

4. 混合形拓扑结构

除了前面介绍的三种基本网络拓扑结构外，在这三种基本结构的基础上还可以拓展出树形拓扑结构、星形环拓扑结构、网状拓扑结构等，人们一般把由这三种基本结构派生出来的拓扑结构总称为混合形拓扑结构。在实际组网中，往往采用混合形拓扑结构。例如，一个普通中学的校园网通常就是一个树形结构，如图 1.5.4 所示。

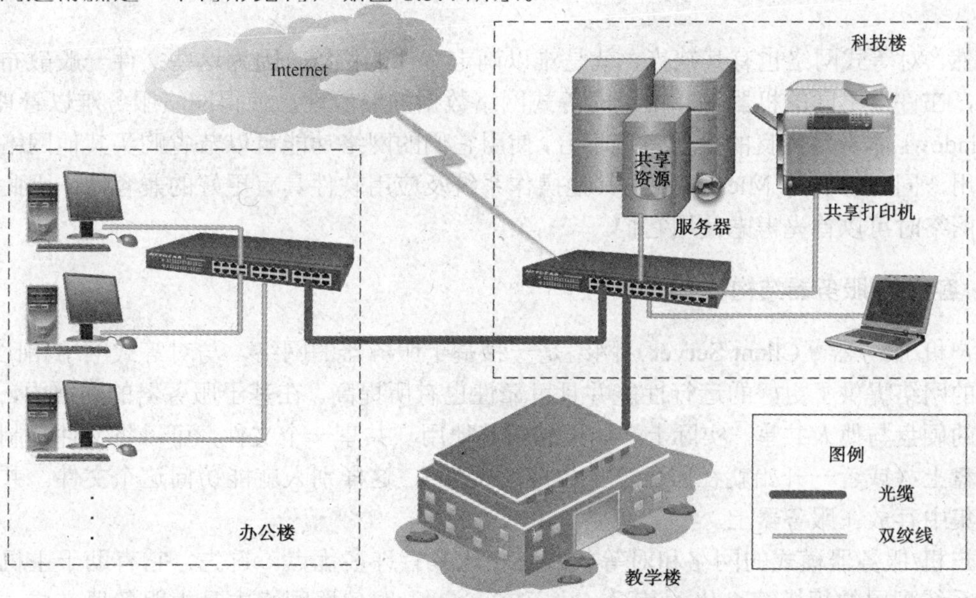

图 1.5.4　校园网的树形拓扑结构示意图

1.5.2 局域网的网络结构

按照建网后选用不同网络操作系统（NOS）所提供的不同使用功能，可以将局域网的网络结构分为对等式结构和客户机/服务器结构两大类。这两种网络结构涉及用户存取和共享信息两种不同的方式。

1. 对等式结构

在对等式网络中，相连的机器都处于同等地位。它们共享资源，每台机器都能以同样方式作用于对方。首先，每台计算机都把自己的资源及使用权限告知网络，然后，在需要时，一台计算机可以登录到另一台计算机并访问这台计算机的信息。基本来说，所有计算机都可以既作为服务器，同时又是客户机。图 1.5.5 所示为对等网模式。

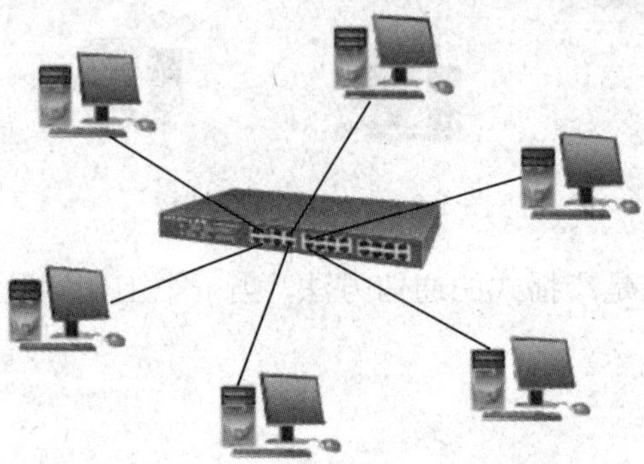

图 1.5.5 对等网模式

对等式网络结构是小型企业网络常用的结构。它不需要一个专用的服务器，每台工作站都有绝对的自主权。通过网络可以相互交换文件，也可以共享打印机、CD-ROM、MODEM 等硬件资源。

当然，对等式网络也有其缺点，就是难以确定文件的位置，因为这些文件一般散布在整个网络中，在许多不同的机器上，由于对等式网络数据的分散性，使得网络服务难以管理。

Windows 本身是优良的操作系统平台，使用它们的网络功能可以节省购买其他网络操作系统的费用，同时它们与 Microsoft 的其他操作系统及应用软件具有更好的兼容性，因此在组建对等式网络时可以首先考虑使用它们。

2. 客户机/服务器结构

客户机/服务器（Client/Server）网络是一种基于服务器的网络，与对等式网络相比，基于服务器的网络提供了更好的运行性能并且可靠性也有所提高。在基于服务器的网络中，不必将工作站的硬盘与他人共享。实际上，如果想与其他用户共享一个文件，可以将文件复制到服务器的硬盘上（或者一开始就在服务器上生成该文件），这样别人就能访问这个文件。共享数据全部都集中存放在服务器上。

客户机/服务器模式的网络和对等式网络相比具有许多优点。首先，它有助于主机和小型计算机系统配置的规模缩小化；其次，由于在客户机/服务器网络中是由服务器完成主要的数据处理任务，这样在服务器和客户机之间的网络传输就减少了很多。另外，在客户机/服务器网络中把数据都集中起来，这种结构能提供更严密的安全保护功能，也有助于数据保护和恢复。它还可以通过分割处理任务由客户机和服务器双方来分担任务，充分地发挥高档服务器的作用，如图 1.5.6 所示。

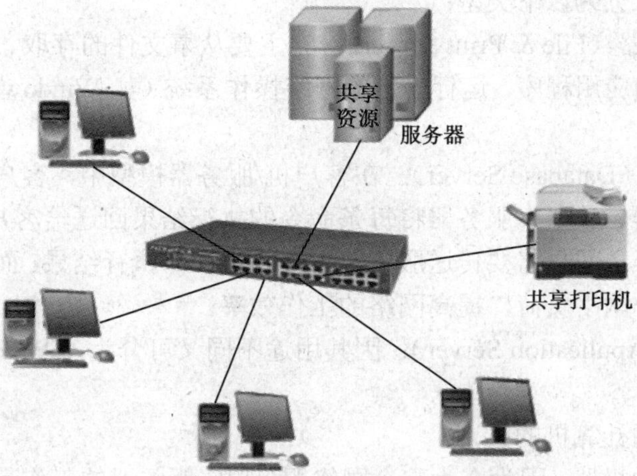

图 1.5.6　客户机/服务器模式

1.5.3　局域网的组成

局域网通常是由网络服务器、用户工作站、网络适配器、传输介质及附属设备和网络软件组成的。

1. 网络服务器

网络服务器（Server）是一台被工作站访问的计算机，通常由高性能的计算机担任。它的主要任务是运行网络操作系统和其他应用软件，为网络提供通信控制、管理和共享资源等。

（1）服务器在网络中的作用

每个独立的计算机网络中至少应该有一台网络服务器。网络服务器在网络中往往处于中心地位，主要为网上其他计算机或设备提供各种服务。因此，服务器的性能会直接影响到网络的性能。服务器的基本任务是处理各个网络工作站提出的网络请求，包括文件服务、打印服务、WWW 服务、电子邮件服务和 FTP 服务等。图 1.5.7 所示为客户机/服务器模式工作过程。

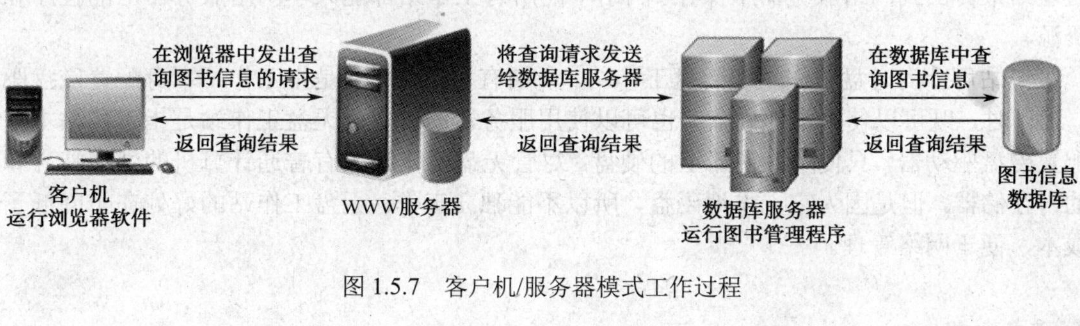

图 1.5.7　客户机/服务器模式工作过程

在客户机/服务器模型中，服务器主要负责数据处理，而客户机则主要是从服务器上请求信息；在对等模型中，网络中的任何计算机都可以作为服务器或客户机，网络中的任何机器之间都可以进行通信或资源共享。

（2）服务器的类型

服务器按用途可以分为以下类型：

① 文件打印服务器（File & Print Server）：它主要从事文件的存取、共享及文件的打印，当然还必须共享一定的应用程序，运行一定的网络操作系统（如 Windows NT），执行一定的通信功能。

② 数据库服务器（Database Server）：在客户机/服务器模型中，客户机使用命令将服务请求发送到数据库服务器，数据库服务器将每条命令的执行结果回送给客户机。在这个过程中，客户机和数据库服务器之间只需要传送服务请求命令与命令执行结果，而不需要传送任何数据库文件，这样可以减少网络负荷，提高网络的工作效率。

③ 应用服务器（Application Server）：因其用途不同又可分为 WWW 服务器、电子邮件服务器、FTP 服务器等。

（3）服务器与普通计算机的区别

服务器是大负荷的机器，因为在为整个网络服务时，服务器的工作量是普通工作站工作量的几倍甚至几十倍。服务器与普通计算机的主要区别如下：

① 运算速度快；

② 存储容量大（包括内存容量和硬盘容量）；

③ 可靠性和稳定性较高。

网络投入运行后服务器要长时间地运行，如果质量差，会导致服务器很快损坏；另外，为了保证资料的安全，防止由于硬件损坏导致资料的丢失，一般服务器都装有两套相同的硬盘，两套硬盘工作于热备份状态。

2. 用户工作站

工作站（Workstation），也叫客户机（Client），是连入网络并且接受网络服务器控制和管理的，共享网络资源的计算机。

工作站分别运行独立的操作系统，操作系统必须为服务器所认可。目前主流的工作站大都使用 Windows 操作系统。工作站是用户使用网络的接口，是用户工作的真正平台。用户从工作站登录入网后，通过工作站向网络服务器发出请求，得到网络服务器响应后，从网络服务器取出程序和数据，传送到工作站，并在工作站上执行应用程序，对数据进行加工处理，然后又将处理结果传回到网络服务器中保存。网络中的所有工作站都能共享网络服务器上的程序和数据资源。

工作站可分为有盘工作站和无盘工作站。所谓有盘工作站，是指工作站本身配置磁盘驱动器。工作时，既可以使用本地硬盘，也可以使用服务器的硬盘。无盘工作站是指工作站本身并不配置磁盘驱动器，只使用服务器上的硬盘。尽管无盘工作站也有普通计算机的处理能力和足够的内存储器，但是因为它无本地磁盘，所以不能独立工作。无盘工作站的好处在于降低了网络成本，便于网络管理。

3. 网络适配器

网络适配器（Network Interface Card，NIC），简称为网卡，它是计算机网络中最基本和最重要的连接设备之一，计算机主要通过网卡接入网络。网卡在网络中的工作是双重的：一方面负责接收网络上传过来的数据包，解包后将数据通过主板上的总线传输给本地计算机；另一方面它将本地计算机上的数据经过打包后送入网络。

根据网卡的工作速度不同可分为 10M 网卡、100M 网卡、10/100M 自适应网卡、1000M 网卡。

根据网卡总线类型的不同，主要分为 ISA 网卡、EISA 网卡和 PCI 网卡三大类，其中 ISA 网卡和 PCI 网卡较常使用。ISA 总线网卡如图 1.5.8（a）所示，其速度一般为 10Mbps。如图 1.5.8（b）所示为 PCI 总线网卡，PCI 总线网卡与 ISA 总线网卡主要是下方的接口有区别。PCI 网卡的速度一般从 10～100Mbps。

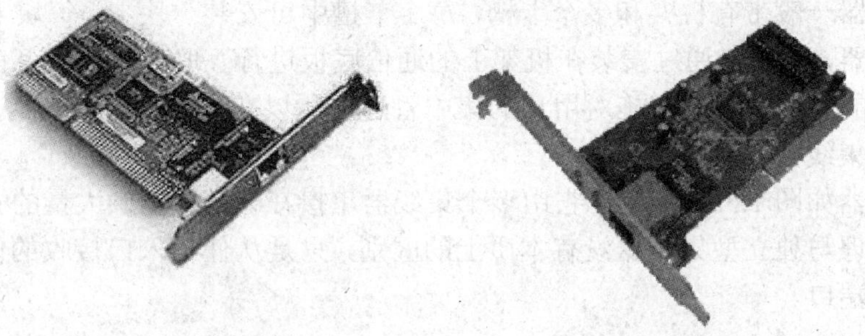

（a）ISA 总线网卡　　（b）PCI 总线网卡

图 1.5.8　网卡

同样是 10M 网卡，因为 ISA 总线为 16 位，而 PCI 总线为 32 位，所以 PCI 网卡明显要比 ISA 网卡快。

为了实现与不同传输介质的连接，网卡也有 AUI 接口（粗缆接口）、BNC 接口（细缆接口）和 RJ-45 接口（双绞线接口）三种接口类型。只提供 AUI 接口的网卡目前基本上不使用了；同时具有 RJ-45 双绞线接口和 BNC（细缆）接口的网卡目前较为常用。因此，在选用网卡时应注意网卡所支持的接口类型，即需要通过双绞线还是细缆连接，否则所购买的网卡可能会不适用于网络。

4. 集线器

集线器（Hub）是一种能够改变网络传输信号，扩展网络规模，构建网络，连接 PC、服务器和外设的最基本的设备。

集线器属于数据通信设备，主要用于共享网络的组建，是解决从服务器直接到桌面的最佳、最经济的方案。

根据速度的不同，目前市场上用于中小型局域网的集线器可分为 10M、100M 和 10/100M 自适应三个类型。

根据配置形式的不同，集线器可分为独立型集线器、模块化集线器以及堆叠式集线器三大类。其功能特点如下：

（1）独立型集线器

独立型集线器是最早使用于 LAN 的设备，它具有低价格、容易查找故障、网络管理方便等优点。但这类集线器的工作性能较差，尤其在速度上缺乏优势。独立型集线器结构适宜于小型工作组规模的局域网，其结构如图 1.5.9 所示。

图 1.5.9 独立型集线器

（2）模块化集线器

模块化集线器一般带有机架和多个卡槽，每个卡槽中可安装一块卡，每块卡的功能相当于一个独立型集线器，多块卡通过安装在机架上的通信底板进行互联并进行相互间的通信。模块化集线器在较大的网络中便于实施对用户的集中管理，所以在大型网络中得到了广泛应用。

（3）堆叠式集线器

堆叠式集线器如图 1.5.10 所示。它由多个集线器串接在一起，提供大量的并列端口。堆叠式集线器工作原理与独立型集线器没有本质上的区别，只是从任一入口接收的信号，可以通过底线广播到所有端口。

图 1.5.10 堆叠式集线器

每一个单独的集线器根据接口数（所连接的计算机数目）的多少一般可分为 8 口、16 口和 24 口几种。

1.5.4 其他网络设备

1. 网桥

网桥（Bridge）也称桥接器，是一个局域网与另一个局域网之间建立连接的桥梁。网桥可以将两个局域网连接起来，扩展网络的距离或范围，并且对数据的流通进行管理，以提高网络的性能、可靠性和安全性，如图 1.5.11 所示。

图 1.5.11　网桥

网桥可以对不同拓扑结构、不同网络操作系统、不同协议的局域网进行连接。

2. 交换机

交换机（Switch） 与多端口网桥非常相似，它具有多个端口，每个端口都具有桥接功能，可以连接一个局域网或一台高性能服务器，如图 1.5.12 所示。

在现代网络设计中，通过使用交换机来分割局域网，连接不同的局域网，对网络进行扩展，以增加网络覆盖范围，进一步提高整个网络的应用性能。

交换机还具有集线器的某些功能，所以有时又被称为交换式集线器。交换机与集线器的最大区别是交换机是以交换而不以共享方式处理端口资料的，从而有效地提高了系统的带宽。

图 1.5.12　交换机

局域网交换机根据速率可以分为 10Mbps、100Mbps、10/100Mbps 以及千兆位等类型的以太网交换机。

局域网交换机根据使用的网络技术可以分为：以太网交换机、令牌环交换机、FDDI 交换机、ATM 交换机、快速以太网交换机等。

如果按交换机应用领域来划分,可分为台式交换机、工作组交换机、主干交换机、企业交换机、分段交换机、端口交换机、网络交换机等。

3. 路由器

路由器（Router）主要用于将局域网与广域网连接，它具有判断网络地址和选择路径的功能。它把网关、网桥、交换技术集于一体，其最突出的特性是能将不同协议的网络视为子网而互联，更能跨越 WAN 将远程的局域网互联成大网，如图 1.5.13 所示。

图 1.5.13　路由器（左侧图形为右侧图形方框部分的接口放大图）

路由器对于大型的网际网及采用远程通信连接的广域网非常关键。路由器能保证信息在复杂的网际网上按照原定的路径有效地传输。大型的网际网遍布全球，在远程通信时，可能包含多条重复的线路，路由器可以从中找到最佳的路径，它能够在网络层中查找信息决定最佳路径。

路由器的主要工作就是为经过路由器的每个报文寻找一条最佳传输路径，并将该数据有效地传送到目的站点。

路由器可以真正实现网络（子网）互联，它不仅可以实现不同类型局域网的互联，而且可以实现局域网与广域网的互联以及广域网间的互联。一般异构网络互联与多个子网互联都应采用路由器来完成。

4. 网关

网关（Gateway）又称协议转换器，是连接两个协议差别很大的计算机网络时使用的设备。它可以将具有不同体系结构的计算机网络连接在一起。

网关提供的服务是全方位的。它可以支持不同协议之间的转换，实现不同协议网络之间的互联。

在一个计算机网络中，如果连接不同类型而且协议差别比较大的网络时，应选用网关设备。由于协议转换是一项复杂的工作，一般来说，网关只进行一对一转换，或者是少数几种特定应用协议的转换，很难实现通用的协议转换。如 Windows NT 网络与 Netware 网络的互联，Windows NT 网络与 IBM 主机的连接。常见的网关设备都用在网络中心的大型计算机系统之间的连接上，为普通用户访问更多类型的大型计算机系统提供帮助。

网关有硬件和软件两种产品。通过软件也可以实现协议转换操作，并能起到与硬件类似的作用。但它是以损耗机器的运行时间来实现的。如电子邮件网关则是一种典型的应用程序网关，它能将不同电子邮件系统的数据格式相互转换。Internet 的电子邮件服务能在全球通用，就得益于那些电子邮件网关。目前，网关已是网络上每个用户都能访问大型主机的通用工具。

1.6 网络管理和安全

随着网络应用的发展，计算机网络在日常生活中的作用变得越来越重要，网络安全和网络管理等方面的问题也随之被人们重视起来。

1.6.1 网络的管理

随着网络在社会生活中的广泛应用，支持各种信息系统的网络的地位也就变得越来越重要了。随着网络规模的不断扩大，网络结构也变得越来越复杂。用户对网络应用的需求不断提高，企业和用户对计算机网络的依赖程度也越来越高。在这种情况下，企业的管理者和用户对网络性能、运行状况以及安全性也越来越重视，因此网络管理已成为现代网络技术中最重要的问题之一，也是网络设计、实现、运行与维护等各个环节中的关键问题之一。一个有效而且实用的网络每时每刻都离不开网络管理。如果在网络设计中没有很好地考虑与解决网络管理问题，那么这个设计方案是有严重缺陷的，按这样的设计组建的网络应用系统是十分危险的。一旦因网络性能下降，甚至因故障而造成网络瘫痪，将给企业造成严重的损失，这种损失有可能远远大于在网络组建时，用于网络软、硬件与系统的投资。因此，我们必须十分重视网络管理技术的研究与应用。

网络管理是指对组成网络的各种硬件、软件及通信设施的综合管理，以充分发挥这些设施的作用，提高效率，增加可靠性。

为了进行网络管理，网络中有一个称为网络管理中心（网管中心或网控中心）的虚拟机构。网管中心向网络中的各种设备（包括网络交换设备、集线器、线路设备，在局域网环境下甚至包括参与通信的各种用户节点设备）发出控制命令，这些设备执行命令并反馈结果。网管中心收集发送来的各种状态信息和报警信息，对其进行分析，及时反映给操作人员，并确定进一步的控制动作。

网络管理软件应具有足够强的功能，以保证能获得最佳的网络性能。它通常具有如下五个方面的功能。

1. 配置管理

配置管理就是定义、收集、监测和管理配置数据，使网络的规模、能力随需要而改变，使得网络性能达到最优。配置数据就是指设备资源的容量和属性，以及它们之间的关系。

2. 故障管理

网管中心定时地查询网络系统中各设备、部件和线路的工作状态，及时发现问题。对于网络系统中部件损坏或者环境影响所引起的异常情况，可以根据网络管理数据库中的信息确定其原因和位置，采取补救措施（如故障隔离），以使网络继续完成其预定的功能。对于严重的或者无法恢复的故障，则给出报警号，以便进行人工隔离和分析、排除故障。

3. 性能管理

性能管理主要是收集和统计数据，以便评价资源的运行状况和通信效率等网络性能。性能管理还包括网络的流量管理和路由管理。通过这些管理，使得网络流量分配合理，网络有效吞吐量最高，避免网络超载和死锁的发生等。

4. 计费管理

计费管理主要对用户使用网络资源的情况进行记录并核算费用。

在企业内部网中，内部用户使用网络资源并不需要交费，但是计费功能可以用来记录用户对网络的使用时间，统计网络的利用率与资源使用等内容。

通过计费管理，可以了解网络的真实用途，定义它的能力，使网络更有效。

5. 安全管理

安全管理功能是用来保护网络资源的安全的。安全管理活动能够利用各种层次的安全防卫机制，使非法入侵事件尽可能少发生；能够快速检测未授权的资源使用，并查出侵入点，对非法活动进行审查与追踪；能够使网络管理人员恢复部分受破坏的文件。

在安全管理中可以通过使用网络监视设备，记录使用情况，报告越权或提供对高危险行为的警报。

1.6.2 网络安全要解决的问题

随着计算机网络的发展，网络中的安全问题也日趋严重。计算机网络面临的安全问题主要有：

（1）信息泄露

网络通信过程中如不采取保密措施，那么很可能会发生信息泄露。例如国防、科研、商业机密的泄露所造成的损失是不言而喻的。

（2）假冒用户

在网络中假冒他人进行非法活动，或使用假冒报文，都将对系统造成极大的危害，也会给合法的网络用户带来巨大的损失。

（3）篡改信息

网络本身容易遭受一些恶意程度的攻击，如计算机病毒、网络黑客等。

近年来发生的众多计算机犯罪到了令人发指的地步，据统计美国每年计算机犯罪造成的损失是各种自然灾害造成的损失之和。因此，如何建设一个安全、可靠的网络，已成为计算机网络技术中的一个突出问题。

1.6.3 防火墙技术

1. 防火墙的概念

防火墙（Firewall）是一类防范措施的总称，它使得内部网络与 Internet 之间或者与其他外部网络互相隔离、限制网络互访用来保护内部网络。防火墙是一种隔离控制技术，它的作用是在某个机构的网络和不安全的网络（如 Internet）之间设置屏障，阻止对信息资源的非法访问，防火墙也可以被用来阻止保密信息从企业的网络上被非法传出。简单的防火墙可以用路由器实现，复杂的需要用主机甚至一个子网来实现。

设置防火墙目的都是为了在内部网与外部网之间设立唯一的通道，简化网络的安全管理。它能允许网络管理人员“同意”的人和数据进入网络，同时将网络管理人员“不同意”的人和数据拒之门外，阻止网络中的黑客访问企业的网络，防止他们更改、复制、毁坏企业的重要信息。

2. 防火墙的作用

防火墙在内部网与外部网之间的界面上构造了一个保护层，并强制所有的连接都必须经过此保护层，在此进行检查和连接。只有被授权的通信才能通过此保护层，从而保护内部网及外部网的访问。防火墙技术已成为实现网络安全策略的最有效的工具之一，并被广泛地应用到网络安全管理上。

防火墙的作用主要有以下几点：

（1）可以对网络安全进行集中控制和管理。防火墙系统在企业内部与外部网络之间构筑屏障，将承担风险的范围从整个内部网络缩小到组成防火墙系统的一台或几台主机上，在结构上形成一个控制中心；并在这里将来自外部网络的非法攻击或未授权的用户挡在被保护的内部网络之外，加强了网络安全，并简化了网络管理。

（2）控制对特殊站点的访问。防火墙能控制对特殊站点的访问，如有些主机能被外部网络访问，而有些则要被保护起来，防止不必要的访问。

（3）防火墙可作为企业向外部用户发布信息的中心联系点。防火墙系统可作为 Internet 信息服务器（如 WWW、FTP 等服务器）的安装地点，对外发布信息。防火墙可以配置允许外部用户访问这些服务器，而又禁止外部未授权的用户对内部网络上的其他系统资源进行访问。

（4）节省网络管理费用。使用防火墙就可以将安全软件都放在防火墙上进行集中管理；而不必将安全软件分散到各个主机上去管理。

（5）对网络访问进行记录和统计。如果所有对 Internet 的访问都经过防火墙，那么，防火墙就能记录下这些访问，并能提供网络使用情况的统计数据。当发生可疑动作时，防火墙能够报警并提供网络是否受到监测和攻击的详细信息。

（6）审计和记录 Internet 使用量。网络管理员可以在此向管理部门提供 Internet 连接的费用情况，查出潜在的带宽瓶颈的位置，并能够根据机构的核算模式提供部门级的计费。

3. 防火墙的部署

我们究竟应该在哪些地方部署防火墙呢?

第一，应该安装防火墙的位置是公司内部网络与外部 Internet 的接口处，以阻挡来自外部网络的入侵；第二，如果公司内部网络规模较大，并且设置有虚拟局域网（VLAN），则应该在各个 VLAN 之间设置防火墙；第三，通过公网连接的总部与各分支机构之间也应该设置防火墙，如果有条件，还应该同时将总部与各分支机构组成虚拟专用网（VPN）。

安装防火墙的基本原则是：只要有恶意侵入的可能，无论是内部网络还是与外部网络的连接处，都应该安装防火墙。

4. 防火墙系统的局限性

防火墙系统存在如下局限性：

（1）防火墙把外部网络当成不可信网络，主要是用来预防来自外部网络的攻击。它把内部网络当成可信任网络。然而事实证明，50%以上的黑客入侵来自于内部网络，但对此防火墙却无能为力。因此可以把内部网分成多个子网，用内部路由器安装防火墙的方法以保护一些内部关键区域。这种方法维护成本和设备成本都会很高，同时也容易产生一些安全盲点，但毕竟比不对内部进行安全防范要好。

（2）常常需要有特殊的较为封闭的网络拓扑结构来支持，对网络安全功能的加强往往以网络服务的灵活性、多样性和开放性为代价。

（3）防火墙系统防范的对象是来自网络外部的攻击，而不能防范不经由防火墙的攻击。比如通过 SLIP 或 PPP 的拨号攻击，绕过了防火墙系统而直接拨号进入内部网络。防火墙系统对这样的攻击很难防范。

（4）防火墙只允许来自外部网络的一些规则允许的服务通过，这样反而会抑制一些正常的信息通信，从某种意义上说大大削弱了 Internet 应有的功能。特别是在电子商务发展较快的今天，防火墙的使用很容易错失商机。

1.6.4 网络防病毒技术

随着计算机技术的不断发展和日益普及，计算机已经在人们日常生活和企业运作中起着举足轻重的作用，给个人的工作、生活以及公司的发展带来了前所未有的方便和效率。尤其是以 Internet 为代表的网络技术的迅速发展，使人们的信息交流突破了地域的限制，达到了空前的广度和深度。然而，与此同时，计算机病毒却像一个阴影笼罩着计算机应用的光辉前景，越来越多的个人和团体遭到病毒的袭击，造成巨大的损失。

1. 计算机病毒的概念

计算机病毒，是指破坏计算机功能或者毁坏数据，影响计算机使用，并能自我复制的一组计算机指令或者程序代码。与生物病毒一样，计算机病毒具有传染和破坏的作用；但是，与之不同的是，它不是天然存在的，而是一段比较精巧严谨的代码，按照严格的秩序组织起来，与所在的系统或网络环境相适应并与之配合，是人为特制的具有一定长度的程序。

2. 计算机病毒的特征

计算机病毒有以下明显的特征：

（1）计算机病毒是一段可执行的程序。它可以直接或间接地运行，可以隐蔽在可执行程序和数据文件中而不易被人们察觉和发现。

（2）计算机病毒具有传染性。它是衡量一种程序是否为病毒的首要条件。病毒程序一旦进入系统与系统中的程序接在一起，它就会在运行这一被传染的程序之后开始传染其他程序。这样，病毒就会很快地传染到整个计算机系统。

（3）计算机病毒具有潜伏性。一个编制巧妙的计算机病毒程序，可以在几周或者几个月甚至几年内隐藏在合法文件之中，对其他系统进行传染，而不被人们发现。计算机病毒的潜伏性与传染性相辅相成，潜伏性越好，在系统中存在时间越长，病毒的传染范围就会越大。

（4）计算机病毒一般都有一个触发条件。或者触发其传染，或者在一定条件下激活计算机病毒的表现部分或破坏部分。触发实质上是一种条件控制，一个病毒程序可以按照设计者的要求，在某个点上激活并对系统发起攻击。

（5）破坏性。任何病毒只要侵入系统，都会对系统及应用程序产生程度不同的影响。轻者会降低计算机工作效率，占用系统资源，重者可导致系统崩溃。据此特性可将病毒分为良性病毒与恶性病毒。良性病毒可能只发出声音、显示些画面或无聊的语句，没有任何破坏动作，但会占用系统资源。恶性病毒则有明确目的，或破坏数据、删除文件或加密磁盘、格式化磁盘，对数据造成不可挽回的破坏。

（6）有针对性。现在世界上出现的计算机病毒，并不是对所有计算机系统都进行传染。例如，有的针对 Windows 95/98 系统，有的针对 Macintosh 系统，有的针对 Windows NT 或者 UNIX 操作系统。

（7）计算机病毒具有衍生性。由于计算机病毒本身是一段程序，这种程序的设计思想以及程序模块本身很容易被病毒自己或其他模仿者所修改，使之成为一种不同于原病毒的计算机病毒。

3. 网络病毒的特点

随着网络和 Internet 的发展，一个传播范围更广、危害更大的新型病毒应运而生，这就是所谓的网络病毒，即在网络环境下流行的病毒。网络病毒都是充分利用了网络的缺陷来设计和传播的，这是所有网络病毒的共性，所以一旦传播开来，它的破坏力将是非常大的。

随着 Java 的流行，现在出现了所谓的 Java 网络病毒；电子邮件的广泛应用又引出了隐藏在邮件中的 E-mail 病毒，还有蠕虫病毒，包含在 HTML 文件中的 HTML 病毒等。

除具有计算机病毒的共同特征外，网络病毒还具有以下特点：

（1）破坏性强。一旦文件服务器的硬盘被病毒感染，就可能造成网络服务器无法启动，导致整个网络瘫痪，造成不可估量的损失。

（2）传播性强。网络病毒普遍具有较强的再生机制，一接触就可通过网络扩散与传染。根据有关资料可知，在网络上病毒传播的速度是单机的几十倍。

（3）扩散面广。由于网络病毒能通过网络进行传播，所以其扩散面很大，一台 PC 的病毒可以通过网络感染与之相连的众多机器。

4. 网络防病毒软件

面对网络病毒的日趋泛滥，利用网络防病毒软件对病毒进行防护是十分必要的。

网络防病毒软件的基本功能是：对文件服务器和工作站进行查毒扫描、检查、隔离、报警，当发现病毒时，由网络管理员负责清除病毒。

网络防病毒软件一般允许用户设置三种扫描方式：实时扫描、预置扫描、人工扫描。

实时扫描方式要求连续不断地扫描从文件服务器读/写的文件是否带毒；预置扫描方式可以在预先选择的日期和时间扫描服务器，预置的扫描频度可以是每天一次、每周一次或每月一次；人工扫描方式可以在任何时候要求扫描指定的卷、目录和文件。

5. 网络病毒的防范

随着网络技术的不断发展，网络反病毒技术将成为计算机反病毒技术的重要方面，也是计算机应用领域中需要认真对待的问题，这将成为网络管理人员及用户的长期任务，只有做好这项工作，才能保证计算机网络长期安全稳定地运行。

防病毒软件除了要具有自我诊断、自我保护的高可靠性，查毒、消毒、预防的多功能性，以及低误报率、高检测率，能够适用于网络等特点外，还应具有多级跨平台防毒系统的特点，这是病毒的多样性给防病毒软件提出的新要求，也是今后防病毒软件的发展趋势。

在计算机网络还很不发达的时代，计算机病毒主要靠被感染的软盘传播，病毒类型也只有引导区型、文件型两种。但是随着网络的发展和分布式计算机的增长，出现了许多新兴的技术和应用，如宏、群件系统、Java、分布式对象存储技术（如 DCOM、COBRA）等。这些新的应用和技术被病毒用做传播媒介，使病毒变得越来越复杂。对大型企业来说，由于其拥有多种操作系统，普遍采用分布式或客户机/服务器（Client/Server）系统，并且通过网络共享、电子邮件和 Internet 进行数据文件自由交换，因此病毒防御是一项复杂和困难的工作。

面对如此复杂的病毒传播模式和种类繁多的病毒，只具备单一功能的防病毒软件已经远远不能满足要求。为了阻止病毒的传播和扩散，网络管理者不设置多级进入点的保护，就无法抗击快速增长的病毒感染的威胁。网络计算以及如简单文档的宏脚本编辑、群件等新技术和 Internet 本身的广泛采用使得建立一套完善的、多级的防病毒系统非常必要。

一般来说，阻止病毒对网络的攻击可分以下三个步骤来完成：

（1）保证网络中每个用户在每次启动系统并登录到网络前，都已正确地运用反病毒工具进行反病毒检查。

为使最终网络用户尽量少受反病毒扫描过程的干扰，应该考虑选择一个能够起到连续保护作用的实时反病毒产品。这种产品在首次安装时，会在自己复制到系统的同时，对系统进行彻底清查，并向用户报告可能的病毒感染情况。当它完成初始安装并对系统彻底扫描之后，该软件就能够始终作用于最终用户的系统中，对用户的程序与数据提供连续、实时保护。

（2）对经常从 FTP 或 Web 站点下载文件以及经常收发电子邮件的用户，需要安装自动反病毒工具，如“病毒防火墙”等，对上传/下载过程进行自动扫描，防止从网上下载和上传过程中感染病毒。

病毒防火墙能够对上传/下载的数据进行实时自动化的病毒过滤，还能够在用户发出电子邮件的瞬间过滤掉邮件中可能携带的病毒。

（3）当人们完成了每台客户机的反病毒工作后，接下来的任务就是给所有的网络服务器系统提供反病毒保护措施——这是最重要的。前两步仅仅是解决了“病从口入”的问题，真正要提高网络整体对病毒的防护能力，只有在网络服务器上下手。

即使在客户端建立了再完备的防护体系，用户也难免有操作失误的时候，这时网络整体防护水平就会大幅度地下降。所以我们应该在网络服务器上建立最根本的防线，以保证即使工作站反病毒水平下降，也不至于危害到整个网络。也就是说，要在服务器上建立实时的反病毒体系，通过实时化的反病毒技术对服务器进行动态、实时的监控，保证整个网络的安全。

1.7 Internet 概述

1.7.1 Internet 和 Intranet

Internet 是世界上最大、覆盖面最广的计算机互联网络，它将全世界不同国家、不同地区、不同部门和机构的不同类型的计算机和各种计算机网络（国家主干网、广域网、城域网、局域网等）连接在一起形成一个全球性网络，中文名称为国际互联网或因特网。

在这个全球性的网络上，几乎无所不能，同时也是无国界的，它将五花八门的信息，如菜单食谱、政治论坛、科学知识等，通过网络的连接，使所有的人共享这些信息。它是知识、信息和概念的巨大集合，已成为人类的宝库，被称为“赛百空间”（Cyberspace）。

用户只要把自己的计算机连接到与 Internet 互联的任何一个网络，或与 Internet 上的任何一台服务器连接，就可以进入 Internet。世界上任何地方的任何一台计算机，只要连接到 Internet，就可以跨越时空查阅信息资源，与网络上其他的计算机或用户交换信息，获得该网络提供的各种信息服务，而不受地区、国界和时间的限制。

Intranet 也称为企业内部网，是建立于公司内部的 Internet。Internet 从诞生之日起，就是一个公用网络，谁都可以上网漫游，而 Intranet 不是公用网络，但它应用的是 Internet 技术，因而它又和普通的公司内部网不同。

1.7.2 Internet 的发展

Internet 始于 40 年前，是美国和前苏联冷战的产物。美国国防部认为，如果仅有一个集中的军事指挥中心，万一这个中心被苏联的核武器摧毁，全国的军事指挥将处于瘫痪状态，其后果不堪设想。因此有必要设计出一个分散的指挥系统，它由一个个分散的指挥点组成，当部分指挥点被摧毁后其他点仍能正常工作，而这些分散的点又能通过某种形式的通信网取得联系。1969 年，美国国防部研究计划管理局（Advanced Research Projects Agency，ARPA）开始建立一个命名为 ARPAnet 的网络，将美国的几个军事及研究用计算机主机连接起来，这就是 Internet 的雏形。

1983 年，ARPA 和美国国防部通信局研制成功了用于异构网络的 TCP/IP 协议，美国加利福尼亚伯克莱分校把该协议作为其 BCD UNIX 的一部分，使得该协议得以在社会上流行起来，从而诞生了真正的 Internet。

1985 年，美国国家科学基金会（NSF）以 6 个为科研教育服务的超级计算机中心为基础，建立了 NSFnet，其目的是使学校和全国学术研究单位共享信息资源，NSF 用 ARPAnet 网上的 IP 技术以 56kbps 的电话线将各计算机中心连接，并且在各地建立局域网。学校、研究单位可以与最邻近的局域网连接，局域网又有网点与一个超级计算机中心相连。采用这样的结构，每一台计算机都可与网上的其他计算机进行对话式通信，这就是最早的 Internet。现在，NSFnet 已成为 Internet 的骨干网之一。

1989 年，由 CERN（日内瓦欧洲粒子物理研究室）开发成功 WWW，为 Internet 实现广域超媒体信息索取和检索奠定了基础。

1990 年，ARPAnet 网在完成其历史使命后停止运作，同年，由 IBM、MCI 和 MERIT 三家公司组建的 ANS 公司建立了一个新的网络，即目前的 Internet 主干网 ANSnet，它的传输速率达到 45Mbps，是被取代的 NSF 主干网容量的 30 倍。

20 世纪 80 年代以来，由于 Internet 在美国获得迅速发展和巨大成功，世界各国纷纷加入 Internet 的行列，使 Internet 成为全球性的网络，这就是今天的 Internet。

Internet 在美国是为了促进科学技术和教育的发展而建立的，因此在 1991 年以前，无论在美国还是其他国家，Internet 的连接与使用，都被严格限制在科技和教育领域。1991 年，美国分别经营着自己的 CERFnet、PSInet、ALTERnet 网络的三家公司，组成了“商用 Internet 协会”（CIEA），宣布用户可以把它们的 Internet 子网用于任何商业用途，从此商业进入 Internet。

随着用户的急剧增加，Internet 的规模迅速扩大，其应用领域也走向多元化，除了科技和教育外，文化、政治、经济、新闻、体育、娱乐、商业及服务也都加入到 Internet。由于网上商业应用的高速发展和面向社会公众的普及性应用的开发，使 Internet 迅速普及和发展。

1.7.3 Internet 的管理结构

Internet 由几万个子网通过自愿的原则互联起来，是一个以平等、互利、合作、安全为原则的民间团体，它不属于任何机构和个人。

为了确保 Internet 的正常运行和新技术的不断发展，需要有一个机构负责协调、组织新技术标准研究与传播，负责域名和地址的分配。

Internet 的最高组织是 Internet 网络协会，该协会成立于 1992 年，是一个非营利的组织，由与 Internet 相连的各组织和个人自愿组成。下分 Internet 网络体系结构研究会（IAB）和其他几个研究会。IAB 下面又由 IETF（Internet 网络工程组）负责工程实施与技术支持；IRTF（Internet 网络技术研究组）负责新技术标准的研究和审定；IANA（Internet 网络编号管理局）专门负责用户的注册编号管理，RIPE NIC 是欧洲网络信息中心，InterNIC 是美国和其他地区的网络管理中心，亚太地区的注册登记工作由 APNIC（亚太地区网络信息中心）负责，总部在日本。我国的有关事务由中国互联网络信息中心（CNNIC）负责管理。

1.7.4 中国与 Internet

中国作为第 71 个国家级网于 1994 年 3 月正式加入 Internet，同年 5 月在中国科学院高能物理研究所实现联网，但 Internet 真正在我国造成声势是在 1996 年。

目前我国国内互联网的四个骨干网络是中国教育与科研计算机网（CERnet），中国科学技术计算机网（CSTnet），中国公用计算机互联网（ChinaNet），中国金桥互联网（ChinaGBN）。前两个网络以公益性为主，主要面向科研和教育单位及个人，后两个网络是以经营为目的，称为商业网。

中国科技网 CSTnet 是以中国科学院的 NCFC 及 CASnet 网为基础，连接了中国科学院以外的一批中国科技单位而构成的网络。目前接入 CSTnet 的单位有农业、林业、医学、电力、地震、气象、铁道、航空航天、环境保护等近三十个科研部门及国家自然科学基金委、国家专利局等科技管理部门。

国家教育部的 CERnet 网，以清华大学为中心并分别在北京、上海、广州、沈阳、成都、武汉、西安、兰州八个城市设立了网络区域中心，目前已连通 1000 多所院校。

邮电部于 1995 年 2 月开通北京和上海两个国际出口。这是国内主要的商业网，目前已有 30 多个省会级城市开通 ChinaNet，开通了 163、169 全国漫游专号。

电子工业部（现为工业和信息化部）的金桥网是国家投资建立的三金工程之一，1996 年 11 月和 Internet 连通。

由于我国 Internet 发展势头迅猛，从事 Internet 入网服务的商业公司（Internet Service Provider，ISP）也纷纷成立。它们通常是自己建立一个网络服务中心，再通过专线租用国际出口，为用户提供 Internet 接入等有关服务的。

据中国互联网络信息中心（CNNIC）的统计，截止到 2006 年年底，我国上网总人数为 13700 万（其中专线上网 2710 万，拨号上网 3900 万，宽带上网 9070 万，手机上网 1700 万）；上网计算机总数为 5940 万台（其中专线上网 590 万台，拨号上网 1820 万台，宽带上网 3530 万台）；域名总数 4 109 020 个，其中 CN 下的域名达 1 803 393 个；网站总数 843 000 个。

1.7.5 Internet 服务

从用户角度来看，Internet 是一套通过网络来完成通信任务的应用程序。其提供的服务如下。

1. 超媒体信息服务 WWW

WWW 是 World Wide Web 的缩写，又称 W3、3W 或 Web，中文译为全球信息网或万维网。

WWW 具有多媒体集成能力，能提供一个具有声音、图形、动画及视频魅力的界面与服务。WWW 通过超文本把多媒体呈现出来，只要通过鼠标在画面关键字或图片上一点，就可以连接到你想要去的地方。Internet 能够风靡全球，WWW 丰富的功能是一个重要的因素。

2. 文件传输服务 FTP

FTP 是文件传输协议（File Transfer Protocol）的缩写，它通过 FTP 程序（服务器程序和客户端程序）在 Internet 上实现远程文件的传输。

FTP 可以在 Internet 上不同类型的计算机之间传输文件，是 Internet 上使用最早、应用最广的服务，直到今天它仍是最重要和最基本的应用之一。

Internet 上提供 FTP 服务的服务器称为 FTP 服务器，上面存有各种各样极为丰富的信息资源。但访问 FTP 服务器和浏览 WWW 服务器是不同的，WWW 服务器通常是可以随意浏览的，除个别的可能收取少许费用外，绝大部分 WWW 服务器均可以自由进出。而要访问一个 FTP 服务器上的信息资源，一般要先在该服务器上进行注册，以获得合法的用户账号，包括用户名（Username）和口令（Password）。

3. 电子邮件 E-mail

电子邮件（Electronic Mail）是 Internet 提供的最主要的服务之一，它是一种通过计算机联网与其他用户进行联系的现代化通信手段。

与普通邮件相比，电子邮件高速、价廉、方便，还可以传送如声音、图像等各种多媒体信息。

4. 远程登录 Telnet

Telnet 是一种终端仿真程序，是 Internet 常用的工具软件之一。当通过 Telnet 连接登录到网络上的一台主机时，就可以和使用自己的计算机一样来使用该主机的所有资源了。

通过 Telnet，可以登录到网络电子公告栏（BBS），自由发表自己的见解并和远方的朋友聊天，也可以登录到软件查询服务器，检索 FTP 服务器的资源目录等。

5. 网络新闻组 Netnews

Netnews（网络新闻组）也称为 Usenet（新闻论坛），但和“新闻”几乎没有关系。是为了人们针对有关的专题进行讨论而设计的，是人们共享信息、交换意见和知识的地方。

在新闻组中不但可以学习各类计算机的使用与新知识，也可获取各种影视娱乐、运动休闲的讨论与新闻。新闻组是 Internet 上的一个重要资源，通常每个专题都有常见问题和解答（FAQ），如果你有问题，通常可以在 FAQ 中找到答案。

新闻组的信息由新闻服务器发送到世界各地，人们可以用 Outlook Express 等程序来管理新闻组，用户可以选择订阅、回复和发送新闻组邮件。

6. 电子公告栏 BBS

公告栏（Bulletin Board System，简称 BBS）也称为联机信息服务系统或计算机在线信息服务。

BBS 是在 Internet 上设立的电子论坛，一般用匿名的方式向公众提供远程访问的权利，使得公众可以以电子信息的方式发表自己的观点。

BBS 连接方便，可以通过 Internet 登录，也可以通过公众电话网拨号登录。

1.7.6 Internet 的应用

Internet 发展至今，在人类社会生活的方方面面都得到广泛的使用。下面简单介绍它的一些重要的应用领域。

1. 教育科研

教育和科研领域是 Internet 最早的应用领域。社会的发展使得科学研究不可能局限于封闭的小圈子，研究人员需要不断地和外界交流，吸收和了解他人的研究成果，掌握新的发展动态，Internet 为科研人员提供了非常好的交流信息的手段。研究人员可以随时把自己的研究成果在网上发布，也可以随时在网上查询自己需要的资料。对于教育领域来说，利用 Internet 可以实现网上教学，现在一些学校建立了“网上学校”，使得一些没有条件到学校学习的人可以得到教学经验丰富、教学效果好的名师的指点，这种新的教学方式，可以使学生不受时间、地点的限制，学生可以根据自己的条件，有针对性地学习，可以多次重复学习过程，弥补传统教学的不足，Internet 已经变成一所没有围墙的学校。

2. 新闻出版

新闻出版的目的是尽快地把信息发布给读者或观众，传统的传播媒体是报纸、杂志和广播电视。Internet 本身就具有信息的发布和传输能力，所以 Internet 和出版业结缘是水道渠成的事。与传统的新闻出版媒体相比，Internet 具有它们无法比拟的优点，比如，Internet 的发布范围广，信息的传播速度快。世界上许多报社和新闻单位都开发了电子刊物放在 Internet 上供用户浏览。

3. 金融证券

目前 Internet 在金融证券业备受重视，美国已经在 Internet 上开设了“虚拟银行”，开展了银行业务。利用 Internet 可以减少现金的发行量，人们在家里就可以存钱或取钱，可以异地存取，购物消费时可以使用电子结算方式，也许未来的银行不再是高大的建筑物而是由几台大型计算机构成的。证券业利用其交互性可以开展网上股票交易。股民们不必到交易现场，也不必用现金交易，目前我国的多数大、中城市都开展了这项工作。

4. 医疗卫生

在医疗卫生领域，Internet 有着广泛的应用前景，我们利用互联网连通医疗机构的计算机后可以进行卫生咨询，可以预约医生，医院利用 Internet 可以进行远程会诊等。

5. 计算机技术

Internet 以计算机技术为基础，同时它的发展又对以计算机技术为代表的整个信息产业提供了新的需求和挑战。计算机系统的工作模式经历了以 IBM 的主机终端模式到“客户机/服务器”模式的转变，伴随着 Internet 的发展，转变到以网络为中心的发展方向，“网络就是计算机”就是这一趋势的最好解释。Internet 的发展也促进了计算机程序设计语言的发展，SUN 提出的 Java 语言，以其面向对象、与硬件平台无关、结构简单等优点受到计算机行业的青睐，被认为是计算机语言发展的方向。

6. 娱乐

Internet 对娱乐业的影响也是非常巨大的，无论是电影、电视还是游戏都可以看到 Internet 的影子。Internet 的交互性是电影、电视无法比拟的，通过 Internet 可以从互联网上挑选自己喜爱的影视节目。利用 Internet 可以使游戏迷们跳出自我封闭的圈子，通过互联网和远在天边的朋友玩网络游戏。

7. 贸易

Internet 在国际贸易中最出色的应用莫过于无纸贸易，即电子商务 EC（Electronic Commerce）。电子商务是指当代信息技术和 Internet 技术在商务领域的应用，是一个以电子数据处理、环球网络、数据交换和资金汇兑技术为基础，集订货、发货、运输、报关、保险、商检和银行结算为一体的综合商贸信息处理系统。该系统的实现不但大大地方便了商贸业务的手续和加速了业务开展的全过程，而且规范了整个商贸业务的发生、发展和结算过程。因而受到了世界各国企业和商贸组织的普遍欢迎，成为当今社会商贸处理领域的最热门技术之一。

习　　题

1．什么是计算机网络？
2．计算机网络有哪些基本功能？
3．计算机网络由哪些部分组成？
4．计算机网络体系结构是何含义？
5．简述广域网和局域网的区别。
6．什么是网络拓扑结构？分为几种？
7．局域网由哪两种结构？各有什么特点？
8．服务器和工作站有何区别？服务器在网络中的作用是什么？
9．网卡、集线器、交换机、网桥、路由器、网关在网络中的作用各是什么？
10．局域网的典型传输介质有哪几种？各自的特点如何？
11．什么是协议？它的作用是什么？
12．TCP/IP 协议的作用是什么？
13．OSI 参考模型是什么含义？有几个层次？
14．什么是防火墙？它的作用是什么？
15．我们应该在哪些地方部署防火墙？

16. 计算机病毒都有哪些特征？
17. 网络病毒有什么特点？
18. 简述造成网络感染病毒的主要原因？
19. 简述计算机病毒的危害？
20. 如何阻止病毒对我们网络的攻击？
21. Internet、Intranet 有何联系和区别？
22. 根据你的了解，说出 Internet 服务中三个使用最多的应用项目。

下篇　Internet 应用

第 2 章

Internet 基础

项目一　接入 Internet

知识目标

1．理解 PPP、SLIP 协议、TCP/IP 协议的含义、作用及适应范围；
2．理解 IP 地址和域名系统形式及含义；
3．掌握主机、服务器及 DNS 服务器的含义。

技能目标

掌握拨号连接的建立方法，了解拨号连接的设置。

项目描述

1．根据教师提供的联网数据（入网电话、DNS 服务器地址、用户账号、用户密码）建立拨号连接并拨号上网。

2．连接 Internet 并浏览 www.phei.com.cn 站点。

项目预备知识一：Internet 基本概念

1. 主机

与 Internet 相连的任何一台计算机，不管是最大型的还是最小型的，都被称为主机。

有些主机是为成千上万用户提供服务的大型机或巨型机，有些是小型工作站或单用户 PC，还有些是专用计算机。从 Internet 的角度来说，所有这些计算机都是主机。

2. 服务器

在 Internet 上存储并提供信息的主机称为网络服务器（Net Server）或宿主机（Host Computer），它们都有自己唯一的地址，并用 TCP/IP 协议互相连接和传输数据。

Internet 中常见的服务器有：

① SMTP Server：电子邮件发送服务器。

② POP Server：电子邮件接收服务器。

③ News Server：新闻（又称网络论坛）服务器。

④ PPP/SLIP Server：PPP/SLIP 拨号连接服务器。

⑤ FTP Server：文件传输服务器。

⑥ WWW Server：全球信息网（万维网）服务器。

⑦ BBS Server：电子公告栏服务器。

⑧ DNS Server：域名服务器。

3. IP 地址

为了使连入 Internet 的众多计算机主机在通信时能够相互识别，Internet 中的每一台主机都分配有一个唯一的 32 位地址，该地址称为 IP（Internet Protocol）地址，也称为网际地址。IP 地址由 32 位二进制数表示，如：

11001010.01100110.100000110.010001000

将每八位数用一个十进制数表示，各数之间用一个圆点分开。上例变为：

202.102.134.68

IP 地址中，主机号的所有位为“0”的地址是保留给网络本身的，主机号的所有位都为“1”的地址用做广播。也就是说，网络 IP 地址中，一个合法的 IP 地址的主机号不能为全“0”，也不能全为“1”。例如，不能把“192.168.1.0”、“202.102.128.255”这样的“IP 地址”分配给主机使用。

IP 地址可以分为 A、B、C、D、E 这 5 类，其分类规则如图 2.1.1 所示。

位号：	0	1	2	3	4	5 6 7 8 … 15 16 … 23 24 … 31
A类：	0	网络号（0～7 位）				主机号（8～31 位）
B类：	1	0	网络号（至 15 位）			主机号（16～31 位）
C类：	1	1	0	网络号（至 23 位）		主机号（24～31 位）
D类：	1	1	1	0	组播地址	
E类：	1	1	1	1	0	保留地址

图 2.1.1　IP 地址分类规则

（1）A 类 IP 地址

A 类地址用前 8 位表示网络号，其余为主机号，适用于网络数较少，主机数很多的大型网络。

由于 A 类地址的网络号的首位必须以 0 开头，所以网络号的范围是：

最小：$(00000001)_2=(1)_{10}$。

最大：$(01111111)_2=(127)_{10}$。

由此可见在 A 类网络中共有 1～127 个网络。

相应地，其主机号用 3 字节来表示，由于主机号不能为全 0 和全 1，所以每个网络中最多可以有（$2^8\times2^8\times2^8-2$）台主机。

事实上，在 A 类地址中，以 127 开头的任何 IP 地址都不能分配给任何主机使用，以 127 开头的地址是用来做回环地址测试的一个特殊 IP 地址组，如本机网络测试地址：127.0.0.1，我们可以通过命令“ping 127.0.0.1”来测试本机网络硬件的驱动是否正常工作。也就是说，A 类 IP 地址中的网络号只有从 1～126 共 126 个。

（2）B 类 IP 地址

B 类地址用前 16 位表示网络号，其余为主机号，适用于网络数目中等、主机数目中等的中型网络。

B 类地址的网络号的前两位必须以“10”（读作“一零”）开头，所以其网络号的范围是：

最小：“10000000.00000000”，即十进制的“128.0”。

最大：“10111111.1111111”，即对应十进制的“191.255”。

可见 B 类 IP 地址的网络号的第一个数的范围是 128～191。

与 A 类地址同样的道理，在 B 类地址中，最多可以有（$2^8×2^8-2$）台主机。

（3）C 类 IP 地址

C 类地址用前 24 位表示网络号，其余为主机号，适用于网络数目较多，主机数目较少的小型网络。

与 A 类 IP 地址和 B 类 IP 地址的计算方法相似，这里就不再详细说明 C 类 IP 地址的网络范围和网络中主机数目了，请同学们尝试完成表 1.4——C 类 IP 地址自我探究表的相关内容。

（4）D 类和 E 类 IP 地址

D 类 IP 地址是组播地址，不分网络地址和主机地址，它的第 1 字节的前四位固定为 1110，地址范围从 224.0.0.1 开始，到 239.255.255.254 结束，被用在多点广播（Multicast）中。

E 类 IP 地址是保留地址，仅作为 Internet 实验和开发用，不在真实的 Internet 上使用。E 类 IP 地址也不分网络地址和主机地址，它的第 1 字节的前五位固定为 11110，地址范围 240.0.0.1 开始，到 255.255.255.254 结束。

从以上的分类可以看出，网络 IP 地址是一个比较复杂的系统。当一台主机得到一个 IP 地址时，对于拥有自主意识的人而言，可以通过大脑计算并判断出该地址位于哪个网络，其网络号、主机号是什么等信息，而对于没有自主意识的计算机来说该如何区分网络，如何确定它和其他计算机的网络关系呢？

在网络中，计算机是通过“子网掩码”来自动区分主机所在的网络的。利用子网掩码和主机 IP 地址进行逻辑“与”运算后，一个 IP 地址就被自动将“网络号”识别出来，从而表明了主机所在的网络。子网掩码不能单独存在，它需要和 IP 地址结合起来使用。常用的子网掩码有“255.255.255.0”，这个子网掩码常用在 C 类网络中。

看似简单的几个数字，成就了今天的计算机网络，IP 地址在网络通信中起着非常重要的作用，但是就目前的 IPv4 来说，为世界上需要接入因特网的所有计算机都配上 IP 地址是不现实的。所以，为节省可分配的注册 IP 地址，有几组 IP 地址被拿出来，专门用于私有网络（局域网），称为私有 IP 地址。任何一个私有网络均可以使用包括一个 A 类地址（10.0.0.0）、16 个 B 类地址（从 172.16.0.0 到 172.31.0.0）和 256 个 C 类地址（从 192.168.0.0 到 192.168.255.0）在内的任何私有 IP 地址。

4. 域名

对于用户来说，使用数字式的 IP 地址来传送电子邮件或访问 Internet 上成千上万的主机显然很不方便，因此人们使用一组简短的用英文表示的名字（称为域名，Domain Name）来表示每一台主机。

例如，前例中主机的 IP 地址是 202.102.134.68，域名为 public.qd.sd.cn，这显然要比用数字表达的 IP 地址更容易记忆。

域名是由圆点分隔开的一串单词或缩写组成的，每一个域名都对应一个唯一的 IP 地址，这一命名方法称为域名管理系统（Domain Name System，DNS）。

域名是按从右到左的顺序来描述的，最右边的部分为顶层域，最左边则是具体的主机名。例如：

www.ruc.edu.cn
- cn：表示该计算机位于中国
- edu：属于教育部门
- ruc：表示中国人民大学
- www：表示这台计算机是WWW服务器

www.cnnic.org.cn
- cn：表示该计算机位于中国
- org：属于非营利性组织
- cnnic：中国互联网络信息中心代号
- www：表示这台计算机是WWW服务器

顶层域分为网络机构和网络地理位置（国家或地区）两大类。

网络机构也称为非地理域，主要源于 Internet 的发源地美国，一般由三个字母组成，如表 2.1.1 所示。

表 2.1.1　常见的 Internet 网络机构

顶层域名	含　义	范　例
com	商业机构	microsoft.com，netscape.com
edu	高等教育机构	harvard.edu，mit.rdu
gov	政府部门	nasa.gov
mil	非保密军事网点	army.mil
net	网络机构	usa.net，intnic.net
org	其他机构	

地理域名采用国际标准指定的两字母国家（或地区）名称，如表 2.1.2 所示。

表 2.1.2　Internet 地理域名一览表

域　名	国家或地区	域　名	国家或地区
au	澳大利亚	it	意大利
be	比利时	jp	日本
br	巴西	kr	韩国
ca	加拿大	mo	中国澳门
cl	智利	my	马来西亚
cn	中国	nl	荷兰

续表

域　名	国家或地区	域　名	国家或地区
De	德国	pl	波兰
Dk	丹麦	pt	葡萄牙
es	西班牙	ru	俄罗斯
fr	法国	sg	新加坡
gr	希腊	tw	中国台湾
hk	中国香港	uk	英国
in	印度	us	美国

5. DNS 服务器

一台主机既可以用 IP 地址表示，也可以用域名表示。但计算机只能直接识别用二进制数表示的 IP 地址，当用户输入域名时，如何处理呢？

Internet 上专门负责将域名（如 public.qd.sd.cn）转换成 IP 地址（如 202.102.134.68）的主机，称为 DNS 服务器（也称为域名服务器），只有经过 DNS 服务器的处理，我们才能通过域名找到 Internet 上的主机。

6. 调制与解调

计算机使用的是像 0，1，0，1…这样的数字信号，而电话线上传送的是正弦波形的模拟信号，因此数字信号不能直接在电话线上传输。为了能利用电话线传递计算机所用的数字信号，必须先将数字信号转换为电话线所能传递的模拟信号（称为"调制"）。同样，在通信的另一端，计算机在接收数据时，也必须先将电话线传来的模拟信号转换为数字信号（称为"解调"）。

调制（Modulator）和解调（Demodulator）均通过一个专用设备来完成，称为调制解调器，其英文缩写为 MODEM。

现在的调制解调器大多具有传真功能，可以用来接收和发送传真，因此也称为 MODEM/FAX。

项目预备知识二：Internet 连接方式

将用户的计算机连入 Internet 有很多种方法，这些方法有着各自的优点和局限性。下面介绍几种比较常见的连接方式。

1. 拨号上网

用户通过电话线、调制解调器（MODEM）与 Internet 服务提供商（Internet Service Provider，ISP）的服务器连接，传输速率较低，一般连接速率为 14.4～56kbps，主要适用于数据传输量较小的单位和个人。

拨号上网的费用主要包括两部分：一是上网费，用户需向 ISP 交纳；二是通信费，需向电信部门支付。

SLIP/PPP（拨号连接服务器）方式是目前使用最广泛的一种拨号连接方式，CHINANET 上的用户（163 或 169 用户）都是采用这种连接方式连接 Internet 的。SLIP/PPP 是指两种不同的协议 SLIP 和 PPP，它们都应用于两台计算机之间的连接和通信，都使用串行端口。不同的是 SLIP 需要进行网络掩码的设置，而 PPP 则不需要。

当用户采用 SLIP/PPP 方式连接 Internet 时，它所需要的连接设备主要有 PC、调制解调器（MODEM）和普通电话线。使用 SLIP/PPP 方式时，用户需要使用拨号程序来拨通 Internet 服务提供商的电话号码，当线路连通后，用户和 Internet 服务提供商之间就建立了完全的连接。当用户连接成功后，用户的计算机就拥有一个动态 IP 地址（每次上网时可能有所不同），成为 Internet 上的一台独立主机，可以访问 Internet 上的所有资源。图 2.1.2 为调制解调器连接示意图。

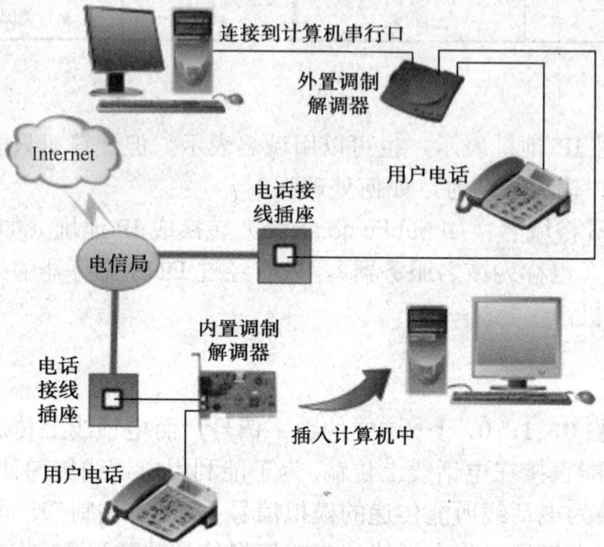

图 2.1.2　调制解调器连接示意图

由于上网速度太慢，这种上网方式已经逐渐被淘汰，调制解调器接口已经不是笔记本电脑的标准接口。

2. ISDN 上网

ISDN 的中文名称是综合业务数字网，俗称为“一线通”。“一线通”采用数字传输和数字交换技术，将电话、传真、数据、图像等多种业务综合在一个统一的数字网络中进行传输和处理。目前 ISDN 向用户提供一种基本速率（2B+D，144kbps）接口，它包括两个能独立工作的 B 信道（64kbps）和一个 D 信道（16kbps）。其中 B 信道一般用来传输语音、数据和图像，D 信道用来传输信令和分组信息。

ISDN 通过一根普通电话线就可以进行多种业务通信，如用于一般通话、Internet、传真、可视电话、视频会议、局域网互联等。通过一根电话线可以同时进行两路通信，比如边上网边打电话，而用 SLIP/PPP 方式上网时，是不能打电话的。

用户选择“一线通”2B+D 接口的一个 B 通道上网，速度可以达到 64kbps，与拨号上网相比速度大大提高。另外，在上网的同时还能通过另一个 B 通道进行电话交流或收发传真。如将两个 B 通道捆绑成一个通道使用，速度将达到 128kbps。

与普通电话线拨号接入因特网一样，由于速度太慢，这种上网方式也已经被淘汰。

3. ADSL 上网

数字用户线 DSL（Digital Subscriber Line）是一种不断发展的宽带接入技术，该技术采用更先进的数字编码技术和调制解调技术在常规的用户铜质双绞线上传送宽带信号。目前已经比较成熟并且投入使用的数字用户线技术有 ADSL、HDSL、SDSL 和 VDSL 等。所有这些 DSL 一般都统称为 xDSL。这些方案都是通过一对调制解调器来实现的，其中一个调制解调器放置在电信局，另一个调制解调器放置在用户端。因为大多数 DSL 技术并不占用双绞线的全部带宽，因而还为语音通道留有空间。

ADSL 的中文名称是非对称数字用户线，ADSL 技术是一种在普通电话线上进行高速传输数据的技术,它使用了电话线中一直没有被使用过的频率，所以可以突破调制解调器 56kbps 传输速率的极限。ADSL 支持 1.5～8Mbps 的下行数据传输速率（带宽）和 16kbps～1Mbps 的上行数据带宽。ADSL 技术的主要特点是可以充分利用现有的电话网络，在线路两端加装 ADSL 设备即可为用户提供高速宽带服务。ASDL 的另一个优点在于它可以与普通电话共存于一条电话线上，在一条普通电话线上接听、拨打电话的同时进行 ADSL 传输而又互不影响，而且上网无需支付电话费。在现有的电话线上安装 ADSL，只需一台 ADSL 终端设备（也称 ADSL MODEM）和一只电话分离器，用户线路不必改动，非常方便。ADSL 还可以实现视频点播、家庭办公、远程医疗、远程教学等功能，是中小型企业、机关等部门连接 Internet 较经济的方案之一。图 2.1.3 为 ADSL 接入示意图。

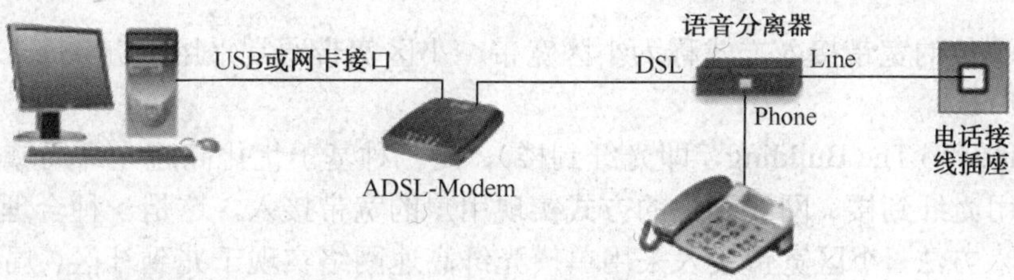

图 2.1.3　ADSL 接入示意图

ADSL 接入 Internet 有虚拟拨号和专线接入两种方式。采用专线接入的用户只要开机即可接入 Internet。采用虚拟拨号的用户类似拨号上网和 ISDN 的拨号程序，在使用上与原来的方式没有什么不同。虚拟拨号是指用 ADSL 接入 Internet 时同样需要输入用户名和密码，但 ADSL 接入的并不是具体的接入号码。

目前虚拟拨号 ADSL 接入是比较常见的一种接入因特网的方式。

4. DDN 上网

DDN 即数字数据网（Digital Data Network），是采用数字传输信道传输数据信号的通信网，可提供点对点、点对多点透明传输的数据专线出租电路，为用户传输数据、图像、声音等信息。数字数据网是以光纤为中继干线的网络，组成 DDN 的基本单位是节点，节点间通过光纤连接，构成网状的拓扑结构，用户的终端设备通过数据终端单元（DTU）与就近的节点机相连。

DDN 专线就是市内或长途的数据电路，电信部门将它们出租给用户做资料传输使用后，它们就变成用户的专线，直接进入电信的 DDN 网络，因为这种电路采用固定连接的方式，不需要经过交换机房，所以称为固定 DDN 专线。现在我们常见的固定 DDN 专线按传输速率可分为 14.4kbps、28.8kbps、64kbps、128kbps、256kbps、512kbps、768kbps 及 1.544Mbps（就是常说的 T1 线路）及 44.763Mbps（T3）九种，目前 DDN 可达到的最高传输速率为 155Mbps。

过去这种所谓专线的技术单纯用来连接相隔两地的区域网络，现在利用它直接进入电信主干数据网的先天优势，应用范围获得了极大扩展。例如，利用它实现高速上网，ISP 公司拉上几条专线就可以经营 ISP 服务，网吧也可以利用专线使客户享受高速上网的乐趣。

因为 DDN 的主干传输为光纤传输，采用数字信道直接传送数据，所以传输质量高。采用专线连接的方式而不必选择路由，直接进入主干网络，所以时延小、速度快。14.4kbps 的 DDN 绝对比 14.4kbps 的拨号上网快得多、采用点对点或点对多点的专用数据线路，特别适用于业务量大、实时性强的用户。

DDN 专线需要铺设专用线路从用户端进入主干网络，所以使用专线和使用拨号上网一样要付两种费用：一是电信月租费，就像拨号上网要付电话费一样；另一种费用则是网络使用费，另外还有电路租用费等费用。用户端还需要专用的接入设备和路由器，其花费对于普通用户来说是承受不了的。中国电信 14.4kbps 的 DDN 一个月就需要数千元费用，所以 DDN 不适合普通的互联网用户。

DDN 用于宽带接入，相同的带宽，费用却是其他上网方式的数百倍，甚至上千倍，唯一的好处就是它接在主干网络上反应较快。随着 ADSL 等技术的普及，DDN 的未来还是一个未知数。

5. 小区宽带上网

以小区为单位的宽带接入方式称为小区宽带，小区宽带通常采用 FTTB+LAN 宽带网接入技术（简称 FTTB）。

FTTB（Fiber To The Building，即光纤到楼），是一种基于优化高速光纤局域网技术的宽带接入方式，采用光纤到楼、网线到户的方式实现用户的宽带接入，这是一种合理、实用、经济有效的宽带接入方法。小区宽带接入采用单模光纤高速网络实现千兆到社区，局域网百兆到楼宇，十兆到用户。由于小区宽带仿佛是互联网里面的一个局域网，所以使用小区宽带不需要拨号，并且小区宽带专线接入互联网，用户只要开机即可接入 Internet。小区宽带上网只有快或慢的区别，不会产生接入遇忙的情况。因为小区宽带上网并不经过电话交换网接入 Internet，只占用宽带网络资源，用小区宽带浏览互联网时，不产生电话费，如图 2.1.4 所示。

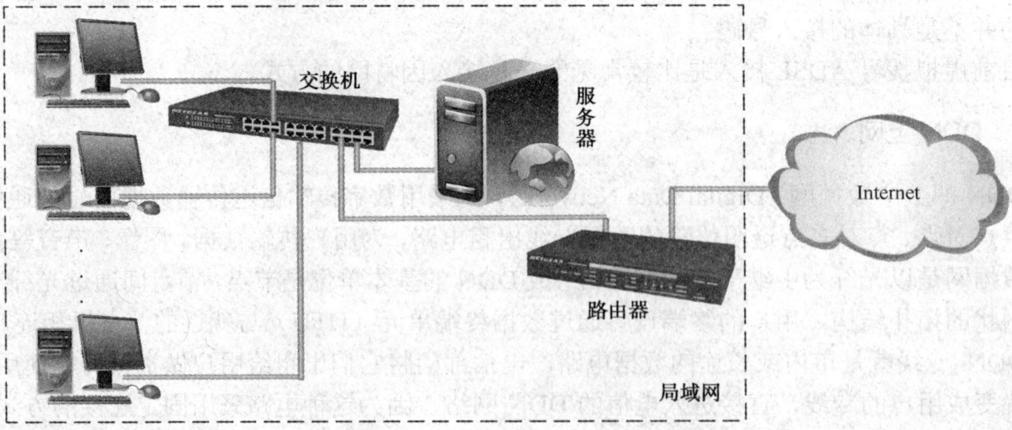

图 2.1.4　小区宽带接入方式示意图

小区宽带对硬件要求和普通局域网的要求一样：计算机和 10M 以太网卡，对用户来说硬件投资非常少。小区宽带高速专线上网用户不但可享用 Internet 所有业务，通过互联网查询信息、寻求帮助、邮件通信、电子商务、股票证券操作，而且还可享用 ISP 另外提供的诸多宽带增值业务，远程教育、远程医疗、交互视频（VOD、NVOD）、交互游戏、广播视频等，并且小区宽带和线缆方式上网相比可以充分保证每个用户的带宽，因为每个用户最终的 10M 带宽是独享的。

目前，小区宽带上网也是一种常见的接入 Internet 方式。提供小区宽带接入服务的 ISP 很多，比较大的 ISP 有中国电信、中国联通、长城宽带等。

6. 线缆（Cable MODEM）上网

所谓 Cable MODEM，即电缆调制解调器，又名线缆调制解调器，是一种将数据终端设备（计算机）连接到有线电视网（Cable TV），以使用户能进行数据通信，访问 Internet 等信息资源的设备。它是近年来随着网络应用的扩大而发展起来的，主要用于有线电视网进行数据传输。图 2.1.5 为 Cable MODEM 接入示意图。

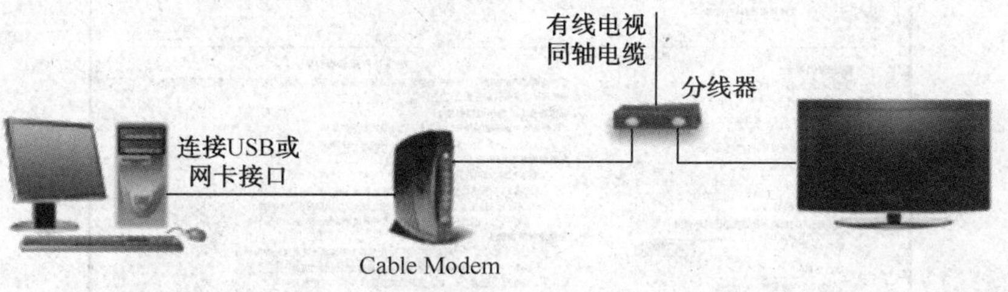

图 2.1.5　Cable MODEM 接入示意图

Cable MODEM 彻底解决了由于声音图像的传输而引起的阻塞，其上行速率达 10Mbps 以上，下行速率为 38Mbps。但是，目前尚无 Cable MODEM 的国际标准，各厂家产品的传输速率也不相同。

利用有线电视网络上网的优点是可以充分利用现有的有线电视网络，不需要再单独架设网络，并且速度比较快。但它的缺点是 Cable MODEM 上行 10Mbps 下行 38Mbps 的信道带宽是整个社区用户共享的，一旦用户数增多，每个用户所分配的带宽就会急剧下降，而且致命的缺陷还在于它的网络安全性较差。

7. 无线上网

无线上网的方式有多种，如卫星上网、GPRS 上网等。尽管采用的技术方法和上网的方式有所不同，但都是利用无线连接设备将用户的终端连接到 Internet。

卫星上网是指用户通过计算机卫星调制解调器、卫星天线和卫星配合接入 Internet。它是一种非对称的接入方式，可以向用户提供 400kbps 的互联网下载速度，传输速率最高可达 3Mbps。可进行卫星广播式服务，例如大文件投递、多媒体广播、网页广播等。服务覆盖范围广泛，可覆盖中国大陆所有地区、中国台湾及港澳地区。

GPRS 是通用分组无线业务（General Packet Radio Service）的英文简称。它使通信速率从 56kbps 上升到 171.2kbps，并且支持计算机和移动用户的持续连接。

GPRS 基于 GSM（Global System for Mobile）无线通信技术，是互联网在无线应用上的延伸。GPRS 使得可以在手持设备和笔记本电脑上实现 WWW 浏览、E-mail、视频会议等互联网应用。

尽管利用无线上网方式可以将用户的固定终端甚至局域网连接到 Internet，但由于技术、费用等因素，目前的无线上网主要指移动终端设备（如笔记本电脑、PDA 掌上电脑等）以无线方式接入 Internet。

移动设备的无线上网可以用 5 种方式实现：笔记本电脑或 iPad 等终端设备的内置无线功能（WiFi）上网；通过外置无线 MODEM 上网；通过内置 MODEM 的红外移动电话上网；通过一种可以安装移动电话 SIM 卡的无线上网卡上网，以及通过串行数据电缆连到移动电话上网。

目前由于无线热点的增多，使用笔记本电脑，打开 WiFi 上网功能，就可以寻找到三大无线运营商的 WiFi 信号。如图 2.1.6 所示为在浏览器中打开的中国移动相关网页，输入手机号码，通过短信验证确认后就可以实现无线上网，上网费用将由手机负担。

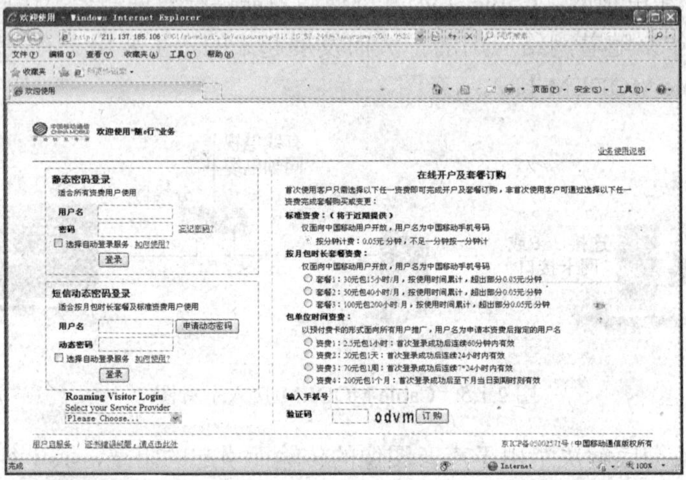

图 2.1.6　中国移动的随 e 行功能

除了使用无线热点外，目前使用广泛的另一种方法是使用无线上网卡，用户只需将自己的移动电话 SIM 卡插入，即可实现笔记本电脑的无线数据传输。它无需专用的连接设备，没有对手机型号的限制，操作比较简单，如图 2.1.7 所示。

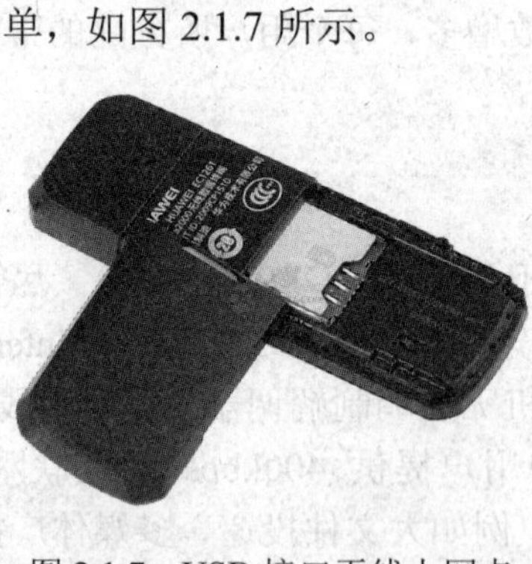

图 2.1.7　USB 接口无线上网卡

无线上网的特点在于可以实现真正意义上的移动办公，有效地解决了移动终端接入 Internet 必须依赖网线或电话线的束缚，可以让用户借助笔记本电脑或 PDA 等移动设备灵活地接入互联网或企业网，随时随地轻松接收及发送信息、娱乐或进行移动办公，非常适合商务人士和集团客户移动办公需求。当然要实现无线上网，你还需要申请移动电话的网络服务功能。

8. 几种上网方式的比较

表 2.1.3 给出了几种连接方式的比较，用户可以根据自己的需要选择合适的接入方式。随着网络技术的不断进步，相信会有更多 Internet 的连接方式供用户选择。

表 2.1.3　几种上网方式的比较

接 入 方 式	接 入 速 率	主 要 特 点
普通电话线	56kbps	占用电话线，上网需交话费，不能同时打电话，费用低
ISDN	64kbps/128kbps	拨号上网，上网需交话费，可同时打电话，费用较低
ADSL	128kbps～12Mbps	速率高，利用现有电话线，属于宽带专线上网，不需要额外交纳电话费
DDN	64kbps～2Mbps	速度快、线路稳定，属于宽带专线上网，费用较高
小区宽带	2～10Mbps	速度快、线路稳定，费用较低
Cable MODEM	2～10Mbps	下行速率很高，不通过电话网，使用有线电视网络

项目预备知识三：选择合适的 ISP

提供 Internet 访问和信息服务的公司或机构，称为 Internet 服务提供者（Internet Service Provider，ISP）。ISP 的主要工作就是配置用户与 Internet 相连所需的设备，并建立通信连接，为用户提供信息服务。

用户要想连入 Internet，一般情况下，不可能直接由自己来完成和 Internet 主干网的连接工作，而是由 ISP 来协助完成的。通常 ISP 具备和 Internet 主干网络相连的高速通信线路，或者直接拥有自己的高速国际线路出口。此外，他们拥有 NIC 授权的 Internet 资源，例如 IP 地址、域名等。另外，ISP 一般具备提供 Internet 服务所需的较为昂贵的设备，如高速线路、主机系统、路由设施等。这些设备和资源保证了 ISP 将用户顺利地送入 Internet。如果将互联网比喻为一条信息高速公路，那么，ISP 就像高速公路的入口，任何客户只有从 ISP 这个入口才能进入信息高速公路。

当前在国内提供 Internet 服务的主要有 CERnet、CSTnet、ChinaNet 和 ChinaGBN 四大网络体系，另外还有很多提供这种 Internet 服务的网络公司。

除此之外，一些高校的网络中心，一些专业的网络通信公司都是 ISP，他们都可以向用户提供接入 Internet 的业务。学校和科研单位的职工，可以先了解本单位是否提供入网服务。目前，全国已有 400 多所大学与 Internet 直接连通，选择本校校园网提供的入网服务，可以享受很多校内的优惠，而且其资源和服务也比较适合。

其他用户入网，可以从如下几个方面来考虑选择服务提供商。

1. 访问方式

ISP 提供的访问方式不尽相同，可能是：

（1）有限的访问

一个有限的访问账号不能提供全部的 Internet 服务和资源。可能只提供电子邮件服务或访问有限的 Internet 站点。

有限访问账号价格便宜，当用户只需要有限的服务时可选择这种服务。

（2）全功能访问

可以利用全部的 Internet 服务和资源。大多数 ISP 都提供这种方式的服务。

选择合适的 ISP，除访问方式以外，还应考虑如下几点。

2. 良好的信誉

用户选择 ISP 希望保持一定的稳定性，一旦改变 ISP，就要重新申请服务账号、E-mail 地址等用户信息，因此应选择信誉良好的 ISP，当出现问题或纠纷后可以得到及时解决，而无须更换 ISP。

3. 优质的服务

要选择一个服务好、有良好发展前景的 ISP。选择一个服务好的提供商会给你减少很多麻烦。大部分的网络服务商都提供入网全套服务：代购调制解调器、上门安装和配置网络、入网免费培训、上门解决问题等，这对初学者很重要。

由于 Internet 用户是全天候上网，因此 ISP 能否提供 24 小时技术支持热线服务也是一个要素。如 ISP 只提供正常工作时间的技术支持，则不利于用户解决随时可能发生的问题。

4. 较高的性能

ISP 提供的服务器性能是否稳定，是否支持高速率的接入都直接影响用户的使用质量和效率，如果 ISP 的服务器不能很快地为用户传送信息或数据传输率较低，用户端计算机的性能再好、MODEM 的速度再快也无济于事。

ISP 性能主要从以下几个指标来衡量：

（1）带宽

ISP 有足够的带宽，才能确保在上网人数较多的时间不至于造成线路阻塞，这是非常关键的因素。选择高速率的带宽既节省费用，还节省时间，提高效率。

（2）中继线数目

中继线的数目与 ISP 平均上网人数之比关系到拨号上网的成功率，要看 ISP 是否有充足的中继线为用户服务，一般一条线最多供 20～30 个用户使用。

项目预备知识四：上网手续的办理

用户上网必须使用 ISP 的硬件资源（电话线路、调制解调器、远程通信服务器、电子邮件所占用的硬盘存储空间、国际联网线路等）和软件资源（网络服务提供商的本地信息服务、电话线路和国际通信线路的月租费等），因此用户要支付上网费。ISP 通过用户的上网账号来收取上网费用，因此用户通过 ISP 接入 Internet，首先要向 ISP 申请上网账号。

目前常用的上网账号有以下几种：

（1）固定账号：到电信部门或 ISP 处申请；

（2）上网卡账号：账号和密码都附在销售的各类上网卡上；

（3）公用主叫账号：通过一些主叫电话号码（如163、169、263等）和公用的账号、密码直接使用，无须申请，上网费和通信费均由拨号上网的电话账号承担，每月与普通电话费一起缴纳。例如，山东地区用户可以拨打16900（用户名和密码均为16900）接入中国公众计算机互联网（163）或拨打16901（用户名和密码均为16901）接入中国公众多媒体通信网（169）。

在国内，如果是商业用户或个人用户，携带身份证或有效证件到商业ISP或代理机构处办理即可。需填写入网登记表，并且签写入网安全协议。登记表中一般包括用户的上网账号、电子邮件账号及密码，用户的一些详细资料包括电话、通信地址或住址、联系人或负责人等。对于加入教育网或科研网的用户，可能还有一个资格审查，也就是通常所说的可接受使用策略，因为教育和科研网络有某些属于政府基金之类的赞助支持，一般不提供给商业用户使用。

办理上网手续时要确定是否拿到了如下资料：上网的拨号电话号码、ISP提供的E-mail信箱地址、DNS域名服务器、网关等。

ISP提供的数据大致相同，这些数据与Internet连接有直接关系，要仔细阅读。

子项目一：建立普通电话拨号连接

Windows、UNIX等操作系统平台都可以连接Internet。由于本书介绍的IE8只能在Windows XP SP3以上版本的系统平台上使用，因此本书以Windows XP SP3中文版为例介绍连接Internet的方法。

温馨提示

如果你所使用的计算机是采用宽带方式接入Internet的话，就可以直接上网冲浪了。假如你采用电话拨号入网，那就按照下面的步骤进行吧。

1. 建立拨号连接

（1）在Windows桌面上，用鼠标右键单击“网上邻居”图标，打开快捷菜单，如图2.1.8所示。

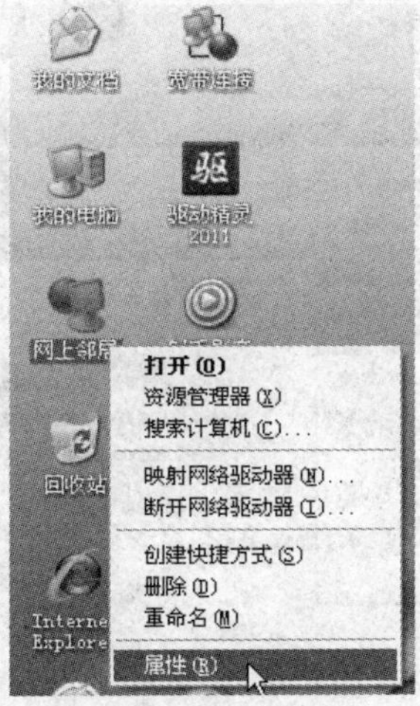

图2.1.8 打开“网上邻居”快捷菜单

（2）在弹出的快捷菜单中单击“属性”，打开“网络连接”窗口，如图 2.1.9 所示。

图 2.1.9 “网络连接”窗口

温馨提示

窗口右侧的“连接”图标的数量和名称在不同的计算机中是有差异的，如果计算机用户以前没有建立连接的话，可能一个也没有。

（3）在“网络任务”窗格中单击“创建一个新的连接”，打开“新建连接向导”对话框，单击“下一步”按钮，在出现的对话框中依次选择“连接到 Internet”，“手动设置我的连接”，“用拨号调制解调器连接”选项，并单击每个对话框中的“下一步”按钮，如图 2.1.10 所示。

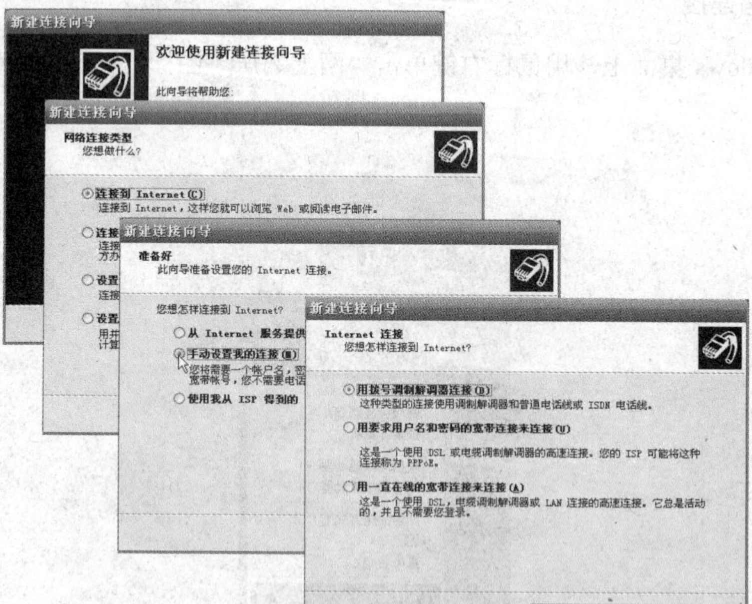

图 2.1.10 新建连接向导

（4）在后面出现的对话框中，依次用键盘输入“ISP 名称”，“电话号码”，“用户名”、“密码”和“确认密码”，并逐个单击“下一步”按钮，最后出现“正在完成新建连接向导”对话框，如图 2.1.11 所示。

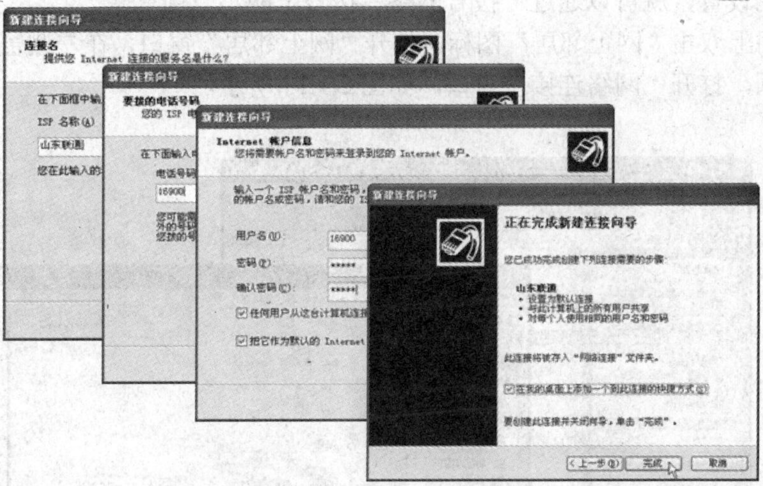

图 2.1.11　输入连接 Internet 数据

温馨提示

本例中输入的有关数据，与实际操作时的数据肯定是不同的。其中“ISP 名称”，没有严格的要求，本例中使用了“山东联通”，读者可以根据自己的喜好使用其他名称。“电话号码”则必须严格使用 ISP 提供的入网电话。“用户名”和“密码”要使用在 ISP 注册的数据，“确认密码”要和“密码”栏中输入的数据完全一致。本例使用山东联通的公共拨号入网电话，入网电话、用户名和密码都使用 16900，上网费用由拨号上网的电话缴纳。

（5）单击“完成”按钮，新建立的拨号连接——“山东联通”图标出现在“拨号”一栏中，如图 2.1.12 所示。

图 2.1.12　新建立的拨号连接

子项目二：拨号上网

完成前面的设置，就可以通过“拨号网络”拨号上网了。

（1）在桌面上双击“网上邻居”图标，打开“网上邻居”窗口，在左侧窗格单击“查看网络连接”任务项，打开“网络连接”窗口，如图 2.1.13 所示。

图 2.1.13　拨号连接

（2）双击“山东联通”连接，或选中该连接后再单击左侧窗格中的“启动此连接”，打开“连接”对话框，如图 2.1.14 所示。

图 2.1.14　“连接”对话框

（3）打开外置 MODEM 电源开关（内置 MODEM 不必打开电源），输入用户名和密码后，单击“拨号”按钮，系统开始拨号上网，MODEM 响起拨号音，弹出拨号框，如图 2.1.15 中上图所示。拨号连接成功后，系统将检查用户名和密码，如图 2.1.15 中下图所示。

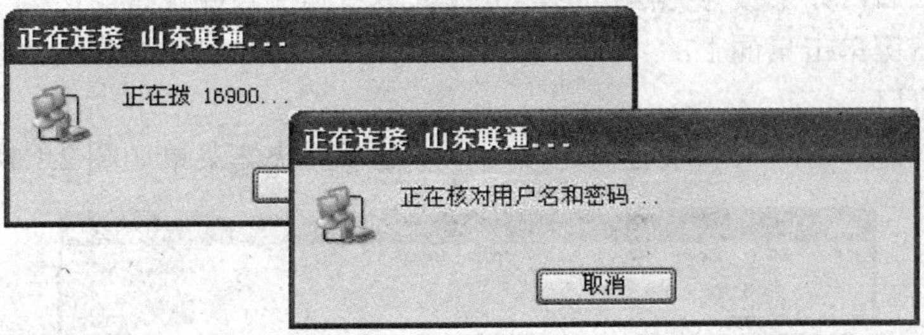

图 2.1.15　拨号、核对用户名和密码

（4）网络登录成功后，桌面底部任务栏的右侧就会出现网络连接图标，如图 2.1.16 所示。

图 2.1.16　成功联网后的任务栏

此时，你的计算机已经成功连接到 Internet，可以浏览和收发电子邮件了。

温馨提示

如果用户名或密码不正确，系统将要求重新输入用户名或密码。

（5）双击任务栏上的网络连接图标，可以显示网络的连接状况，如图 2.1.17 所示。

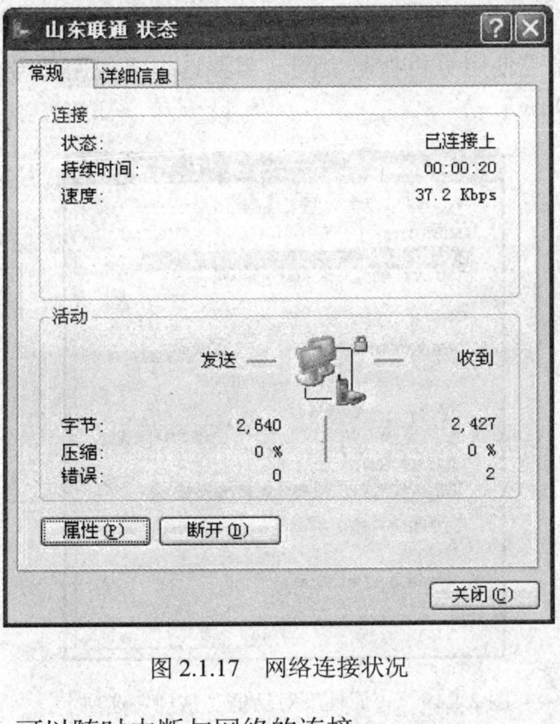

图 2.1.17　网络连接状况

单击“断开”按钮，可以随时中断与网络的连接。

子项目三：设置拨号连接

拨号连接建立后，如果拨号无法上网，可按以下步骤检查并设置：

（1）用鼠标右键单击桌面上的"网上邻居"图标，在弹出的快捷菜单中单击"属性"，打开"网络连接"窗口。

（2）用鼠标右键单击"山东联通"连接图标，显示的快捷菜单如图 2.1.18 所示。

图 2.1.18　拨号连接快捷菜单

（3）单击"属性"，弹出拨号连接"属性"对话框"常规"选项卡，在此选项卡中可以对入网电话进行设置。如果是使用分机拨号上网，需要选中"使用拨号规则"，然后单击"拨号规则"按钮，如图 2.1.19 所示。

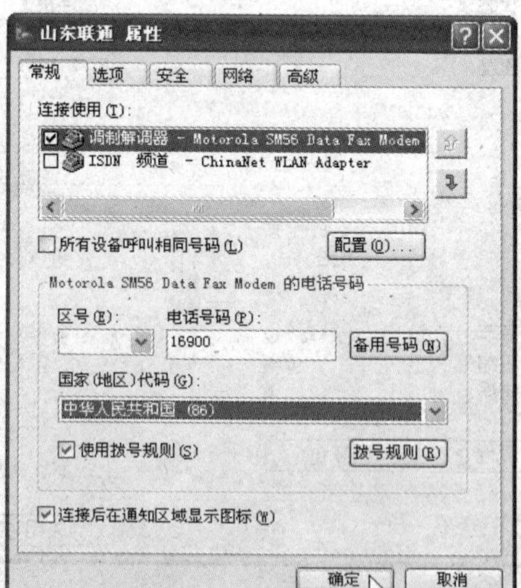

图 2.1.19　"属性"对话框"常规"选项卡

（4）在弹出的“拨号规则”选项卡中，单击“编辑”按钮，在“编辑位置”对话框中输入拨打外线的号码等数据，如图 2.1.20 所示。本例中，拨打本地电话先拨“9”，拨打长途电话先拨“0”。

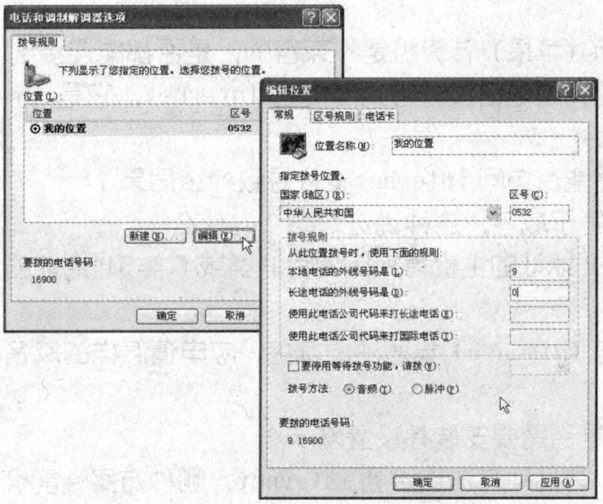

图 2.1.20　拨号规则的设置

温馨提示

如果“拨号规则”中“位置”栏空白，则单击“新建”按钮即可。

设置完毕后，依次单击“确定”按钮，返回“属性”对话框。

（5）在“属性”对话框中，单击“网络”选项卡名，打开“网络”选项卡。“我正在呼叫的拨号服务器的类型”应为 PPP 协议，“此连接使用下列项目”要选中“Internet 协议（TCP/IP）”。

单击“Internet 协议（TCP/IP）”名称，使其成为选中状态，单击“属性”按钮，显示“Internet 协议（TCP/IP）属性”对话框，选择“自动获得 IP 地址”和“自动获得 DNS 服务器地址”两项，如图 2.1.21 所示。

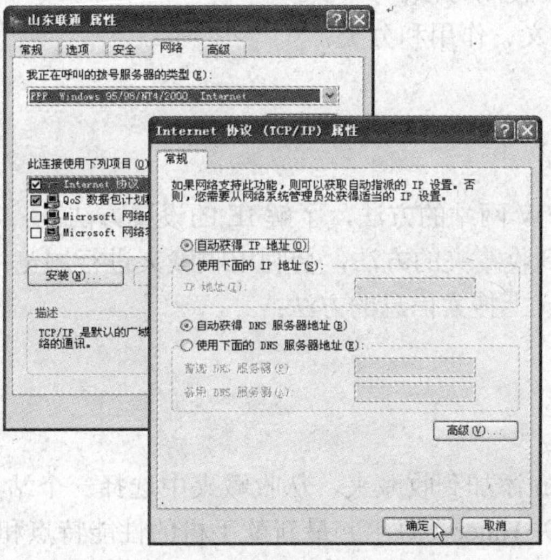

图 2.1.21　检查服务器和网络协议的设定

（6）依次单击“确定”按钮，完成拨号网络的配置。

习　题

1. PC 和 Macintosh（苹果）计算机是不兼容的，是否都能连接到 Internet？为什么？

2. 我的笔记本电脑通过电话拨号方式连接到 Internet，它是 Internet 主机吗？是否可以称为宿主机？

3. 没有 DNS 服务器能否访问 Internet？会导致什么后果？

4. 有人说 IP 地址等于域名，这种说法对吗？为什么？

5. 一台拥有 A 类 IP 地址的主机肯定比拥有 B 类或 C 类 IP 地址的主机性能高，这种说法是否正确？

6. 如果请你给海信（Hisense）集团注册域名，应申请怎样的域名最好？给你所在学校注册呢？

7. 连接 Internet 是否需要安装并设置网卡？

8. 请说出你家可以有几种方法连接到 Internet，哪种方案性能价格比最佳？

9. 一家跨国公司所需的设备及部件要在若干国家组织生产，要连接 Internet 采用哪种方式好？

项目二　使用浏览器

知识目标

1. 了解浏览器的概念和 WWW、HTML、HTTP 的含义；
2. 掌握超文本、链接、网页、主页、网站的含义；
3. 掌握 URL 的概念和使用方法；
4. 了解搜索引擎的含义、作用和分类；

技能目标

1. 熟练掌握浏览 WWW 网站的方法，了解 IE 的设置方法；
2. 掌握将 URL 添加到收藏夹的方法，会利用收藏夹进行浏览；
3. 熟练掌握在 Internet 上搜索信息的方法；

项目描述

1. 将 www.phei.com.cn 添加到收藏夹，从收藏夹中选择一个站点浏览。
2. 搜索 Internet 上有关 Haier（海尔）最新款手机的性能特点和最低价格。
3. 搜索“黑客”的含义。

项目预备知识：有关概念

1. 浏览器

进入 Internet 以后，通常要通过一个专门的客户服务程序来浏览 WWW，这个程序称为浏览器。

最早的浏览器软件是美国国家超级计算中心（NCSA）开发的 Mosaic，美国网景公司的 Netscape 也曾风靡一时，目前使用最多的浏览器是微软公司的 Internet Explorer。另外，腾讯 TT、傲游（Maxthon）、Firefox、Opera 等浏览器产品应用也比较广泛。

2. WWW

WWW 是 World Wide Web（全球信息网）的缩写，也称为 Web 或 3W，中文译为万维网。

1990 年，日内瓦欧洲粒子研究中心（CERN）的研究人员为了使分布在世界各地的高能物理学家能够有效地传递信息和研究成果，提出了 WWW 的设想并局部实现。1991 年，WWW 初次出现在 Internet 上，由于 WWW 的界面非常友好、使用极为方便，因此受到用户的热烈欢迎。现在，WWW 服务器成为 Internet 上最大的计算机群。

3. 网站与网页

通常将提供信息服务的 WWW 服务器称为 WWW（或 Web）网站，也称为网点或站点。

WWW 中的信息资源主要由一篇篇 Web 页组成，这些 Web 页均采用超级文本（Hyper Text）的格式。

WWW 网上的各个超文本文件就称为网页（Page），一个 WWW 服务器上诸多网页中为首的一个称为主页（Home Page）。主页就是服务器上的默认网页，也就是当浏览该服务器而没有指定文件时首先看到的网页，通过它可以再连接到该服务器的其他网页或其他服务器的主页。

4. 超级链接和超文本

在一个超文本文件中，可以将一些词、短语或小图片作为“连接点”，这些作为“连接点”的词或短语通常被特殊显示为其他颜色并加下画线，称为超级链接（Hyper Link），简称链接。

通过这些链接可以方便地连接到文件的其他部位，或连接到其他形式的文件（如图片文件、声音文件、视频文件等），也可连接到 Internet 网上任一个 WWW 服务器上的文件。

这些被链接的文件还可以是超文本文件，而这些超文本文件内也有链接可以连接到更多的超文本文件，如此链接下去就形成了巨大的“信息链”。

每个超文本文件都可以有若干“连接点”，像章鱼的触脚一样链接到许多超文本文件中，把所有这些信息链沟通起来，就形成了一张巨大的 WWW 网。

超文本除了文字以外，可能还含有图形、图像、声音、动画等，也称为超媒体（Hyper Media）。

5. HTML

几乎所有的网页都是采用一种相同标准的语言 HTML（Hyper Text Mark-up Language，超文本标志语言）来创建的。HTML 对网页的内容、格式及链接进行描述，而浏览器的作用就是读取 WWW 站点上的 HTML 文档，再根据此类文档中的描述组织并显示相应的网页。

HTML 文档本身是文本格式的，用任何一种文本编辑器都可以对它进行编辑。

6. HTTP

HTTP（Hyper Text Transfer Protocol，超级文本传输协议）是浏览器与 WWW 服务器之间进行通信的协议。

7. URL

URL（Uniform Resource Locator，统一资源定位器）是进入 Internet 后查阅信息的有效途径，是指明资源地址的手段。用于在 Internet 中按统一方式来指明和定位一个 WWW 信息资源的地址，即 WWW 是按每个资源文件的 URL 来检索和定位的。

每个网页都有自己不同的 URL 地址，每个 URL 地址由所使用的传输协议、域名（或 IP 地址）、文件路径和文件名四部分组成。

如：http://www.bta.net.cn/bta/educat/educat000.htm

（协议）（域名）　　（路径）　（文件名）

此处的协议可以是超文本传输协议 HTTP、文件传输协议 FTP 等，协议后面必须紧跟一个“:”和两个“/”。

路径与 DOS 路径的表示方法类似，唯一的区别是 DOS 使用“\”而 URL 使用的是“/”。

URL 中前两部分是最主要的，不能省略，后两部分则可以从后向前省略。

8. 在线

与 Internet 连通后称为在线，也称上网，使用 Internet 通常都要处于在线状态，同时 ISP 也按在线时间计收上网使用费。

9. 离线

中断与 Intenet 的连接后称为离线，也称脱机方式或下网。离线方式只能使用部分 Internet 服务，如阅读电子邮件、离线浏览等。

子项目一：启动浏览器

Internet Explorer（简称 IE）是美国 Microsoft（微软）公司的产品，有 3.x、4.x、5.x、6.x 和 7.x 五个系列版本。Windows 98 系统内置了 Internet Explorer 5.0（简称 IE5）。Windows 2000/XP 系统则内置了 IE6。IE8 是微软公司推出的免费浏览器产品，功能比以前的产品有很大的增强，但只能在 Windows XP SP3 系统以上的平台上使用。在下面的操作中使用的 IE 浏览器就是该软件的 8.0 版本。

双击桌面上的 IE 图标即可启动 IE，如图 2.2.1 所示。

如果计算机还没有连接到 Internet，IE 无法下载网页，浏览器窗口显示如图 2.2.2 所示。

图 2.2.1　桌面上的 IE 图标

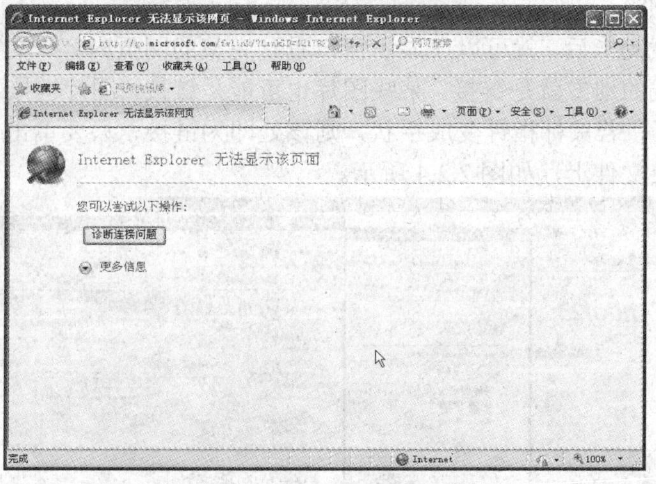

图 2.2.2　离线状态的 IE8 窗口

如果计算机已经连接到 Internet，IE 将自动连接到默认的网站并下载网页，如图 2.2.3 所示。

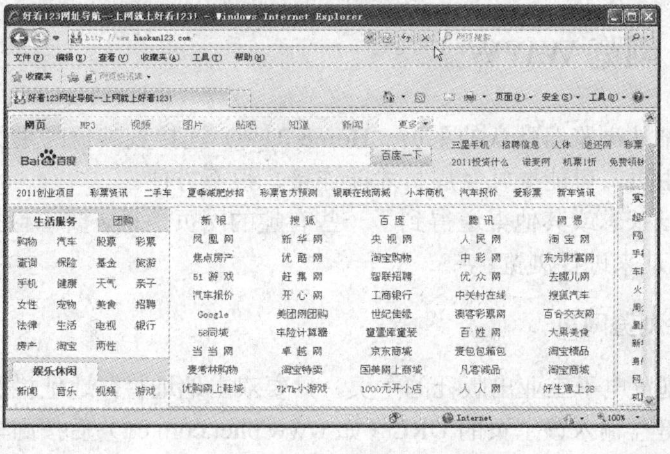

图 2.2.3　在线状态的 IE8 窗口

温馨提示

启动 IE 时自动连接并下载的网页称为主页，浏览器的主页是可以设置的，因此不同的浏览器主页不尽相同。

IE8 浏览器窗口与 IE6 之前版本的样子有了很大的变化，从上至下依次为：

（1）标题栏：显示浏览器图标和网页标题。

（2）网址和搜索栏：窗口右侧的文本框是网址栏，又称为 URL 文本框，在此处可以输入、修改或搜索 URL 地址。窗口左侧的文本栏是搜索栏，可以输入搜索网站的网址。

（3）工具栏：将浏览时常用的操作项目存放在本栏。

（4）浏览窗口：浏览器显示网页的窗口，如果不能完整显示网页，可用鼠标拖动窗口右边和下边的滑块使网页在窗口中移动。

（5）状态栏：位于 IE 窗口的底部，主要显示当前工作状态等。

浏览器窗口可以显示超文本文件，还可以显示多种字体的文字，多种形式的图形、图像，以及播放声音和视频等。

当一个网页下载完毕后，就可以在显示窗口看到完整的网页内容。文字颜色与其他文字颜色不同或带有下画线的地方就是链接。某些图片也可能是链接，图片链接不像文字链接那样明显，但只要移动光标，若鼠标指针变成手状，则该处即为链接，只要单击鼠标左键，就可以连接到所链接的地址及文件上，如图 2.2.4 所示。

图 2.2.4　超级链接示意图

子项目二：浏览 WWW

浏览时，每次都从浏览器默认的主页（Home Page）连接到其他的主页上，特别是默认主页没有提供链接的主页，可能要几经周折才能连接，很不方便。

如果我们从报纸杂志或其他渠道得到了一些有趣的网页地址，要想直接浏览这个网页，可以通过输入 URL 地址来进行浏览。

1. 通过地址栏浏览网页

（1）例如，要浏览电子工业出版社的主页，只要双击地址栏，地址栏网址部分就会变为蓝色背景显示，通过键盘输入该主页的 URL（如 www.phei.com.cn）后按回车键，就会自动连接到指定的主页，如图 2.2.5 所示。

图 2.2.5　从地址栏输入 URL

（2）在地址栏输入 URL 时，如果所输入的 URL 与以前浏览过的网址相似，IE 会自动将其显示出来供用户选择。如图 2.2.6 所示，在地址栏输入 www.p 时，IE 自动显示与之相近的网址，用鼠标单击某个网址，就可以自动连接到该网站浏览。

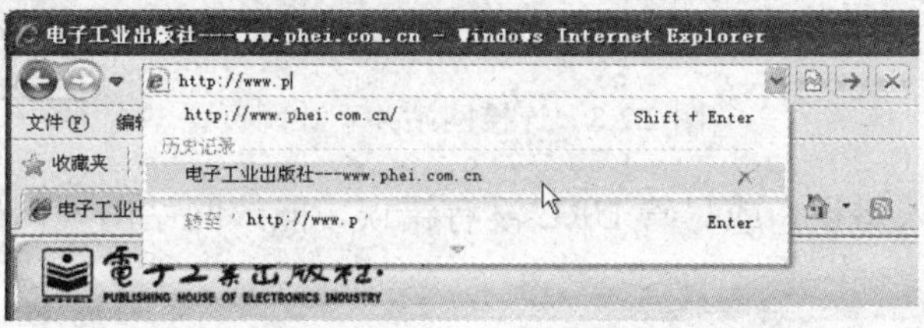

图 2.2.6　显示与输入网址相近的 URL

温馨提示

如果不输入 URL 的协议部分，IE 会地动添加上 http://。如果只输入域名（如 www.phei.com.cn），将自动下载其主页。也可以在域名后加上目录和文件名（如 www.phei.com.cn/bookshop/bookshop.asp）直接浏览指定的网页。

（3）如果已经浏览过多个站点，地址栏可以自动记录浏览过的网址，只要单击地址栏右边的小箭头，即可显示记录的地址。单击其中任何一个地址，即可连接到该站点，如图 2.2.7 所示。

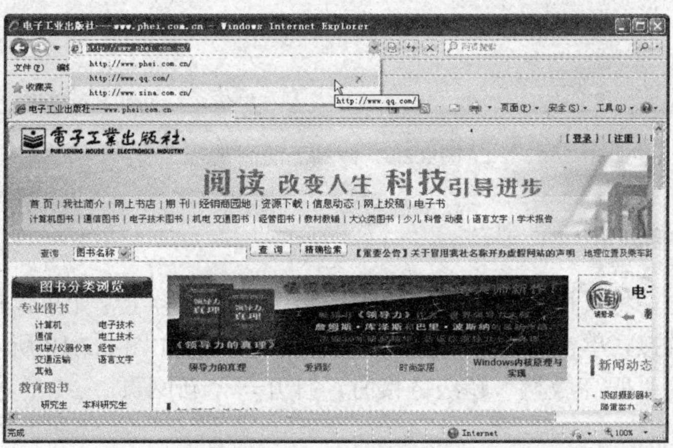

图 2.2.7　显示用户打开过的 URL

（4）输入网址（如网易 www.163.com）并确认后，浏览器在 Internet 中寻找域名为 www163.com 的 WWW 服务器，若找到即可与之建立连接并下载其主页，下载结束后左下角的状态栏显示“完成”，如图 2.2.8 所示。

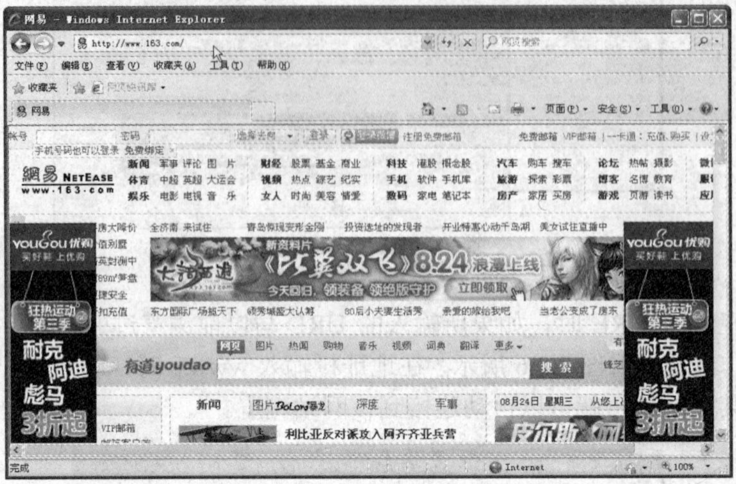

图 2.2.8　连接网站并下载网页

（5）如果 URL 输入错误，或尽管 URL 没有错误，但该网站出现问题导致无法浏览，浏览器显示如图 2.2.9 所示。

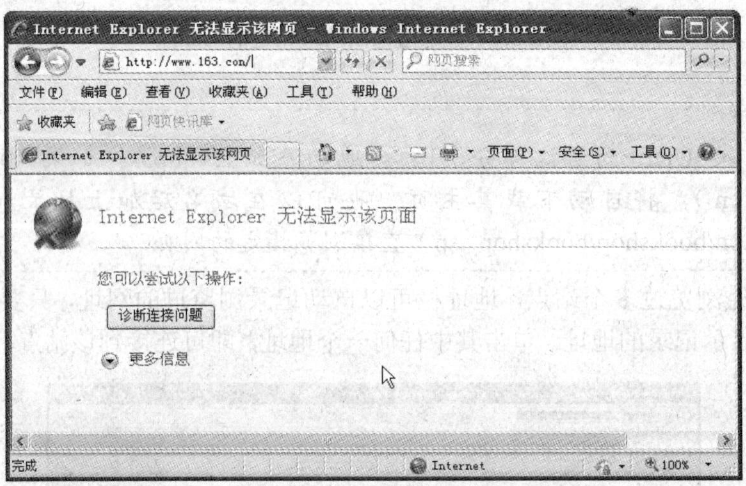

图 2.2.9　网站无法浏览

2. 通过超级链接浏览

在打开的网页上，将鼠标指针移动到要进一步浏览的内容上，如果鼠标指针变成手状，则表明该部分为超级链接，单击鼠标即可进入一个新的网页。如图 2.2.10 所示，用鼠标单击电子工业出版社主页上的“职高教材”超级链接时，打开一个新网页。

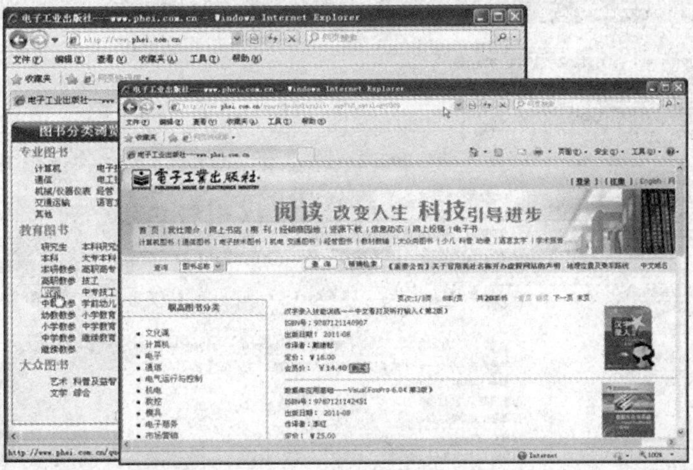

图 2.2.10　通过超级链接打开新网页

通过网页上的超级链接可以从一个网页进入另一个网页，也可以从一个网站链接到下一个网站，从而将 Internet 所有的网站链接在一起，形成一个蜘蛛网状的 WWW 网络世界。

3. 通过工具按钮浏览

使用 IE 的工具按钮，可以快速实现网页之间的浏览转换。例如，刚刚先后浏览过新浪网和网易两个网站，目前正在浏览网易的网页，要想快速返回前面浏览的新浪网站，单击地址栏右侧的返回按钮“←”即可，如图 2.2.11 所示。

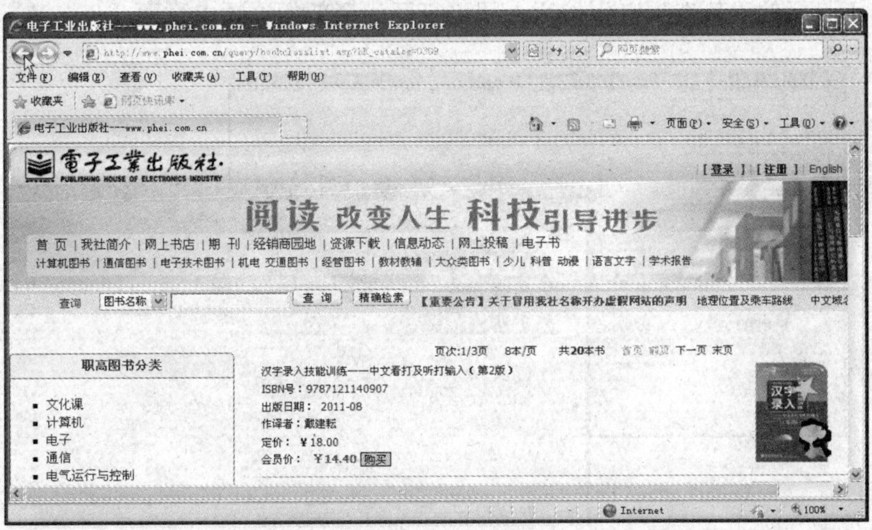

图 2.2.11　用工具按钮浏览

“→”是“前进”按钮，功能与“返回”按钮相反。例如，前面返回新浪网站后，再单击“前进”按钮，又可以进入网易网站。

单击“返回/前进”按钮左侧的“▼”按钮，可以看到最近浏览过的网站。如图 2.2.12 所示，单击其中的网址，即可连接到相应的网站。

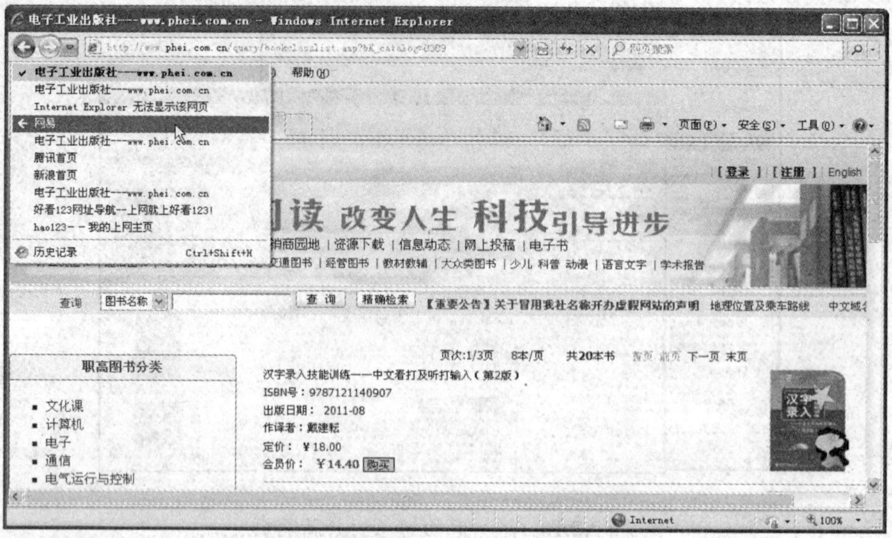

图 2.2.12　新近浏览过的网站地址

子项目三：浏览器的使用技巧

1. 同时浏览多个网页

IE8 新增了标签功能，可以在一个浏览器窗口中同时打开多个页面进行浏览。如图 2.2.13 所示，单击工具栏的“新选项卡”按钮，即可打开一个新的选项卡页面。

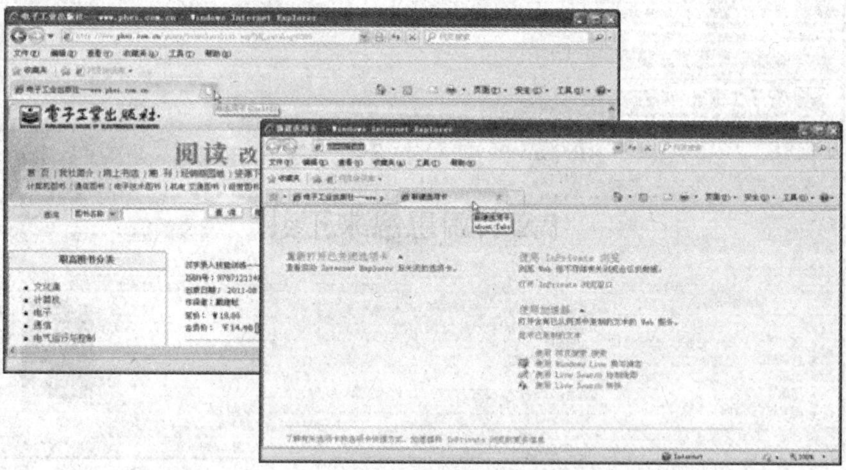

图 2.2.13　打开新的选项卡页面

当新建的选项卡处于当前页状态时，在地址栏输入要浏览的网址并按下回车键，网页内容就会在新的选项卡中显示出来。如图 2.2.14 所示为在地址栏输入网易网址后的显示结果。

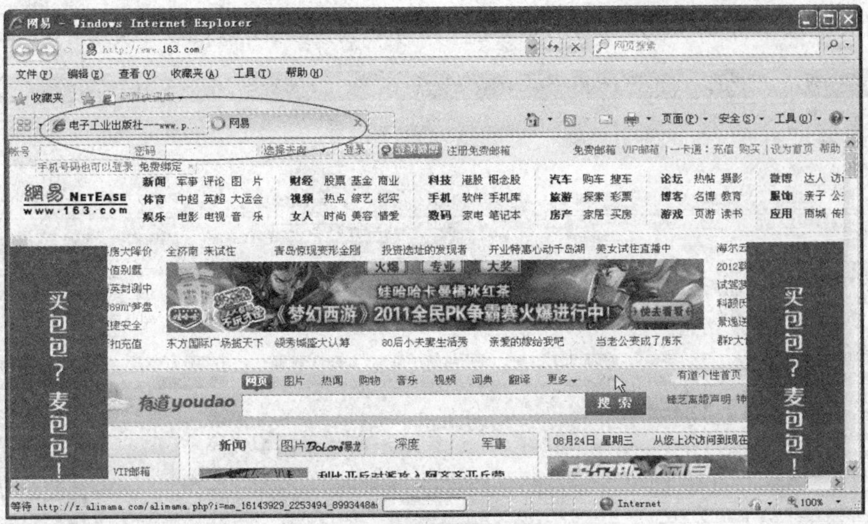

图 2.2.14　一个浏览器窗口同时浏览两个页面

单击浏览器窗口的网页选项卡名称，可以在两个或多个网页之间快速转换，实现一个浏览器窗口同时浏览多个网页。

温馨提示

在一个浏览器窗口中同时浏览多个网页，与打开多个浏览器窗口浏览多个网页相比具有很大的优势，浏览速度快且方便，占用的系统内存资源较少。这种方法也比前面讲过的使用“前进”/“后退”工具按钮要快捷得多，特别适合在多个网页间频繁切换浏览的情况下使用。

如图 2.2.15 所示，IE8 在一个浏览器窗口同时打开了四个网页。单击网页选项卡名称左侧的“快速导航选项卡”按钮，可以将网页的显示方式由层叠改变为平铺。

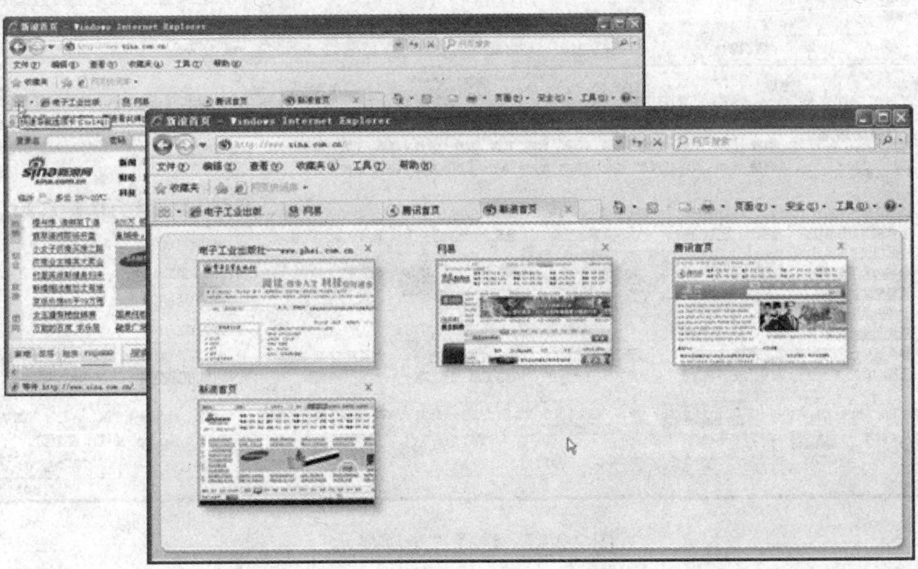

图 2.2.15　一个浏览器窗口同时浏览四个页面

单击网页选项卡标签上的“关闭选项卡”按钮，即可关闭该选项卡，如图 2.2.16 所示。

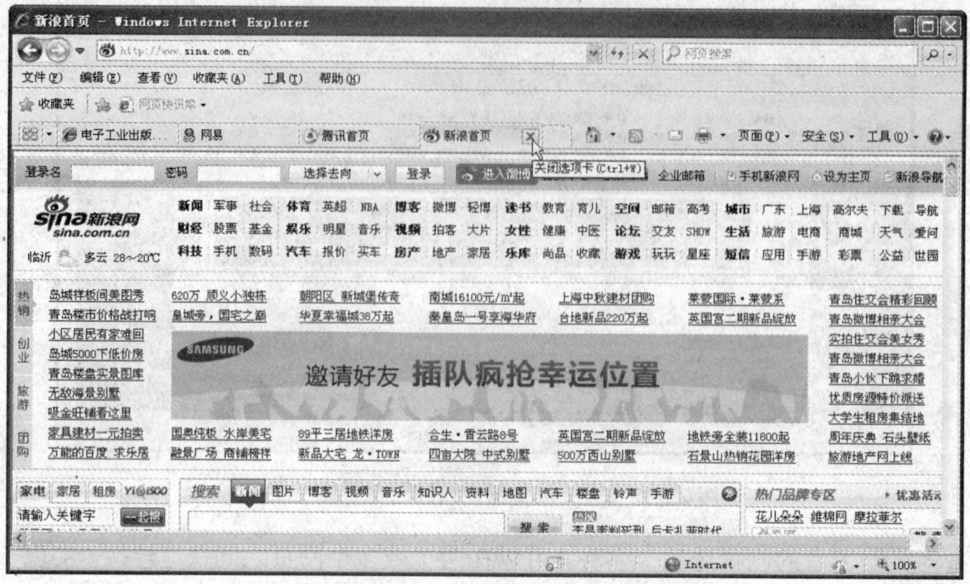

图 2.2.16　关闭网页选项卡

2. 全屏浏览

当浏览一些较大的网页时，会有很多内容无法在屏幕上显示。这时，为了方便浏览，可以使用全屏显示功能。如图 2.2.17 所示，单击工具栏中“工具”按钮右侧的“▼”按钮，在下拉菜单中选择“全屏显示”，即可进入全屏显示方式，如图 2.2.18 所示。

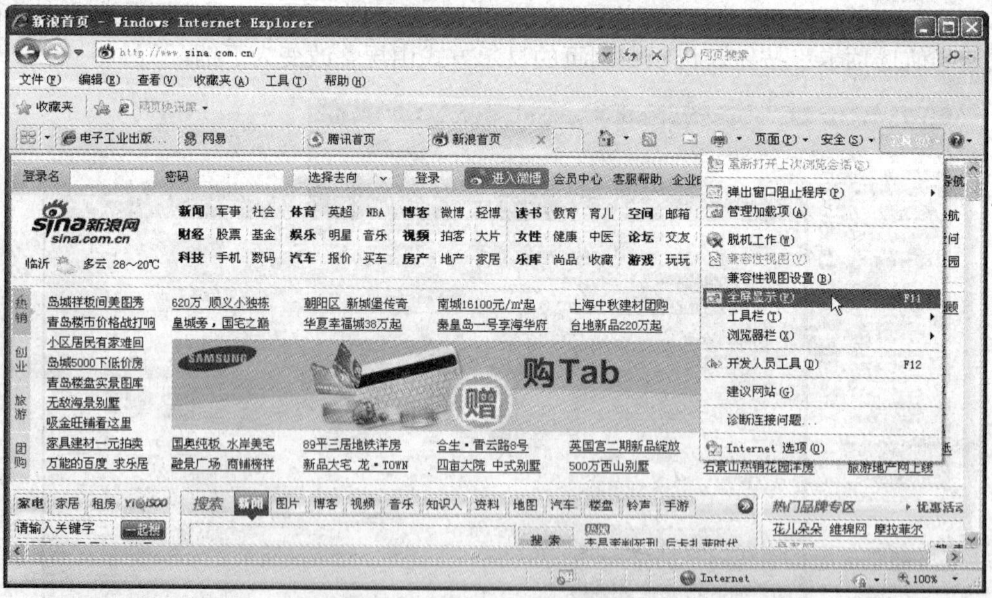

图 2.2.17　选择“全屏显示”

图 2.2.18 全屏显示方式浏览网页

将鼠标指针移动到屏幕右上角，会自动弹出如图 2.2.19 所示的工具栏，单击“还原”按钮，即可从全屏显示方式返回到正常页面。

图 2.2.19 取消全屏显示方式

3. 显示 IE8 菜单栏

IE8 默认启动时，不显示菜单栏，这对于习惯以前版本 IE 的用户来说，是非常不方便的。其实可以非常简单，只要在工具栏的空白处单击鼠标右键，打开快捷菜单（如图 2.2.20 所示）即可。

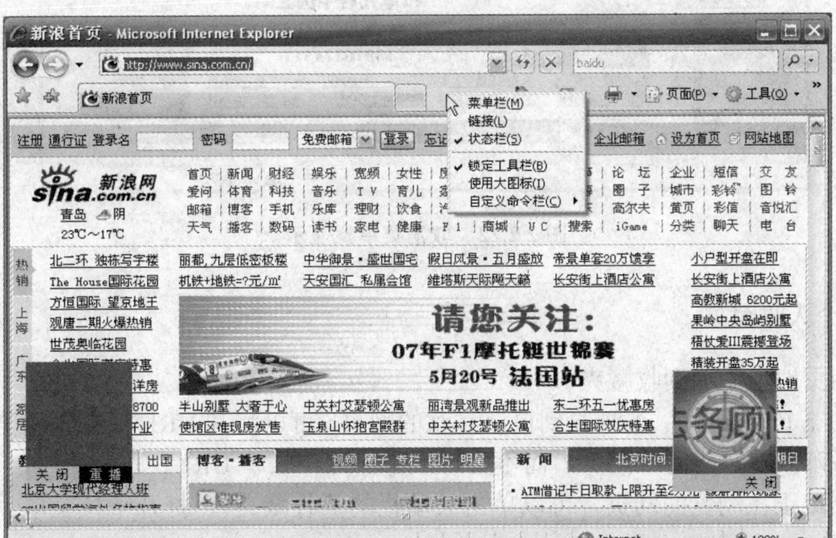

图 2.2.20 打开快捷菜单

在弹出的快捷菜单上单击“菜单栏”，即可显示 IE8 的菜单栏，如图 2.2.21 所示。

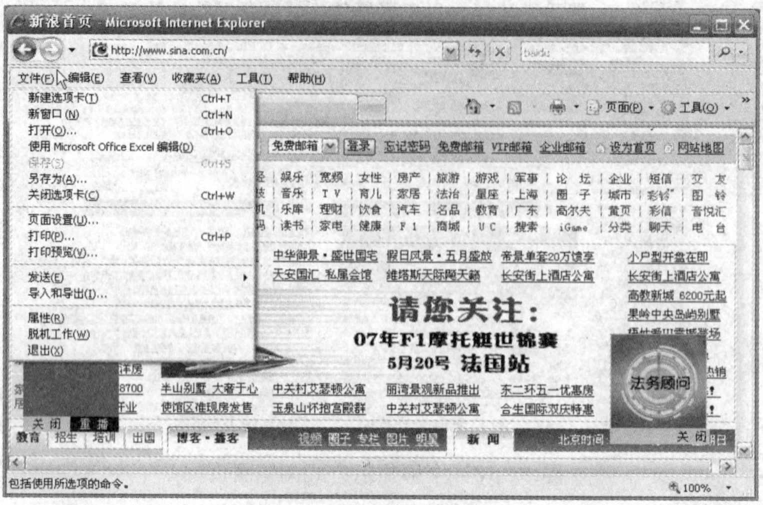

图 2.2.21　IE8 的菜单栏及“文件”下拉菜单

如果不想显示菜单栏，可以在菜单栏或工具栏的空白处单击鼠标右键，在打开的快捷菜单中，单击“菜单栏”，将该命令前的“ √ ”去掉即可，如图 2.2.22 所示。

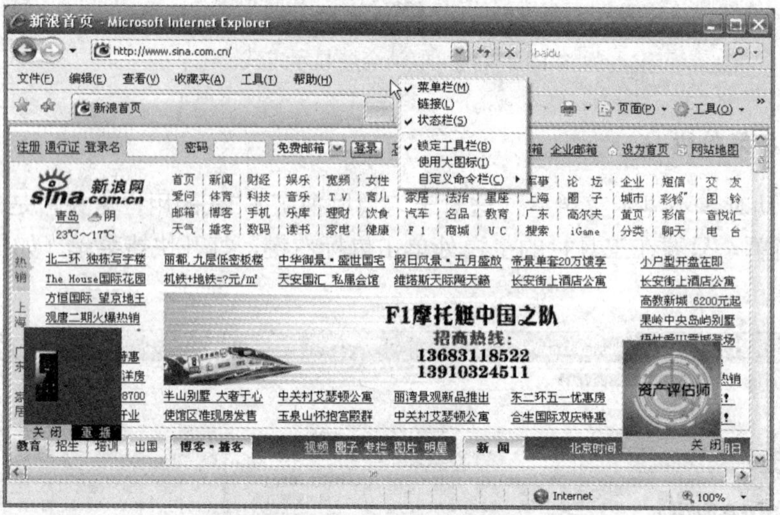

图 2.2.22　取消菜单栏显示

4. 组织个人收藏夹

（1）将网页地址添加到收藏夹

当你在浏览 Internet 时，若浏览到自己喜欢的网页，可以将其 URL 保存到浏览器的个人收藏夹中，以后可以随时访问该网页，而不必每次都输入一长串 URL。

如果要收藏正在浏览的网页，可以单击菜单栏的“收藏夹”，打开下拉菜单，如图 2.2.23 所示。

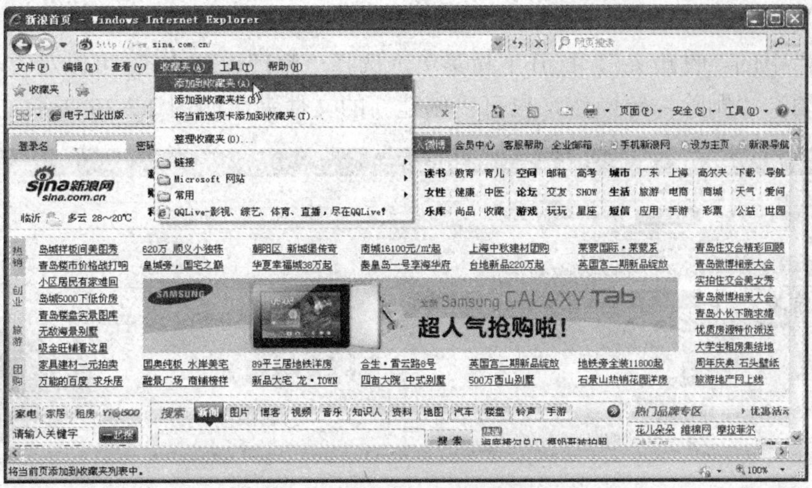

图 2.2.23　收藏正在浏览的网页 URL

在下拉菜单中单击“添加到收藏夹”，显示如图 2.2.24 所示的对话框。

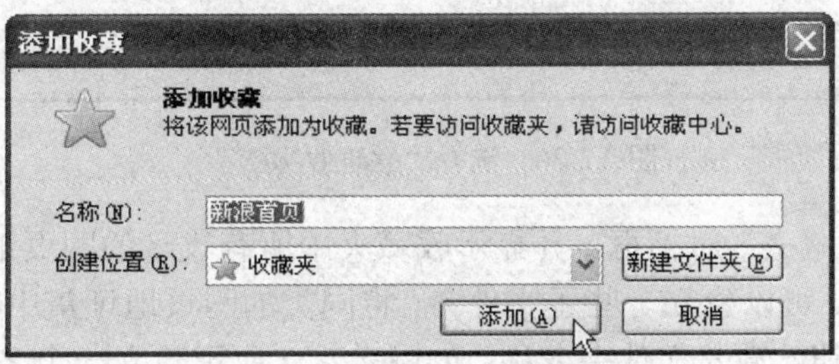

图 2.2.24　将网页地址添加到收藏夹

单击“添加”按钮，该网页即可添加到收藏夹中。

（2）显示收藏夹中的网页地址

单击工具栏中的“收藏夹”按钮，即可打开收藏夹，如图 2.2.25 所示。新添加的网址和以前收藏的网址都会显示出来。此时单击收藏夹中的任何网址，IE 都会自动连接到该网站。

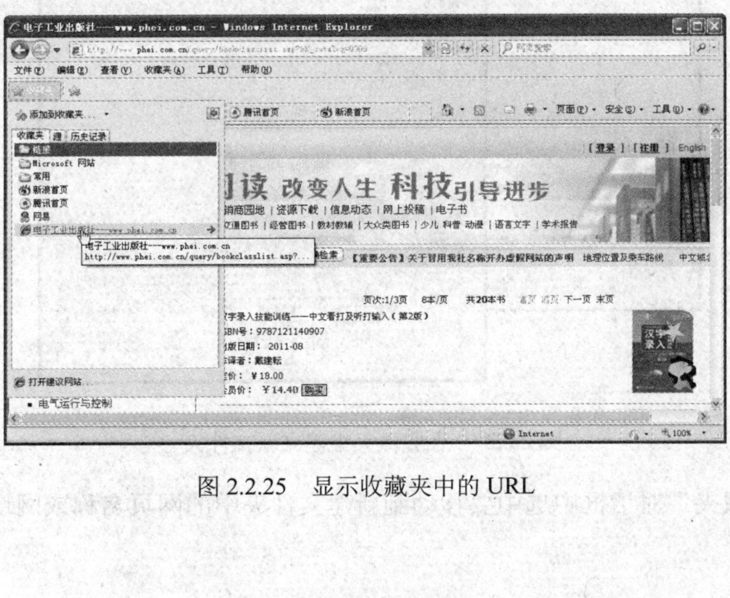

图 2.2.25　显示收藏夹中的 URL

（3）整理收藏夹

单击菜单栏中的“收藏夹”，打开下拉菜单，选择“整理收藏夹”，可以对收藏夹中的网页地址进行“移动”、“删除”等操作，也可以创建新的文件夹，如图 2.2.26 所示。

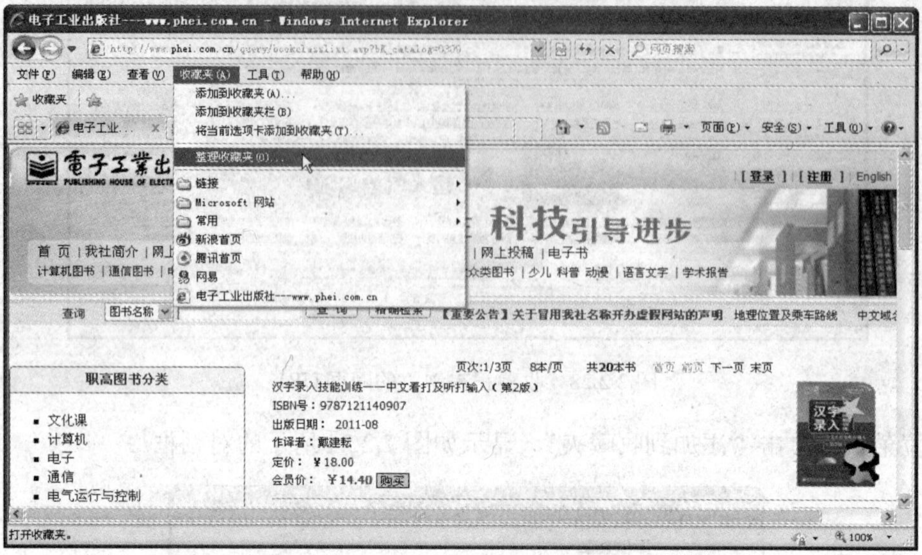

图 2.2.26　选择“整理收藏夹”

系统弹出“整理收藏夹”对话框，并显示收藏夹中所有收藏的网页地址。由于收藏的地址较多，使用起来不方便，可以建立一些子文件夹，将同类的网页地址集中存放在一个文件夹中。单击“新建文件夹”按钮，输入文件夹名称，如图 2.2.27 所示建立一个名为“高校”的文件夹。

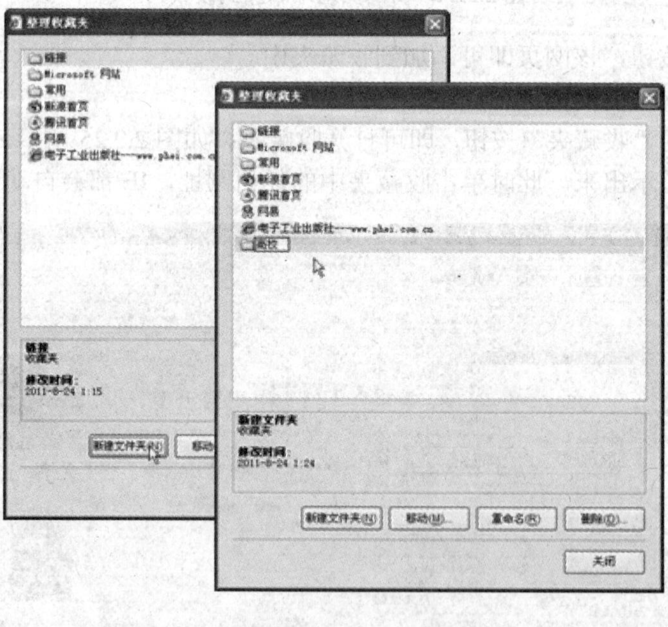

图 2.2.27　在收藏夹中建立新文件夹

在“整理收藏夹”对话框中选中要移动到新建文件夹中的网页名称或网址，单击“移动”

按钮，在弹出的“浏览文件夹”对话框中单击文件夹名称，然后单击“确定”按钮，如图 2.2.28 所示。

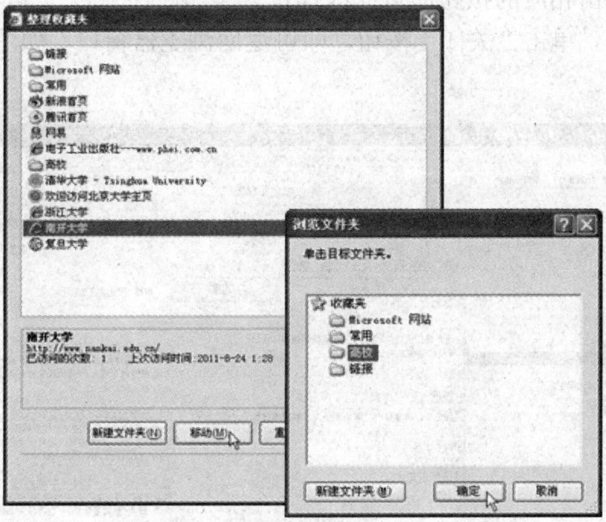

图 2.2.28　将网页移动到指定文件夹

温馨提示

也可以直接用鼠标将网页拖动到文件夹中。

用同样的方法，可以将其他网页都移动到相应的文件夹中。图 2.2.29 是已经初步整理好的收藏夹，关于高校的网站都已移动到“高校”文件夹中。

用户可以根据自己的习惯和爱好将喜爱的网页组织到相应的文件夹中，以便查找。

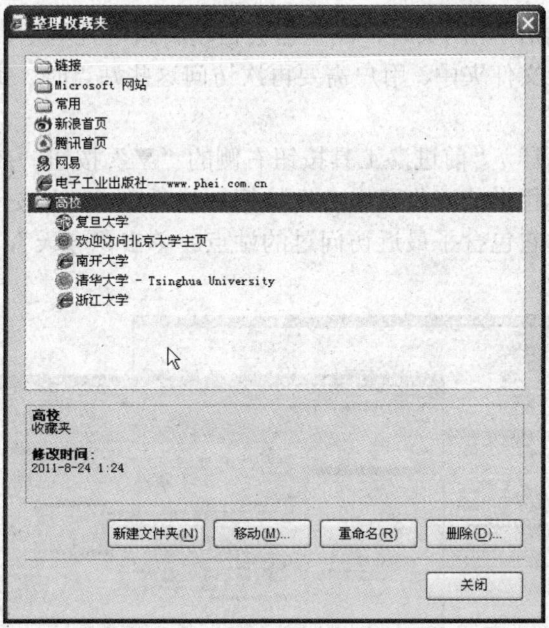

图 2.2.29　已经整理的收藏夹

从如图 2.2.29 所示的“整理收藏夹”对话框可以清楚地看出，除了“新建文件夹”、“移动”操作外，IE 还支持对收藏夹中的文件夹或网页进行“重命名”和“删除”操作，只要选中要操作的文件夹或网页，单击相应的按钮即可完成操作。

收藏夹整理完成后，单击“关闭”按钮，即可返回浏览器窗口。如图 2.2.30 所示为完成收藏夹整理的浏览器窗口。

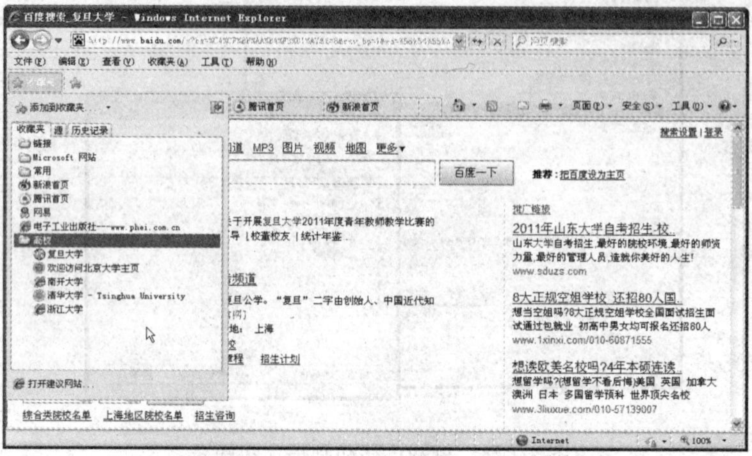

图 2.2.30　完成收藏夹整理的浏览器窗口

温馨提示

在如图 2.2.30 所示的窗口中，单击“收藏夹”工具按钮，或直接在浏览器窗口空白处单击即可关闭收藏夹栏。

5. 历史记录

用户在使用 IE 浏览器浏览网页时，浏览器会自动将最近几星期、几天、几小时访问过的 Web 地址保存在历史记录文件夹中。用户需要再次访问这些站点时，就可以通过历史记录栏来访问。

单击 IE 浏览器“返回”/“前进”工具按钮右侧的“▼”按钮，在打开的下拉菜单中单击“历史记录”。或单击工具栏中的“收藏中心”按钮，然后单击“历史记录”，浏览器的左侧就会出现“历史记录”栏，它包含了最近访问过的站点。单击“今天”，将显示今天访问过的所有站点，如图 2.2.31 所示。

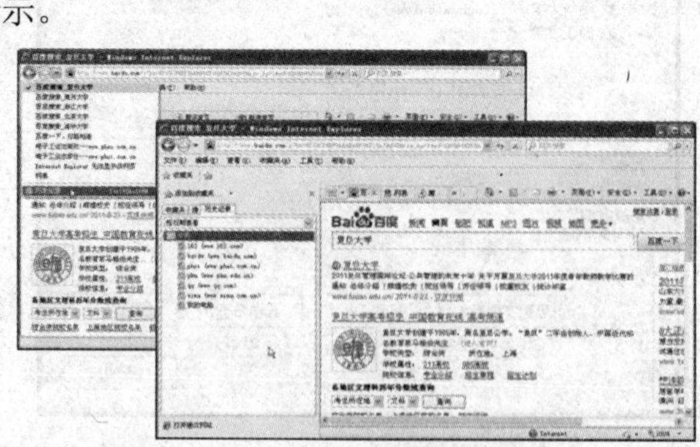

图 2.2.31　浏览器“历史记录”栏

如果“历史记录”栏中显示的站点较多，可以将“历史记录”栏中的站点按一定顺序来进行排列。如图 2.2.32 所示，单击右侧的“▼”按钮，在打开的下拉菜单中，可以选择“按日期查看”、“按站点查看”、“按访问次数查看”和“按今天的访问顺序查看”几种方式对站点进行排序。

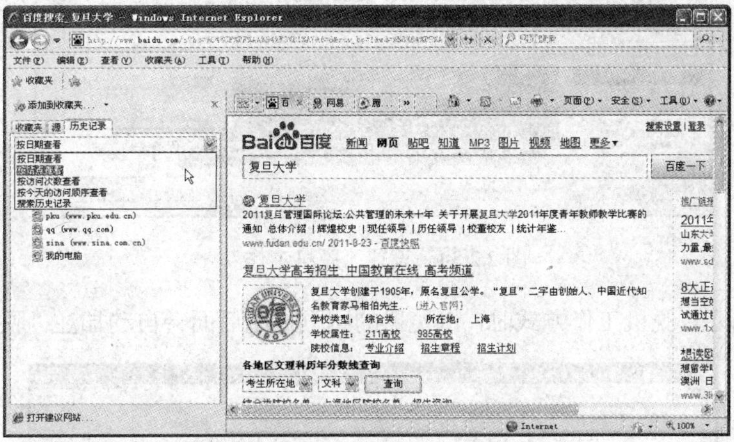

图 2.2.32　对“历史记录”进行排序

用户也可以使用“历史记录”栏中的搜索功能来搜索记录。单击“历史记录”按钮右侧的“▼”按钮，在打开的下拉菜单中，单击“搜索历史记录”，搜索文本框就会出现在“历史记录”栏中，在文本框中输入要查找的网址信息，例如，输入“新浪”，单击“立即搜索”按钮，与之相匹配的记录就会显示出来，如图 2.2.33 所示。

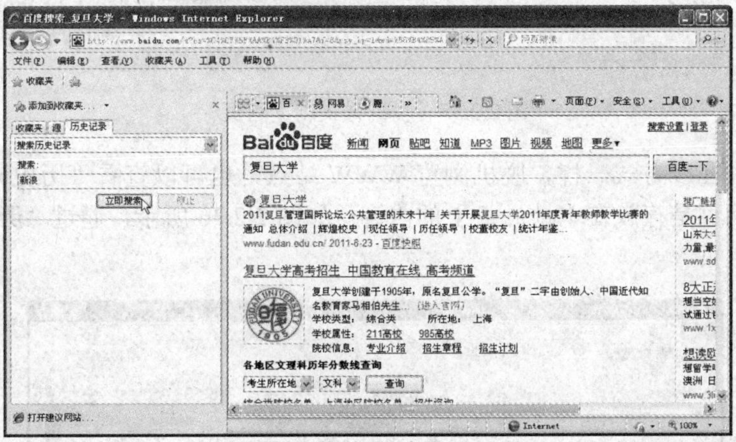

图 2.2.33　搜索历史记录

6. 脱机浏览

当处于在线状态时，已经浏览过的网页信息会自动下载到本地硬盘上，离线后可以利用脱机浏览功能随时浏览。

单击浏览器工具栏中的“工具”按钮，在打开的下拉菜单中选择“脱机工作”，如图 2.2.34 所示。

图 2.2.34　设置“脱机工作”

如图 2.2.35 所示，脱机工作方式时，浏览器的网页标题后面会自动加注“脱机工作”四个字。

图 2.2.35　脱机方式浏览网页

现在你可以和在线方式一样，脱机浏览 WWW 站点，也可以查看“历史记录”中的网页，只不过所浏览的网页是存放在本地硬盘上的内容。如图 2.2.36 所示，通过“历史记录”栏脱机浏览“新浪网”主页。

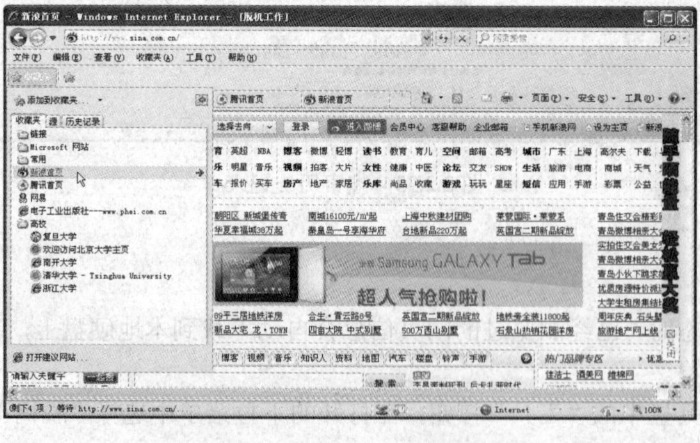

图 2.2.36　通过历史记录脱机浏览

对于网站中的超级链接，如果在线状态下浏览过，脱机工作时也可以浏览，如图 2.2.37 中“职高”链接就可以脱机浏览。但“应用软件”等链接脱机就无法浏览，从图 2.2.37 中可以清楚地看到，表示超级链接的手状符号右侧有一个黑色“禁入”符号，表示无法进入该链接。

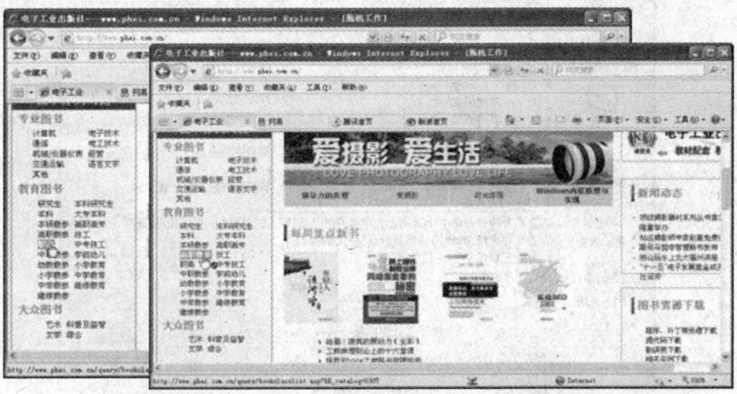

图 2.2.37　脱机工作时不同的超级链接符号

在脱机方式下，如果单击不能浏览的超级链接，IE 就会自动弹出如图 2.2.38 所示的对话框。

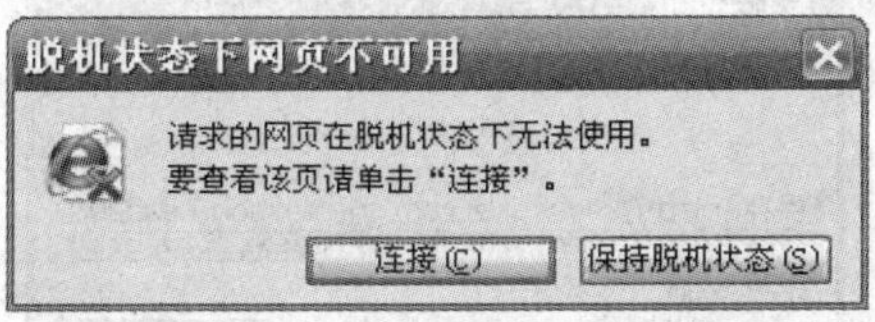

图 2.2.38　脱机状态下无法浏览网页对话框

7. 网页资源的保存

（1）保存网页

① 用鼠标右键单击要保存的图片，打开快捷菜单，单击“另存为”，如图 2.2.39 所示。

图 2.2.39　保存网页

② 在弹出的“保存网页”对话框中选择好存放网页的文件夹和网页的文件名，一般使用默认数据即可，如图 2.2.40 所示。

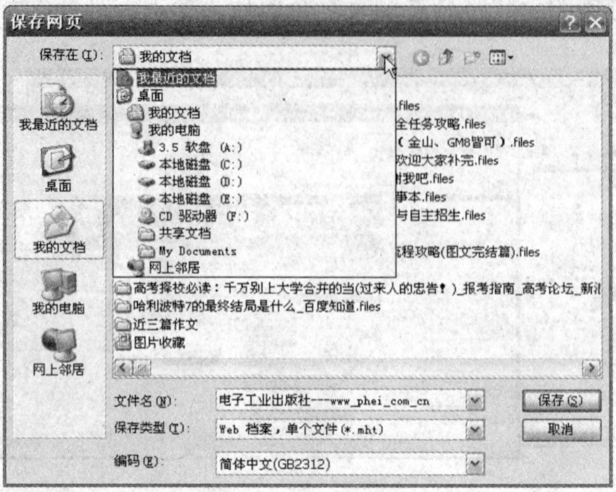

图 2.2.40　“保存网页”对话框

③ 单击“保存”按钮，显示如图 2.2.41 所示。

图 2.2.41　保存网页过程

④ 已保存的网页如图 2.2.42 所示。

图 2.2.42　已保存的网页

双击保存的网页文件，就会启动 IE 浏览器并打开该网页，如图 2.2.43 所示。从地址栏可以清楚地看出，显示的是本地硬盘的存放路径。

图 2.2.43　保存在本地硬盘中的网页被 IE 打开

（2）保存当前网页中的图片

① 在浏览器窗口中用鼠标右键单击要保存的图片，弹出快捷菜单，如图 2.2.44 所示。

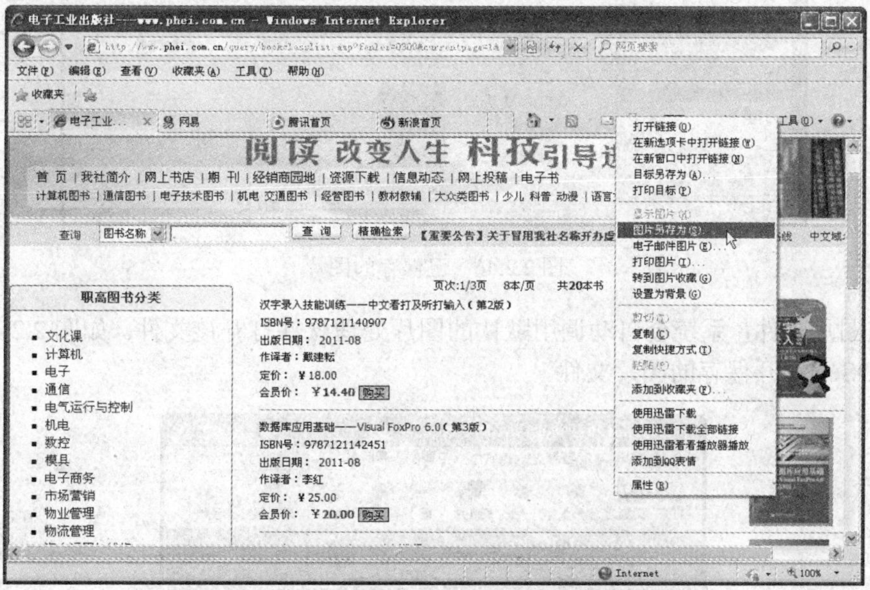

图 2.2.44　保存网页中的图片

② 在快捷菜单中单击“图片另存为”，打开“保存图片”对话框，如图 2.2.45 所示。根据需要选择文件夹，在“文件名”文本框中输入该图片的名称，单击“保存”按钮即可。

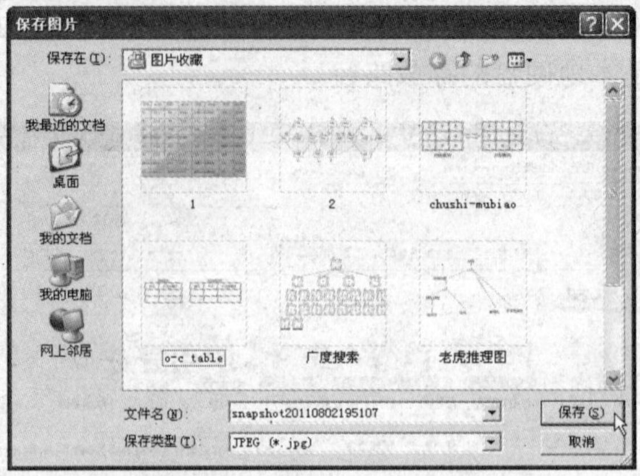

图 2.2.45 “保存图片”对话框

③ 已保存的图片如图 2.2.46 所示。

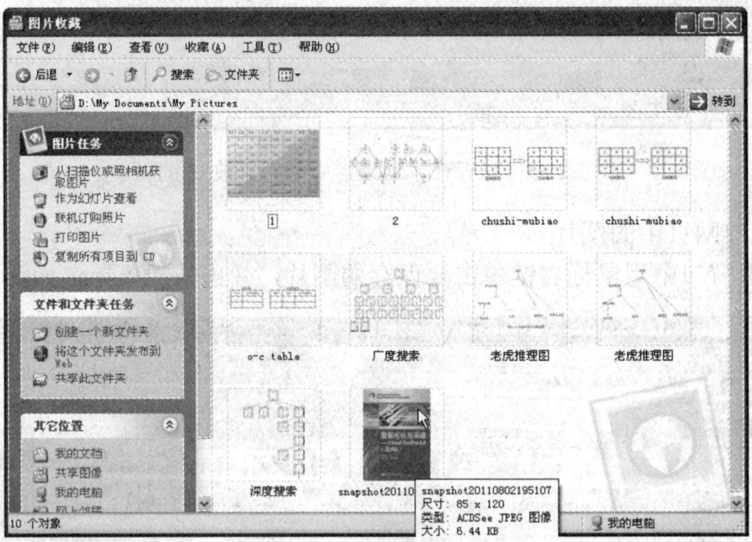

图 2.2.46 已保存的图片

双击该图片文件，系统会自动调用默认的图片处理软件打开该文件。如图 2.2.47 所示，系统调用 ACDSee 打开保存的图片文件。

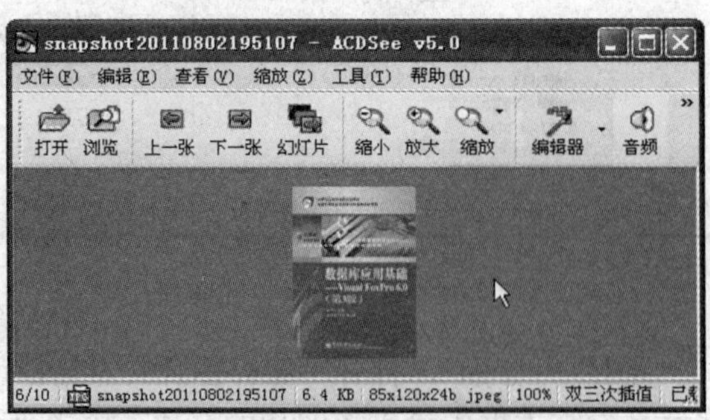

图 2.2.47 保存的图片文件被打开

子项目四：IE的基本设置

1. 设置IE主页

主页是每次打开IE时自动连接并显示的页面。例如，将电子工业出版社设置为主页，其操作步骤为：

（1）在地址栏输入电子工业出版社网址 www.phei.com.cn，并按下回车键，网页下载完毕后，单击工具栏中的“主页”按钮右侧的“▼”符号，打开下拉菜单，如图2.2.48所示。

图2.2.48　打开下拉菜单

（2）单击下拉菜单中的“添加或更改主页”命令，弹出“添加或更改主页”对话框，选择“将此网页用做唯一主页”，单击“是”按钮，完成主页设置，如图2.2.49所示。

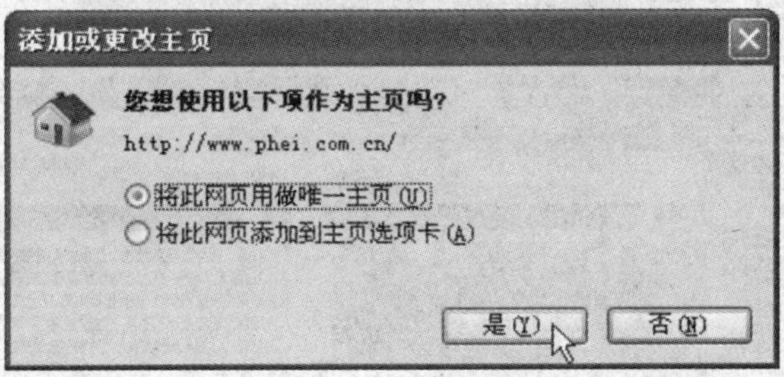

图2.2.49　“添加或更改主页”对话框

温馨提示

如果选择“将此网页添加到主页选项卡”，IE会保留原来的主页，新增加一个新的主页。也就是说，IE8可以设置多个主页。

（3）单击工具栏中的“主页”按钮右侧的“▼”符号，可以看到，主页已经设置为电子工业出版社，如图2.2.50所示。

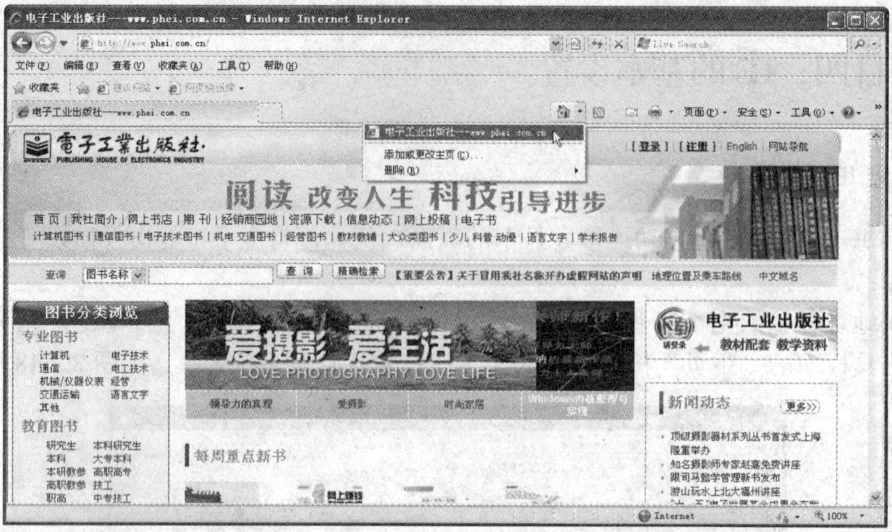

图 2.2.50　完成主页设置

2. 设置弹出窗口屏蔽

IE8 提供了屏蔽弹出式广告窗口的功能。单击工具栏中的“工具”按钮，在下拉菜单中选择“弹出窗口阻止程序”，在下一级菜单中选择“总是阻止来自该站点的弹出窗口”，如图 2.2.51 所示。

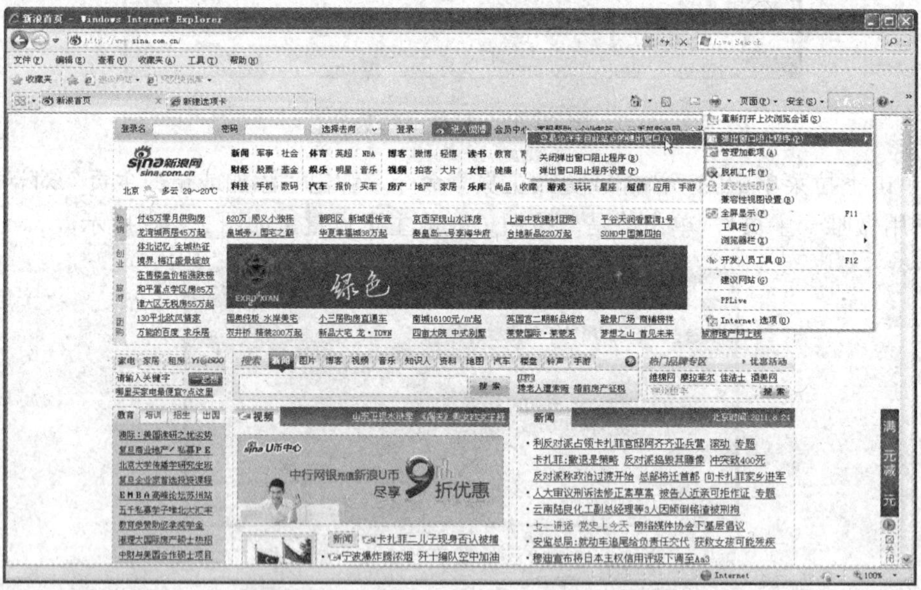

图 2.2.51　设置“弹出窗口阻止程序”

设置弹出窗口屏蔽后，浏览网站时，IE 将自动阻止弹出窗口的下载和显示，如图 2.2.52 所示。

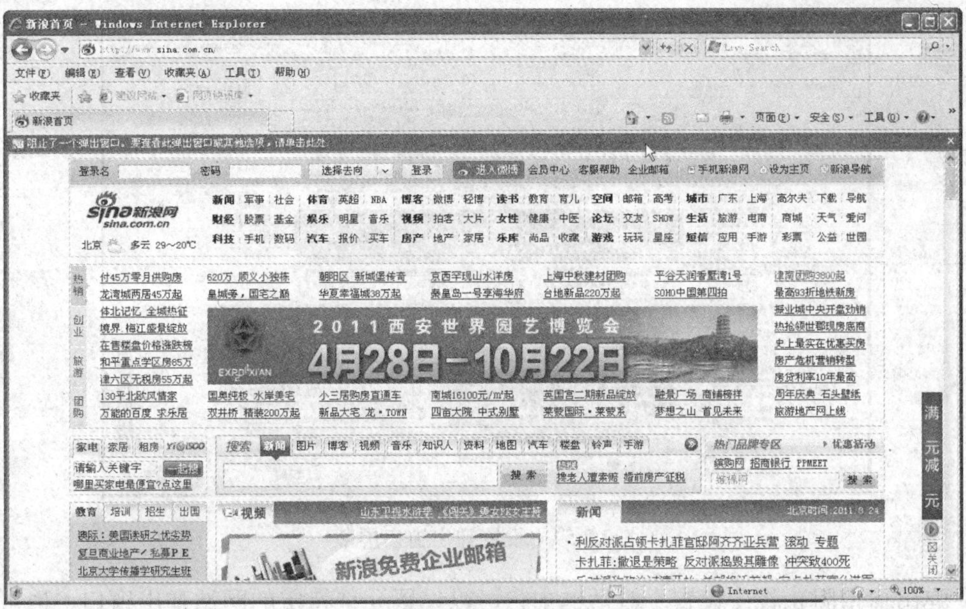

图 2.2.52 阻止网站的弹出窗口

如果不屏蔽弹出窗口，浏览有关网站时，弹出式广告窗口将全部下载并显示，如图 2.2.53 所示。这样无疑会导致浏览速度变慢。

图 2.2.53 未屏蔽弹出窗口的网站的弹出式广告窗口

在启用弹出窗口阻止程序的前提下，可以对窗口屏蔽进行设置。如图 2.2.54 所示，单击工具栏中的“工具”按钮，在下拉菜单中选择“弹出窗口阻止程序”，在下一级菜单中选择“弹出窗口阻止程序设置”。

图 2.2.54　设置弹出窗口屏蔽

在“弹出窗口阻止程序设置”对话框中，可以设置允许特定的网站弹出窗口，也可以统一设定“筛选级别”等内容，如图 2.2.55 所示。

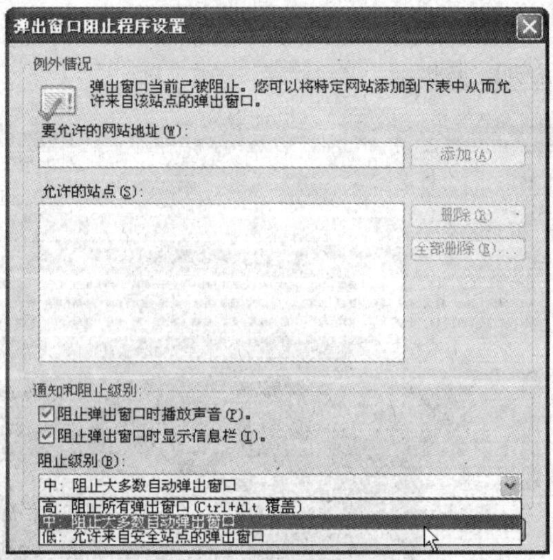

图 2.2.55　“弹出窗口阻止程序设置”对话框

3. 设置 IE 自动完成功能

自动完成功能是指在网页上填写表单时，让 IE 自动记录所填写的内容，下次填写同样的表单时，IE 可以自动调出以前填写的内容。

> **温馨提示**
>
> 自动完成功能非常实用，在网站填写各类申请表单，当单击“提交”按钮后，经常会由于某个表单项填写的内容没有通过网站的数据校验被要求重新填写。如果设置了自动完成，就可以单击表单项调出以前输入的数据，避免重复输入。

单击工具栏中的“工具”按钮，在下拉菜单中选择“Internet 选项”，如图 2.2.56 所示。

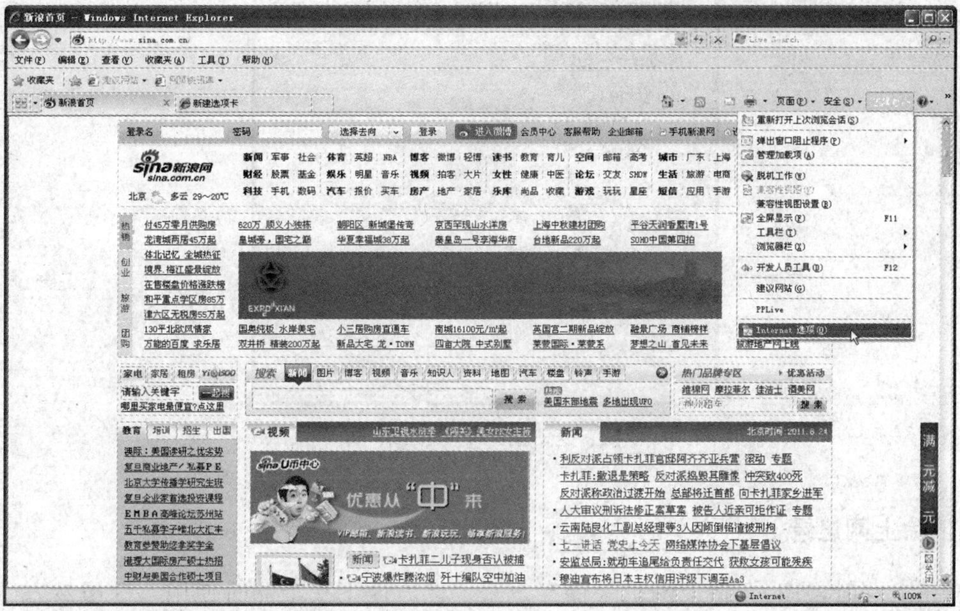

图 2.2.56　选择“Internet 选项”

在“Internet 选项”对话框中，选择“内容”选项卡，单击“自动完成”功能区中的“设置”按钮，如图 2.2.57 所示。

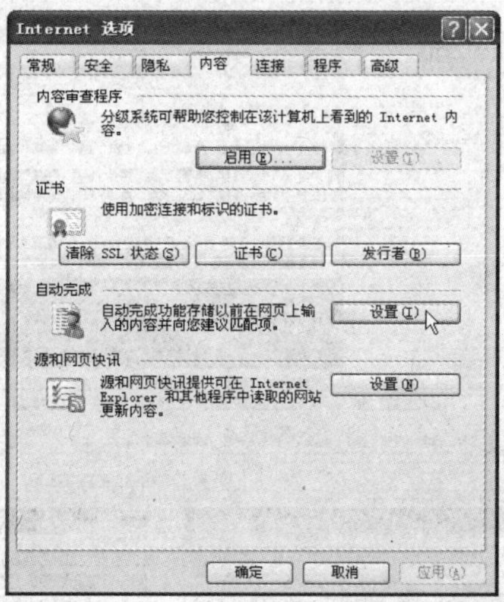

图 2.2.57　“Internet 选项”对话框中的“内容”选项卡

在“自动完成设置”对话框中，可以设置“自动完成”功能的应用范围，如图 2.2.58 所示。依次单击“确定”按钮，完成设置。

温馨提示

如图 2.2.57 所示，“Internet 选项”对话框有 7 个选项卡，大部分 IE 设置都可以在这里完成。

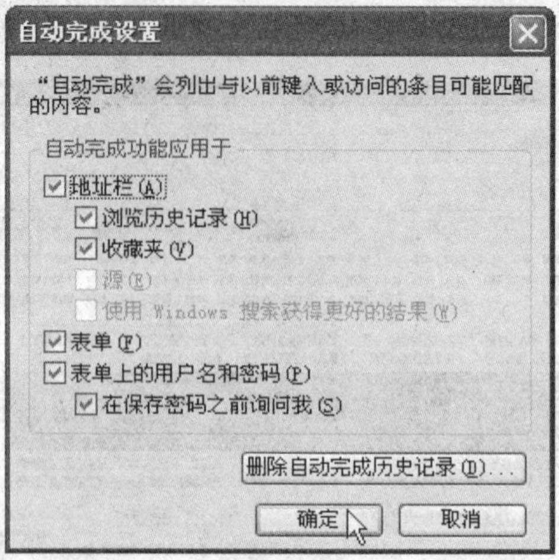

图 2.2.58 “自动完成设置”对话框

4. 清除上网记录

用户在上网时，IE 会将上网记录保存下来，以方便下次上网时使用，这虽然方便了用户上网，但无疑也会造成用户个人隐私信息的泄露，因此应及时清除上网记录。

如图 2.2.59 所示，单击“工具”菜单，在菜单中选择“删除浏览的历史记录”。

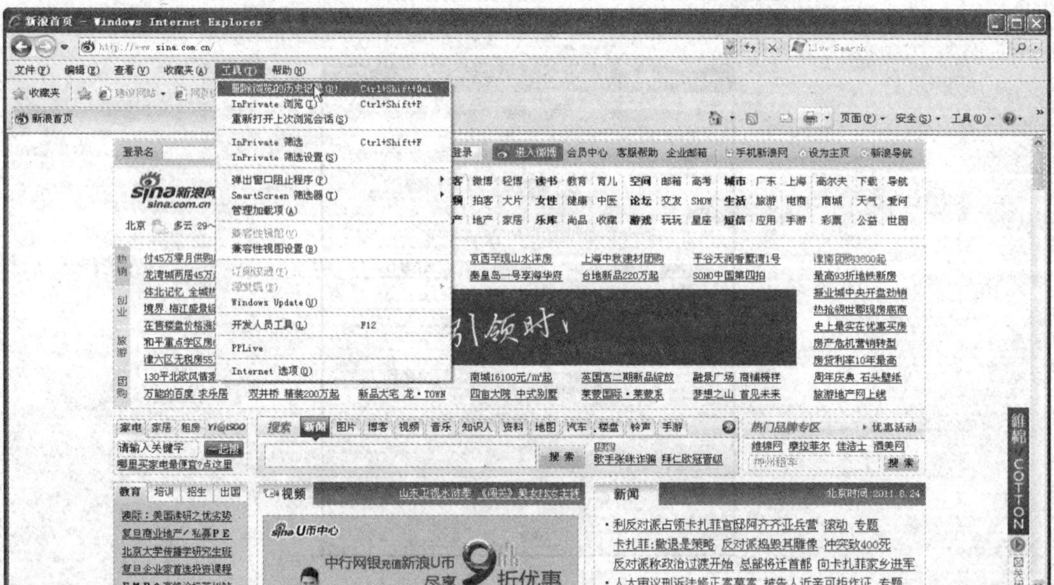

图 2.2.59 选择“删除浏览的历史记录”

在“删除浏览的历史记录”对话框中，单击相应的按钮，可以删除“Internet 临时文件”、“Cookie”、“历史记录”、“表单数据”、“密码”等数据，也可以单击“全部删除”按钮，将上述数据一次性全部删除，如图 2.2.60 所示。

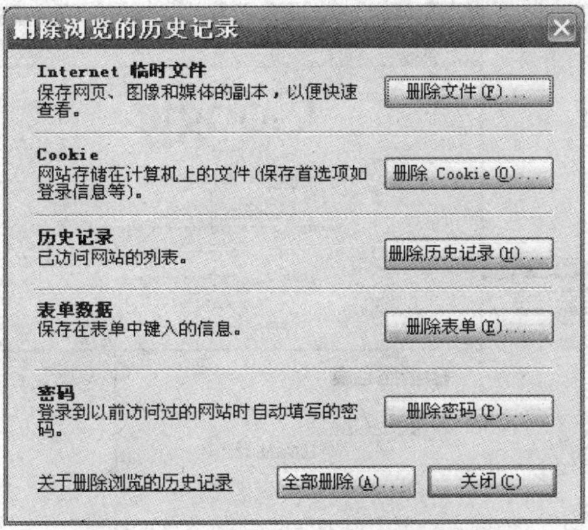

图 2.2.60　“删除浏览的历史记录”对话框

温馨提示

在“工具”下拉菜单中单击“Internet选项”，在“Internet选项”对话框中的“常规”选项卡中，也可以完成上网记录的清除。

子项目五：网上信息搜索

1. 搜索引擎

搜索引擎（Search Engine）意为信息查找引擎，它以一定的方式、周期性地在Internet上收集新的信息，并对将其进行提取、组织、处理和存储，这样在搜索引擎所在的计算机中，就建立了一个不断更新的“数据库”。用户在搜索特定信息时，实际上是借助搜索引擎在这个数据库中进行查找。

搜索引擎由存放信息的大型数据库、信息提取系统、信息管理系统、信息检索系统和用户检索界面组成。信息提取系统负责在Internet上搜索WWW服务器或新闻服务器上的信息，并为它们制作索引，索引内容，甚至信息本身则存放在搜索引擎的大型数据库中。信息管理系统负责对信息进行分类处理。信息检索系统负责将用户输入的检索词与存放在大型数据库系统中的数据进行匹配，并根据内容对检索结果进行排序。用户检索界面负责通过网页接收用户的搜索请求，用户输入搜索内容后，网页上将显示出搜索结果。

Internet上有很多站点提供搜索引擎，我们把这些站点称为搜索站点。有的站点以提供搜索引擎为主要服务，如著名的Google、百度、雅虎（Yahoo）等，人们干脆将这些站点称为搜索引擎。由于这些网站就像一扇引导人们进入Internet的大门，所以又被称为门户网站。如图2.2.61所示为Google和百度网站的主页，画面非常简洁，是不是很像一扇通往神秘宝藏的大门?

2. 搜索引擎的分类

（1）按搜索机制分类

按搜索机制分类，搜索引擎可以分为目录型、关键词型和混合型三类。

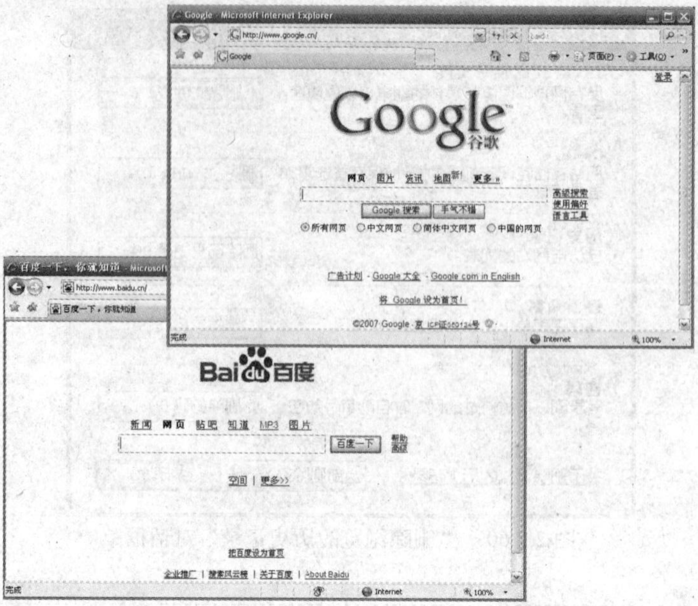

图 2.2.61　Google 和百度搜索引擎的主页

目录型搜索引擎是把搜索到的信息资源按照一定的主题分门别类，建立多级目录。大目录下包含子目录，子目录下又包含子目录……依次类推，建立多层具有包含关系的目录。用户查找信息时，采取逐层浏览打开目录，逐步细化，从而查找到所需要的信息。

新浪搜索（http://dir.iask.com）网站的目录型搜索引擎如图 2.2.62 所示。

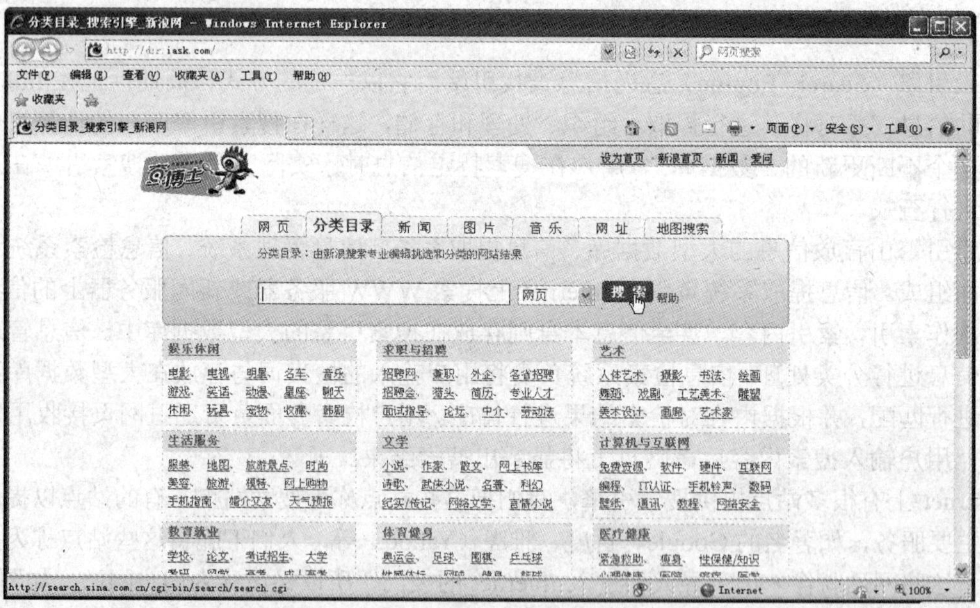

图 2.2.62　新浪搜索的目录型搜索引擎

例如，在新浪搜索中查找有关作家金庸的网页，可以逐步搜索“文学→小说→武侠小说→金庸”即可，如图 2.2.63 所示。

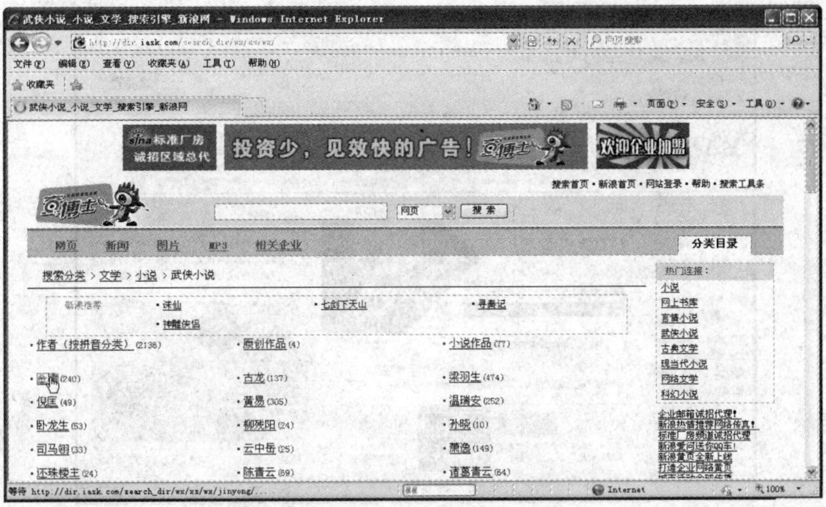

图 2.2.63　按目录查找信息

关键词搜索引擎是通过用户输入关键词来查找所需要的信息资源的，这种方式方便直接，而且可以使用逻辑关系组和关键词，限制查找对象的地区、网络范围、数据类型、时间等，可对满足选定条件的资源准确定位。图 2.2.64 是通过百度搜索关键字“金庸”的结果。

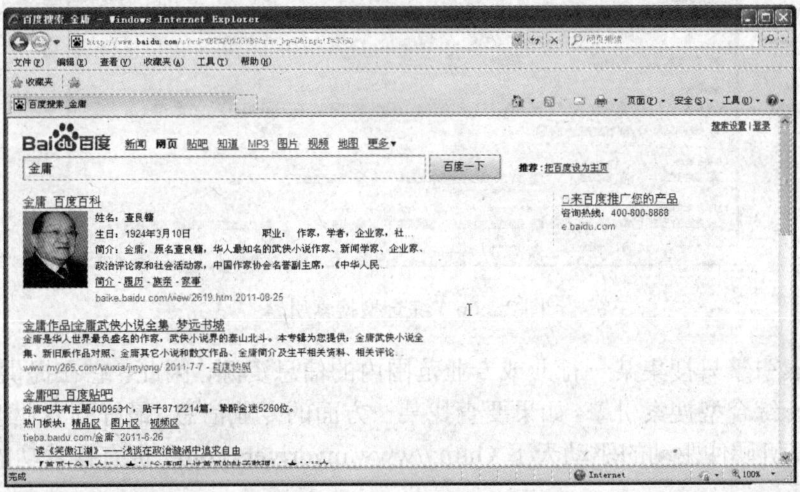

图 2.2.64　按关键词查找信息

混合型搜索引擎兼有关键词型和目录型两种查找方式，既可以直接输入关键词查找信息，也可以浏览目录了解某个领域范围的资源。事实上，搜索引擎网站几乎都同时提供这两种搜索方式。如图 2.2.65 所示为雅虎中国搜索引擎，网页中既提供关键词型搜索引擎，同时也提供目录型搜索引擎。

（2）按搜索内容分类

按搜索内容来划分，搜索引擎可以分为综合型、专业型和特殊型搜索引擎。

综合型搜索引擎对搜集的信息资源不限制主体范围和数据类型，因此，利用它可以查找到几乎任何方面的信息。图 2.2.66 是百度的搜索服务，从其服务项目可以看出，它的所涵盖的搜索范围有多广。

图 2.2.65　混合型搜索引擎

图 2.2.66　综合型搜索引擎

专业型搜索引擎只搜集某一行业或专业范围内的信息资源，因此，它在提供专业信息资源方面要远远优于综合型搜索引擎。如果要查找某一方面的专业信息，最好到专业搜索引擎网站。例如，提供计算机硬件驱动的驱动天下（http://www.mydrivers.com）也有搜索功能，如图 2.2.67 所示。

图 2.2.67　专业型搜索引擎

特殊型搜索引擎是专门搜集特定的某一方面信息的，例如，专门搜集电话、人名、地址、股市信息等。图 2.2.68 是在携程网（http://www.ctrip.com）搜索从北京到上海单程机票的界面。

图 2.2.68　特殊型搜索引擎

3. **搜索 Internet**

目前常用的搜索引擎有：Google（http://www.google.com），雅虎中国（http://cn.yahoo.com），百度（http://www.baidu.com）、新浪网搜索引擎（http://search.sina.com.cn），网易搜索引擎（http://www.youdao.com），搜狐搜索引擎（http://www.sogou.com）等。

Google 是目前最好用、功能最强大的搜索引擎之一。世界上多个著名的门户网站（如雅虎、网易等）所使用的搜索功能，都是由 Google 提供引擎和技术支持的，如图 2.2.69 所示。

图 2.2.69　Google 网站

Yahoo（中文称为雅虎）是 Internet 上最早、最著名的搜索站点，是杨致远先生创建的，Yahoo 的连接速度快、包含范围广、数据容量大、简便易用。Yahoo 有英语、中文等多种语言文字的网站，Yahoo 的中文网站名称为“雅虎中国”。但是，现在的雅虎在市场份额上已经远远落后于谷歌等系统。

雅虎中国的主页如图 2.2.70 所示。

图 2.2.70　雅虎中国的主页

（1）按关键词搜索

在搜索引擎的主页中有一个搜索文本框，在这个框中可以输入要查找的关键词，选择搜索类别，然后单击文本框右边的“搜索”按钮，搜索引擎就会把主题、地址或注释字段中含有该关键词的网页找出来，如图 2.2.71、图 2.2.72 所示为通过百度搜索“伦敦奥运会”的有关信息。

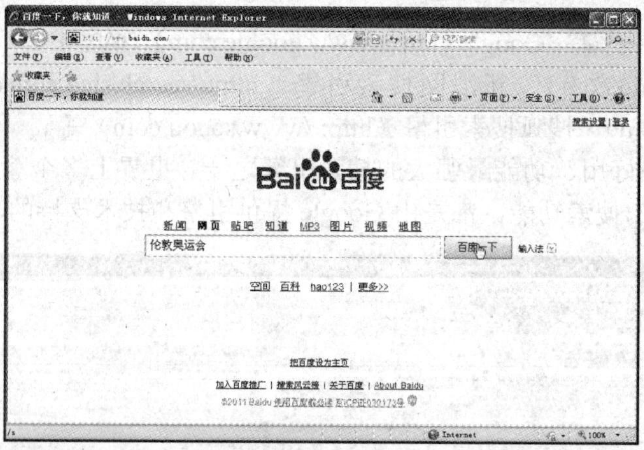

图 2.2.71　在百度搜索关键词“伦敦奥运会”

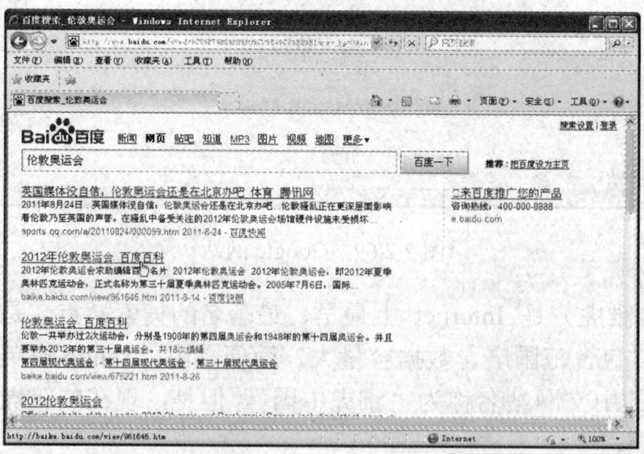

图 2.2.72　关键词“伦敦奥运会”搜索结果

温馨提示

如果是多关键词同时搜索，可以将其用“+”号连接起来，搜索引擎会把含有这些关键词的网页找到。

单击搜索到的链接，就会打开相应的网页。例如，单击图 2.2.72 中的第二条链接，显示如图 2.2.73 所示。

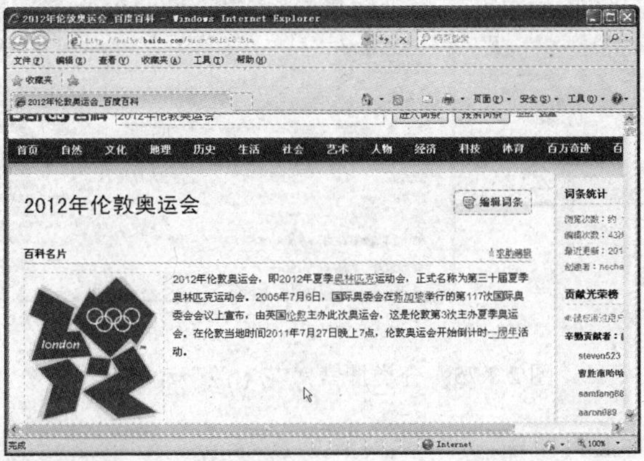

图 2.2.73　打开搜索到的网页

（2）分类搜索

当要查找某种网页又不知输入哪个关键词时，可利用分层索引功能。例如，要浏览有关电影动画片的信息，但不确定要看哪部作品。新浪的主页上有若干类服务，单击“娱乐”类中的“电影”即可进入相应的子类目，然后选择“电影作品”，如图 2.2.74 所示。

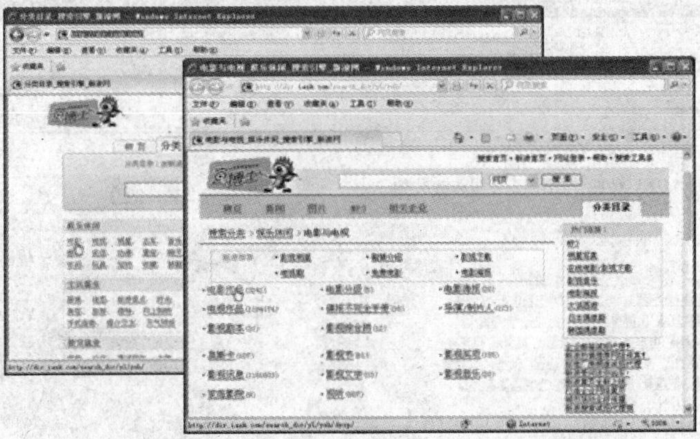

图 2.2.74　新浪的“影视”分类搜索

在“电影”类别中依次选择“儿童/卡通”，然后单击“花木兰”，就可以浏览“花木兰”的有关信息，如图 2.2.75 所示。

4. 网上搜索技巧

搜索引擎就是用来搜索网上的信息的，当输入关键字后，可能会出现成千上万个搜索结果，但这些结果中可能并没有多少想要的信息，这不是搜索引擎不好用，而是没有很好地驾驭它，没有掌握它的使用技巧，才导致这样的结果。

如果要轻松地搜索到所需要的信息，需要掌握一些搜索技巧。

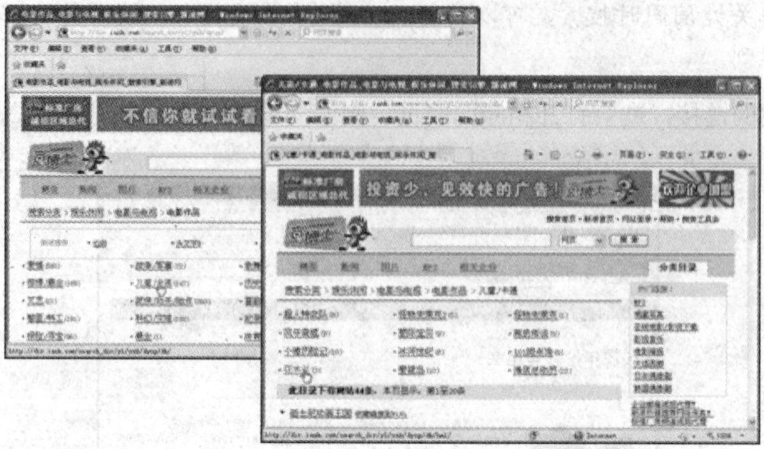

图 2.2.75　分类搜索“花木兰”动画片

（1）选择合适的搜索工具

每种搜索引擎都有不同的特点，只有选择合适的搜索工具才能得到较好的效果。

一般来说，如果需要查找非常具体或者特殊的问题，用网页搜索比较适合；如果希望浏览某方面的信息、专题或者查找某个具体的网站，分类目录会更合适。

如果需要查找的是某些特定类型的信息，如 IT 类信息、地图等，最好使用专业搜索引擎。图 2.2.76 是 Google 地图搜索引擎搜索“上海东方明珠电视塔”的结果。

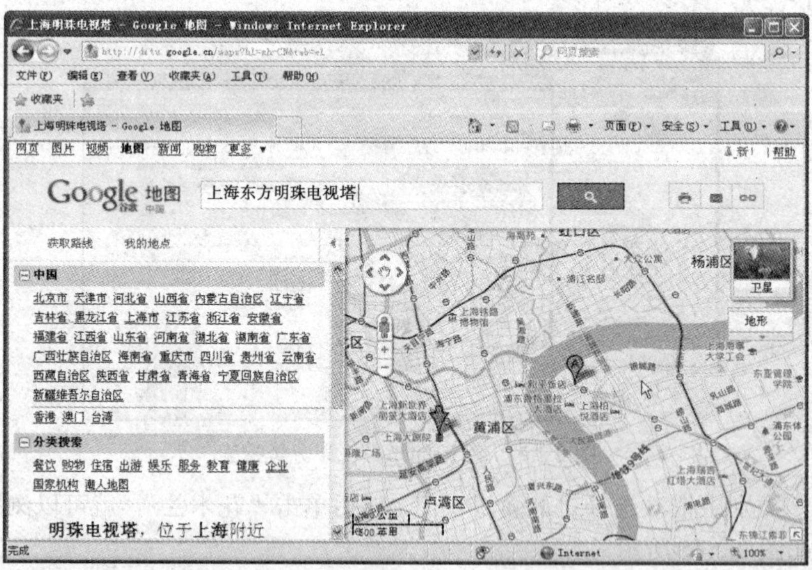

图 2.2.76　Google 地图搜索引擎搜索“上海东方明珠电视塔”

单击搜索文本框下方的“搜索周边”按钮，在左侧的文本栏中输入“宾馆”，然后单击搜索文本框右侧的“搜索”按钮，上海东方明珠电视塔附近的宾馆就会显示出来，如图 2.2.77 所示。

图 2.2.77　搜索“上海东方明珠电视塔”周边的宾馆

单击搜索文本框下方的“行车路线”按钮，在搜索文本框中分别输入起始地点，然后单击搜索文本框右侧的“行车路线”按钮，行车路线将会用文字和地图两种方式显示出来，如图 2.2.78 所示。

图 2.2.78　搜索从“上海火车站”到“上海东方明珠电视塔”的行车路线

如果你要去一个陌生的城市旅行，有了 Google 的搜索引擎是不是很方便？

（2）选择正确的搜索对象

通常情况下，在搜索引擎文本框上方或下方会有若干个搜索类别标签，在此对用户搜索信息的类型进行了划分。由于每个搜索引擎搜索内容和信息的分类不同，所以类别标签的内容也有所区别，如图 2.2.79 所示为百度搜索引擎的分类。

用户应根据自己的要求，首先选择合适的搜索引擎。例如，百度的“知道”就不是所有的搜索引擎都能完成的搜索功能。

即使在同一个搜索引擎进行搜索，也要选择合适的搜索类别，这样才能快捷地搜索到自己需要的信息。以百度搜索为例，要搜索与“博客”有关的网站，则应选择“网页”，搜索引擎将搜索出很多含“博客”关键词的网页。如果用户要了解“博客”方面的知识，选择的搜索类别应该是“知道”，则搜索结果返回的结果将是与“博客”知识有关的网页地址。单击其中的链接，就会显示相应的答案，如图 2.2.80 所示。

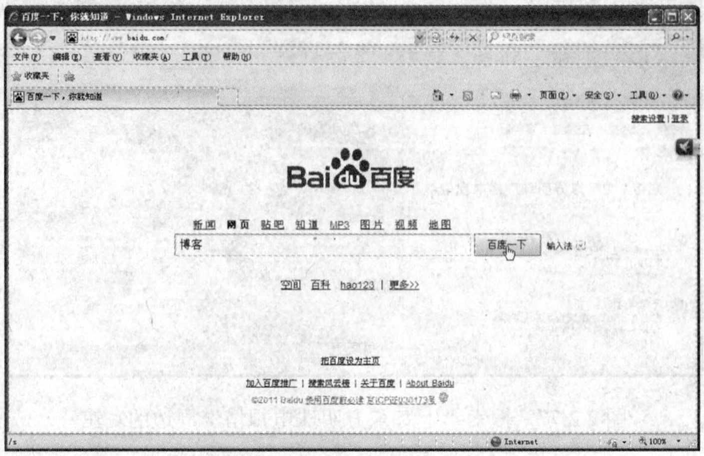

图 2.2.79　搜索引擎的搜索类别

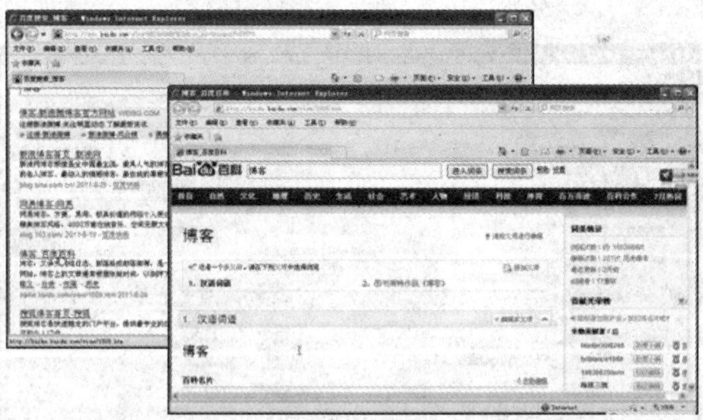

图 2.2.80　百度“知道”搜索“博客”结果示意图

（3）使用正确的关键字

就目前而言，多数搜索引擎不支持容错搜索。所以，一定要注意不能使用错别字。

使用关键字搜索，选择合适的关键字也非常重要。如果关键字选择不当，搜索的结果会返回大量的无用信息，或者是有用的信息被淹没在大量的冗余页面中。

在搜索时，选择合适的关键字，可以充分体现搜索的主题，得到更精确的搜索结果，从而迅速找到自己所需要的信息。

选择关键字时应注意以下几点：

① 应注意避免使用普通词汇作为关键字，尽量对关键字进行细化。如要查找“元搜索引擎”时，关键词要使用“元搜索引擎”，不使用“搜索引擎”或“搜索”。使用“防火墙”，不使用“防病毒软件”或“网络安全”。

② 给关键字加上修饰限定词。如使用“笔记本电脑”或“手提电脑”来代替“电脑”，可以使搜索结果更精确。

（4）使用操作符改进搜索结果

搜索引擎通常都会提供逻辑查找或高级搜索功能来精确搜索内容。虽然各个搜索引擎的搜索语法不完全相同，但都会提供一些通用的搜索语法。下面以 Google 为例，介绍一些常用语法符号的使用方法。

① 给要搜索的关键字加上双引号（半角），可以实现精确搜索，这种搜索结果要求精确匹配，不包括演变形式。如图 2.2.81 所示，在 Google 中使用精确搜索搜索“元搜索引擎”的查询结果是 535 000 条。

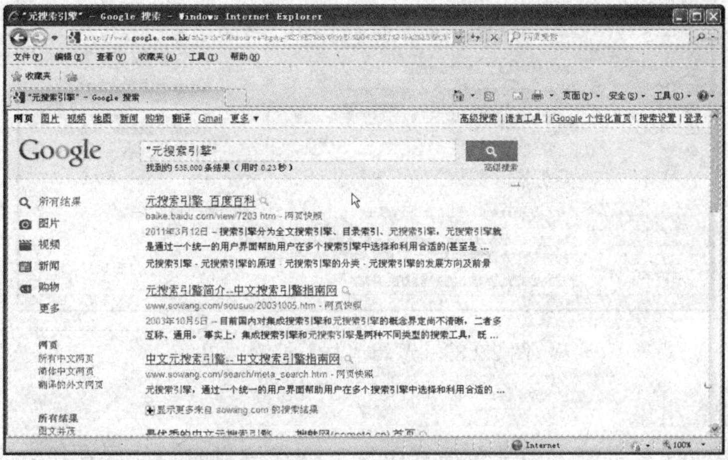

图 2.2.81　使用精确搜索的搜索结果

从如图 2.2.82 所示的搜索结果可以看出，不使用精确搜索，同样的关键字其搜索结果是 51 700 000 条，是使用精确搜索的 90 多倍。不言而喻，要从这样的海量信息中找到需要的信息会是一件多艰巨的工作。

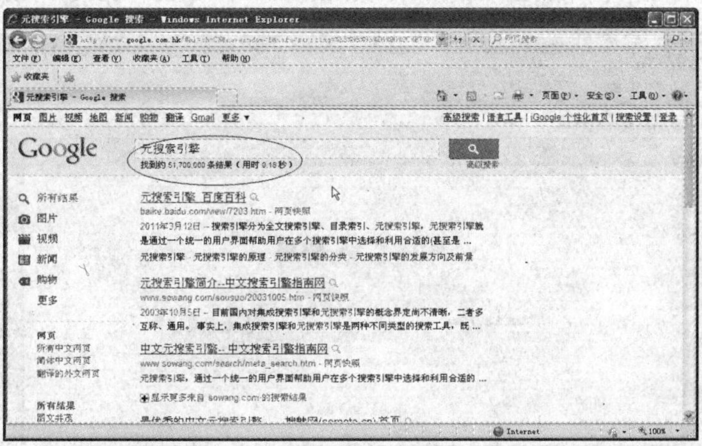

图 2.2.82　不使用精确搜索的搜索结果

究其原因，可以从如图 2.2.82 所示的搜索结果中清楚地看出，如果不使用精确搜索，搜索引擎会将“元搜索引擎”、“搜索引擎”、“元搜索”、“搜索”、“引擎”都作为关键字进行搜索，搜索结果之多就可想而知了。

② 使用逻辑“与”搜索。and（或&），称为逻辑“与”，它表示所连接的两个关键字必须同时出现在搜索结果中。中文里一般用加号（+）来代表逻辑“与”符号，如图 2.2.83 所示为用逻辑“与”搜索的结果。从搜索结果中可以看出，同时含有“无线”、“电脑”、“网络”三个关键词。

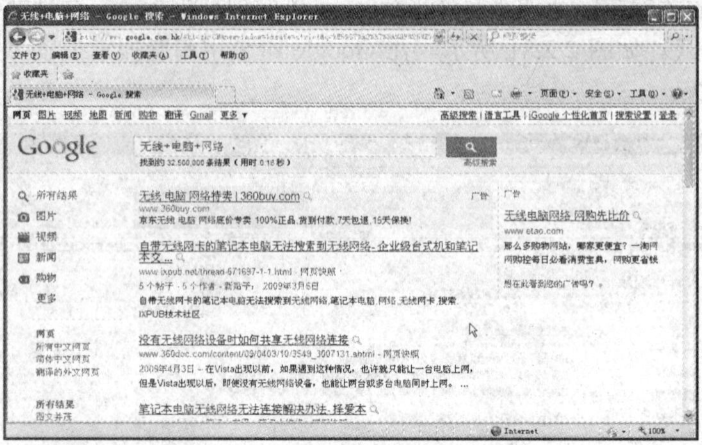

图 2.2.83　逻辑“与”搜索结果

（5）使用元搜索引擎

目前网上的中文搜索引擎大多是单搜索引擎。搜索信息时，如果在第一个搜索引擎没有找到满意的结果，就要到第二、第三个……搜索引擎进行搜索，既费时又费力。为了使用户可以快速、全面、准确地搜索到自己所需要的信息，集成化的搜索引擎应运而生。集成搜索引擎也称为元搜索引擎，将多个单搜索引擎汇集在一起，提供一个统一的搜索界面，用户只需进行一次搜索，元搜索引擎便将用户的搜索要求进行适当处理后提交给不同的搜索引擎搜索，然后将返回的搜索结果进行整理，合并为一个页面返回给用户。如图 2.2.84 所示为“觅搜”元搜索引擎。

图 2.2.84　“觅搜”元搜索引擎

元搜索引擎对“蜘蛛人 3”关键字的搜索结果如图 2.2.85 所示。

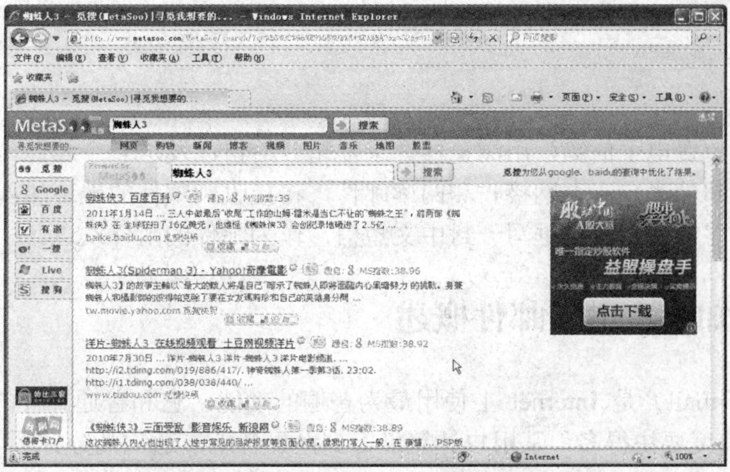

图 2.2.85　元搜索引擎搜索结果

从图 2.2.85 可以看出，元搜索引擎返回的搜索结果有时是几个搜索引擎的搜索结果。

元搜索引擎可以大大节省搜索时间，提高搜索效率，搜索的结果也更全面。但进行复杂搜索有时不能有效地执行，会产生一些奇怪的结果。

习　题

1．超文本、超媒体、超级链接有何区别？
2．让 IE 上网后首先浏览某一个主页，应如何设置？
3．元搜索引擎和混合型搜索引擎是否相同？有何区别？

项目三　使用电子邮件

知识目标

1．了解电子信箱、邮件服务器的含义；
2．了解 IMAP、SMTP、POP3 的概念及区别；
3．掌握电子邮件地址的形式及含义。

技能目标

1．熟练掌握用浏览器管理电子邮件的方法；
2．掌握电子邮件客户端账户的设置方法；
3．熟练掌握接收、阅读中英文电子邮件及附件的方法；
4．熟练掌握撰写、回复、发送电子邮件及附件的方法；
5．掌握通信簿的管理方法；
6．熟悉邮件的转发及删除方法。

项目描述

1．申请一个免费电子信箱，用浏览器登录信箱并给自己发送一个邮件。

2．设置电子邮件账户，上网接收和阅读邮件，将接收到邮件的地址加入通信簿。

3．在画图程序中使用文本框写一封中文短信，作为邮件的附件发送。

项目预备知识：电子邮件概述

电子邮件（E-mail）是 Internet 上使用最为普遍的功能，它和普通邮件的用途相同，但比普通邮件的传递速度要快得多，从用户计算机寄到世界各地，通常几分钟之内就可以到达。

目前，每天约有 5000 万人在世界各地发送电子邮件，尽管信件大多是文本形式，但也可以传送图片和声音文件。

使用电子邮件必须有提供收发电子邮件的服务器、负责收发电子邮件的程序和电子邮件地址。

（1）邮件服务器

为用户提供电子邮件收发服务的计算机主机称为邮件服务器（Mail Server）。邮件服务器的功能就像一个邮局，我们将信件投递到邮局后，由邮局寄出。收信时邮件也是先到达邮局，再由邮局投递给用户。邮件服务器通常由 ISP 提供。

邮件服务器分为邮件发送服务器和邮件接收服务器，前者负责电子邮件的发送，后者负责邮件的接收。有时这两种服务由同一主机负责，但要分开设置，只是设置为同一主机地址。

（2）SMTP 和 POP3

SMTP 和 POP3 是两种协议，SMTP 和 POP3 服务器就是使用这两种协议的服务器。

SMTP 的全称是“Simple Mail Transfer Protocol”，即简单邮件传输协议。是电子邮件服务器之间发送电子邮件的通信协议，电子邮件程序也在客户端使用 SMTP 来发送邮件给服务器。SMTP 协议属于 TCP/IP 协议簇，它帮助每台计算机在发送或中转信件时找到下一个目的地。SMTP 服务器就是遵循 SMTP 协议的邮件发送服务器。

POP 是“Post Office Protocol”的简称，是一种电子邮局传输协议，而 POP3 是它的第三个版本，是规定了怎样将个人计算机连接到 Internet 的邮件服务器和下载电子邮件的电子协议。它是 Internet 电子邮件的第一个离线协议标准。简单地说，POP3 就是一个简单而实用的邮件信息传输协议。

（3）邮件接收方式

电子邮件程序在客户端从邮件服务器接收邮件有 POP 和 IMAP 两种方式。

POP（也称为 POP3）方式是将邮件下载并保存在本地硬盘上，邮件下载后服务器不再保留，如果想在接收邮件后仍让服务器保留邮件，可以通过设置实现。

IMAP 方式是将邮件总保留在服务器上，接收邮件时只把邮件的主题下载到硬盘，只有当阅读时才下载。

（4）电子信箱

邮件服务器的硬盘就好像是邮局，上面划分为若干个区域，称为电子信箱。用户寄出的邮件通过 Internet 投递到对方的信箱，而接收的邮件也将存放在用户的信箱中。由于邮件服务器是 24 小时开机的，无论用户是否开机或上网，所有寄给用户的邮件都将正常地投递到信箱中，上网后从信箱中取出就可以阅读了。

电子信箱通常由 ISP 提供，也有很多商业网站提供电子信箱服务，如英文网站 Yahoo、Hotmail、Bigfoot，中文网站有新浪网（http://mail.sina.com.cn）、网易（http://mail.163.com）、TOM.COM（http://www.tom.com）、搜狐（mail.sohu.com）等都提供免费电子信箱服务，如图 2.3.1 所示。只要连接到网站填写申请表并得到确认即可拥有一个免费电子信箱，这种电子信箱对于使用公用账户上网者最为方便。

图 2.3.1　提供免费电子信箱服务的部分网站

（5）电子邮件（E-mail）地址

与寄发普通邮件一样，电子邮件也要填写收件人的地址对方才能收到。电子邮件地址的形式为

jianjun@public.qd.sd.cn

sunny@163.com

其中@的意义是 at，前面的部分通常是用户名或用户账号，后面部分是收发邮件的主机域名地址。

子项目一：申请免费电子信箱

Internet 提供电子信箱服务的网站很多，提供的电子邮件服务各有特色，电子信箱的容量也不尽相同，但基本服务项目没有大的差异。但应注意，国外网站大多只提供英文邮件服务。

目前的电子信箱有付费和免费信箱两种，对于普通用户，申请免费信箱即可。下面以申请网易免费信箱为例，介绍其申请步骤：

① 登录到网易主页（网址为 www.163.com），如图 2.3.2 所示。

图 2.3.2　免费电子信箱服务网站主页

② 单击“免费邮箱”，进入“网易免费邮箱”，单击“126 网易免费邮”，如图 2.3.3 所示。

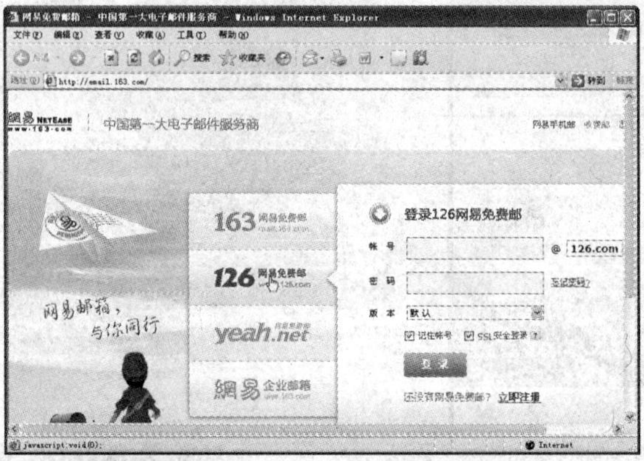

图 2.3.3　进入“网易免费邮箱”

③ 对新用户，单击“立即注册”，开始免费信箱的申请。在“选择用户名”页面“用户名”文本框中输入自己选定的用户名，然后单击“下一步”按钮。网站首先对用户提交的用户名进行校验，如果已经有用户选定了同样的用户名，将提示用户重新进行选择，如果该用户名没有被占用，则进入“填写用户资料”页面，用户首先应输入密码及密码保护设置信息，如图 2.3.4 所示。

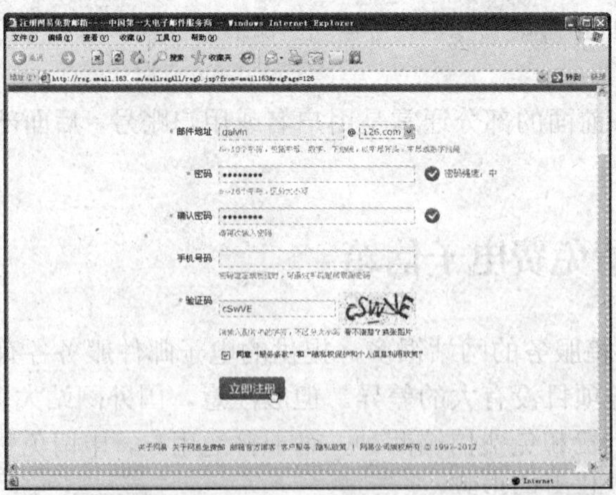

图 2.3.4　输入并校验用户名

④ 用户应如实填写个人资料，阅读并接受“服务条款”，输入“注册确认”字符后，单击“下一步”按钮进行提交。

温馨提示

如果用户不接受网站的服务条款，可以单击“取消”按钮，然后选择其他网站申请。

⑤ 如果填写的资料不符合要求（必填项没有填写或某些资料项没有通过网站的校验），会显示相应的提示信息要求用户进行修改。填写无误并提交后，显示如图2.3.5所示页面。

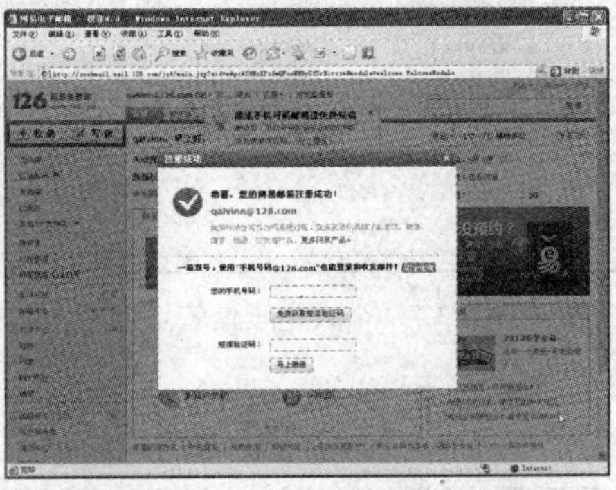

图2.3.5　126免费邮注册成功页面

子项目二：使用浏览器收/发和管理电子邮件

拥有自己的电子信箱后，无论身处何地，只要连接到Internet，就可以自由收发电子邮件了。收发电子邮件，可以通过Outlook Express、Foxmail等电子邮件服务程序来进行，也可以使用浏览器直接登录网站进行。前者需要对程序进行一些初始设置才能正常使用，适合于使用固定计算机上网的用户。后者虽然不需要设置，但所有的操作都要求在线进行，适合于移动办公和不使用固定计算机上网的用户。

1. 登录电子信箱

① 在浏览器地址栏输入提供电子信箱服务的网站地址，登录到网站。例如，登录前面申请免费邮箱的网易网站，如图2.3.6所示。

② 单击免费邮箱链接，进入电子邮局。输入用户名和密码，单击“登录”按钮，如图2.3.6所示。

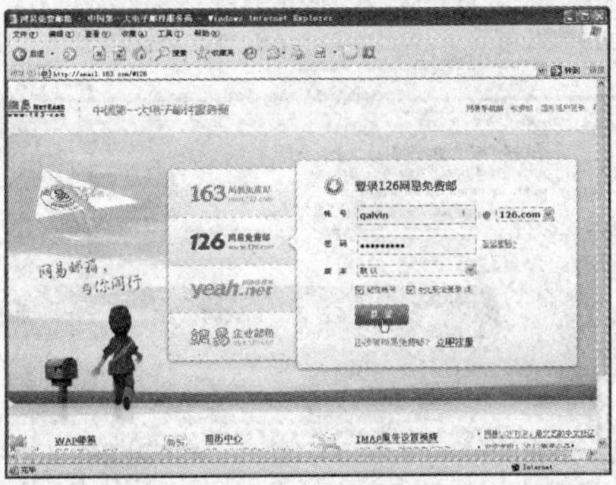

图2.3.6　免费电子信箱登录页面

③ 如果输入的用户名和密码正确，就会进入用户的电子信箱。此时收件箱中已经有电子邮件了，这是电子邮局发送给新申请邮箱用户的邮件，如图 2.3.7 所示。

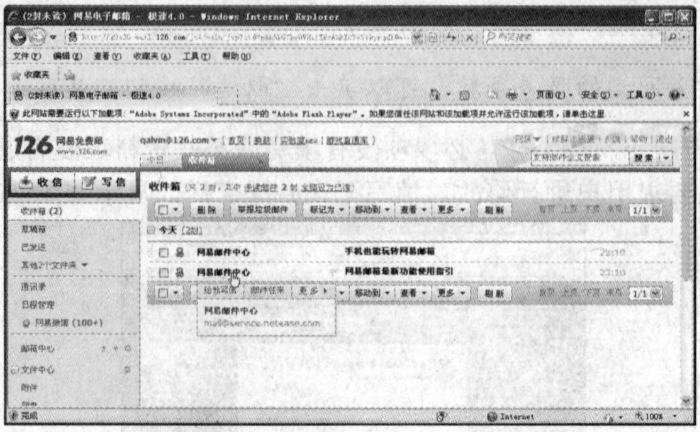

图 2.3.7　个人电子信箱页面

2. 查阅邮件

① 单击“收件箱”，就会看到用户接收到的邮件目录，没有阅读过的邮件字体是粗体显示的，收件箱后面也会标注未阅读邮件的数目，如图 2.3.8 所示。

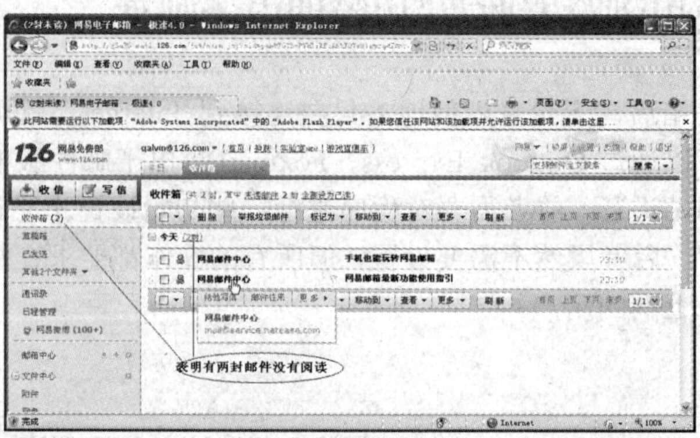

图 2.3.8　收件箱页面

② 双击邮件“主题”，该邮件就会自动打开，如图 2.3.9 所示。

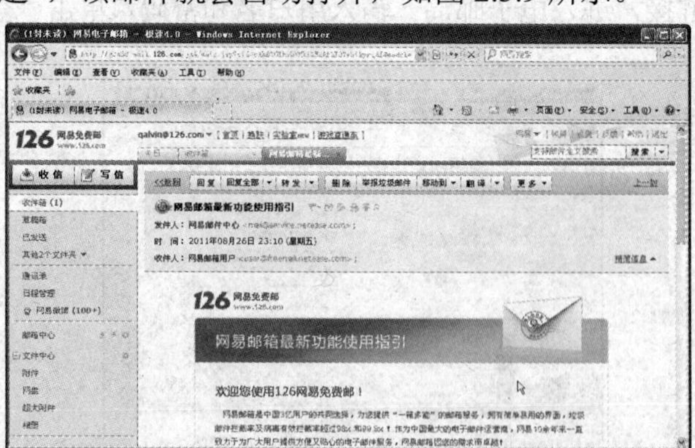

图 2.3.9　阅读新邮件

③ 邮件阅读后，字体粗体显示自动消失，如图 2.3.10 所示。

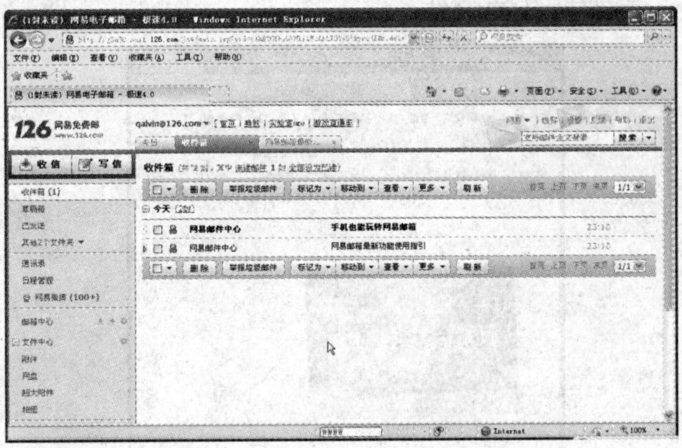

图 2.3.10　阅读邮件后的收件箱

④ 有的邮件带有附件，邮件右侧会显示一个小回形针符号，如图 2.3.11 所示。

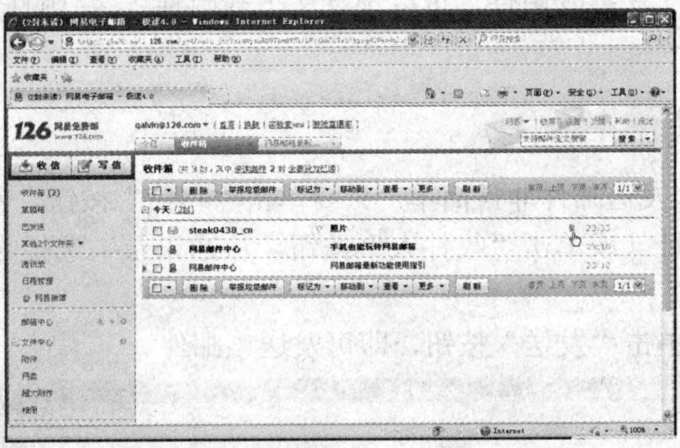

图 2.3.11　带附件的电子邮件

⑤ 双击该邮件主题，打开并阅读邮件，邮件阅读页面会显示附件的文件名，单击文件名左侧的附件符号，邮件打开，在附件部分，用户可以选择“打开”、“下载”或“在线预览”，如图 2.3.12 所示。

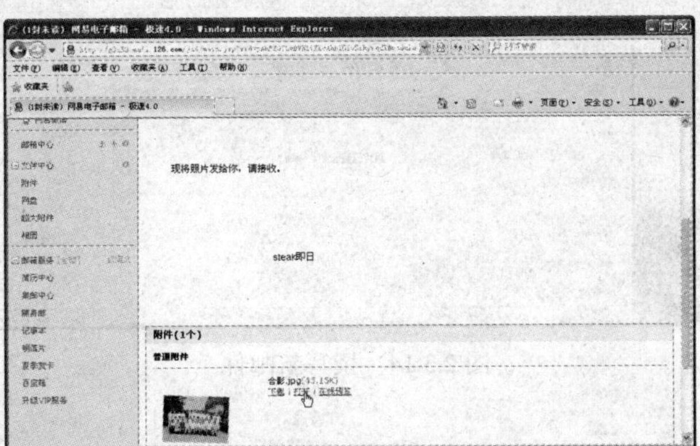

图 2.3.12　打开正在阅读邮件的附件

如果用户的计算机安装了可以打开附件的应用程序，单击“打开”命令，就可以显示附件的内容，如图 2.3.13 所示为被打开的附件。

图 2.3.13　被打开的附件

如果用户的计算机无法打开附件，可以选择“下载附件”，将附件下载到用户计算机，以后再想办法打开附件。

3. 撰写和发送邮件

① 在网站上撰写和发送邮件非常简单，只要单击“写信”按钮，就会弹出“写信”标签。依次输入收件人邮件地址（或单击“收件人”按钮，从通讯录中选择收件人）、主题、邮件正文，如图 2.3.14 所示。

邮件撰写完成后，单击“发送”按钮，即可发送该邮件。

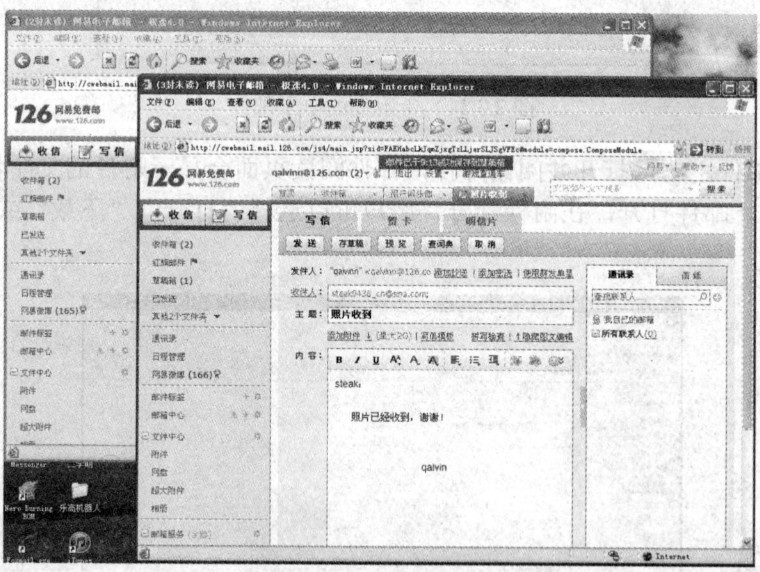

图 2.3.14　撰写新邮件

温馨提示

如果需要添加附件，可以单击“附件”按钮进行添加。

② 邮件发送成功后，会显示如图 2.3.15 所示页面。

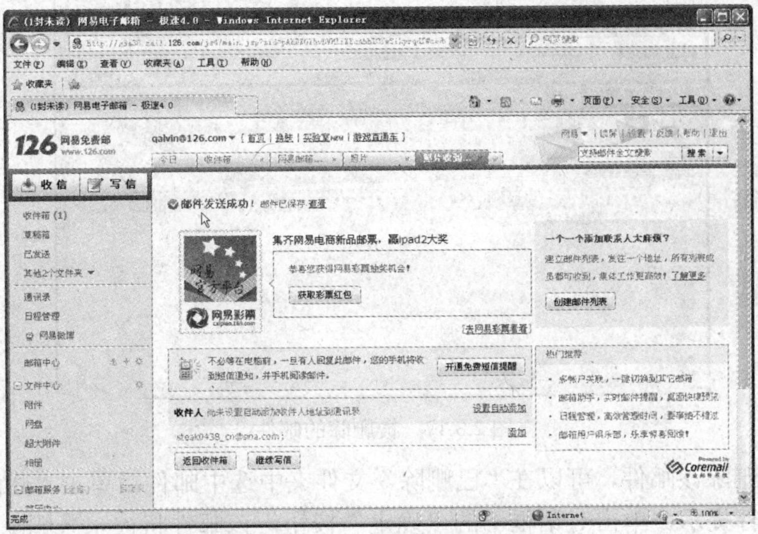

图 2.3.15　新邮件发送成功

小实验：自己发送给自己的一个测试邮件，发送成功后，单击“收信”按钮，收件箱中即可看到该邮件，

用户申请并设置了一个新电子信箱后，通常是首先撰写一个测试邮件发送给自己，如果可以收到并阅读，说明电子信箱可以正常使用。

4. 删除邮件

电子信箱的空间都是有限的，对一些没有用的邮件，应将其删除。删除邮件的方法非常简单，只要选中要删除的邮件，单击“删除”按钮，该邮件就会被删除，如图 2.3.16 所示。

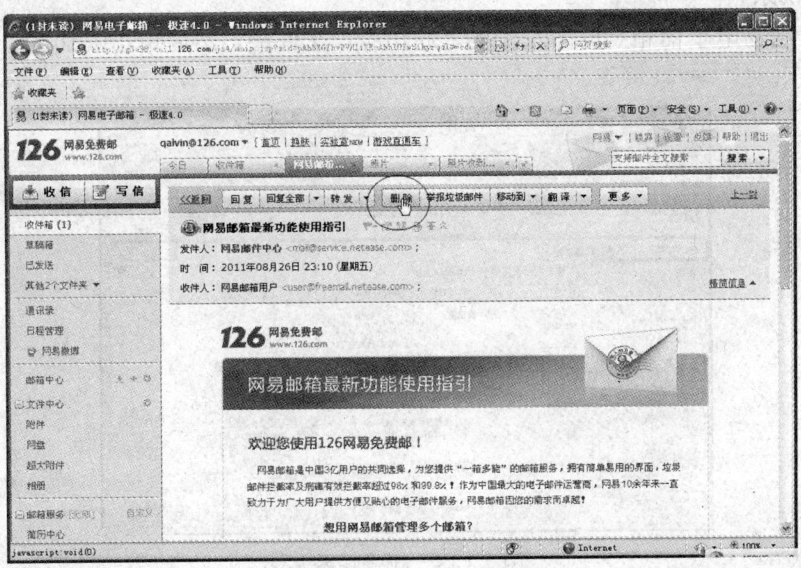

图 2.3.16　删除收件箱中的邮件

被删除的邮件，并没有完全删除，而是移到了“已删除”文件夹中，如图 2.3.17 所示。

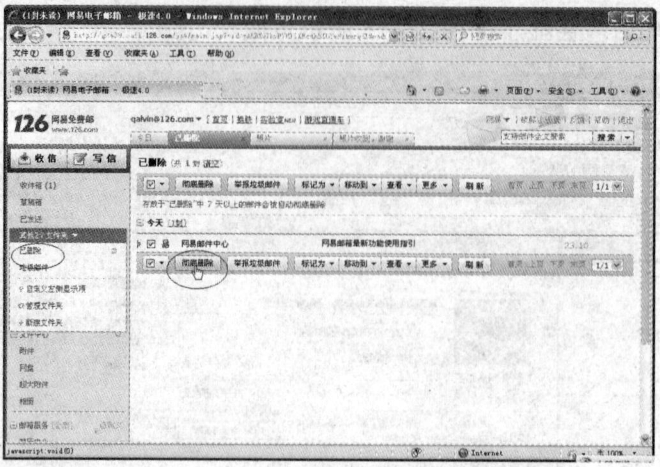

图 2.3.17　被删除的邮件

如果要彻底删除该邮件，可以在“已删除”文件夹中选中邮件后单击“删除”按钮，系统将弹出对话框进行提示，单击对话框中的“确定”按钮，该邮件将被永久删除。

温馨提示

单击“已删除”文件夹名后面的“清空”按钮，可以一次将所有“已删除”文件夹中的邮件永久删除。

5. 加入通讯录

对一些经常联系的人，可以将其电子邮件地址存入通讯录，这样在撰写和发送邮件时，无须每次都输入地址，直接在通讯录中选择收件人即可。一来非常方便，二来也避免因输入错误造成邮件无法正常发送给收件人。

（1）新建联系人

① 单击“网易电子信箱”页面左侧的“通讯录”文件夹，然后单击右边的“新建联系人”，如图 2.3.18 所示。

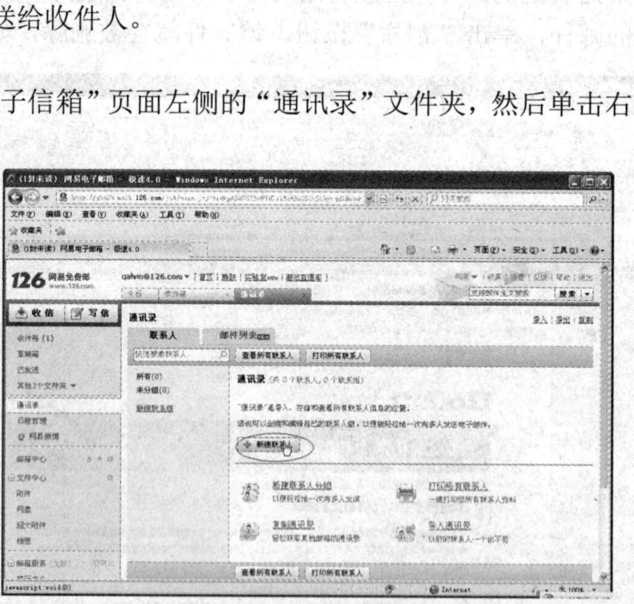

图 2.3.18　新建联系人

② 输入联系人的有关信息，单击“保存”按钮，该联系人的信息就被存入通讯录中，如图 2.3.19 所示。

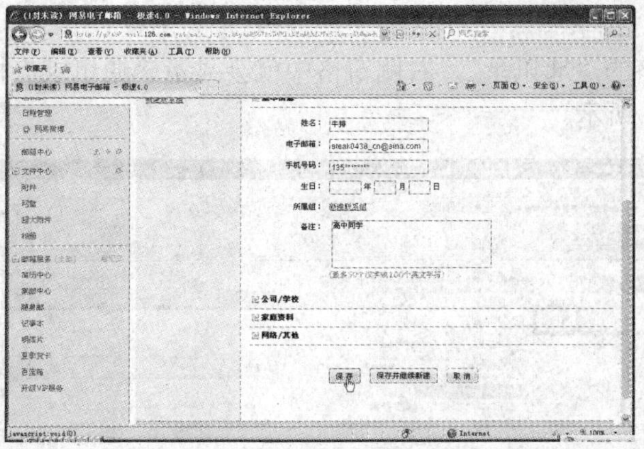

图 2.3.19　输入联系人信息

（2）将发件人加入通讯录

① 在阅读邮件时，单击“发件人”，在下拉菜单中选择“添加到通讯录”选项，就可以非常方便地将发件人电子邮件地址存入通讯录，如图 2.3.20 所示。

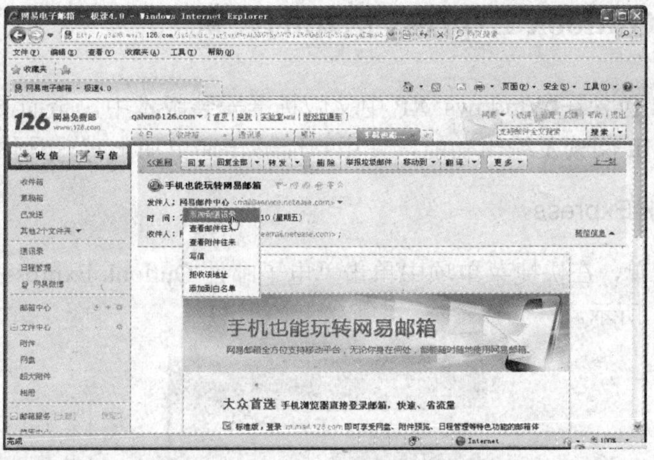

图 2.3.20　将发件人添加到通讯录

② 用户可以进一步输入发件人的其他信息，然后单击“确定”按钮，如图 2.3.21 所示。

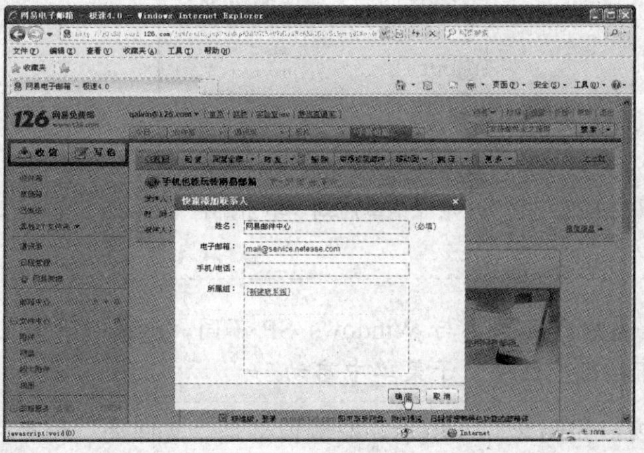

图 2.3.21　编辑发件人信息

（3）查看通讯录

单击页面左侧窗格的“通讯录”，右侧窗格中就会显示“通讯录”标签，通讯录中的联系人信息显示如图 2.3.22 所示。

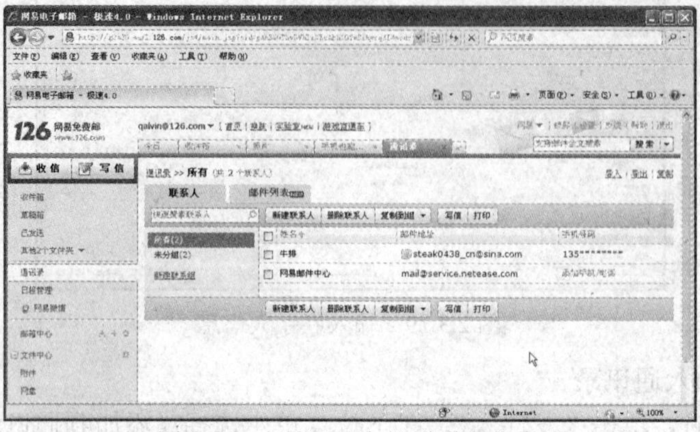

图 2.3.22　通讯录中的联系人信息

子项目三：Outlook Express 信箱的设置

Outlook Express 包含在 Windows XP 中文版标准安装版本中，全面支持 SMTP、POP3 等信息传递标准，HTML 阅读及编辑功能，使用户能够传递更加丰富、具体的信息。

1. 启动 Outlook Express

单击“开始”菜单，在快捷菜单项中单击“电子邮件 Outlook Express”，即可启动 Outlook Express，如图 2.3.23 所示。

图 2.3.23　在“开始”菜单启动“电子邮件 Outlook Express”

温馨提示

> Windows 2000 系统开始菜单与 Windows SP 不同，如果“开始”快捷菜单项中没有 Outlook Express，可以在“程序”子菜单中启动。

Outlook Express 窗口如图 2.3.24 所示，左侧窗格是“文件夹”和“联系人”列表，右侧窗格中，上半部显示指定文件夹中的邮件列表，下半部显示选定邮件的内容。

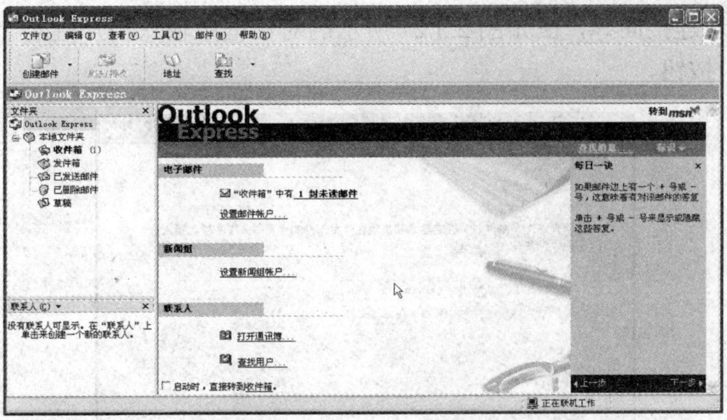

图 2.3.24　Outlook Express 窗口

2. 添加邮件账户

Outlook 必须对邮件账户进行正确设置才能够正常接收和发送电子邮件。在第一次启动 Express Outlook 时，会弹出如图 2.3.27 所示的对话框。如果没有弹出该对话框，可以按照下面的操作进行。

① 在 Outlook 窗口打开“工具”菜单，单击“账户”，如图 2.3.25 所示。

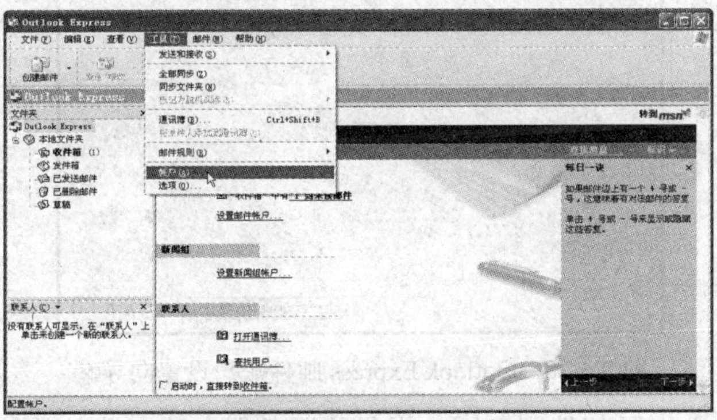

图 2.3.25　Outlook Express 账户设置

② 在弹出的“Internet 账户”对话框中，选择“邮件”选项卡，然后单击“添加”按钮，在弹出的菜单中选择“邮件”，如图 2.3.26 所示。

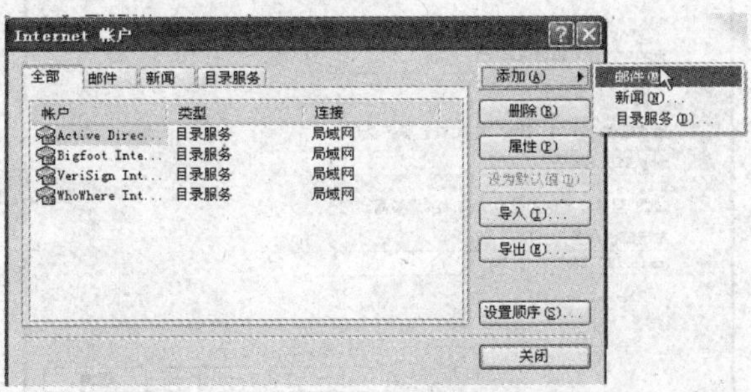

图 2.3.26　Outlook Express 邮件账户设置

③ 系统将显示连接向导，在如图 2.3.27 所示的对话框中输入用户姓名（中英文均可），然后单击“下一步”按钮。

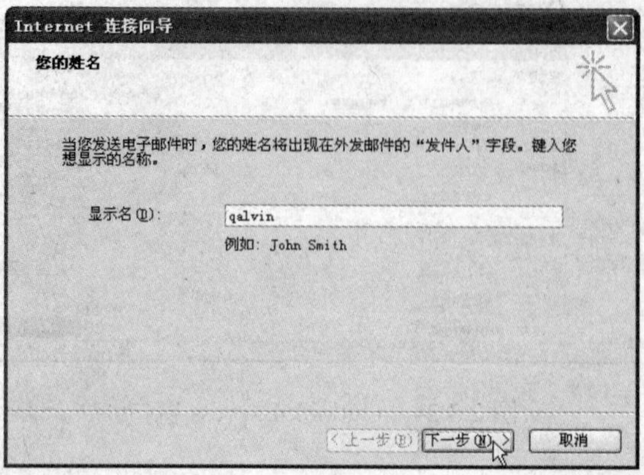

图 2.3.27　Outlook Express 邮件账户设置向导①

④ 输入用户的电子邮件地址（此处既可以输入正在进行设置的电子信箱地址，也可以输入用户的其他电子邮件地址），单击“下一步”按钮，如图 2.3.28 所示。

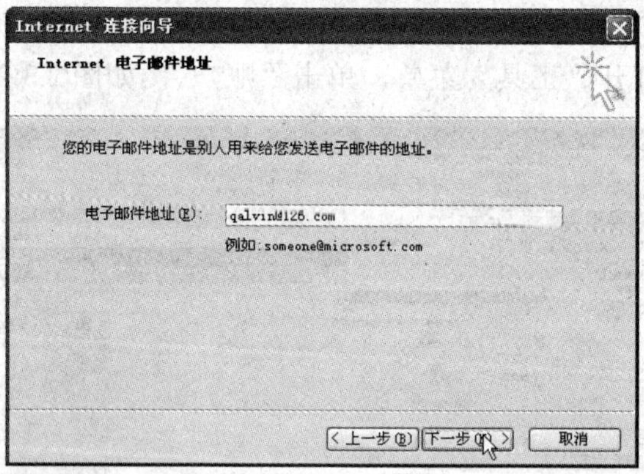

图 2.3.28　Outlook Express 邮件账户设置向导②

⑤ 在文本框中输入电子邮件服务网站提供的服务器名称（此处的接收邮件和发送邮件服务器可以填写域名，也可以填写其 IP 地址），然后单击“下一步”按钮，如图 2.3.29 所示。

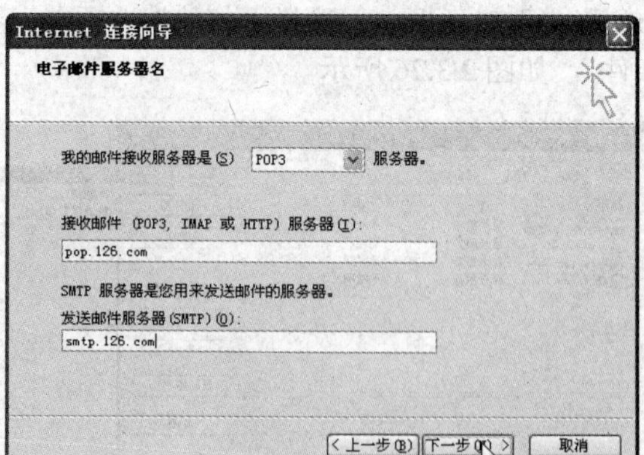

图 2.3.29　Outlook Express 邮件账户设置向导③

⑥ 输入用户申请的账户名，用户可以选择是否输入密码（如果在此处不输入密码，或不勾选“记住密码”项，当用户连接到邮件服务器时，服务器会询问用户密码），单击“下一步”按钮，如图 2.3.30 所示。

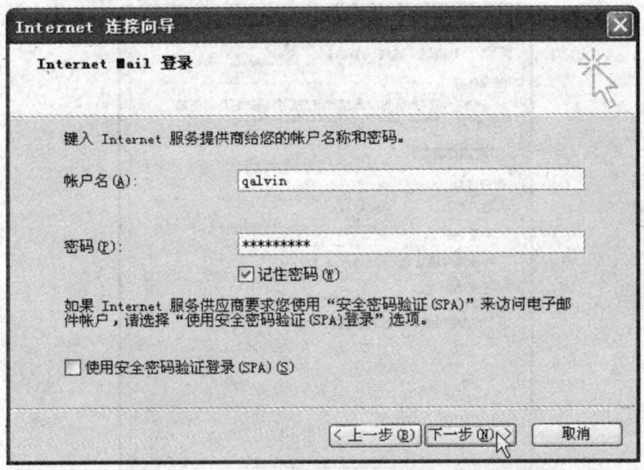

图 2.3.30　Outlook Express 邮件账户设置向导④

⑦ 在如图 2.3.31 所示的对话框中单击“完成”按钮，即可结束邮件账户的设置。

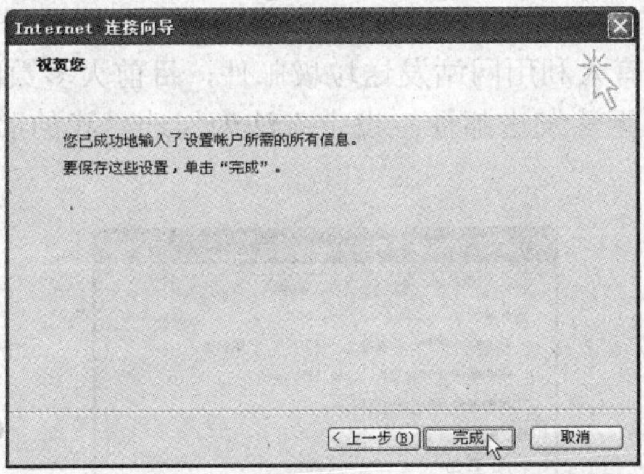

图 2.3.31　Outlook Express 邮件账户设置向导⑤

Outlook Express 支持多个邮件账户同时使用，按照上面的步骤可以逐一添加。

3. 编辑邮件账户

邮件账户添加成功后，Outlook 的“Internet 账户”对话框如图 2.3.32 所示。

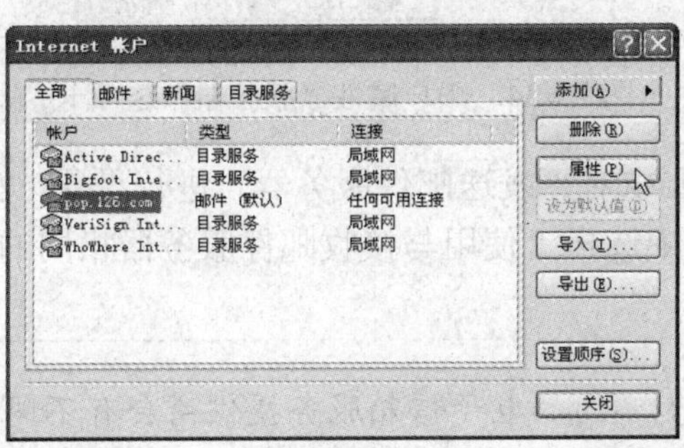

图 2.3.32　完成设置的邮件账户

① 如果需要编辑已存在的邮件账户信息，可在如图 2.3.32 所示的对话框中选中邮件账户，单击“属性”按钮，弹出如图 2.3.33 所示的对话框。

在“常规”选项卡中，修改用户姓名、电子邮件地址等信息。

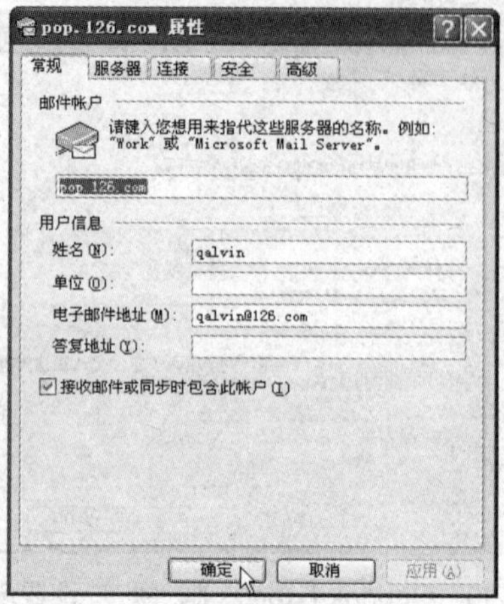

图 2.3.33　账户属性“常规”选项卡

② 选择“服务器”选项卡，可以修改邮件服务器的信息、电子信箱的账户名及密码等信息。要注意的是，为防止有人利用网站发送垃圾邮件，目前大多数邮件服务器均要求对发送邮件进行身份验证，否则无法发送邮件。设定方法为勾选“我的服务器要求身份验证”，如图 2.3.34 所示。

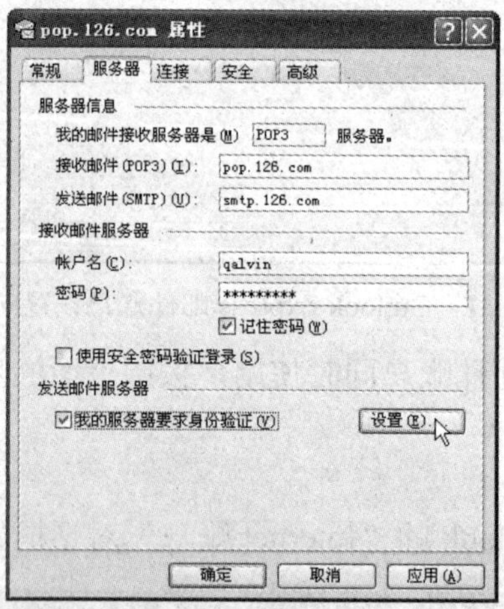

图 2.3.34　账户属性“服务器”选项卡

③ 网易 126 免费邮还要求对“发送邮件服务器”进行设置，如图 2.3.34 所示，单击“设置”按钮，在打开的对话框中选择“使用与接收邮件服务器相同的设置”，如图 2.3.35 所示。

温馨提示

对邮件服务器的设置，不同的电子信箱服务提供商会有不同的要求，用户根据网站提供的帮助信息进行设置就可以了。

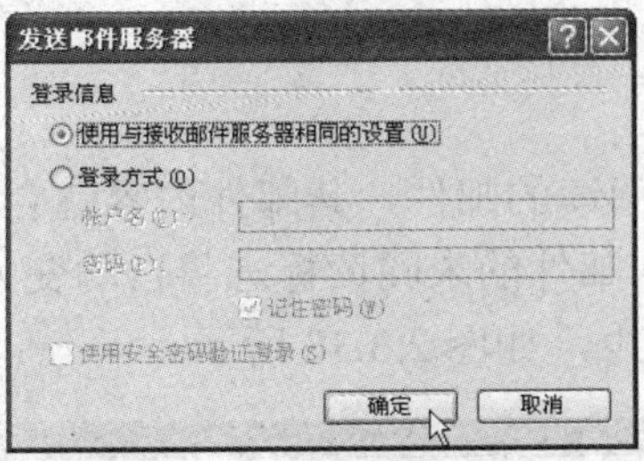

图 2.3.35　设置“发送邮件服务器”

邮件账户设置成功后，就可以正常接收和发送电子邮件了。Outlook 接收到的第一封邮件是微软公司给每个 Outlook 用户的欢迎邮件，当然这个邮件并不是真正通过互联网发送来的，而是从用户本地硬盘上导入的。

子项目四：电子邮件的接收和阅读

1. 接收新邮件

① 单击 Outlook 窗口工具栏中的“发送和接收”，如果用户计算机没有上网，Outlook 将自动弹出“拨号连接”窗口，可以单击“拨号”按钮拨号上网。

② 如果用户计算机已经上网，Outlook 开始连接邮件服务器并下载邮件，如图 2.3.36 所示。

图 2.3.36　接收邮件

温馨提示

由于作者使用的 Outlook Express 设置了两个信箱，接收邮件时会按顺序依次接收，接收的邮件都将存放在收件箱中。

③ 如图 2.3.37 所示，刚接收还没有阅读的邮件，其“发件人”、“主题”等信息是粗体显示的，邮件前的未阅读标志与已经阅读过邮件的标志不同，是一个未开封的小信封标志。同时，“收件箱”文件夹右侧也会显示未阅读邮件的数目。

图 2.3.37　未阅读邮件

2. 阅读邮件

在 Outlook 窗口中，单击要阅读的邮件，其邮件内容就会显示在下方的窗格中，邮件打开一段时间（可以设置时间长短），邮件的未阅读标志将自动变为已阅读标志，“收件箱”文件夹右侧的未阅读邮件数目也自动减少，如图 2.3.38 所示。

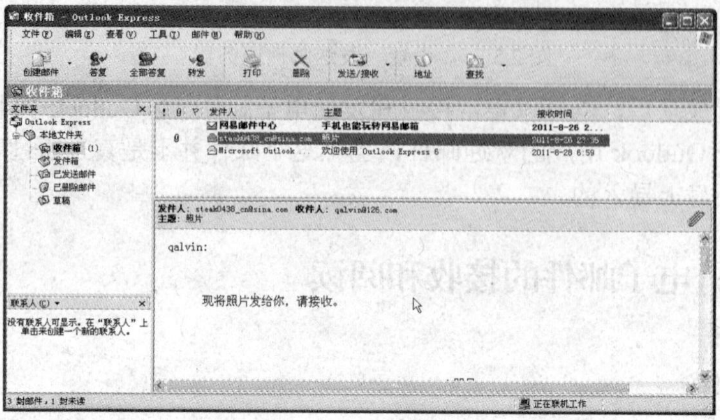

图 2.3.38 阅读新邮件

如果双击该邮件，则将打开一个新窗口供用户阅读邮件，如图 2.3.39 所示。

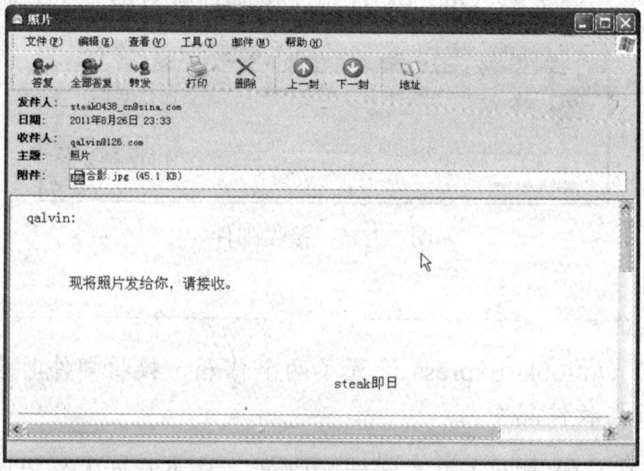

图 2.3.39 阅读邮件窗口

温馨提示

对于内容比较长的邮件，选择打开新窗口的方式阅读会更方便一些。

子项目五：电子邮件的撰写和发送

1. 撰写邮件

① 在 Outlook 工具栏中直接单击“创建邮件”按钮，将创建一个无信纸的邮件。

② 在打开的新邮件窗口中，依次填写收件人地址、主题、邮件正文，如图 2.3.40 所示。

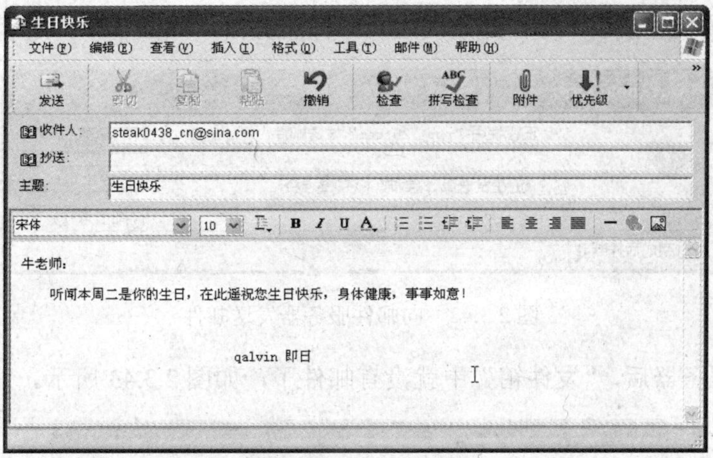

图 2.3.40　新邮件窗口

温馨提示

新邮件窗口主要内容可按下面的要求输入。

发件人：发送邮件人的电子邮件地址，Outlook 可以自动填充。如果 Outlook 程序中同时存在多个电子信箱，单击“发件人”文本框右侧的“∨”按钮，可以选择要使用的电子邮件地址。

收件人：此处应输入接收邮件者的电子邮件地址，可以输入一个或多个，如输入的地址是多个，每个地址之间要用“,”或“;”隔开。

抄送：是邮件副本的接收者，他接收到的邮件和收件人收到的内容是一样的，只不过收件人在看到信件的同时，可以看到所有抄送人的地址，而抄送人看不到收件人的邮件地址。

主题：输入发送邮件的主题，使收件人不打开信件就可以了解邮件的主要内容。

2. 发送邮件

在图 2.3.40 所示的窗口中，单击“发送”按钮，如果 Outlook 采用“立即发送”工作方式，将马上发送这个邮件。如果 Outlook 不是采用“立即发送”工作方式，该邮件不会直接发送，而是发送至“发件箱”中，如图 2.3.41 所示。

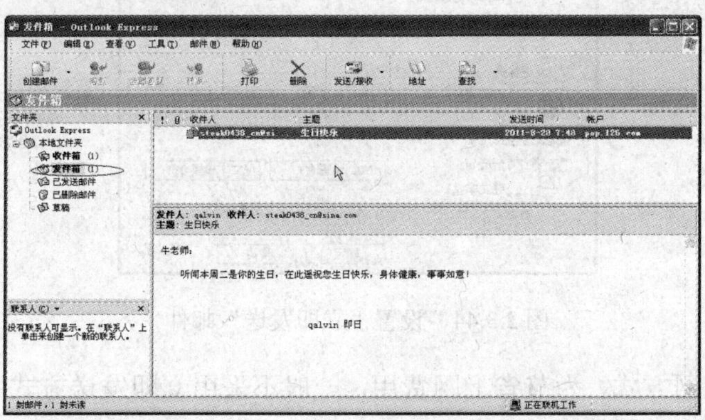

图 2.3.41　新邮件移至“发件箱”

单击“发送/接收”按钮，邮件开始发送至邮件服务器，如图 2.3.42 所示。

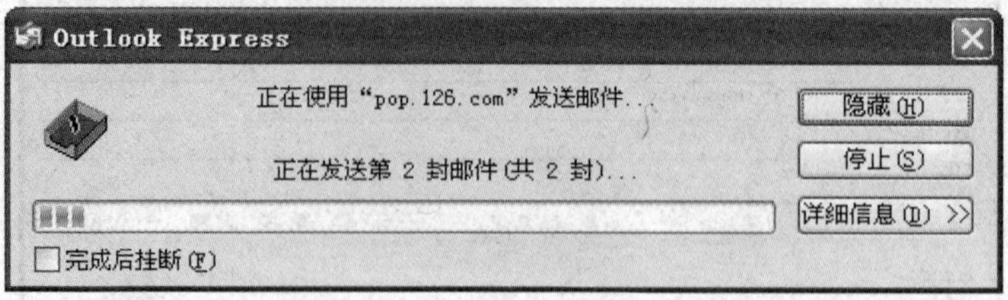

图 2.3.42　向邮件服务器发送邮件

邮件发送至服务器后，“发件箱”中就没有邮件了，如图 2.3.43 所示。

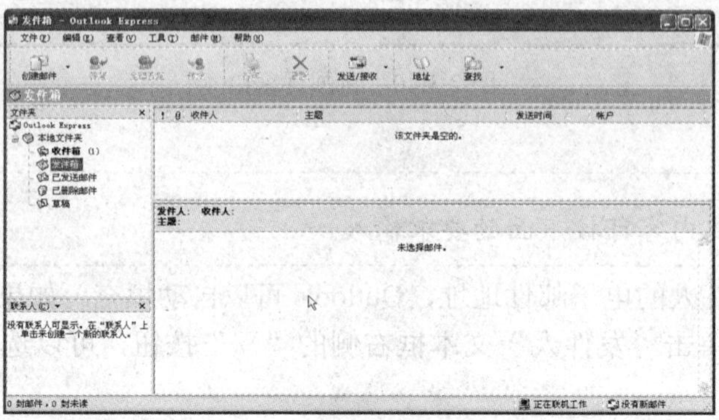

图 2.3.43　发送邮件成功后的“发件箱”

邮件也可以采用直接发送方式，即单击“发送”按钮时直接发送至邮件服务器。在 Outlook 菜单栏中单击“工具”、“选项”，在“选项”对话框中，选择“发送”选项卡，选中“立即发送邮件”即可，如图 2.3.44 所示。

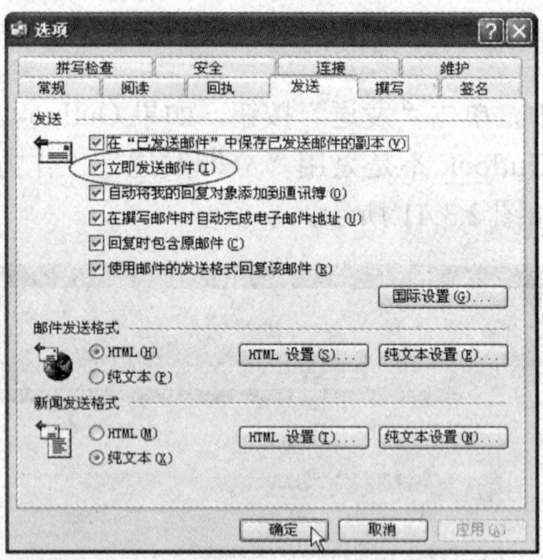

图 2.3.44　设置“立即发送”邮件

如果采用拨号上网方式，为节省上网费用，一般不采用立即发送方式。这样撰写邮件时在脱机状态，发送时再连入因特网。

所有已发送的邮件，都将自动备份到“已发送邮件”中，如图 2.3.45 所示。

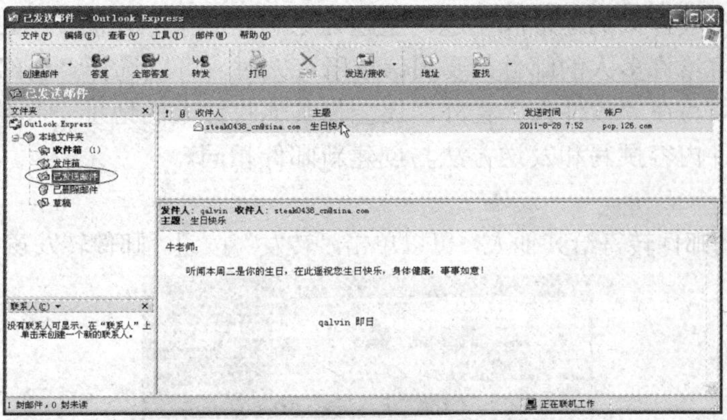

图 2.3.45　“已发送邮件”文件夹

如果收件人地址正确无误，邮件将由邮件服务器发送至收件人。如果地址有误，该邮件将退回发件人，并显示退回的原因。

温馨提示

有时用户输入的电子邮件地址有误，但该电子邮件地址恰巧有人使用，邮件服务器会作为正常邮件发送到该地址。

子项目六：电子邮件使用技巧

1. 邮件的答复和转发

当收到一个邮件后，可能要回信（称为答复）或将收到的信件转寄给其他人（称为转发）。首先在“收件箱”中选择要答复（或转发）的邮件，然后单击工具栏中的“答复”、“全部答复”或“转发”按钮即可。

（1）答复

只给寄件人回信，单击“答复”按钮即可。Outlook 弹出邮件答复窗口，如图 2.3.46 所示。

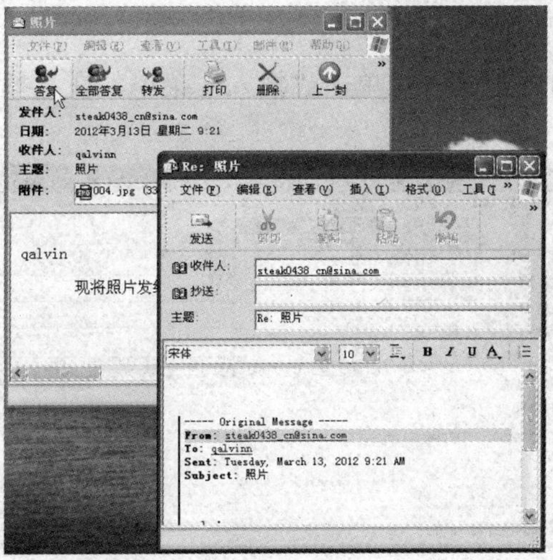

图 2.3.46　邮件答复窗口

系统会自动添写收件人的地址和主题，主题为原邮件的主题前面加“Re:”。

如果收到一个寄给许多人的邮件，要回信给所有人时，可以选择“全部答复”。Outlook 除了将寄件人的地址填写在“收件人”栏外，还会将其他收件人的地址一起填入“抄送”栏。

答复邮件的邮件内容撰写和发送方法与创建新邮件相同。

（2）转发

如果想把收到的邮件转寄给其他人，可以单击“转发”按钮。邮件转发窗口如图 2.3.47 所示。

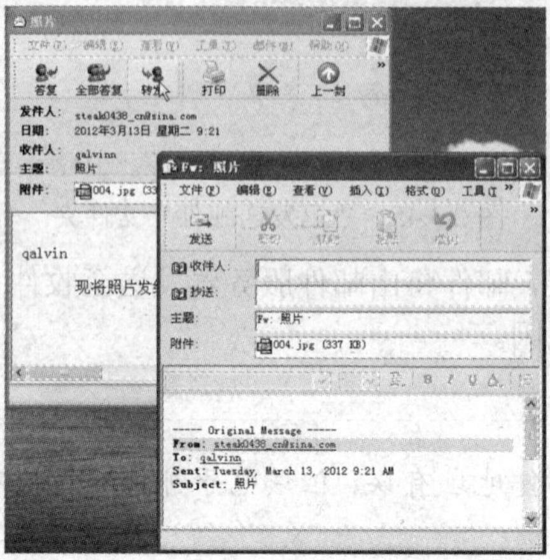

图 2.3.47　邮件转发窗口

将要转发的电子邮件地址填写在“收件人”文本栏。如果用户需要在转发的邮件中撰写新内容，可以直接在正文窗口中输入。

2. 附件的发送和查看

在发送邮件时，除了正文以外，还可以附带一个包裹，如照片等图像文件、录音等声音文件，这个包裹称为附件。

发送中文邮件时，将中文信函作为附件发送可以避免由于收信人的电子邮件程序方面的问题而导致的乱码。也可以使用“画图”软件直接将中文信函存为图形文件，这样即使对方没有中文平台也不影响其阅读。

（1）插入附件

附件必须在撰写邮件时才能插入。单击“插入”菜单，在下拉菜单中选择“文件附件”，如图 2.3.48 所示。

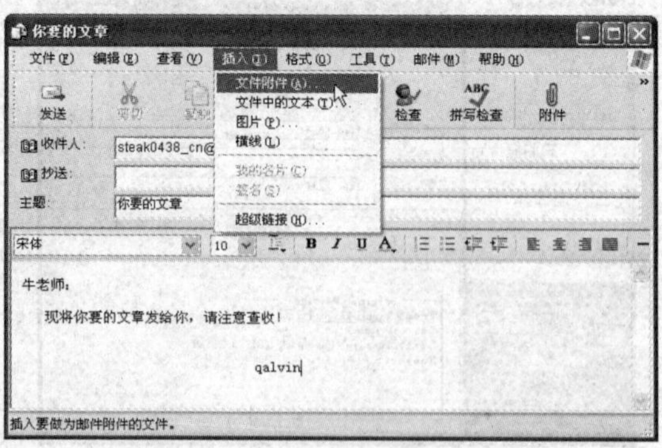

图 2.3.48　给邮件插入附件

选择要插入的文件名，单击“附件”按钮即可，如图 2.3.49 所示。

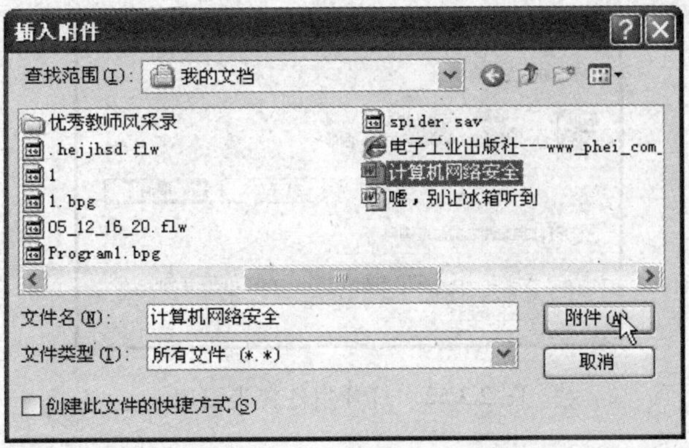

图 2.3.49　选择要插入的附件

插入的附件可以是各种类型的文件，也可以同时插入多个文件作为附件，如图 2.3.50 所示，这些附件将随邮件一起发送。

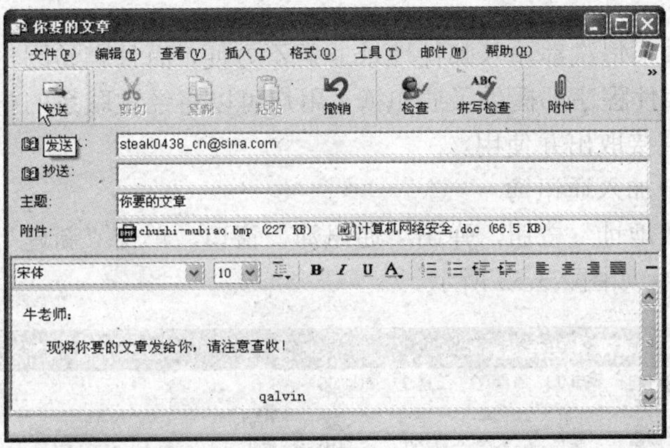

图 2.3.50　已插入附件的邮件

（2）查看附件

当我们收到含有附件的邮件（该信件前会出现回形针符号）时，单击邮件正文窗口中的附件图标，Outlook 将显示组成附件的文件清单，如图 2.3.51 所示。

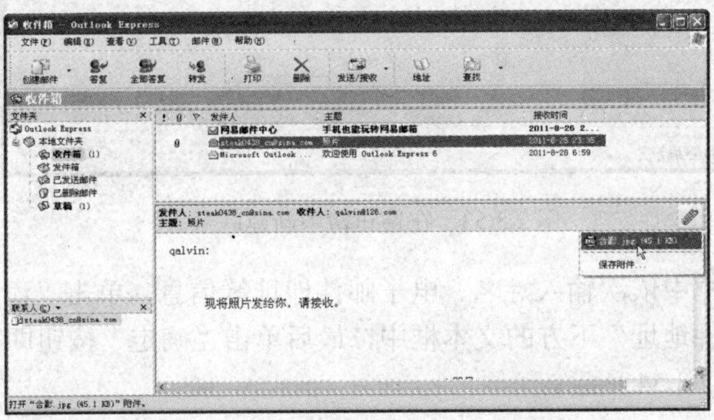

图 2.3.51　带附件的邮件及附件清单

单击附件清单中的文件名，Outlook 会弹出警示窗口，如图 2.3.52 所示。

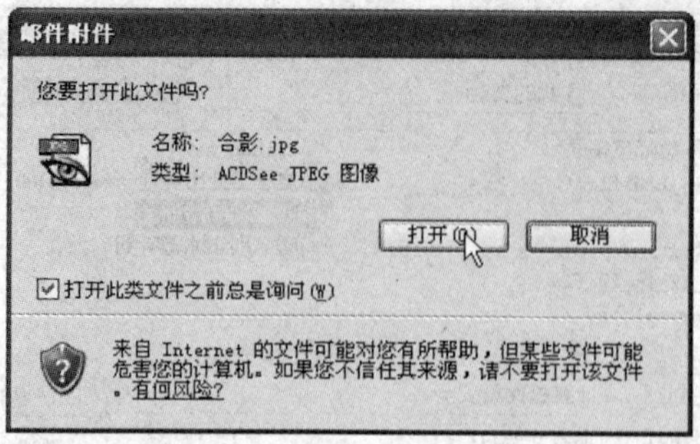

图 2.3.52　打开附件警告窗口

单击“打开”按钮，如果附件是 Windows XP 可以识别的文件，即可显示、播放或执行。如果系统不能识别附件的文件类型，将要求用户将此文件与相关程序建立关联，指定打开此类文件的程序。

3. 通讯簿的管理

在发送邮件时，如果每次都输入邮件地址非常不方便，而且容易因输入错误使邮件不能正确发送。目前的电子邮件程序都提供了通讯簿，用户可以将经常联系的电子邮件地址存放在通讯簿中，发送邮件时直接取出并使用。

（1）用键盘将地址加入通讯簿

单击工具栏中的“地址”按钮，弹出“通讯簿”窗口，单击“新建”按钮，在弹出的菜单中选择“新建联系人”，如图 2.3.53 所示。

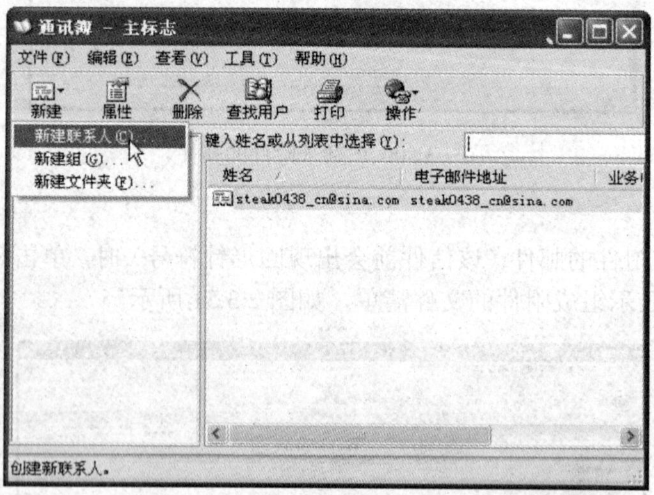

图 2.3.53　在通讯簿中新建联系人

在“属性”对话框中依次输入姓名、电子邮件地址等信息，单击“添加”按钮将电子邮件地址添加到“电子邮件地址”下方的文本框中，最后单击“确定”按钮即可将该联系人的信息输入到通讯簿，如图 2.3.54 所示。

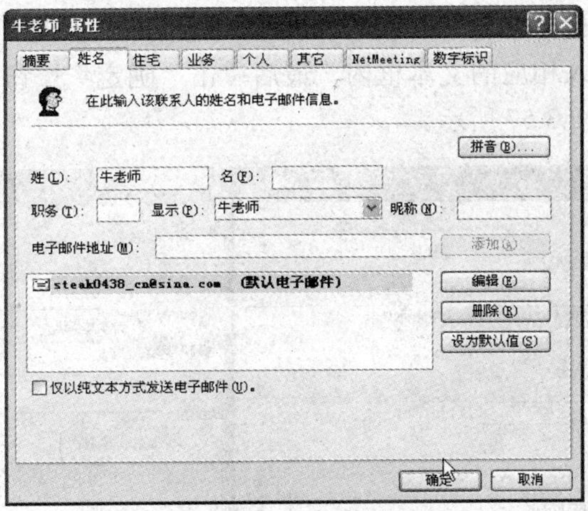

图 2.3.54　输入联系人信息

（2）从邮件中将地址加入通讯簿

当阅读一个邮件时，可以直接将发件人的地址加入通讯簿。用鼠标右键单击该邮件，选择“将发件人添加到通讯簿”即可，如图 2.3.55 所示。

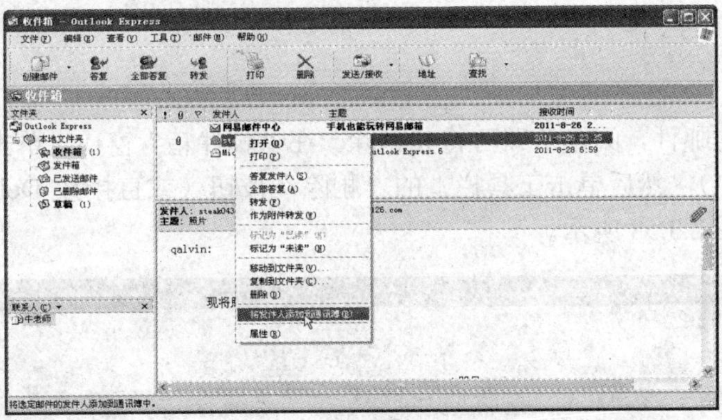

图 2.3.55　将发件人添加到通讯簿

（3）使用通讯簿

通讯簿的使用非常简便，撰写邮件时，单击“收件人”或“抄送”按钮，就会打开“通讯簿”，如图 2.3.56 所示。

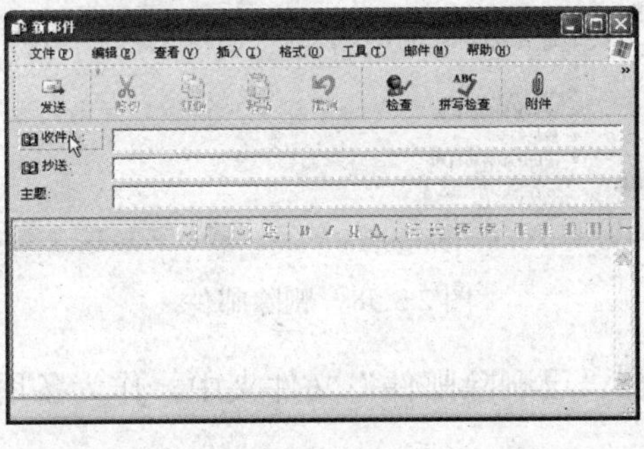

图 2.3.56　从通讯簿中选择收件人地址

在“选择收件人”对话框中选中“联系人”后，根据需要单击“收件人”、“抄送”或“密件抄送”将收件人姓名加入相应的文本框内，最后单击“确定”按钮，收件人地址就会自动抄送到邮件的地址栏，如图 2.3.57 所示。

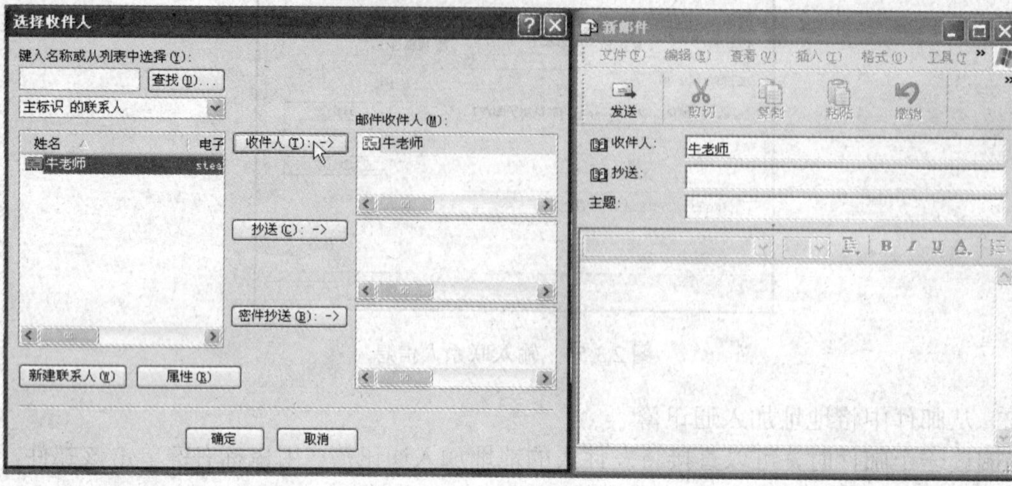

图 2.3.57　从通讯簿中加入收件人地址

4. 邮件的管理

对一些不重要的邮件，阅读后即可将其删除。在“收件箱”窗口，单击要删除的邮件（其背景为蓝色即为选中），然后单击工具栏上的“删除”按钮（或直接按 Del 键）即可将邮件从收件箱中删除，如图 2.3.58 所示。

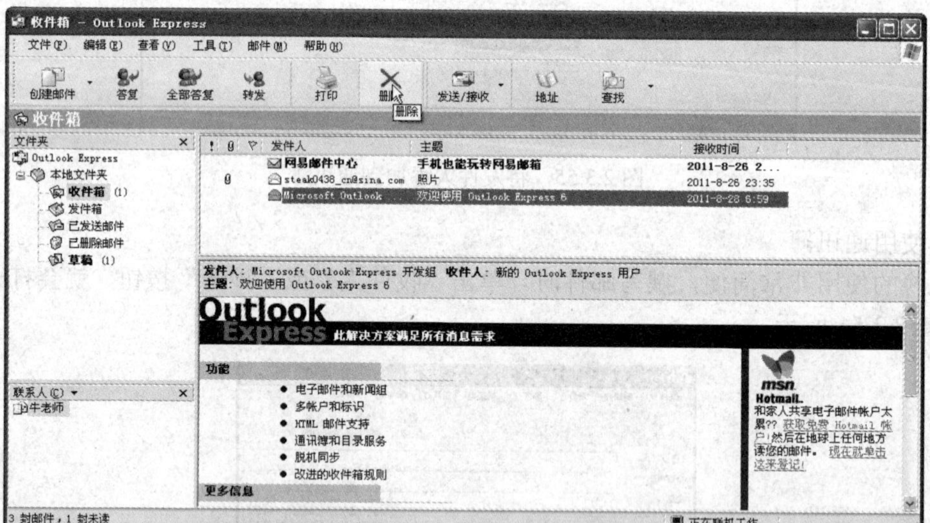

图 2.3.58　删除邮件

被删除的邮件会被保留在“已删除邮件”文件夹中，作为备用，如图 2.3.59 所示。

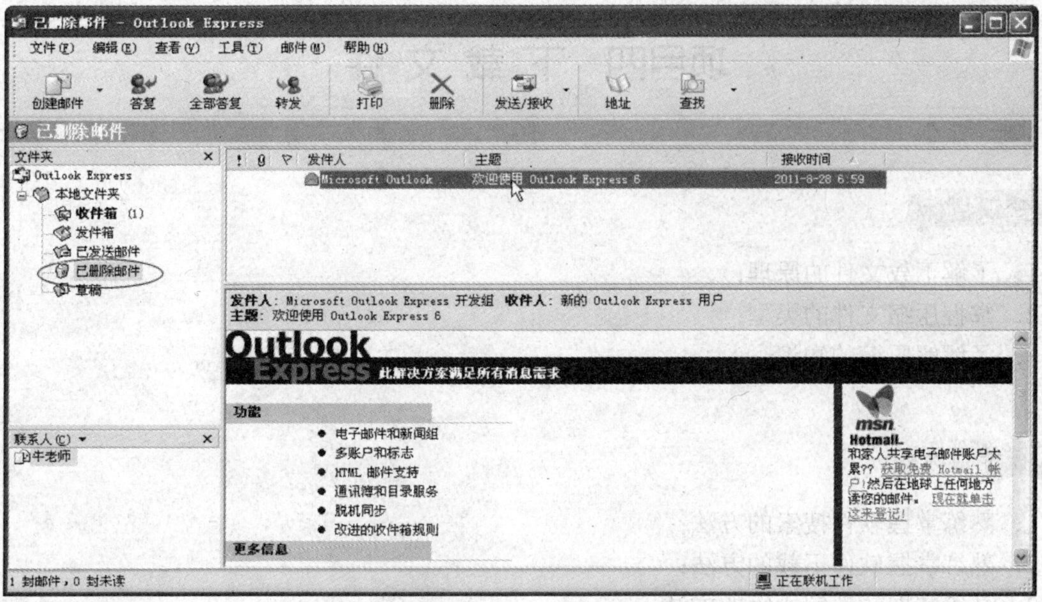

图 2.3.59　已删除邮件

用同样的方法，可以将邮件从“已删除邮件”文件夹中删除。用户从“已删除邮件”将邮件删除，该邮件就被彻底删除了，因此 Outlook 会提示用户注意，如图 2.3.60 所示。

图 2.3.60　彻底删除邮件提示

单击“是”按钮，被选中的邮件就被彻底删除了。

习　题

1．假如 ISP 提供的邮件服务器域名为 public.qd.sd.cn，IP 地址为 202.102.134.100，在用电子邮件信箱时，其 SMTP 和 POP3 对话框中应填写什么内容？

2．假如只能在学校机房或网吧上网，使用浏览器方式还是 Outlook 方式收发电子邮件比较好？请说明原因。

3．发送一个相同内容的邮件（如更改电子邮件地址）给若干人，使用什么方法比较方便？如果不想让收件人看到其他收件人的地址，应如何操作？

4．发送一个中文邮件，不知对方使用何种系统软件，使用什么方法可以确保使对方能够正确阅读？

项目四 下载文件

知识目标

1．了解下载文件的原理；
2．掌握压缩文件的类型；
3．了解解压缩的知识。

技能目标

1．熟练掌握软件搜索的方法；
2．熟练掌握软件下载的方法；
3．熟练掌握软件解压缩的方法；
4．熟练掌握软件安装到本地机的方法。

项目描述

搜索 ACDSee 最高版本的中文版，下载、解压缩并安装到本地计算机上。

项目预备知识：网上提供的软件类型

Internet 资源丰富，除提供各种文字信息外，还有大量的影音文件、图像以及各种软件等。要有效地利用网上的这些资源，通常要将其下载到用户的计算机（称为本地机）中。下载（Download）是指将文件从 FTP 服务器复制到自己的计算机，而将用户计算机中的文件复制到服务器上称为上传（Upload）。

下载有两种形式，当传输速率快，且下载的文件较小时，可以直接从网上下载；如果传输速率较慢，且下载的文件较大时，可以使用相应的下载软件下载。

1. 免费软件（Freeware）

完全免费的软件，用户下载此类软件无须支付任何费用，但作者对该软件仍拥有版权，用户不能随意修改。

2. 捐赠软件（Donateware）

软件作者的馈赠，用户不仅可以随意使用，而且可以修改软件，有的捐赠软件还提供软件的源代码，供有兴趣的人修改和增加功能。

3. 共享软件（Shareware）

供用户试用的软件，通常会有一定的使用限制，有的限制使用期限，有的限制使用功能。

用户向软件拥有者注册并交纳一定费用，就可以得到其正版软件。

4. 演示软件（Demo）

软件的演示版，用于展示软件的功能和特色。

子项目一：用浏览器直接从网上下载

Internet 上有一些专门提供下载软件的网站，如 Download（http://www.download.com）、ZDNET（http://www.zdnet.com）、Softseek（http://www.softseek.com）等。还有些网站专门设立了软件下载中心，如新浪网、天极网等，这些网站将收集到的软件分门别类，以便用户查找。

下面以华军软件园（http://www.onlinedown.net/）为例，介绍如何在软件下载服务网站上搜索和下载软件。华军软件园的主页如图 2.4.1 所示，进入该主页之后，可以发现它提供了五种接入点，选择和自己因特网接入方式相一致的接入点，可以提高软件的下载速度，所以在下载之前一定要合理选择下载点。

图 2.4.1　华军软件园主页

1. 按软件类别搜索并下载

例如，在华军软件园下载一个图像浏览软件。由于下载前并不明确要下载哪一个图像浏览软件，可以通过软件分类查找并下载。

① 单击“分类”，在软件分类页面查找图像浏览软件所在的类别，如图 2.4.2 所示。

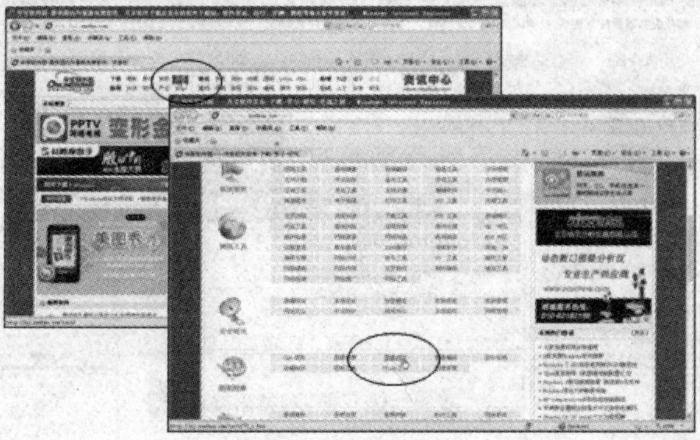

图 2.4.2　华军软件园软件分类

② 单击“图像浏览”，浏览并选择要下载的软件，如图 2.4.3 所示。

图 2.4.3 “图像浏览”类别中提供的软件

③ 单击要下载的软件名称，进一步显示该软件的信息，如图 2.4.4 所示。

图 2.4.4 软件介绍

④ 如果要下载该软件，单击“立即下载试用”按钮。在“下载专区”选择供下载的站点。单击该站点名称，弹出“文件下载-安全警告”对话框，如图 2.4.5 所示。

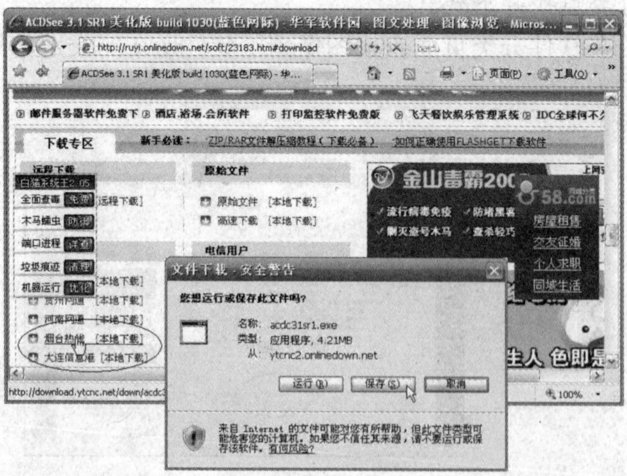

图 2.4.5 下载页面和“文件下载-安全警告”对话框

温馨提示

下载的站点可以选择与用户的地理位置比较近，登录人数较少的网站，这样下载时的速度会快一些。

⑤ 在“文件下载”对话框中，单击“保存”按钮，弹出“另存为”对话框，选择存放文件的本地文件夹，单击“保存”按钮，开始下载软件，如图 2.4.6 所示。

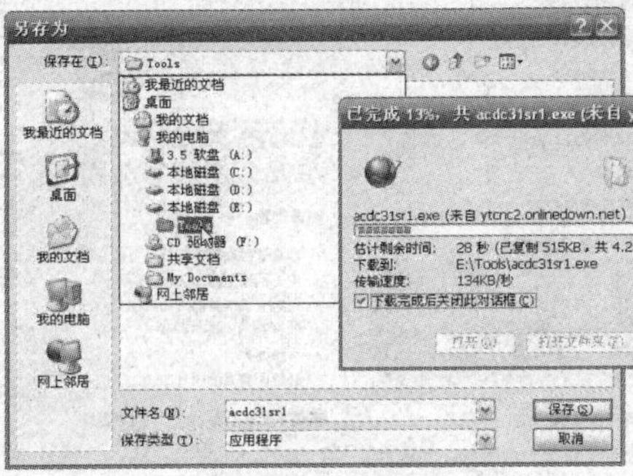

图 2.4.6　软件下载过程

2. 按软件名称搜索

① 在华军软件园主页“软件搜索”文本框中输入软件名称，可以在该网站上搜索软件。例如，在文本框中输入“QQ”，如图 2.4.7 所示。

图 2.4.7　输入要搜索的软件名称

② 单击“搜索”按钮，系统开始搜索，搜索结果如图 2.4.8 所示。

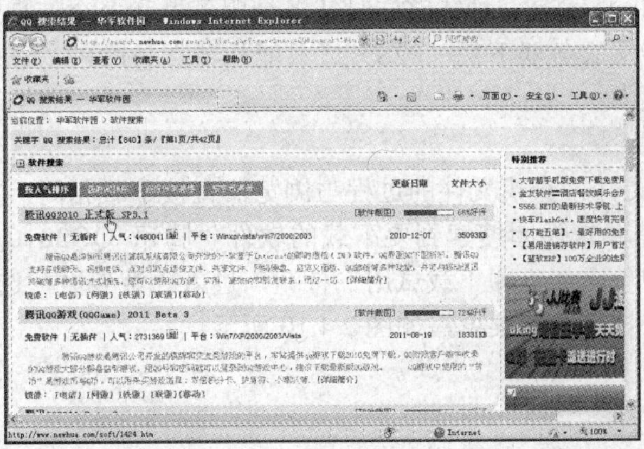

图 2.4.8　软件搜索结果

③ 单击要下载的软件名称，进一步显示该软件的信息，如图 2.4.9 所示。

图 2.4.9　软件的有关信息

④ 单击“立即下载试用”按钮即可进入“下载专区”。从浏览器直接下载的步骤与前面相同，此处不再介绍。如果使用下载软件进行下载，可按子项目二介绍的步骤进行。

子项目二：用下载软件进行下载

1. 下载软件简介

网上的各种资源都可以在浏览时直接下载，但利用浏览器直接下载会出现很多问题，于是相应的下载专用软件应运而生。目前比较流行的下载软件有迅雷、BT（Bit Torrent）、网际快车（FlashGet）和网络蚂蚁（Netants）等。

迅雷是一个基于 P2SP 技术的下载软件，它不仅具有强大的下载功能，还可以进行网络资源的发布与共享。P2SP 技术是一种能够同时从多个服务器和多个节点进行下载的技术，因此迅雷的下载速度比只能从服务器下载（P2S）或只能从节点（P2P）下载的软件快得多。

2. 用迅雷下载软件

① 使用迅雷下载文件，查找文件的过程与浏览器直接下载相同，首先要搜索到需要下载的软件。例如上例在华军软件园搜索到要下载的软件“腾讯 QQ2010 正式版 SP3.1”，在如图 2.4.10 所示的页面中单击“立即下载试用”按钮，进入下载专区，选择一个供下载的站点，用鼠标右键单击该站点打开快捷菜单，如图 2.4.10 所示。

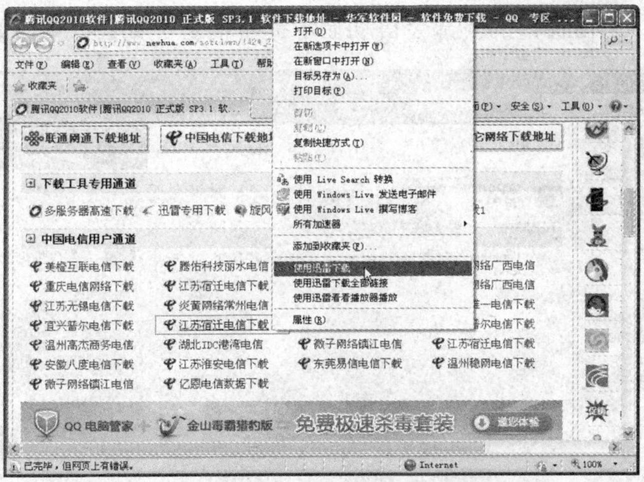

图 2.4.10　选择下载站点并打开快捷菜单

> **温馨提示**
>
> 只有事先已经将“迅雷”安装在本地计算机上，才会在快捷菜单中出现与“迅雷”有关的命令项，才能进行下面的操作。

② 单击快捷菜单中的“使用迅雷下载”按钮，即可启动迅雷，自动弹出“新建任务”对话框，如图 2.4.11 所示。

图 2.4.11　“新建任务”对话框

③ 在如图 2.4.11 所示的对话框中，用户只需选择下载文件的存放路径即可。当然，也可以采用迅雷默认的文件夹。单击“确定”按钮，迅雷即开始下载，如图 2.4.12 所示。

图 2.4.12　迅雷的下载过程

④ 下载完成后，迅雷窗口的下部会自动显示提示信息，如图 2.4.13 所示。

图 2.4.13　软件下载完成后的迅雷窗口

3. 断点续传

一个软件，特别是比较大的软件，在下载过程中，由于网络传输等问题，会造成下载中断。如果使用浏览器直接下载，大多数情况下，需要重新开始下载。

断点续传是指下载中断后，下次可以从断开处继续下载。目前的下载软件，几乎都支持断点续传，这就为用户提供了很大的方便。

① 迅雷下载软件已经完成 90.8%，下载中断（窗口右下角的数据传输即时速度已不显示），如图 2.4.14 所示。

图 2.4.14　下载中断

② 将网络调整好以后，单击“开始”按钮，迅雷会自动连接下载服务器，从断点处继续下载，如图 2.4.15 所示。

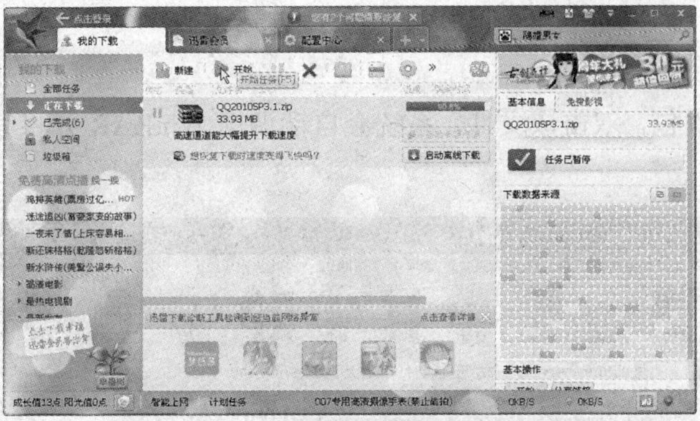

图 2.4.15 从断点处继续下载软件

> **温馨提示**
>
> 断点续传也需要提供下载服务网站的支持。

子项目三：文件的解压缩

1. 网上常见的压缩文件格式

为了提高下载速度，网上提供的下载文件大部分都是压缩文件，常见的压缩文件有 RAR 压缩文件、Zip 压缩文件和自解压文件，如图 2.4.16 所示。

要将文件打包制成压缩文件或将已压缩的文件包解压缩，都需要相应的压缩软件。目前常用的压缩软件有 WinRAR 和 WinZip 等。WinRAR 支持 RAR 和 Zip 两种格式，WinZip 只支持 Zip 格式。另外，网上还有一种自解压文件，它是一种可执行文件，无须解压缩文件支持即可自动解压缩。

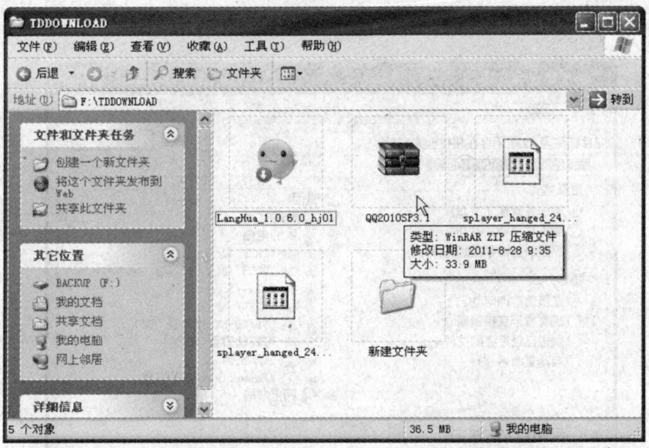

图 2.4.16 网上常见的压缩文件

2. 用 WinRAR 解压缩文件

找到要解压的文件包，双击该文件，系统会自动调用 WinRAR 并将其解压缩，如图 2.4.17 所示。

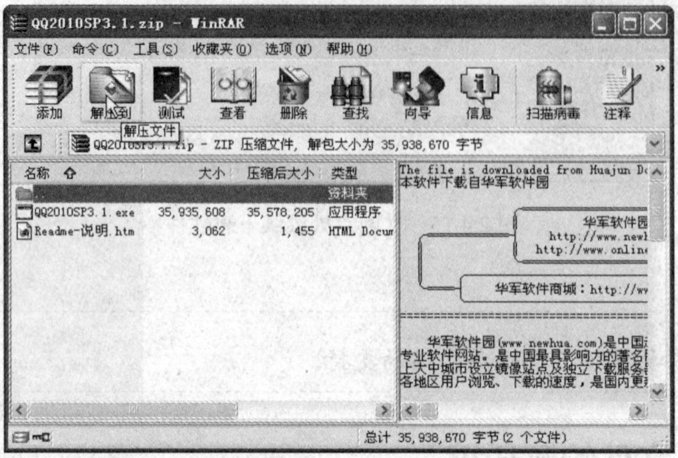

图 2.4.17　自动调用 WinRAR 解压缩文件

3. 运行压缩包中的文件

压缩包解压缩后，可以直接运行压缩包中的文件。特别是对于从网上下载的应用程序安装压缩包，这是最常用的方法。

双击 WinRAR 窗口中的“QQ2010sp3.1.exe”，即可自动运行 QQ2010sp3 程序。

4. 释放压缩包

如果要将解压缩的文件保存到硬盘上，可以单击“解压到”按钮，选择存放路径后，单击“确定”按钮即可，如图 2.4.18 所示。

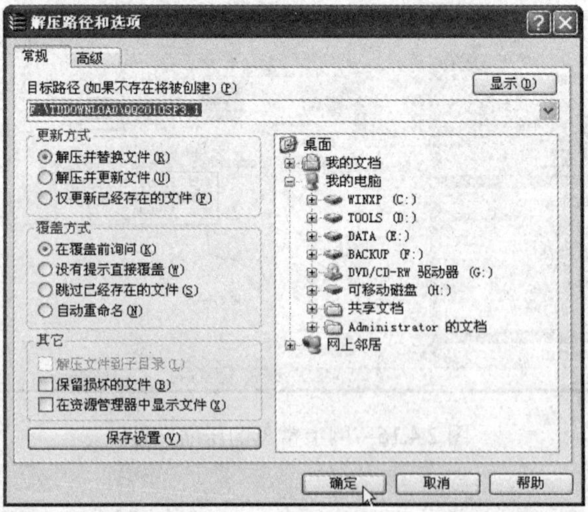

图 2.4.18　释放压缩文件

习　题

1. 软件下载可以用哪两种方法？
2. 断点续传是什么含义？
3. 为什么要使用断点续传？
4. 常用的压缩格式有哪些？

项目五　防治网络病毒

知识目标

1. 了解木马病毒的含义及特点；
2. 了解邮件病毒的含义及特点；
3. 了解网页病毒的含义及特点；
4. 了解流氓软件的含义及特点；
5. 了解实时监控的作用。

技能目标

1. 掌握网络杀病毒软件的使用方法；
2. 掌握网络杀病毒软件的在线升级方法。

项目描述

由于计算机网络的开放性和互联性等特征，致使用户很容易受到各种攻击，如个人信息随时会被窃取，账号密码被盗用，系统被植入木马和病毒等。所以网上信息的安全和保密是一个至关重要的问题，必须加强防范，避免被黑客或计算机病毒侵害。

将计算机中的杀病毒软件升级为最新版，检查并清除计算机中的病毒。

项目预备知识：网络病毒及网络杀毒软件

对连接到 Internet 的用户，网络病毒主要是指特洛伊木马病毒、邮件病毒、网页病毒等通过网络传播的病毒。

1. 特洛伊木马病毒

特洛伊木马的名称来源于一个希腊传说，在希腊与特洛伊的一场战争中，希腊军队在攻打特洛伊城时，遭到特洛伊士兵的顽强抵抗，久攻不下。希腊人想出一个办法，他们制作了一个很大的木马，并在里面藏了许多士兵，然后将木马拉到特洛伊城下。特洛伊士兵出于好奇，将木马偷回城里。夜里，木马中隐藏的士兵打开城门，希腊士兵迅速冲进城内占领了整个城市。

特洛伊木马病毒与之相似，它本身并不破坏硬盘中的数据，只是潜伏在被感染的计算机中，一旦这台计算机上网，黑客就可以通过互联网找到这台计算机，在自己的计算机上远程控制它，窃取用户的上网账号和密码、随意修改和删除文件等。如 BO、Backdoor、Netbus 以及国内的 Netspy 等都是特洛伊木马病毒。

2. 邮件病毒

邮件病毒和普通病毒是一样的，只不过是通过电子邮件传播的，所以称为邮件病毒。用户收到夹带邮件病毒的电子邮件，一旦打开邮件阅读或运行了附件中的病毒程序，就会使计算机染毒。

比如“I love you”（也称“爱虫”）病毒，因为邮件主题通常是“I love you”而得名。只要收到夹带该病毒的电子邮件，运行了附件中的程序，病毒就会将浏览器自动链接到一个网址，下载木马程序，更改一些文件后缀为.vbs，最后再把病毒自动发送给 Outlook Express 通讯簿中的每个人。

3. 网页病毒

它主要是利用软件或系统操作平台等的安全漏洞，通过执行嵌入在网页 HTML 超文本标记语言内的 Java Applet 小应用程序，JavaScript 脚本语言程序，ActiveX 软件部件网络交互技术支持可自动执行的代码程序，以强行修改用户操作系统的注册表设置及系统实用配置程序，或非法控制系统资源盗取用户文件，或恶意删除硬盘文件、格式化硬盘为行为目标的非法恶意程序。

这种非法恶意程序能够得以被自动执行，在于它完全不受用户的控制。一旦浏览含有该病毒的网页，即可在你不知不觉的情况下感染病毒，给用户的系统带来不同程度的破坏，甚至造成无法弥补的恶果。

根据目前互联网上流行的常见网页病毒的作用对象及表现特征，归纳为以下两大类：

（1）通过 Java Script、Applet、ActiveX 编辑的脚本程序修改 IE 浏览器：

默认主页（或首页）被修改；主页设置被屏蔽锁定，且设置选项无效不可改回；默认的 IE 搜索引擎被修改；IE 标题栏被添加非法信息；OE 标题栏被添加非法信息；鼠标右键菜单被添加非法网站广告链接；鼠标右键弹出菜单功能被禁用失常；IE 收藏夹被强行添加非法网站的地址链接；在 IE 工具栏非法添加按钮；锁定地址下拉菜单及其添加文字信息；IE 菜单“查看”下的“源文件”被禁用。

（2）通过 Java Script、Applet、ActiveX 编辑的脚本程序修改用户操作系统：

开机出现对话框；系统正常启动后，IE 被锁定网址自动调用打开；格式化硬盘；非法读取或盗取用户文件；锁定禁用注册表；时间前面加广告；启动后首页被再次修改；更改“我的电脑”下的一系列文件夹名称。

4. 流氓软件

从技术上讲，恶意广告软件（adware）、间谍软件（spyware）、恶意共享软件（malicious shareware）等都处在合法商业软件和计算机病毒之间的灰色地带。它们既不属于正规商业软件，也不属于真正的病毒；有一定的实用价值，但也会给用户带来种种干扰，大家称这种软件为流氓软件。

流氓软件包括广告程序、间谍软件、IE 插件等，它们严重干扰了正常的网络秩序，使广大网络用户不胜其扰。这些程序共同的特征是未经用户许可强行潜伏到用户计算机中，而且此类程序无卸载程序，无法正常卸载和删除，强行删除后还会自动生成。此外，像广告程序会强迫用户接受阅读广告信息，间谍软件搜集到敏感信息并向外发送，严重侵犯了用户的选择权和知情权。有些“流氓软件”甚至会劫持用户的浏览器，使一些网民被引导到了不良网站上，严重影响了互联网的正常秩序。

国家计算机病毒应急中心已表示，他们目前已在检测杀毒软件产品时，加入了检测“间谍软件”、“广告程序”这一项。

子项目一：使用杀毒软件杀毒

目前常用的网络杀毒软件有瑞星、360 杀毒、金山毒霸、Norton 等，而且大部分杀毒软件都是免费的，大家可以直接在网上下载，安装到计算机上。下面以瑞星为例，介绍杀毒软件的使用。

瑞星的版本很多，目前最新的版本是瑞星 2011。软件的安装很简单，按照提示逐步进行即可，此处不再介绍。瑞星 2011 安装成功后，桌面和任务栏均会增加与之有关的快捷图标，如图 2.5.1 所示。

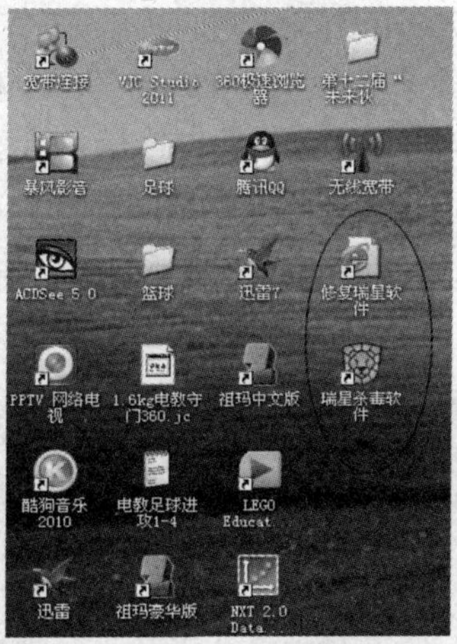

图 2.5.1　安装瑞星以后的桌面和任务栏

（1）使用瑞星查杀病毒

① 双击桌面上的“瑞星杀毒软件”图标或任务栏中的快捷图标，即可启动瑞星。指定需要杀毒的目录（不特别指定，软件将检查所有路径），如图 2.5.2 所示。

图 2.5.2　瑞星程序窗口

② 单击“全盘查杀”按钮，系统开始扫描并清除计算机病毒，如图 2.5.3 所示。

图 2.5.3　扫描并清除计算机病毒

温馨提示

瑞星开始扫描病毒后，其“杀毒”和“软件升级”两个按钮就自动变为“暂停”和“停止”按钮。用户单击“停止”按钮可以随时中止扫描。

③ 扫描到病毒后，瑞星会弹出对话框，用户可以选择“清除”或“删除”感染病毒文件等操作。扫描结束后瑞星会显示扫描到的病毒及处理结果，如果没有检测到病毒，也会显示相应结果，如图 2.5.4 所示。

图 2.5.4　扫描并清除计算机病毒结果

（2）在线升级

由于新病毒的不断出现，杀病毒软件也必须及时升级。大多数杀病毒软件都提供了在线升级的手段。下面以瑞星为例介绍其升级的步骤：

① 在瑞星窗口中单击“软件升级”按钮，就可以实现智能在线升级，瑞星自动连接到服务器并获取升级信息，如图 2.5.5、图 2.5.6 所示。

图 2.5.5　单击“软件升级”

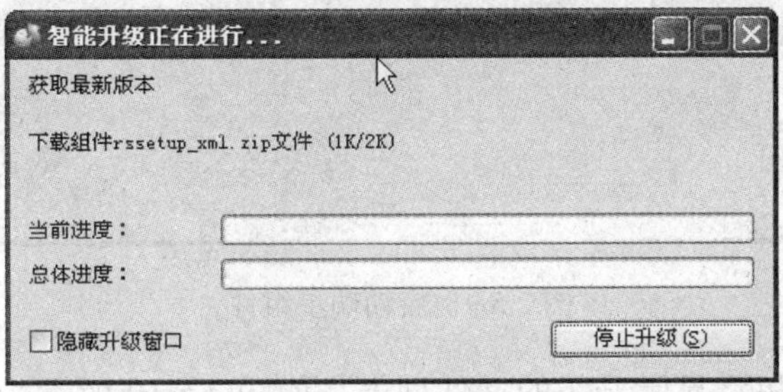

图 2.5.6　瑞星升级信息对话框

② 检测到新版本后，会显示“从旧版本（×××）升级到新版本（×××）”，并开始下载升级文件，如图 2.5.7 所示。

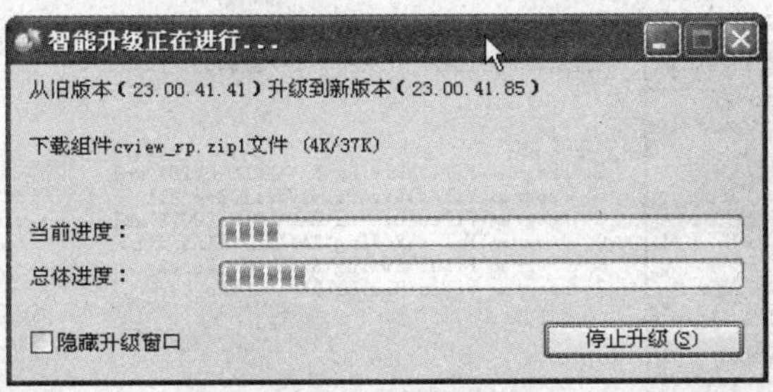

图 2.5.7　下载升级文件

③ 升级文件下载完成后，瑞星会暂时停止所有的监控程序，如图 2.5.8 所示。

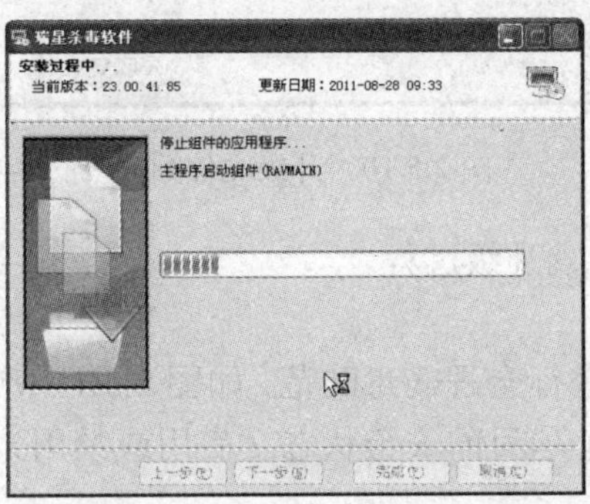

图 2.5.8　暂时停止瑞星监控程序

④ 病毒库升级完成后，瑞星随即启动相应的程序组件，如图 2.5.9 所示。

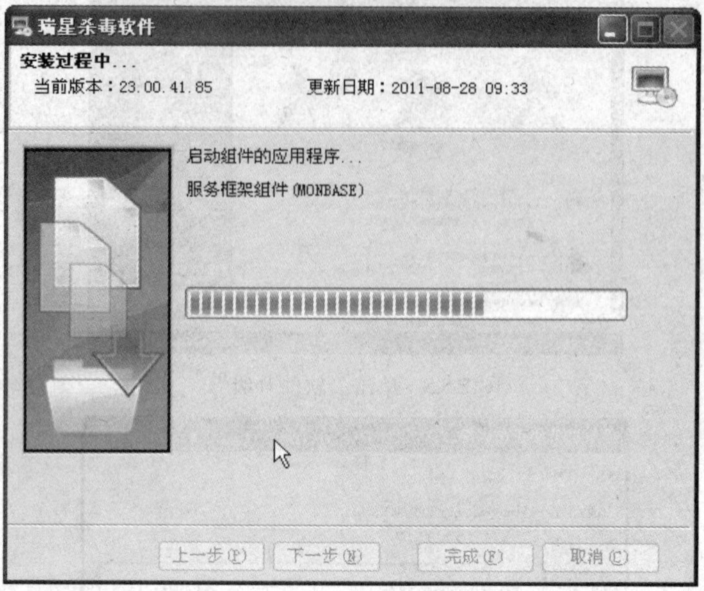

图 2.5.9　启动瑞星组件

⑤ 升级完成后，瑞星将显示升级的文件列表，如图 2.5.10 所示。

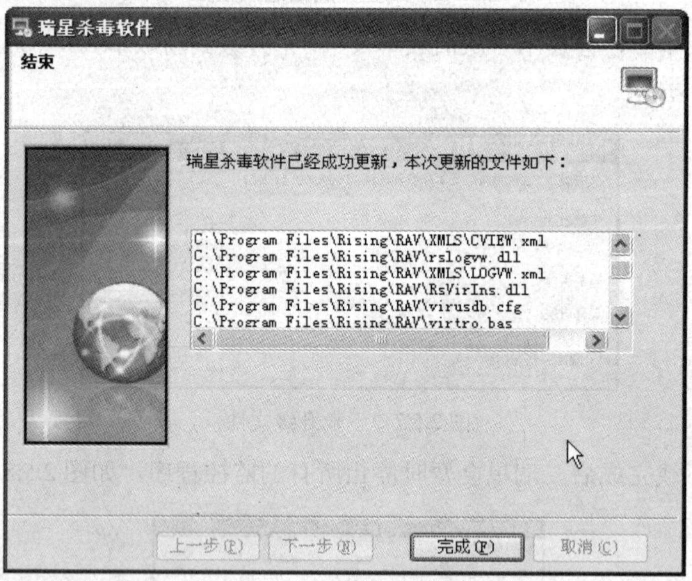

图 2.5.10　升级文件列表

⑥ 单击“完成”按钮，完成升级过程。

（3）实时监控

实时监控是对用户的操作进行全程病毒防范，如图 2.5.11 所示为瑞星的实时监控项目及状态，用户可以根据需要选择每个项目的安全状态（启用或禁用）。

图 2.5.11　瑞星的监控中心及设置

瑞星默认提供的监控项目分为很多种类，足以保证计算机安全运行，例如“文件监控”可以监控计算机中文件是否被病毒感染，阻止病毒通过文件传播。

而开启“邮件监控”后，用户发送或接收电子邮件时，瑞星会对邮件进行扫描，发现邮件中含有病毒时，会提示用户进行杀毒处理。对接收到的不含病毒但怀疑是垃圾邮件的，瑞星也会在邮件主题上加以标注，如图 2.5.12 所示。

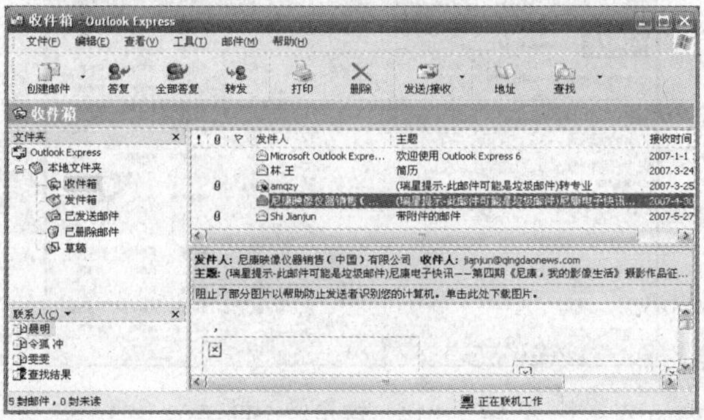

图 2.5.12　对怀疑是垃圾邮件的电子邮件加标注

当然，用户也可以选择禁用实时监控，可以在如图 2.5.11 所示的窗口中禁用部分项目。

（4）瑞星杀毒工具

瑞星还提供了一些专用工具，使用也非常方便，如图 2.5.13 所示。

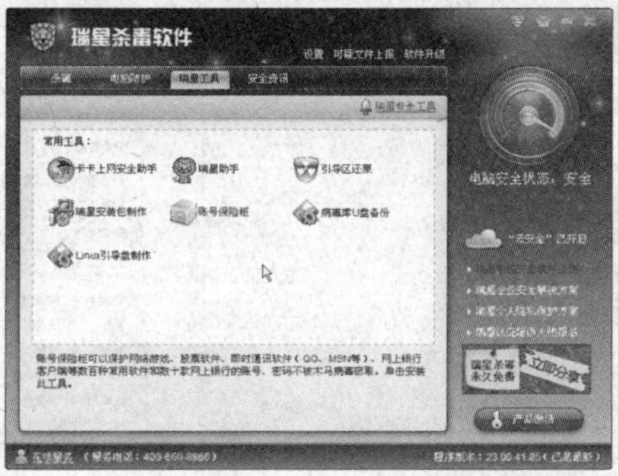

图 2.5.13　瑞星工具列表

子项目二：使用上网助手

1. 瑞星安全助手

“瑞星安全助手”是一款功能强大的反流氓软件产品，应用多项反病毒技术，可以彻底查杀目前流行的几百余种流氓软件。

“IE 防漏墙”功能可以阻止病毒、木马及流氓软件通过微软 IE 浏览器漏洞入侵用户计算机。独创的“碎甲（Anti-Rootkits）”技术不仅可彻底清除顽固流氓软件，还可清除带有 Rootkits 保护的病毒。

下面介绍瑞星安全助手的使用。

2. 瑞星安全助手的使用

在桌面上双击“瑞星安全助手”图标，启动 “瑞星安全助手”，这时，它会对系统进行一次安全检查，如图 2.5.14 所示。

图 2.5.14　瑞星安全助手

安全检查完毕后，“瑞星安全助手”会给出一份报告，包括是否有安全漏洞，系统中有哪些异常的链接方式，存在哪些木马风险等，如图 2.5.15 所示。

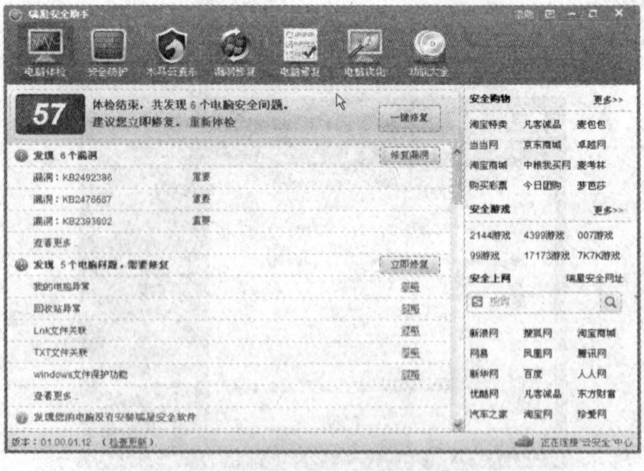

图 2.5.15　体检报告

单击“一键修复”按钮，“瑞星安全助手”会一次性对各项内容进行修复，如图 2.5.16 所示。

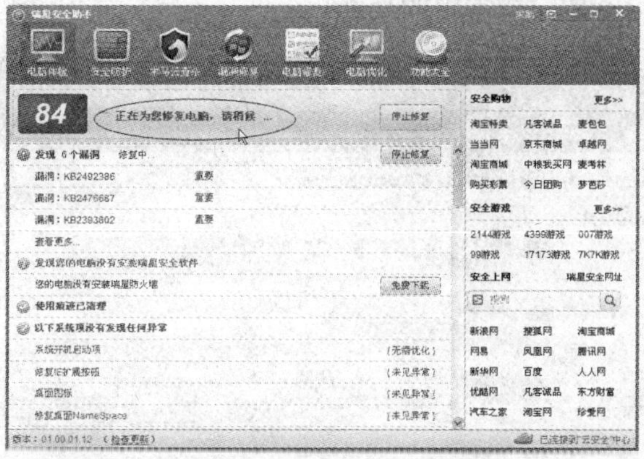

图 2.5.16　正在进行修复

“瑞星安全助手”还提供木马云查杀功能，这需要连入因特网，在这种情况下，瑞星安全助手能够下载更全的木马库，查杀更多的木马病毒，如图 2.5.17 所示。

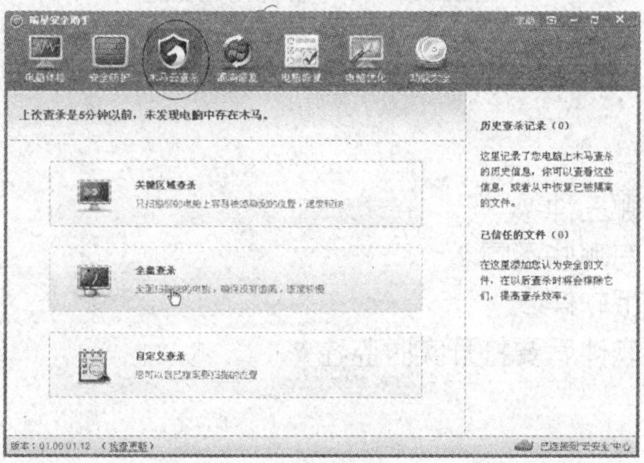

图 2.5.17　木马云杀毒

“瑞星安全助手”提供的“电脑修复”功能，可以检查 IE 浏览器是否被篡改等，对于保证上网安全非常有益，如图 2.5.18 所示。

图 2.5.18　修复 IE 主页后的选项卡

如图 2.5.19 所示的“电脑优化”功能，可以优化计算机的启动速度，对计算机进程进行管理，清理不必要的插件，也是一个常用的功能。

图 2.5.19 “电脑优化”功能

习　题

1. 网络病毒主要有哪三种？
2. 流氓软件与病毒有哪些不同？
3. 哪些程序属于流氓软件？
4. 为什么安装杀毒软件后要打开实时监控？

第3章

使用 Dreamweaver 制作网页

项目一 建立网站

知识目标

1．了解网页和网站的概念，特别是主页的概念；
2．能够分析网站的结构；
3．了解 Dreamweaver 的操作界面；
4．能够画出网站结构图。

技能目标

1．学会规划网站的结构；
2．熟练掌握建立网站的方法；
3．能够创建网站地图；
4．能够更改网页的标题。

项目描述

当你在因特网上浏览时，是否有过这样的想法：要是我有自己的网页，该多好呀！我可以把自己的照片、自己写的诗歌、作文发布上去，供大家浏览……

你知道吗？这些并不难实现。只需向某个提供免费主页的网站提出申请，在得到答复后，将制作好的主页传送到该网站的服务器上就可以了。

在本项目中，将建立一个网站，并在网站中按照规划创建空白的网页。接着创建网站地图，网页的标题，一步步实现拥有自己网站的梦想。

项目预备知识一：网站与网页基本概念

当用户在网上浏览时，输入网址后见到的每一个页面都可以称为网页。网页的内容可以是文字，图片，动画，甚至视频，彼此之间依靠超链接相连接。超链接是一种非线性的联系方式，它的使用使得网页之间的联系呈发散状的几何级效果，信息量呈爆炸状分散和衍生，让人们可以非常方便地查找到自己需要的信息。而正是千千万万个网页组成了色彩斑斓的因特网世界，成就了迅速占领媒体世界的传奇。

那么该怎样给网页一个准确的定义呢？简单地说，网页就是把文字、图像、图形、声音、动画、视频等多种形式的信息，以及分布在因特网上的各种相关信息，相互链接起来而构成的一种信息表达方式，如图 3.1.1 所示。

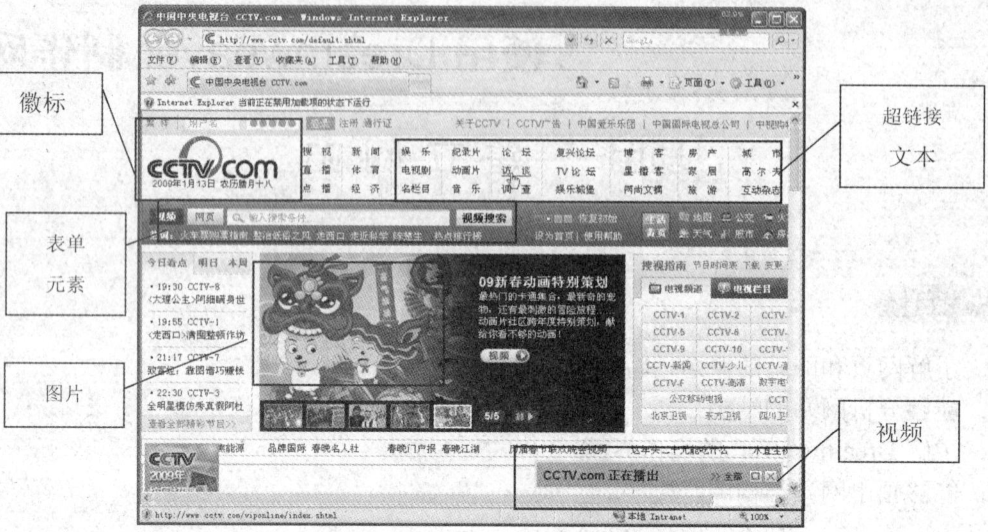

图 3.1.1　网页由许多元素构成

虽然网页是用户在因特网上浏览的主体，但它要完整、生动地展现出来还需要一些程序和文件的支持。例如，在网页中的出现一段 Flash 动画，就需要相关的 Flash 播放程序的支持。而一些具备查询功能的网页，显然也离不开后台数据库的大量信息作为支撑。网页、支持网页各种效果的程序文件、数据文件，甚至说明文档的集合，就是人们常说的网站。

进入网站后显示的第一个画页称为“主页”。主页就像一本书的目录，它是所有网页的索引页。通过单击主页上的超级链接，可以打开这个网站中的其他网页。正是由于主页在所有网页中的特殊作用，也有人将编辑网页称为制作主页。

项目预备知识二：HTML 语言

早期制作主页需要熟练掌握 HTML（Hyper Text Markup Language，即超文本标志语言）。它只需要在一个简单的文本编辑器（如记事本）中单独输入一些特定的代码，然后通过浏览器进行解释、执行，就能成为大家平常看到的样子。

HTML 是一种超文本标记语言，它用来描述某个事物应该如何合理地显示在计算机屏幕上。也可以说，HTML 就是以特殊的标记形式存储为通常的文本文件。所以，用户能够用文本文件编辑软件打开 HTML 文件或编辑 HTML 文件。而要把 HTML 文件显示出来，必须借助 Microsoft Internet Explorer 或 Netscape Communicator 等因特网浏览器。

除了用于控制文本如何在浏览器内显示外，HTML 还包括很多不同的组件。例如，用户可以随心所欲地在网页上添加对象、建立项目列表、创建表格，以及表单等。而它最大的功能就是：在世界范围内，通过超级链接，使当前网页与因特网上的其他网页连接起来。

其实 HTML 文件并不像用户想象得那样难于读懂，只是比较烦琐罢了。只要认真观察，很容易发现各语句之间的规律。例如，用户要在网页上实现“欢迎参观我的主页”这句话为黑体 18 号字并居中显示，相应的 HTML 语句为：

```
<center><b><font face ="黑体"><font size=18>欢迎参观我的主页</font></font></b></center>
```

很容易读懂，句首的<center>表示居中，句尾的</center>表示居中结束；而<b>表示粗体，</b>与之相呼应；<font face ="黑体">表示文字为黑体，<font size=18>表示字体型号为 18 号，句尾的两个</font>表示设置结束。

如图 3.1.2 所示，左端是在记事本中编辑的 HTML 网页，右边是在浏览器中打开 HTML 网页的样子。

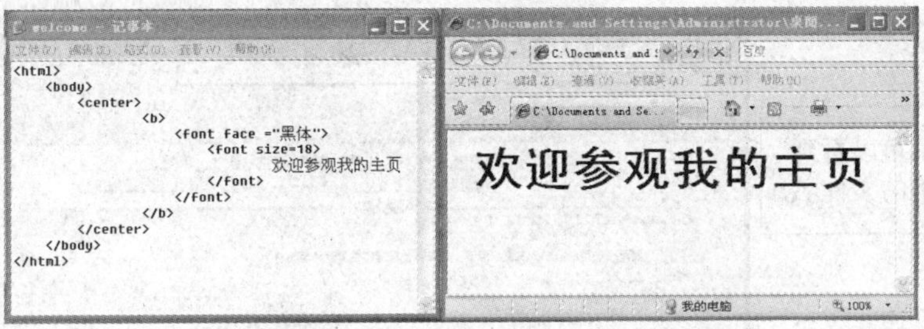

图 3.1.2　HTML 网页

HTML 用来编辑网页存在以下几个缺点：

（1）在输入语句时，常常需要反复输入一些相同的格式，浪费大量时间和精力。

（2）在编辑器中无法准确地知道主页在浏览器中显示的样子，所以往往需要反复调试，非常烦琐。

（3）无法对多个网页进行管理，无法确知网页中的链接是否正确。

项目预备知识三：网站工作原理

计算机网络有三种工作模式，即对等网模式，客户机/服务器模式和浏览器/服务器模式。用户在因特网这个最大的计算机网络上浏览网页时，采用的就是浏览器/服务器模式。

采用浏览器/服务器模式时，客户机通过浏览器软件接收用户输入的服务请求并把它发送给 WWW 服务器，WWW 服务器再把这个服务请求发送给相关的服务器（如数据库服务器、电子邮件服务器），由相关的服务器向用户提供相应的服务。图 3.1.3 显示了采用浏览器/服务器模式的图书管理系统的检索过程。

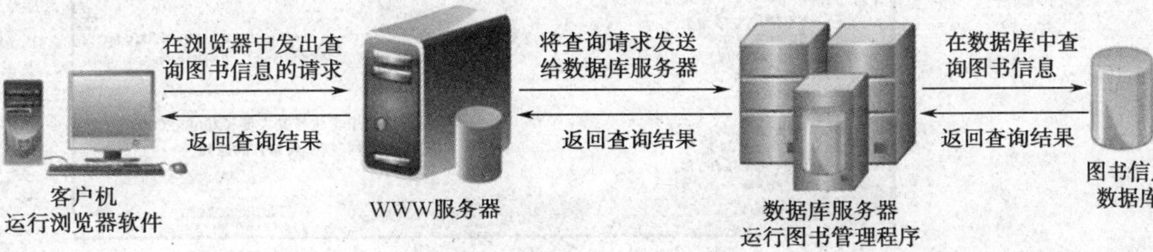

图 3.1.3　网站工作原理

与客户机/服务器模式相比，浏览器/服务器模式用浏览器软件完成客户端的工作，其显著的优点是：省去了客户端软件，当进行软件升级时，只需要更新服务器上的软件即可。

项目预备知识四：静态网页与动态网页

网页可以分为静态网页和动态网页，区分它们的标准是网站所使用的服务技术，与网页上是否有动态效果无关。也就是说，静态网页上可以有一些动态的效果，动态网页上也可以只有一些简单的文字和图片。

在浏览静态网页时，该网页是在网站所在的服务器上真实存在的。当我们在浏览器上输入网页的网址时，网站服务器就将该网页下载到浏览器中并打开，供浏览者浏览，如图 3.1.4 所示。

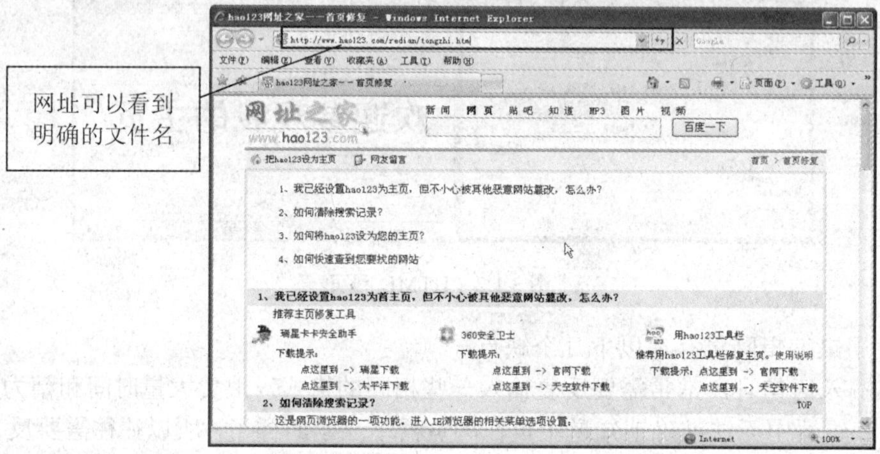

图 3.1.4　静态网页

在浏览动态网页时，该网页可能并不是真实存在的，或者不是完整存在的，而仅仅是一个模板。网页中的一些内容来自数据库等信息源，由相关的网页程序来控制哪些信息显示在模板的什么位置上，如图 3.1.5 所示。

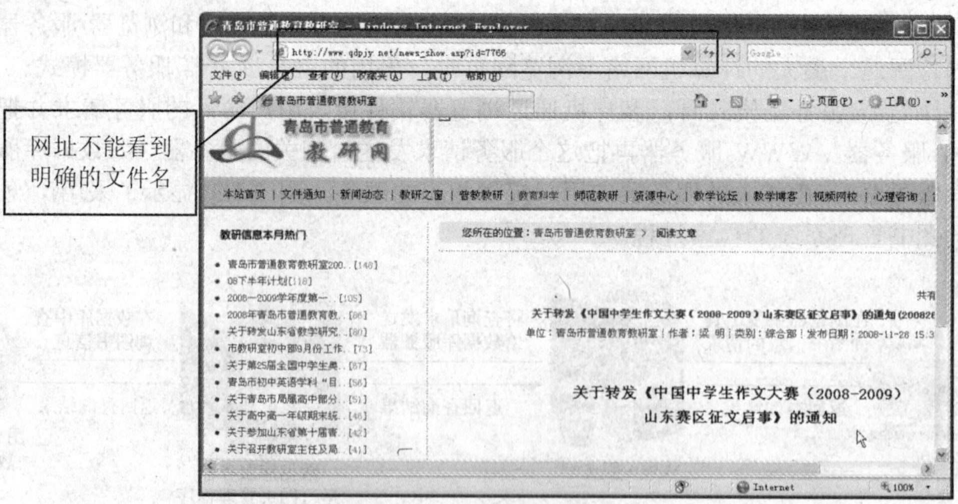

图 3.1.5　动态网页

支持动态网页的技术又分为客户端动态技术和服务器动态技术。客户端动态技术在显示网页内容时并不与网站服务器产生交互，而是将显示脚本程序嵌在网页文件中，服务器接收浏览器的请求发送网页后，脚本程序会自动运行并将结果显示在浏览器中。例如，网页中常见的JavaScript、DHTML、Flash 就是客户端动态技术。而服务器动态技术在显示网页内容的过程中需要服务器和客户端的共同配合，服务器会根据客户端发来的参数运行相关程序，产生页面，然后再发送到客户端的浏览器上。例如，常见的 ASP 网页和 PHP 网页就使用服务器动态技术。简单地说，使用客户端动态技术的网页内容是在浏览者的计算机中组合而成的，而使用服务器动态技术的网页内容是在服务器中组合而成的。

项目预备知识五：ASP 动态网页

ASP 并不是一种编程语言，而是由微软公司开发的一种服务器端脚本环境，其原理是通过在 HTML 页面中加入 VBScript 或 JavaScript 代码，由服务器执行程序命令，产生结果并显示在浏览器上的。

与 HTML 语言编辑的静态网页不同，ASP 网页不需要由浏览器来解释网页语言所要表达的内容，而是由网站服务器来解释相关内容的，然后传送到浏览器端并显示出来。这避免了部分浏览器因为版本低无法解释特殊代码，造成网页无法正确显示的情况。

以.asp 为文件扩展名，可以使用网页编辑软件进行制作，也可以使用记事本进行制作和修改。如图 3.1.6 所示为一个非常简单的 ASP 网页，这个用记事本编辑的网页文件的作用是显示当前服务器的系统时间。虽然文件在记事本中打开，但左上角的图标清楚地告诉我们这是一个以.asp 为文件扩展名的文件。

如图 3.1.7 所示的是将 ASP 网页发送到服务器上，然后用浏览器打开后的情景。可以发现其中的“当前服务器的时间为”几个字和图 3.1.6 中的文字一致，而当前的时间应该和代码“<%=now()%>”有关。其实真正起作用的是“=now()”，“<%”和“%>”的作用是将 HTML 语句与脚本命令区分开。

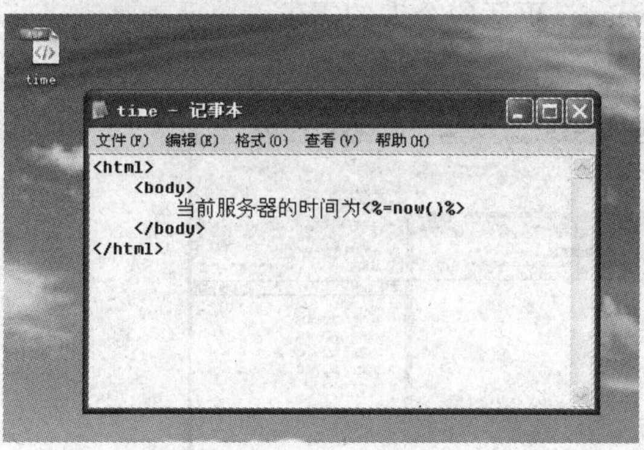

图 3.1.6　ASP 语句

图 3.1.7　显示当前的时间

每次打开这个 ASP 网页，网页上显示的时间都会不同，这就是称之为动态网页的一个直观原因。

目前网络中的网页大都采用动态网页技术，但由于使用服务器动态技术，往往需要后台数据库的支持，要涉及数据库操作的相关知识，所以我们在本项目中的操作只涉及静态网页。

项目预备知识六：网页制作工具

网页制作软件可以实现网页制作者与 HTML 的分离，我们只需在编辑器中输入文本或图片，网页制作软件即可帮助用户将这些文本或图片转换成相应的 HTML 代码。而且用户在编辑器中见到的效果，与在浏览器中见到的网页基本相同。例如，要在网页上实现“欢迎参观我的主页”这句话为黑体 18 号字并居中显示，只需将上述几个字选中，然后像在 Word 中一样，将其变成希望的样子，网页制作软件会自动将其变为浏览器认识的 HTML 代码。

在众多网页制作软件中，FrontPage 是一种比较简单的软件。在编辑器中一点也看不出 HTML 的影子，就像在 Word 中编辑文本一样。或者，可以这样说，只要你能够熟练地使用 Word，那么 FrontPage 的使用方法，你已经掌握一半了。但 FrontPage 也具有体积庞大，冗余代码比较多，插入 Flash 动画等插件比较麻烦等缺点。目前微软公司已经放弃了对 FrontPage 系列软件的更新，FrontPage 已经成为历史。

Adobe 公司的 Dreamweaver 现在占据网页制作软件的最大市场份额。该软件除了本身具有的强大功能以外，还得益于其他相应软件的有力支持。它和该公司的另外两个产品 Flash（动画制作工具）、Fireworks（图像编辑工具）一起被称为“网络三剑客”。

与 FrontPage 相比，Dreamweaver 是更专业的网页制作工具，拥有更广泛的网页制作者群。它主要有以下优点。

（1）不生成冗余代码。可视化的网页编辑器一般都会生成大量的冗余代码，FrontPage 就有这个问题；而 Dreamweaver 在使用时完全不生成冗余代码，减小了网页文件的体积。

（2）强大的动态页面支持。Dreamweaver 能在使用者不懂 JavaScript 的情况下，给网页加入丰富的动态效果。Dreamweaver 还可以精确地对层进行定位，生成动感十足的动态层效果。

（3）优秀的网站管理功能。在已定义的本地站点中，改变文件的名称、位置，Dreamweaver 会自动更新相应的超级链接。

（4）便于扩展。使用者可以给 Dreamweaver 安装各种插件，使其功能更强大。若有兴趣，还可以自己给 Dreamweaver 制作插件，使 Dreamweaver 更适应个人的需求。

Dreamweaver 操作界面如图 3.1.8 所示。

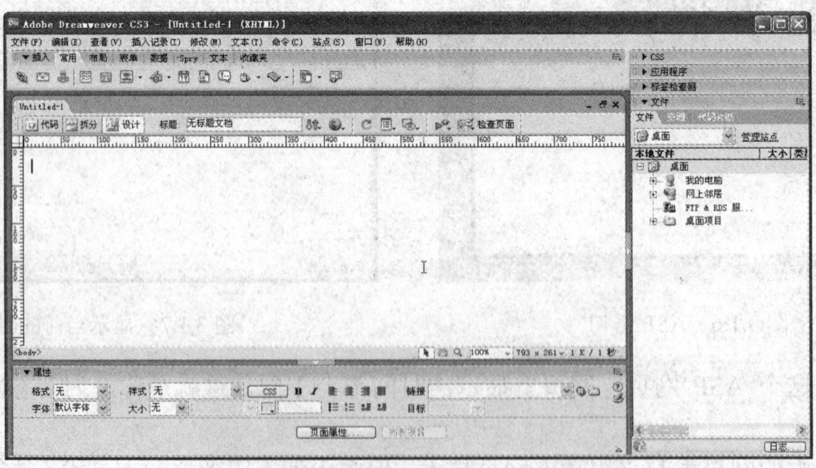

图 3.1.8 Dreamweaver 操作界面

Dreamweaver 目前的最新版本是 Dreamweaver CS。本书以 Dreamweaver CS3 为依托，详细介绍网页的制作方法。由于该软件采用了浮动面板等设计风格，与用户通常使用的 Office 工具栏略有不同，因此在学习的过程中要多加练习，认真体会，争取在短时间内能够灵活使用该软件，为以后的网页制作打好基础。

子项目一：熟悉 Dreamweaver 操作环境

下面用 Dreamweaver 建立一个空的网页，通过这一系列的任务，了解 Dreamweaver 的工作界面。

以 Windows XP 为例，单击任务栏上的“开始”按钮，打开“开始”菜单；将鼠标指针指向“开始”菜单中的“所有程序”，打开“程序”菜单；再单击子菜单中的“Adobe Dreamweaver CS”，启动 Dreamweaver，如图 3.1.9 所示。

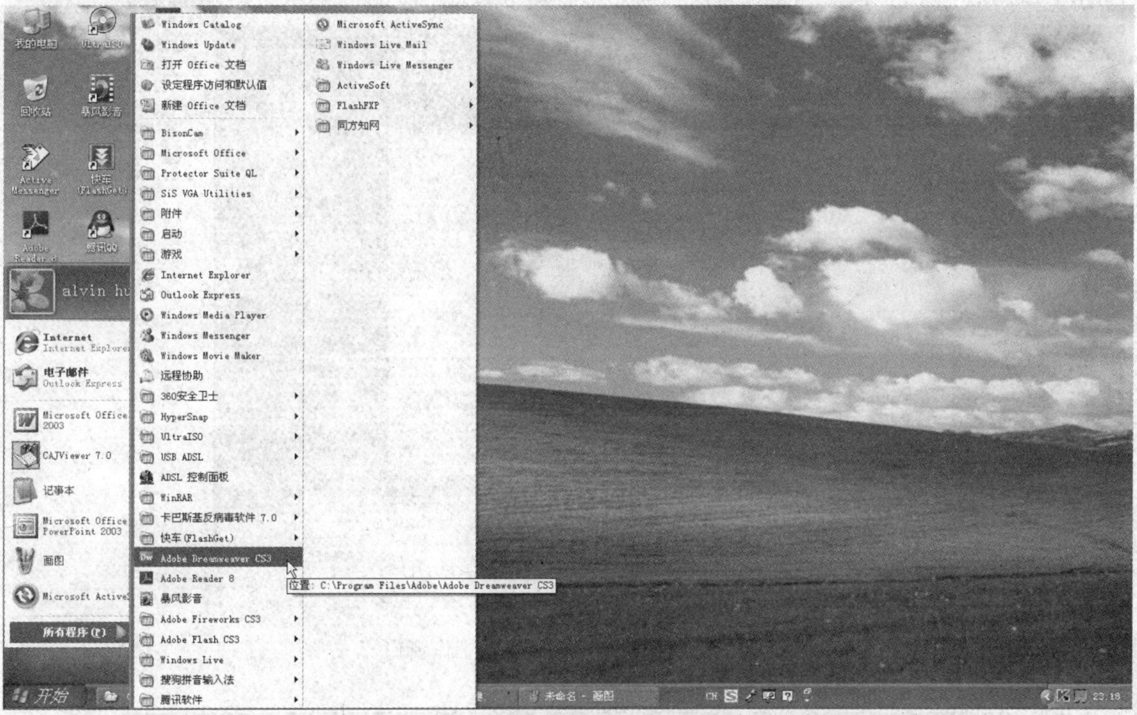

图 3.1.9　启动 Dreamweaver

第一次启动 Dreamweaver 时，会出现如图 3.1.10 中左图所示的工作区设置对话框，让用户选择 Dreamweaver 的工作界面。在此使用默认选择，直接单击“确定”按钮即可。

接着屏幕上会出现一个欢迎画面，如图 3.1.10 中右图所示，然后显示的是 Dreamweaver 的工作窗口如图 3.1.11 所示。

首先映入眼帘的是一个 Dreamweaver 的起始页——欢迎屏幕，这是为方便网页制作者而设计的。在这个起始页，可以非常方便地打开、新建或者从模板中创建网站和网页。如果你不喜欢这个起始页，可以选中下方的“不再显示”，将它关闭。这时会弹出一个警告对话框，提示你如何再将这个欢迎屏幕打开，单击“确定”按钮可以把这个对话框关闭，如图 3.1.12 所示。

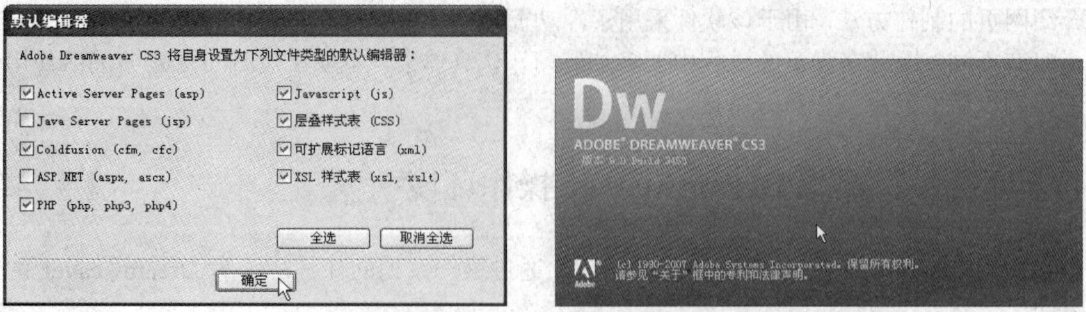

图 3.1.10　Dreamweaver 的提示窗口

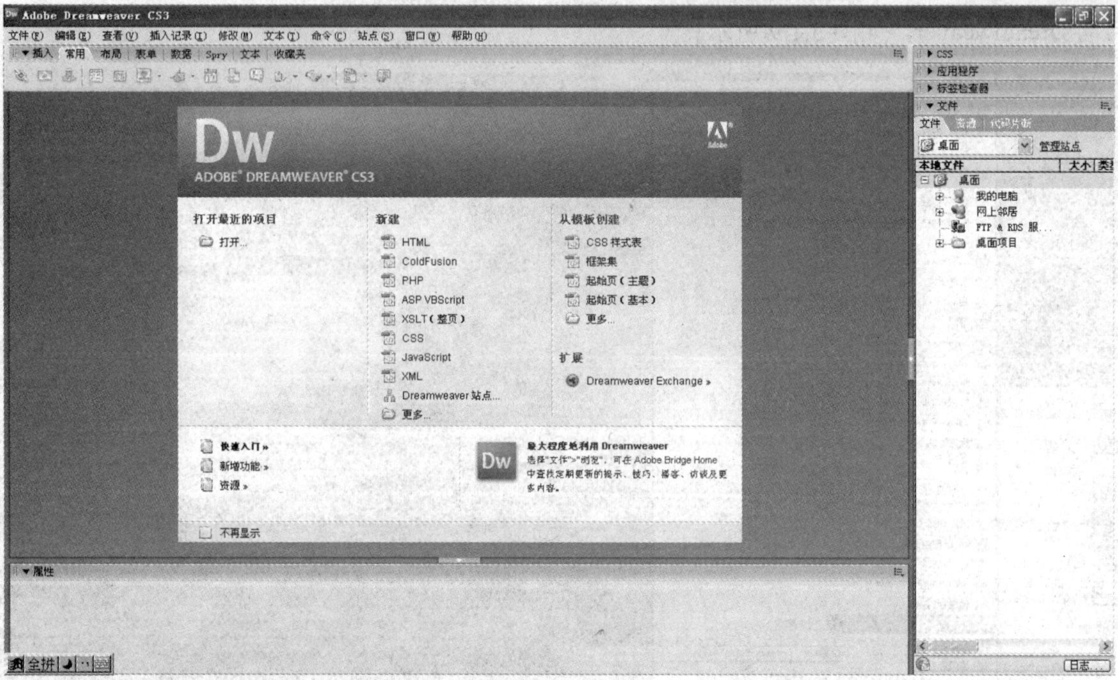

图 3.1.11　Dreamweaver 的工作窗口

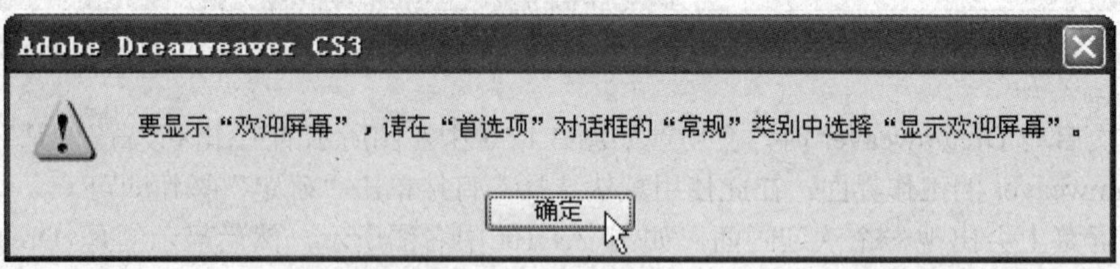

图 3.1.12　警告对话框

在欢迎屏幕中间“新建”区域单击“HTML”，可以看到 Dreamweaver 建立了一个空白的网页。此时，其工作界面也清晰地展示在屏幕上，如图 3.1.13 所示。

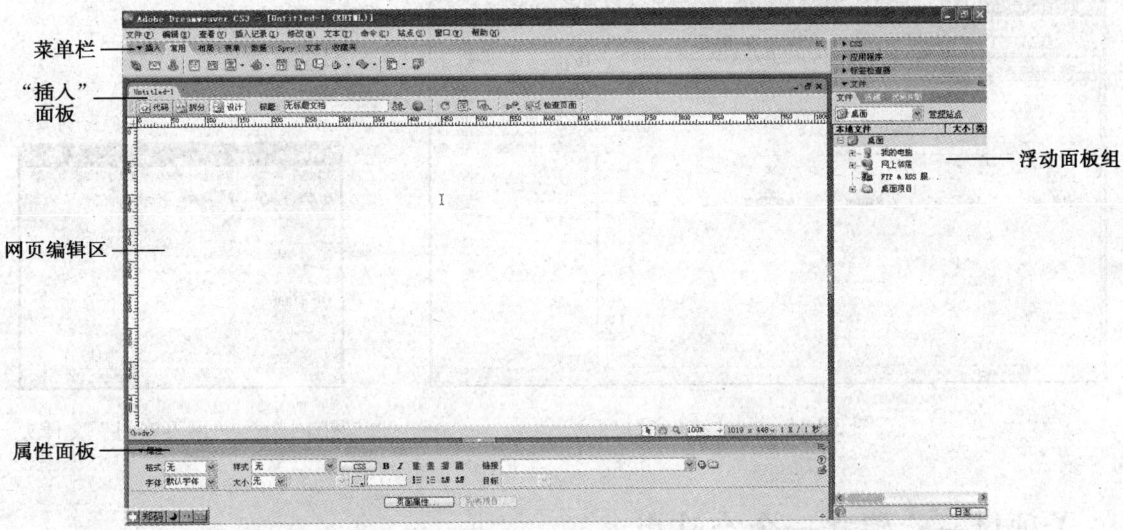

图 3.1.13　新建空白网页

子项目二：规划网站

为全面地展示一个主题，需要制作若干个网页，这些网页互相链接构成一个网站。在开始建立网站之前，首先要确定网站的主题，根据主题确定这个网站需要由多少个网页构成，以及这些网页之间的关联关系等。

下面以为高一五班制作一个班级网站为例来说明规划网站的步骤。经过分析，需要用 5 个网页来展示这个网站的主题，如图 3.1.14 所示。

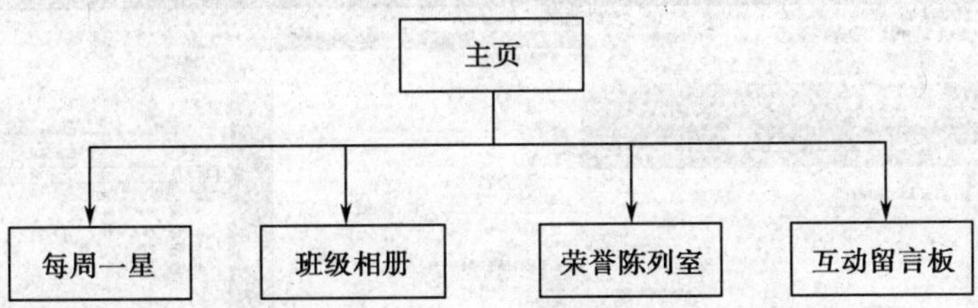

图 3.1.14　网站制作草图

这个图叫"网站结构图"。在制作网站之前应该先画出结构图，这样不但可以帮助规划网站结构，使网站条理清楚、主题鲜明，还可以确定各个网页的内容，方便大家思考各网页之间的链接方式。如图 3.1.15 所示为最终完成的网站结构图效果。

通常，网页中除了文字之外，还应该包含图片、声音、动画等内容。这些资料都要在确定网站主题后、制作网页之前准备好，并存放在一个专门的文件夹中。如图 3.1.16 所示，用户为制作"五班的家"的网站准备了许多资料，都分类存放在 D 盘的"网页素材"文件夹中。

这个文件夹中共有 3 个子文件夹。其中"图片"文件夹中存放的是图片素材；"声音"文件夹中存放的是一些声音素材；"其他"文件夹中存放的则是制作网页时需要的其他相关素材。

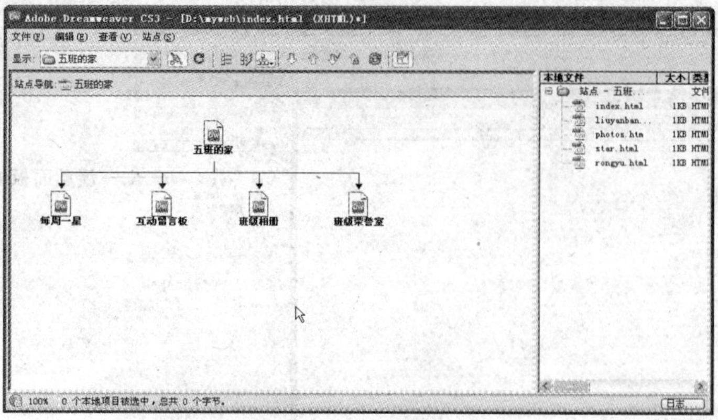

图 3.1.15　网站结构图

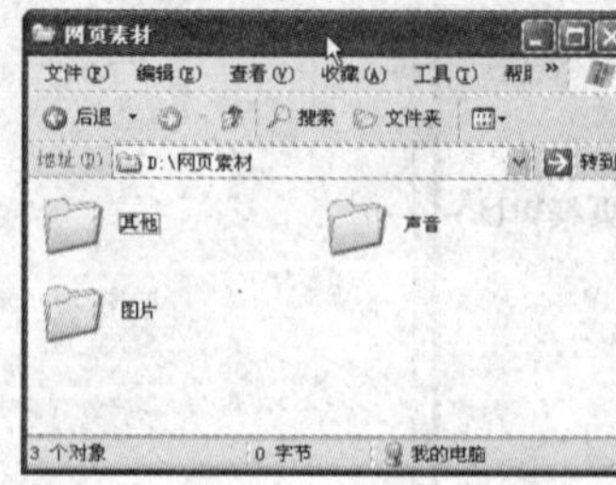

图 3.1.16　“网页素材”文件夹

子项目三：建立一个空站点

在子项目二中，用户轻而易举地就建立了一个空白的网页，那么用这种方法建立多个网页是否就可以组成一个网站呢？这种想法是错误的。因为，即使通过超链接把这些网页链接起来也不能组成一个统一的整体，这会给网站的管理带来相当大的的麻烦。

正确的步骤是：首先应先建立一个网站，然后再在这个网站中建立网页，引入图片文件、音频文件、动画文件等支持网页正确显示的文件，逐渐充实网站内容，使它变得丰富多彩。这样建立的网站一直在整个系统的监视之下，工作效率也更高。

选择“站点”菜单中的“新建站点”命令，打开“未命名站点 1 的站点定义为”对话框。操作如图 3.1.17 所示。

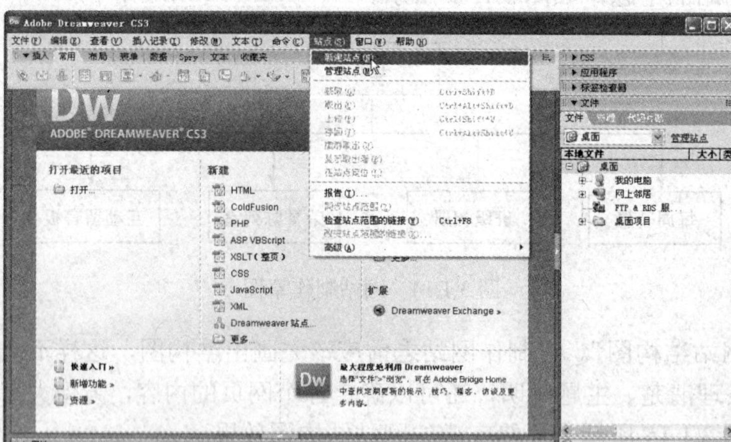

图 3.1.17　选择“新建站点”命令

在“您打算为您的站点起什么名字？”下面的文本框中，输入新站点的名称。在此用户输入“五班的家”，如图 3.1.18 所示，可以发现，对话框标题栏上的“未命名站点 1 的站点定义为”变成“五班的家的站点定义为”如图 3.1.18 所示，然后单击“下一步”按钮。

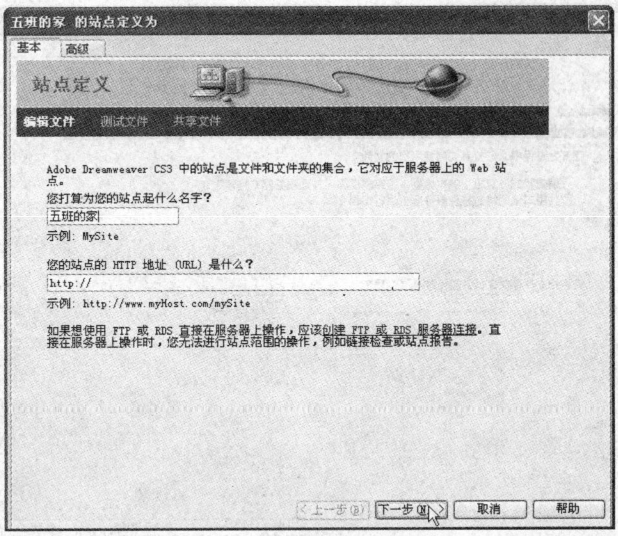

图 3.1.18　输入站点名称

此时进入如图 3.1.19 所示的对话框，在此处可以选择是否需要使用服务器技术。目前在网页中常常会采用大量动态技术，像 ASP 等，而这些技术往往需要服务器支持，否则不能正常显示。本例只是要建立一个简单的网站，所以在此选择“否”。单击“下一步”按钮，进入如图 3.1.20 所示的对话框。

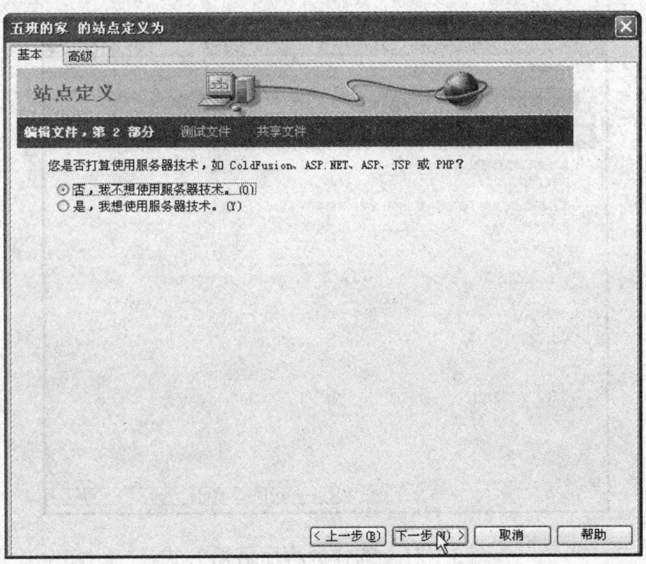

图 3.1.19　选择服务器技术

在如图 3.1.20 所示的对话框中选择编辑网页的方式。本例采用默认方式，即先在计算机上编辑网页，完成后再上传到服务器上。在对话框下半部分“您将把文件存储在计算机上的什么位置？”栏中显示的是保存网站内容的文件夹，单击右侧的 可以更改保存位置，也可以直接输入保存的位置。注意：保存网站的路径中不能含有中文，否则在插入 Flash 等动画时，可能会发生错误。图中输入的是“D:\myweb”。完成后单击“下一步”按钮。

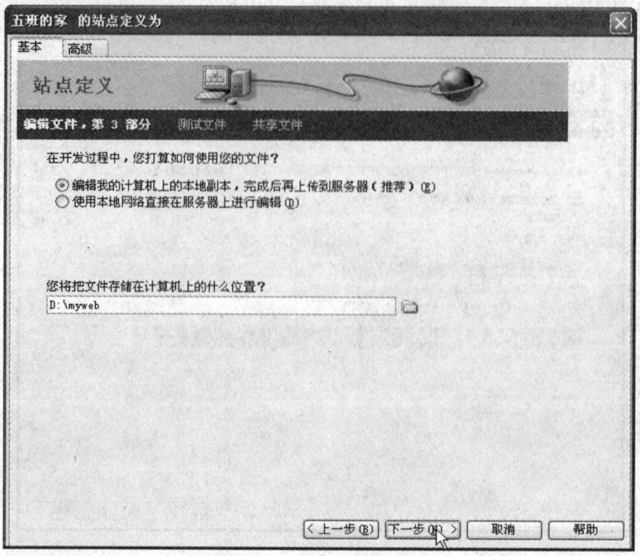

图 3.1.20　选择网页编辑方式

在如图 3.1.21 所示的对话框中，单击“您如何连接到远程服务器？”下拉列表框右侧的按钮，从下拉列表中选择“本地/网络”方式；在“您打算将您的文件存储在服务器上的什么文件夹中？”文本框内输入网站文件所在的文件夹名称，也可以单击文本框右侧的按钮更改保存位置。完成后单击“下一步”按钮。

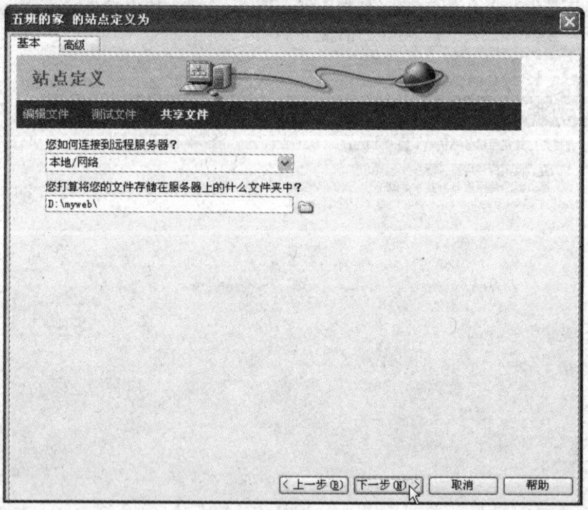

图 3.1.21　选择远程服务器方式

在如图 3.1.22 所示的对话框中，可以选择是否让别人和你同时编辑同一个网页，该选项主要用于多人同时操作建立的大型网站。本例采用默认值“否”，单击“下一步”按钮。

在如图 3.1.23 所示的对话框中，显示了用户刚才对网站进行的设置内容。如果对设置不满意，可单击“上一步”按钮，返回前面的设置步骤重新设置。最后单击“完成”按钮，即可完成新建网站的操作，返回 Dreamweaver 工作窗口。

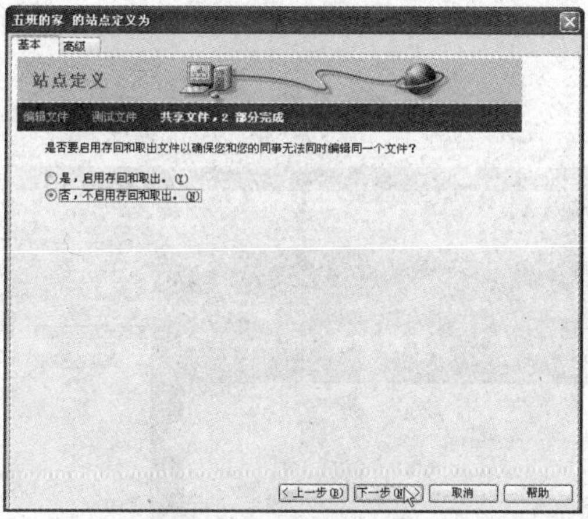

图 3.1.22　选择存取方式

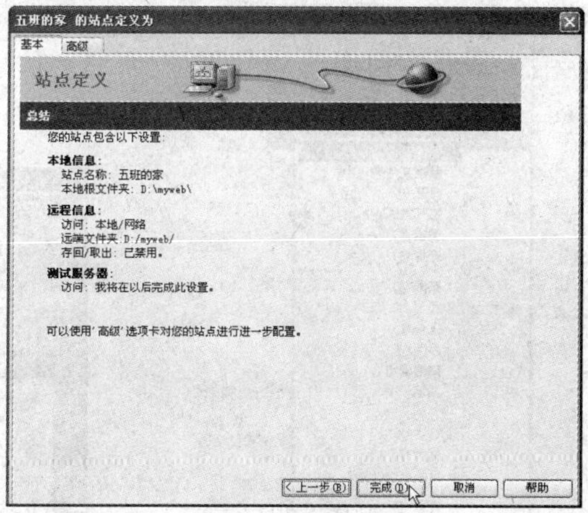

图 3.1.23　完成新建网站的操作

此时在窗口右端的浮动面板中，“文件”项自动打开，在“站点”选项卡中显示出刚才新建的网站，如图 3.1.24 所示。接下来就可以制作属于自己的网页了。

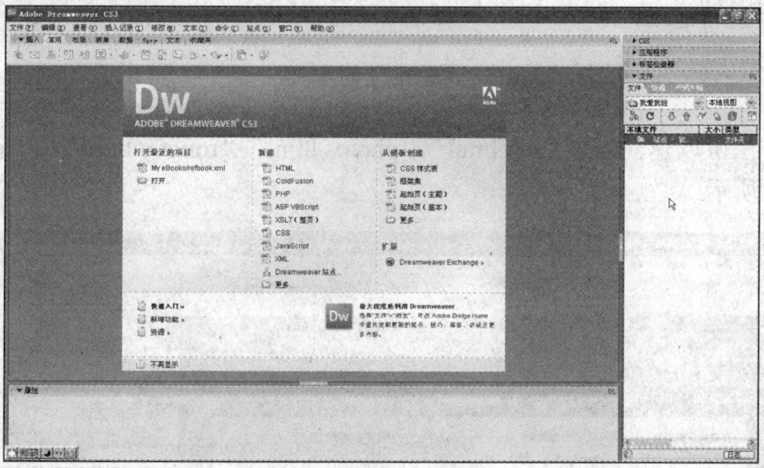

图 3.1.24　网站成功建立

子项目四：在网站中添加网页

在浮动面板“文件”项的“站点”选项卡中，将鼠标指针移到站点名称上，单击右键，从弹出的快捷菜单中选择“新建文件”命令，如图 3.1.25 所示，则站点文件夹被展开，同时自动建立一个名为“untitled.html”的网页，如图 3.1.26 所示。

如果建立的网站支持服务器技术，则此网页名为“untitled.asp”。

网页建立以后，名称栏中的“untitled.html”处在选定状态，可直接输入“index.html”作为新的网页文件名，今后该网页将作为整个网站的主页。网站主页的名字通常都是“index.html”或“index.asp”等。当用户在浏览器地址栏中输入网址按 Enter 键后，服务器就会自动查找并打开名为“index.html”或“index.asp”的网页文件。

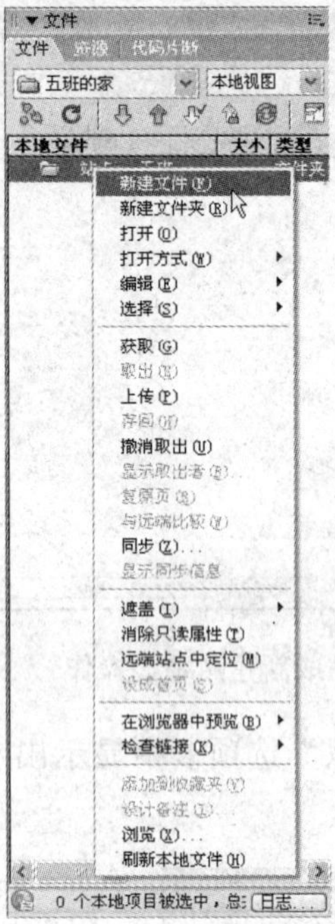

图 3.1.25　选择“新建文件”命令

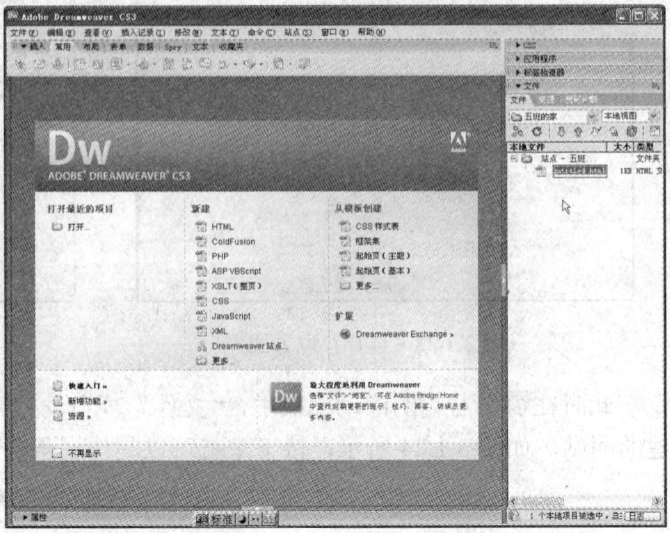

图 3.1.26　网页“untitled.html”自动建立

用同样的方法可以建立网页“star.html”、“photos.html”、“rongyu.html”和“liuyanban.html”，结果如图 3.1.27 所示。

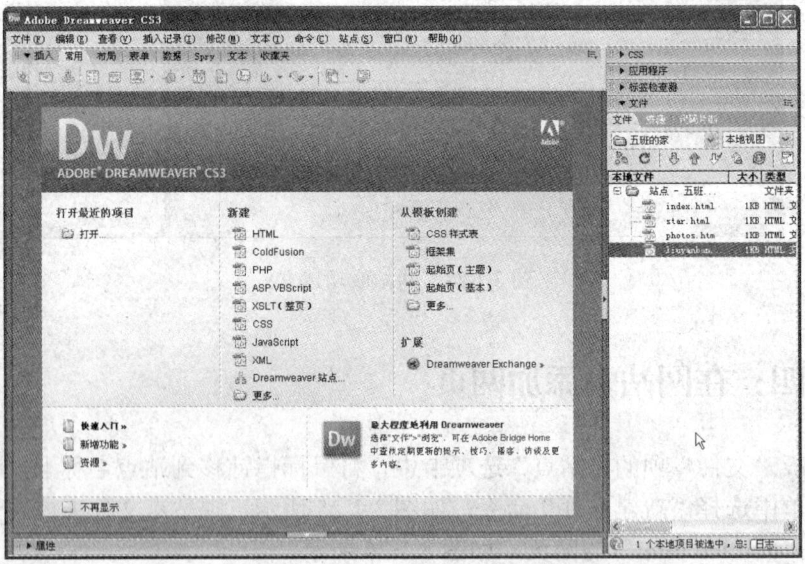

图 3.1.27　建立所有的网页

在完成上述操作后，如果还需要为文件改名，只需要在浮动面板中单击该文件名，文件名就立刻变成编辑状态。如果要删除该网页文件，只需要选中该文件，按下键盘上的 Del 键即可。

子项目五：创建站点地图

站点地图可以清晰地显示网站中各个网页之间的关系，这种高度可视化的表现形式在制作网页数目繁多的网站中非常有用。在站点地图中也可以添加、删除、更改网站中网页的链接。

单击“站点”选项卡中的“展开以显示本地和远端站点”按钮，展开网站中所有的网页，窗口显示如图 3.1.28 所示。

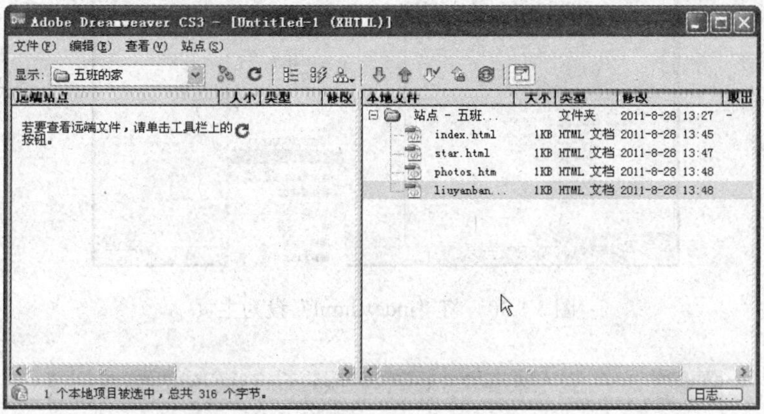

图 3.1.28　展开网站中所有的网页

在如图 3.1.29 所示的窗口中，单击“站点地图”按钮，从弹出的菜单中选择“地图和文件”命令，打开“站点地图”窗口。

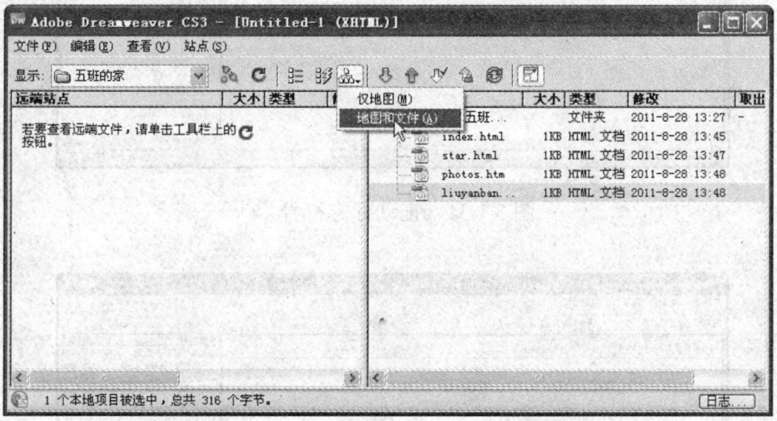

图 3.1.29　选择“地图和文件”命令

在如图 3.1.29 所示的窗口右侧文件列表中找到站点下的“index.html”，用鼠标右键单击该文件名，在弹出的快捷菜单中选择“设成首页”命令，把“index.html”设置为这个网站的主页，如图 3.1.30 所示。

下面我们来确定各网页间的关系。在如图 3.1.31 所示的左侧窗口中单击“index.html”网页文件图标，使其右上方出现标志符号，拖动该标志到右侧窗口中的“star.html”文件上。松开鼠标，则“star.html”网页文件图标出现在左侧窗口中“index.html”图标的左下方，并与

“index.html”相连接，如图 3.1.32 所示。

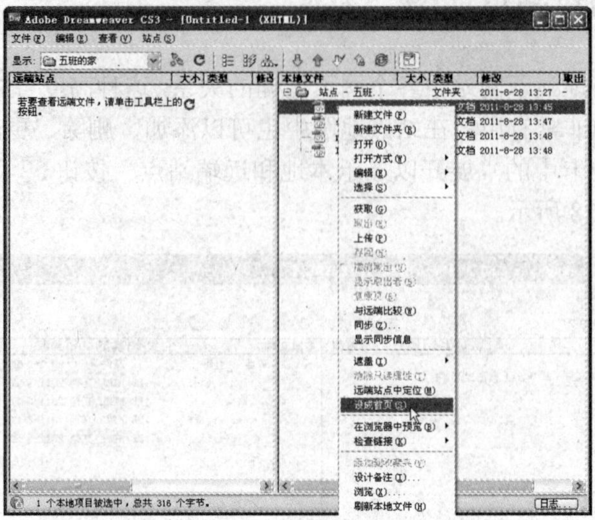

图 3.1.30　将“index.html”设为主页

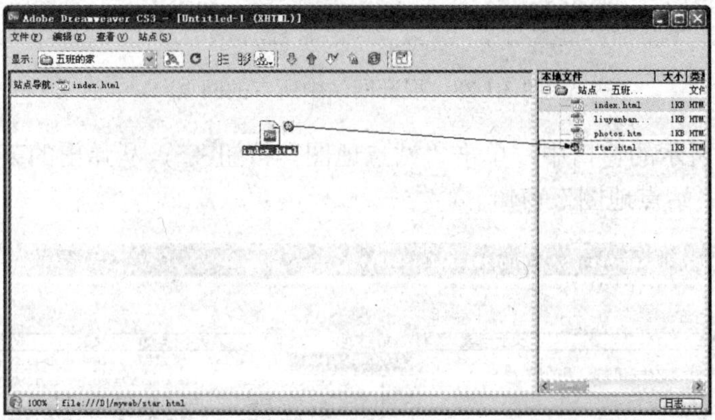

图 3.1.31　拖动标志符号

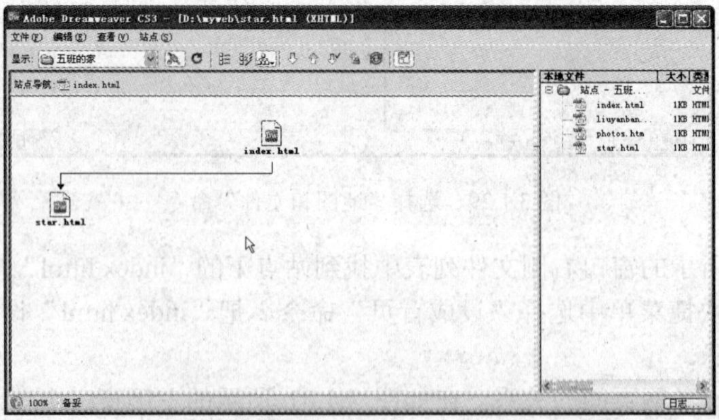

图 3.1.32　“star.html”与“index.html”相连接

用同样的方法，使“rongyu.html”、“liuyanban.html”、“photos.html”这 3 个网页图标出现在左侧窗口中并与“index.html”相连接。结果如图 3.1.33 所示。

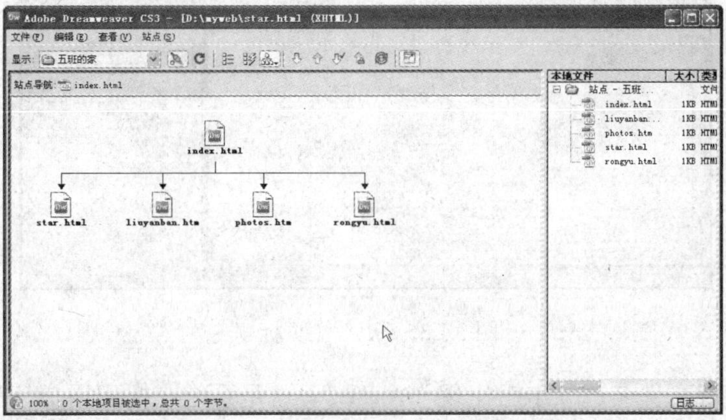

图 3.1.33　3 个网页与“index.html”相连接

这时，网页与主页之间已经建立了超链接。如果要删除站点中的网页，在网站文件列表中，选中欲删除的网页，然后按键盘上的 Del 键后，会弹出确认删除对话框，单击“是”按钮确认，此时网页被删除，同时网页间的链接关系也被删除。

子项目六：在站点地图中更改网页标题

可以看到，图 3.1.33 同我们前面画的网站结构图已经很像了。但网站结构图中显示的是网页的中文标题，这里显示的却是网页的文件名，网页的文件名一般采用英文和拼音，而且不能太长，所以不容易直观地显示网页的内容。接下来，就更改网页标题，并在站点地图中显示出来，完全实现网站结构图的效果。

网页标题又称网页名字，它指的是浏览该网页时显示在浏览器标题栏中的名字，而不是这个网页的文件名。

在站点地图窗口中双击“index.html”网页文件图标，打开这个网页，如图 3.1.34 所示。单击窗口顶端的“标题”栏，将其中的“无标题文档”字样删除，输入“五班的家”几个字，作为网站主页的标题，如图 3.1.35 所示。

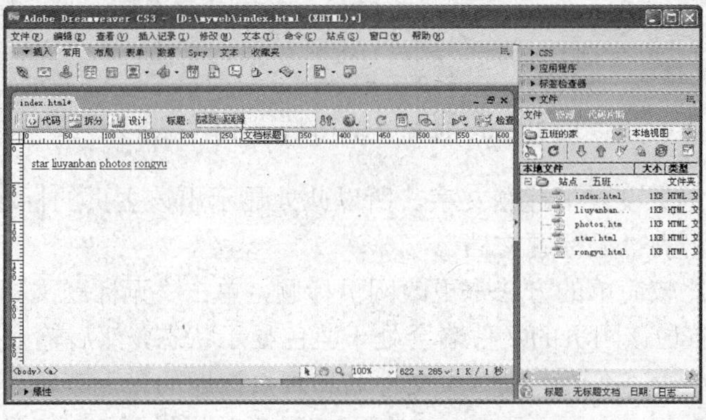

图 3.1.34　打开 index.html 网页

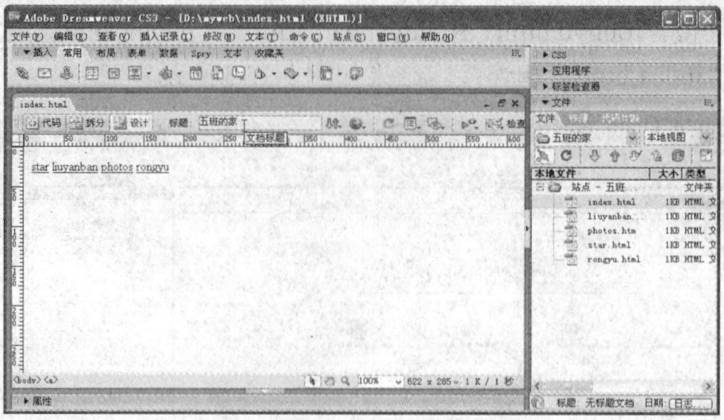

图 3.1.35　更改主页标题

此时，可以发现文件名选项卡上出现一个“*”，这是系统在提醒用户，网页文件已经有更改，但还没有存盘。单击“文件”菜单中的“保存”命令，保存所做的修改。

在图中可以发现有一行蓝色文字：“star rongyu liuyanban photos”，这是系统自动建立的超链接导航栏，如果在浏览器中单击这些文字，可以打开相应的超链接。

导航栏就像矗立在公园门口的导游图一样，可以引导浏览者在公园里少走弯路，方便浏览者进出公园和搜寻自己希望看到的景观。导航栏有多种形式，如导航按钮、导航条、列表导航、图像映射导航、框架导航等。在后面的操作任务中，用户将删除它们，采用更美观的导航方式。

在浮动面板“文件”项的“站点”选项卡中，单击“展开/折叠”按钮，再次打开站点地图窗口，如图 3.1.36 所示。单击“查看”菜单中的“查看网站地图选项”，最后选择“显示网页标题”命令，显示结果如图 3.1.37 所示。

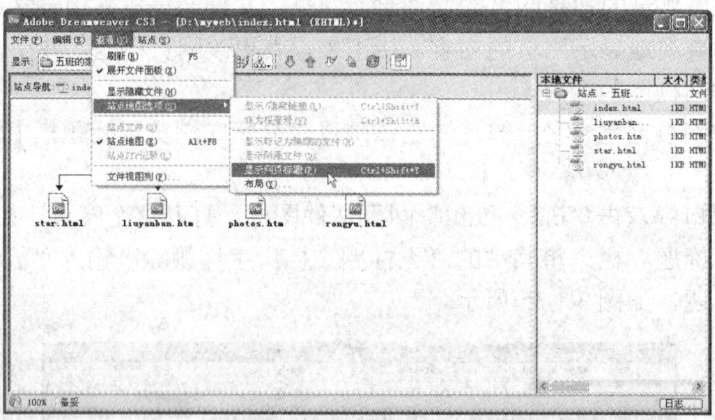

图 3.1.36　选择“显示网页标题”命令

因为用户已经为主页设置了标题文字，所以此处显示出该主页的标题“五班的家”，而其他几个网页的标题则仍为“无标题文档”。

下面可以用一个比较简单的方法来更改网页标题，单击“无标题文档”几个字，使它处于编辑状态，此时窗口右边该网页的文件名会处于蓝色显示状态，然后输入该网页的中文标题即可。注意在输入时要小心，不要造成网页文件名和网页标题的张冠李戴。如果你没有把握，可以重复刚才的步骤，为每一个网页更改中文标题，最后效果如图 3.1.38 所示。

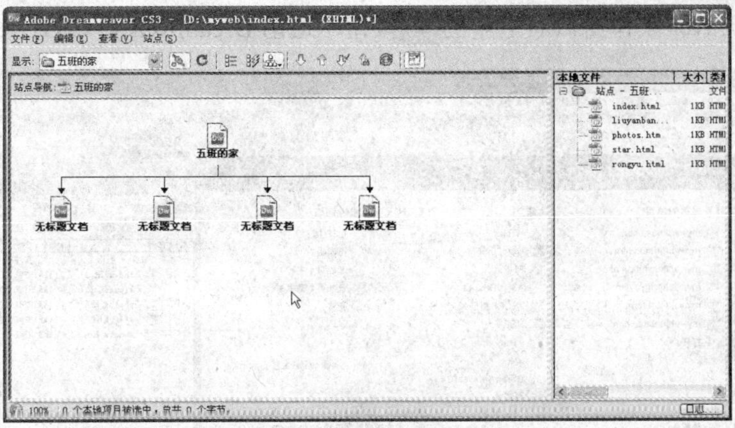

图 3.1.37　显示网页的标题

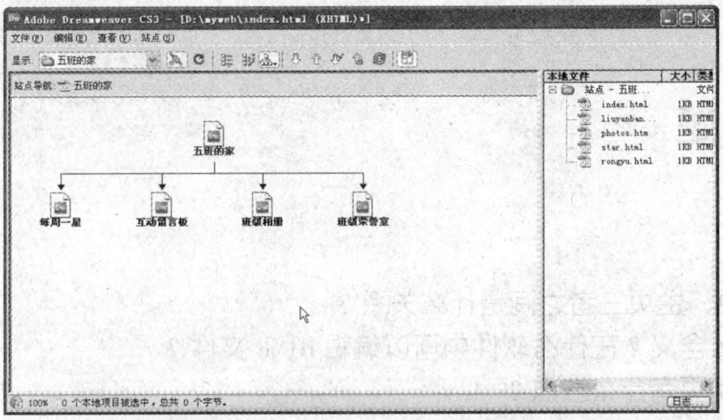

图 3.1.38　设置网页标题后的网站草图

再次单击浮动面板“文件”下的“展开/折叠”按钮，即可关闭站点地图窗口，返回 Dreamweaver 编辑窗口。

选择“文件”菜单中的“关闭”命令，或者单击网页编辑窗口右上角的按钮，都可关闭这些网页的编辑窗口，如图 3.1.39 所示。

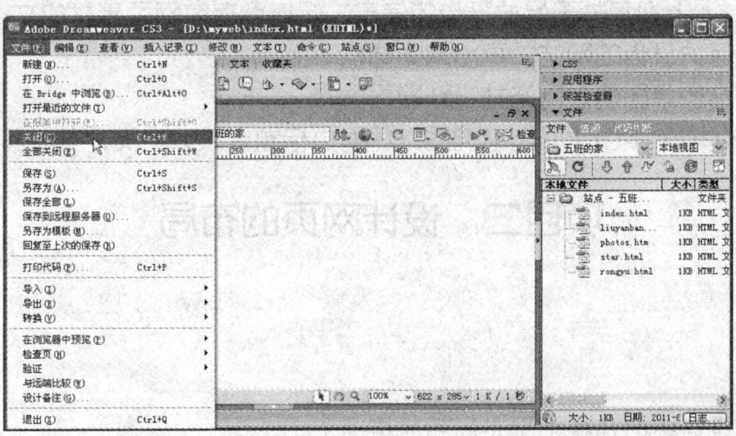

图 3.1.39　关闭网页的编辑窗口

单击 Dreamweaver 工作窗口右上角的 ✕ 按钮，退出 Dreamweaver CS3，如图 3.1.40 所示。

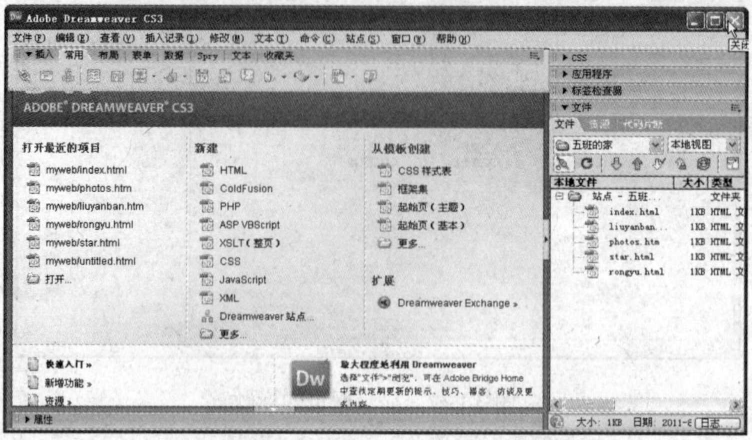

图 3.1.40　退出 Dreamweaver CS3

习　题

一、简答题

1. 网站、网页、主页三者之间是什么关系？
2. HTML 是什么含义？在什么软件中可以编辑 HTML 文件？
3. HTML 编写网页有什么缺点？
4. 用网页制作软件编写网页有什么优点？
5. Dreamweaver 中“插入”面板有哪几个选项卡？
6. 如何从 Dreamweaver 的编辑窗口切换到网站地图窗口？
7. 网页标题与网页文件名有什么不同？

二、操作题

1. 在 Internet 上搜索关于保护牙齿的信息，保存到存放网页素材的文件夹中。
2. 规划一个保护牙齿的网站，画出网站结构草图。
3. 根据网站结构草图建立网站并设计网页。
4. 在 Dreamweaver 中创建网站结构图，将网页标题更改为中文，并将其显示出来。

项目二　设计网页的布局

知识目标

1. 知道网页设计中的几种常见布局和风格；
2. 知道布局视图；

3．掌握表格布局与布局视图的区别；

4．了解框架的相关知识。

技能目标

1．熟练掌握插入表格，对表格进行设置的方法；

2．能够用布局视图完成网页的布局；

3．能够用框架完成网页的布局。

项目描述

当用户在网上浏览时，常常对一些网站记忆犹新。有的网站给人一种清新雅致的感觉，有的网站让人感觉厚重古朴，有的网站让人轻易就被吸引，有的网站让人很快找到自己想要的信息……为何会有这么多的不同感受？这些是由网站的风格和布局决定的。

在网页中插入一个表格，对表格进行修饰，根据事先的规划，制作成相应的不规则表格，最后将表格框线隐藏，形成网页的布局。

在布局视图中，根据事先的规划，画出网页的布局；新建一个网页，采用框架完成网页布局。比较三种网页布局方式，选择一种作为本项目使用的布局。

项目预备知识一：网页布局实例

所谓网页的布局，通俗地说，就是确定网页上的网站标志、导航栏、菜单等元素的位置。不同的网页，各种网页元素所处的地位不同，它们的位置也就不同。通常情况下，重要的元素都放在突出的位置。

一般地说，首页应该有站点的介绍、各网页的功能和超链接。所以，要在首页上设计一个站点导航栏，这个导航应遵循整个站点的导航规划，表现上应力求新颖、实用。另外，导航栏的位置直接决定了网页的布局。

简单划分，网页的布局一般可以分为"厂"字型、"同"字型、标题正文型、分栏型、Flash型和封面型等。下面我们一起浏览一些网页，了解各种网页布局类型的特点。

（1）在 IE 浏览器中输入网址 http://www.chinaeol.net，打开"中国环境在线"网站的首页，如图 3.2.1 所示。

如图 3.2.1 所示的是"厂"字型结构，这种结构的特点是内容清晰、一目了然。网页最顶端是徽标和图片（广告）栏，下半部分的左边是导航链接，右边是信息发布区。这种结构曾经很流行，现在随着大屏幕显示器的广泛使用，这种结构已经不常见了。

（2）在 IE 浏览器中输入网址 http://www.beijing2008.cn/，打开"第 29 届奥林匹克运动会网站"的首页，如图 3.2.2 所示。

如图 3.2.2 所示的是"同"字型结构，这是大型网站最常用的一种结构，其特点是超链接多、信息量大。网站的顶端是徽标和图片（广告）栏，下面分为 3 列，或者更多。两边的两列区域比较小，一般是导航超链接和小型图片广告等，中间是网站的主要内容，最下面是网站的版权信息等。

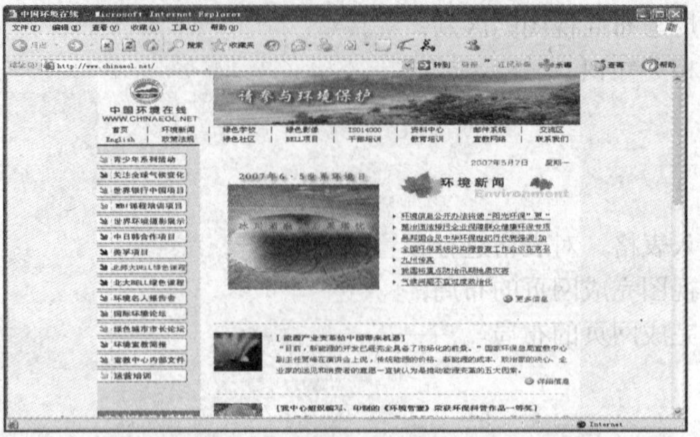

图 3.2.1 “中国环境在线”的首页

图 3.2.2 “第 29 届奥林匹克运动会网站”的首页

（3）在 IE 浏览器中输入网址 http://www.baidu.com，打开网站“百度”的首页，如图 3.2.3 所示。

图 3.2.3 “百度”的首页

如图 3.2.3 所示的是标题正文型结构，这种结构顶端是网站标志和标题，下面是网页正文，内容非常简单。

（4）在 IE 浏览器中输入网址 http://mail.163.com，打开“网易电子邮箱”网站的首页，输入用户名和密码，登录到邮箱中，如图 3.2.4 所示。

如图 3.2.4 所示的是分栏型结构，这种结构一般分为左右（或上下）两栏，也有的分为多栏。通常将导航链接与正文放在不同的栏中，这样打开新的网页，导航链接栏的内容不会发生变化。在 Web 型的电子邮箱中多见这种结构。

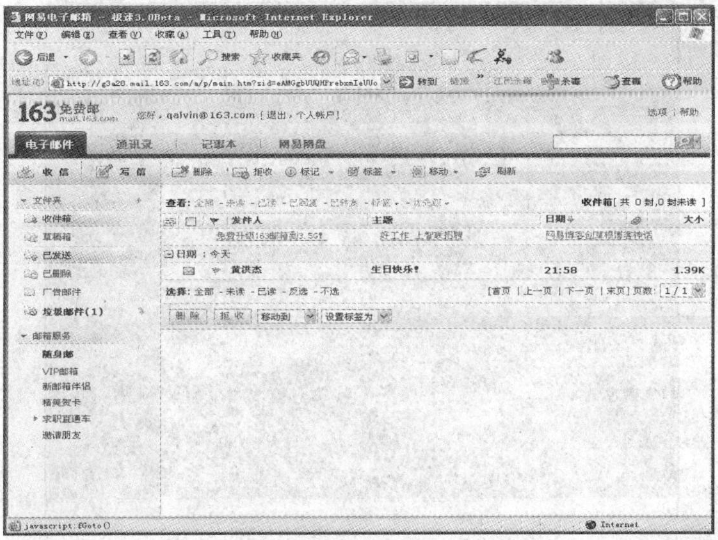

图 3.2.4　登录到网易电子邮箱中

（5）在 IE 浏览器中输入网址 http://www.flash126.com，打开网站“龙城闪客”的首页，如图 3.2.5 所示。

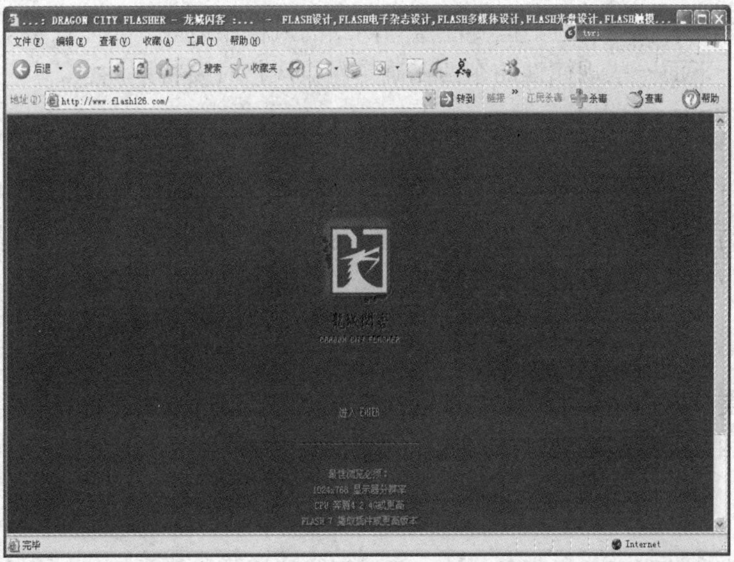

图 3.2.5　“龙城闪客”的首页

如图 3.2.5 所示的是 Flash 型结构，这种结构采用 Flash 技术完成，其视觉效果和听觉效果与传统网页不同，往往能够给浏览者以极大的冲击。这种网页逐渐被年轻人所喜爱。

（6）在 IE 浏览器中输入网址 http://www.lili.cc，打开网站“秘密花园”的首页，如图 3.2.6 所示。

如图 3.2.6 所示的是封面型结构，这种结构往往首先看到的是一幅图片或动画，在图片或动画的下面有一个进入下一级网页的超链接提示文字。其中图片或动画可以用 Flash 来制作，但与 Flash 型不同，这种结构并不是在 Flash 中完成的，而是在网页制作软件中完成的。

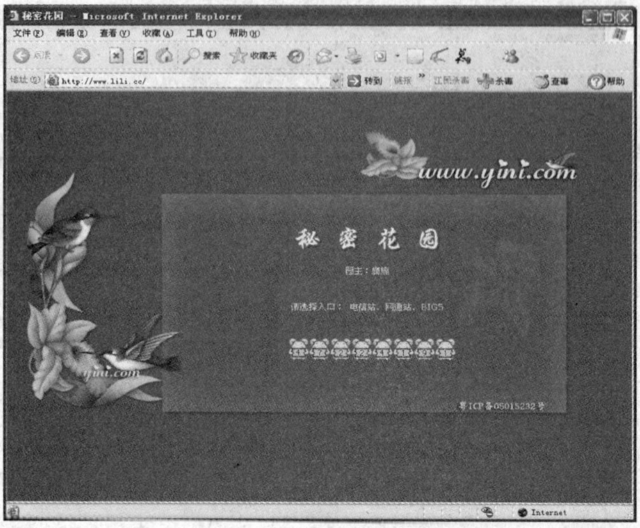

图 3.2.6 “秘密花园”的首页

项目预备知识二：网页布局注意事项

网页布局同样没有优劣之分，但要注意与网站的风格相适应。要注意整个站点的协调，要注意色调的一致。下面一些规律性的东西在确定网页风格时要特别注意。

1. 平衡性

一个好的网页布局应该给人一种安定、平稳的感觉，它不仅表现在文字、图像等要素的空间占用上分布均匀，而且还有色彩的平衡，要给人一种协调的感觉。失去平衡的画面会使人产生不安全的感觉，视觉上也不愿多做停留。

2. 对称性

对称是一种美，人们生活中有许多事物都是对称的。但过度的对称就会给人一种呆板、死气沉沉的感觉，因此还要适当地打破对称，制造一点变化。

3. 对比性

让不同的形态、色彩等元素相互对比，可以形成鲜明的视觉效果。如色彩对比、图形对比等，往往能创造出富有变化的效果。

4. **疏密度**

页面布局要做到疏密有度，不要让整个网页布满密集的文本信息或图片，适当留白反而可以强调整个画面的重点部分。而对于文本信息，可以通过改变行间距、字间距来制造一些变化效果。

5. **反复性**

反复就是不断地出现。例如，几个有规律的小色块在网页里上下左右地延伸排列，这就是反复之美；利用大小相同的图片进行反复排版，这也是反复之美。

6. **韵律感**

具有相同特性的对象，如点、圆、线条，沿曲线反复排列时，就会产生韵律感，使画面显得轻盈而富有灵气。

7. **颜色搭配**

网页中颜色的搭配也非常重要，一般不要用强烈对比的颜色搭配做主色，主色的颜色也尽量控制在 3 种以内，背景和内容的对比要明显，少用花纹复杂的图片，以便突出文字的内容。

总之，网页的排版布局是决定网站美观与否的一个重要方面，通过合理的、有创意的布局，才可以把文字、图像等内容完美地展现在浏览者面前。

项目预备知识三：画出网页布局草图

在本例中，用户这样确定网页布局：网站的 Logo 放在左上角，右边是 Banner，可以放广告图片；下面的部分按照内容划分为两栏，左边为链接文字区，右边是网页的主要内容区，可以输入文字或图片，最底部是网站的版权信息区，如图 3.2.7 所示。

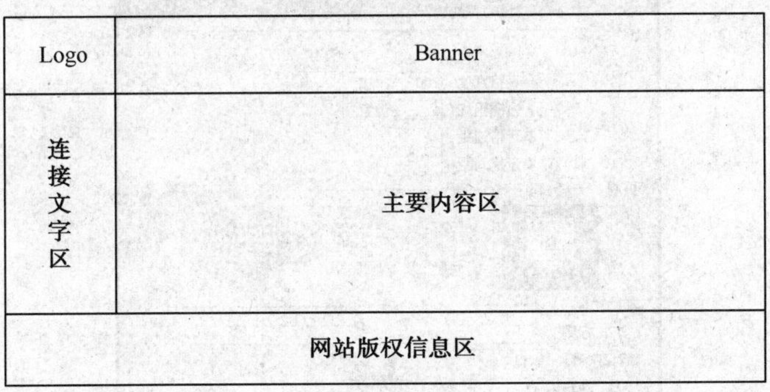

图 3.2.7　网页布局草图

要实现这种网页的布局有三种方法，一种是采用表格，另一种是使用布局视图，还有一种是使用框架。

子项目一：在网页中插入表格

当用户打开 Dreamweaver 时，Dreamweaver 会自动打开上次编辑过的网站。在浮动面板中选择“文件”中的“站点”选项卡，双击网页文件“index.html”，就可以将网页文件打开了。如果网站没有打开，可以移动鼠标到窗口右边的“站点”选项卡，单击▼打开下拉菜单，然后单击其中的网站名称即可，如图 3.2.8 所示。

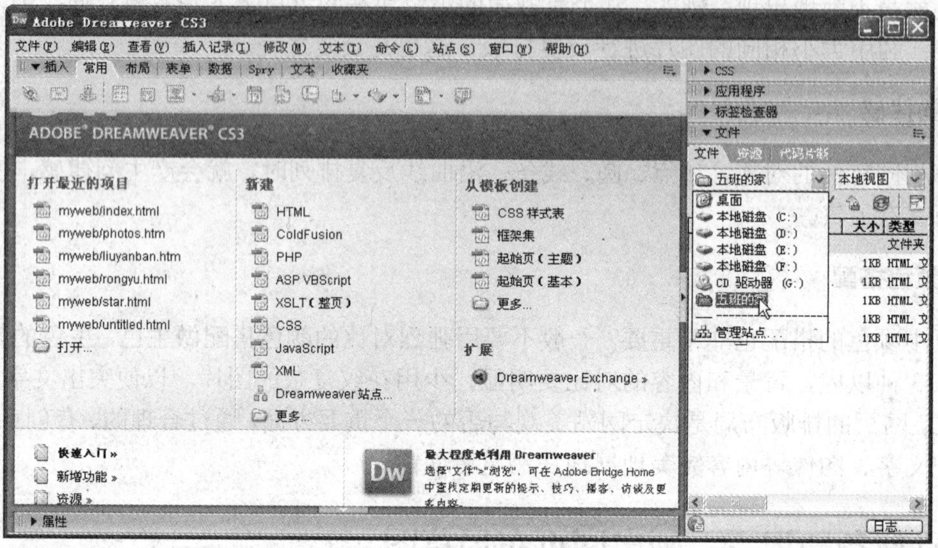

图 3.2.8　在“站点”中打开网站

打开网页文件以后，将网页中的文字删除，确定光标的位置，单击“插入”面板中的▦按钮，得到如图 3.2.9 所示的对话框。

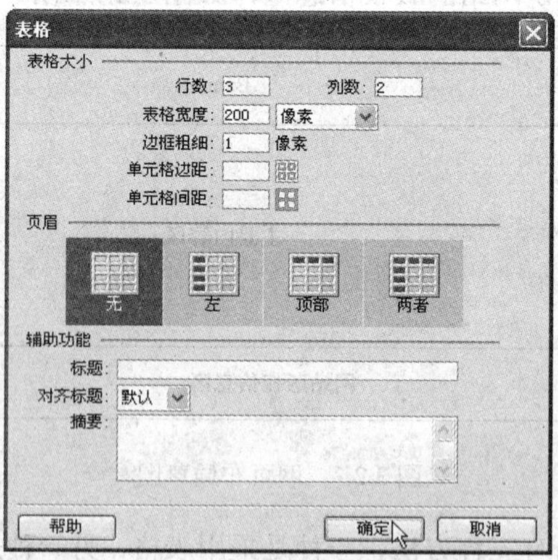

图 3.2.9　“表格”对话框

其中“行数”和“列数”是表格的大小；“表格宽度”指表格的宽度，单位可以是像素数或百分比；按像素定义的表格大小是固定的，而按百分比定义的表格，会根据浏览器的大小而变化；“边框粗细”指表格线的宽度；“单元格边距”指单元格内文字与框线间的距离；“单元格间距”指各个单元格间的距离。所谓单元格，就是表格里面的每一个小格。

在如图 3.2.9 所示的对话框中，将表格宽度改为 100%，单击“确定”按钮，就得到如图 3.2.10 所示的表格。

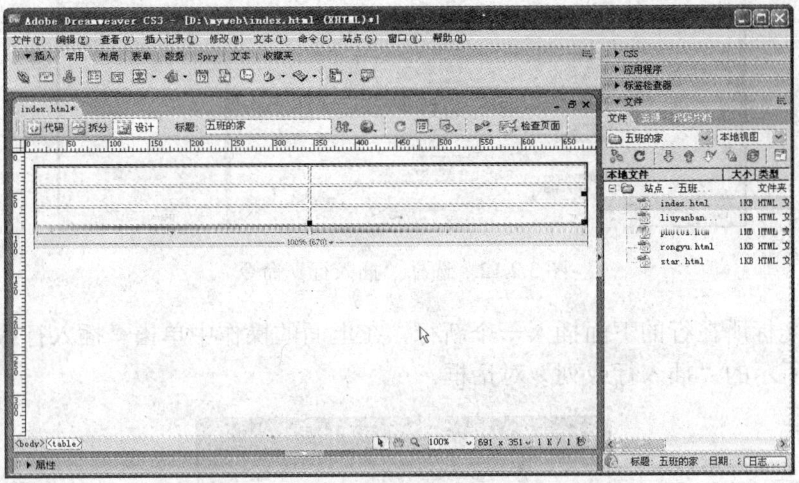

图 3.2.10　表格已插入

在默认情况下，表格的两列宽度是相等的，在本例中，用户希望表格左列比右列窄些。将鼠标指针移动到中间的框线上，当鼠标指针变成 ⟺ 状时，拖动鼠标到合适的位置然后松开，如图 3.2.11 所示，列宽即随用户的调整而变化。

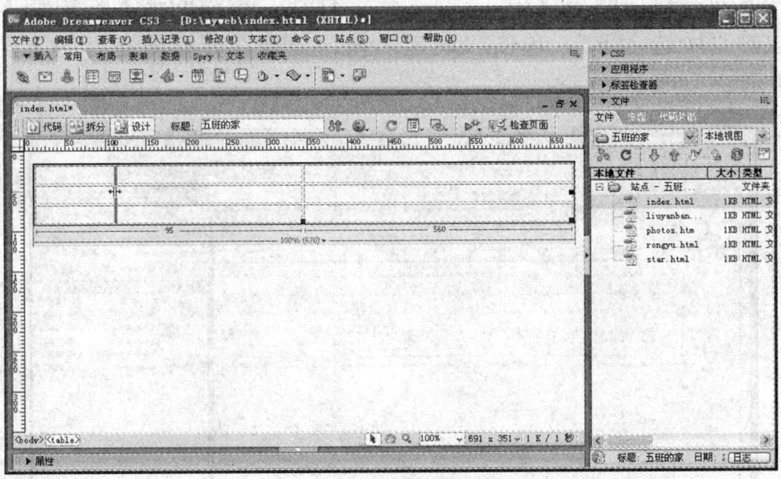

图 3.2.11　调整表格列宽

当表格制作好以后，由于各种需要，用户常常需要对表格进行调整。下面用户以在表格的下面添加一个新行为例，说明添加新行、新列的方法。

单击表格最下面一行，使光标出现在该行中。单击鼠标右键打开快捷菜单，移动鼠标指针到快捷菜单的“表格”上使之弹出子菜单，在子菜单中选择“插入行”命令，可以发现在光标所在行上面插入了一个新行，如图 3.2.12 所示。

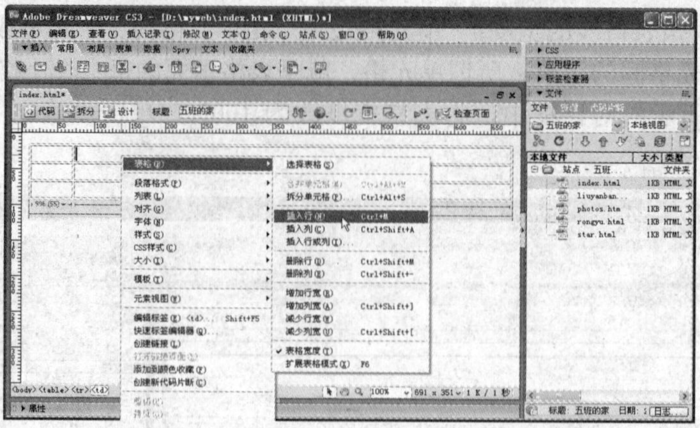

图 3.2.12　选择“插入行”命令

如果想在光标所在行的下面插入一个新行，在上面的操作中单击“插入行或列”按钮，打开如图 3.2.13 所示的“插入行或列”对话框。

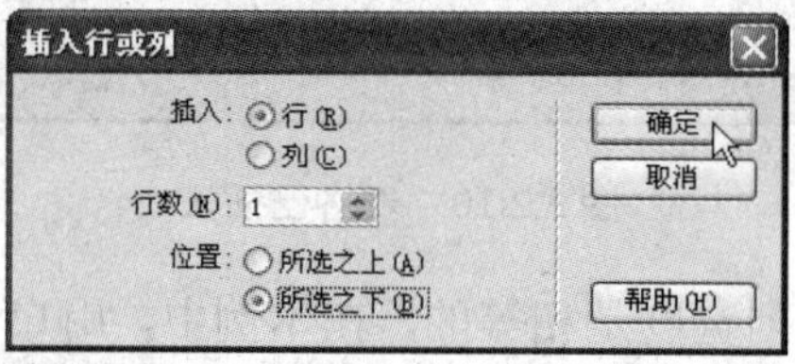

图 3.2.13　“插入行或列”对话框

在“插入行或列”对话框里选中“行”，在“行数”右端的输入栏中输入“1”，然后选中“位置”右边的“所选之下”。单击“确定”按钮，便在光标所在行的下面插入一行，结果如图 3.2.14 所示。

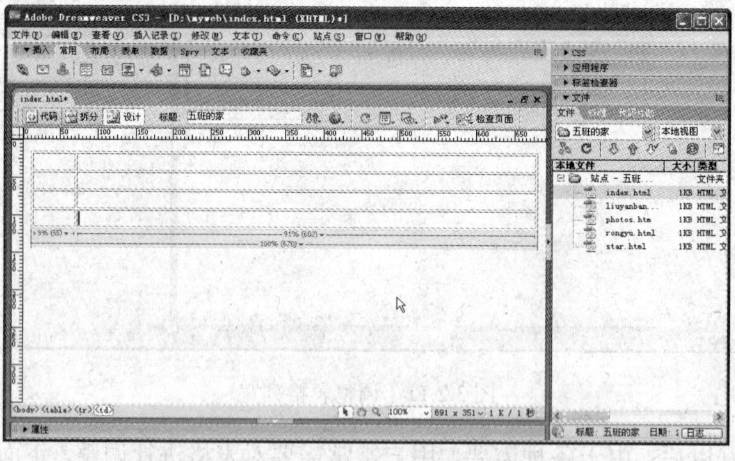

图 3.2.14　插入新行后的表格

插入列的操作与插入行的操作基本一样，请大家自己做一做。

有时，用户还要删除一些行或列。下面，将新插入的一行删除，了解删除行的步骤。

首先单击鼠标，使光标出现在被删除行中。单击鼠标右键打开快捷菜单，移动鼠标指针到快捷菜单的“表格”上使之弹出子菜单，在子菜单中选择“删除行”命令，则该行被删除，如图 3.2.15 所示。

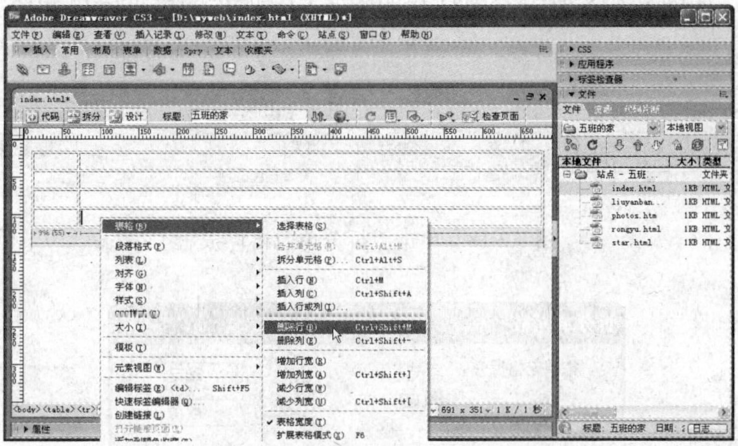

图 3.2.15　选择“删除行”命令

与 Word 一样，用户可以对表格中的单元格进行合并和拆分操作，通过这些操作，可以将一个规则的表格变成一个不规则的表格。

现在将表格最下端的两个单元格合并成一个。拖动鼠标指针同时选中第三行的两个单元格，移动鼠标指针到“属性”面板上，如图 3.2.16 所示，单击“合并单元格”按钮，则两个单元格被合并，结果如图 3.2.17 所示。

图 3.2.16　单击“合并单元格”按钮

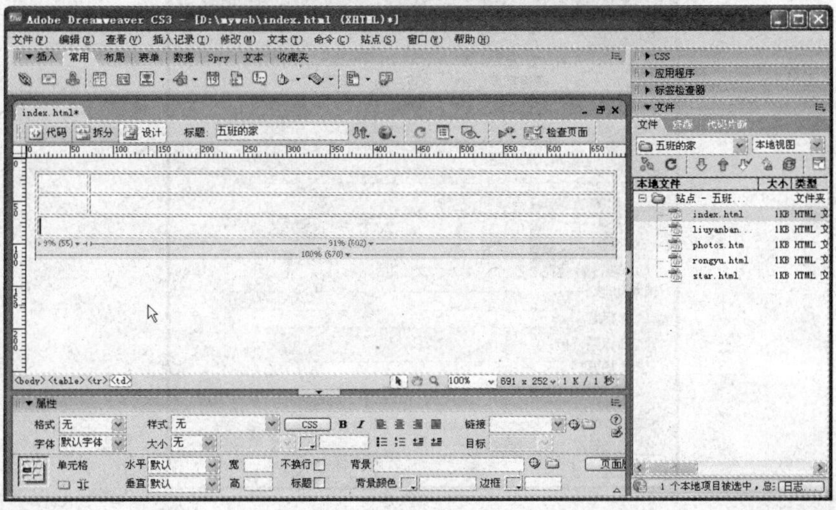

图 3.2.17　合并单元格后的表格

下面，再将合并的大单元格拆分为 2 个小单元格。

首先单击鼠标，使光标出现在被拆分单元格中。移动鼠标指针到“属性”面板上，单击“拆分单元格”按钮，如图 3.2.18 所示，则打开如图 3.2.19 所示的“拆分单元格”对话框。

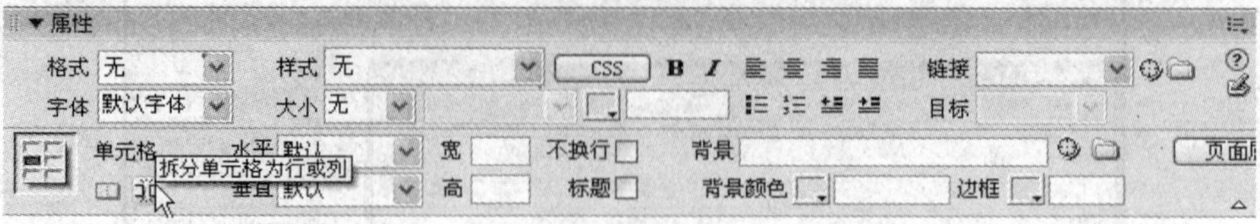

图 3.2.18　单击“拆分单元格”按钮

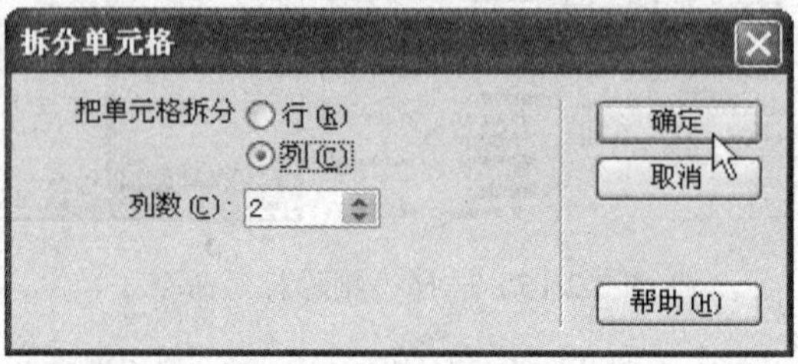

图 3.2.19　“拆分单元格”对话框

在“拆分单元格”对话框中选中“把单元格拆分”后面的“列”，在“列数”右端的输入栏中输入“2”。单击“确定”按钮，则该单元格被分为两个单元格，该表格恢复原状。

按行拆分单元格的操作与按列拆分单元格的操作基本一样，请自己做一做。

下面，要在第二行第一个单元格中再插入一个表格，用来存放与其他网页连接的一些文字，将来建立超链接后，可以通过单击这些文字打开相应的网页。

单击鼠标，将光标移动到要插入表格的单元格中，单击“插入”面板中的按钮，打开“表格”对话框，如图 3.2.20 所示。输入“5”行“1”列，单击“确定”按钮，结果如图 3.2.21 所示。

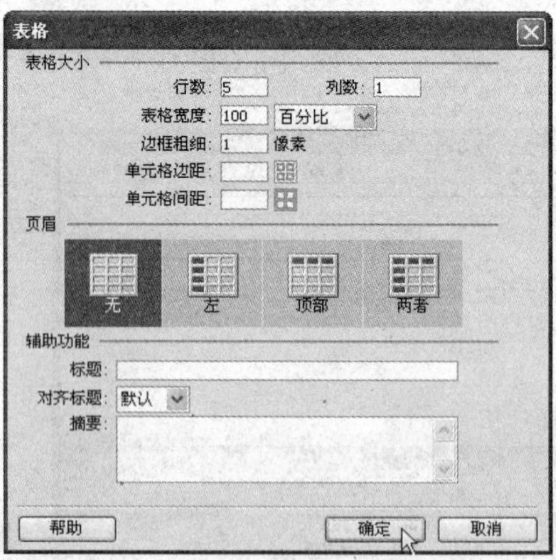

图 3.2.20　“表格”对话框

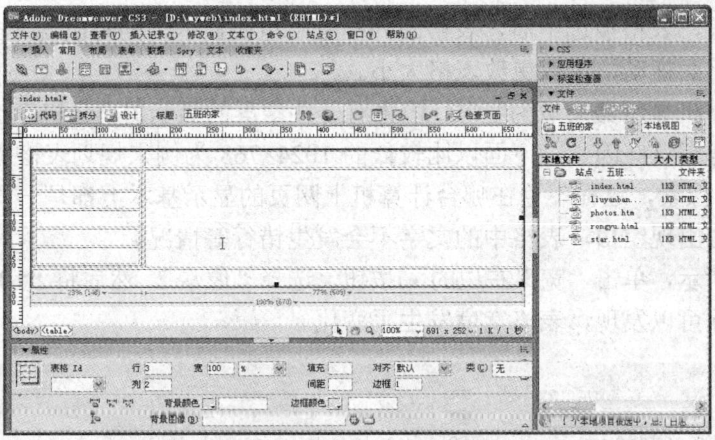

图 3.2.21　嵌套表格后的表格

子项目二：使用表格规划网页布局

对表格进行设置，可以实现表格的规划网页布局。

本项目的操作主要是在“属性”面板中进行的，需要注意的是，选取表格与选取单元格时，“属性”面板中的内容是不同的。在表格的“属性”面板中，能够设置框线的宽度、单元格间距，以及背景色等，下面具体说明。

将鼠标指针移到表格的外框线上，当鼠标指针变成✥状时，单击鼠标，选中整个表格。表格被选中之后，窗口下面的“属性”面板中显示的是对整个表格的设置内容。如图 3.2.22 所示，在“属性”面板上显示的表格宽度是“100%”，高度是“180 像素”。“100%”的宽度的意思是不论浏览者打开的浏览器多大，表格都占满整个窗口。这个选项虽然在一些时候非常有用，但由于在实际中，表格宽度可以自由更改，所以使得网页布局不够统一，甚至使整齐的网页在一些高分辨率的计算机上显示得很凌乱。

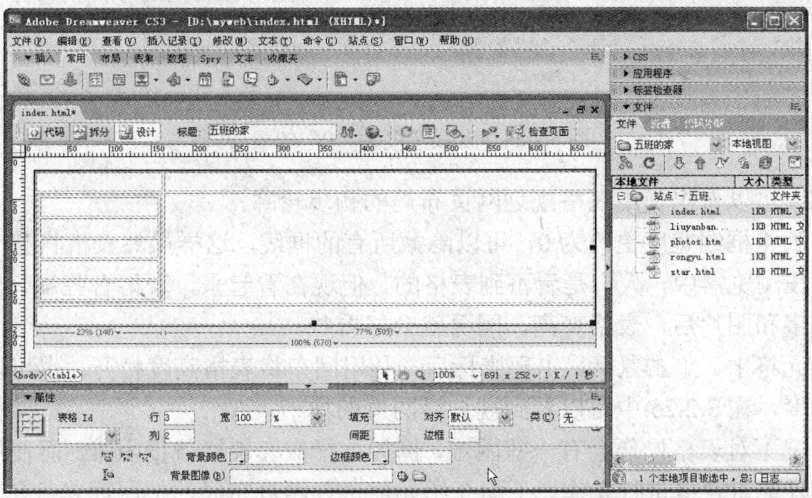

图 3.2.22　选中表格后的“属性”面板

需要说明的是，表格被选中后，表格的外框呈黑粗线显示，同时出现 3 个黑色小正方形，将鼠标指针放在上面拖动，可以更改表格大小。

由于目前计算机显示器一般为宽屏，但也有一些窄屏的显示器，分辨率也不同，因此在规划表格宽度时要考虑这些因素。下面以比较低的 1024×768 为例来规划表格宽度。可以将表格宽度设置为 1010 像素，这样不论在哪台计算机上网页的显示基本上都是一样的。对于宽屏显示器，只会在两边出现空白，表格中的文字不会发生错行等情况。

如图 3.2.23 所示，单击“宽”右边的按钮，选择“像素”，然后将“100”改成“1010”，在空白处单击鼠标可以发现，表格宽度发生了变化。

图 3.2.23　更改表格宽度

将表格框线的宽度更改为“0”，可以发现表格的框线变成虚线，这样在浏览器中，表格将被隐藏，如图 3.2.24 所示。

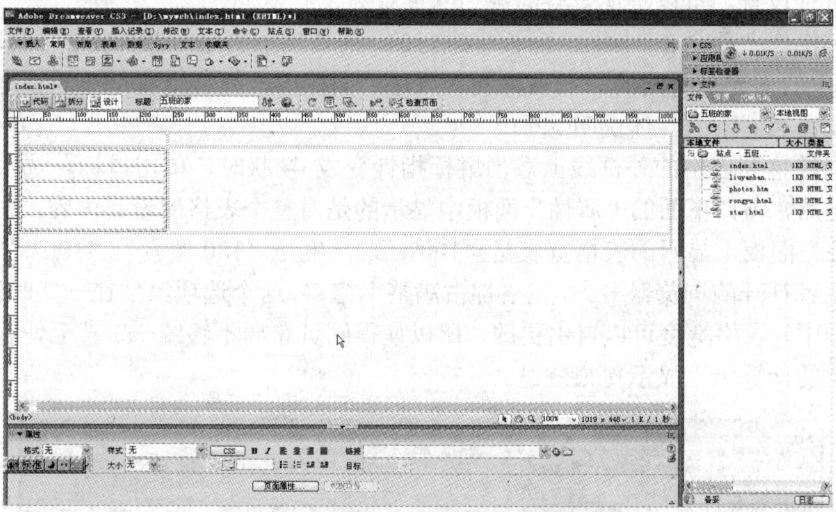

图 3.2.24　框线宽度为“0”的表格

从图 3.2.24 可以看出使用表格规划网页布局的初步轮廓。

将嵌套的表格框线宽度更改为 0，可以隐藏所有的框线，这样虽然表格将整个网页划分为多个区域，但在浏览器中，人们是看不到表格的。但现在看起来，表格有些扁，也不美观，等到输入相关文字和图片后，表格变高，网页就会好看些。

在各个单元格中，单击鼠标，出现光标后，利用回车将表格高度拉开。也可以通过鼠标拖动改变表格高度，在 3.2.25 中可以看到规划后网页的样子。

在这种情况下对表格操作会有一些困难，例如选择嵌套表格就很困难，而使用布局扩展模式，则可以更好地对表格进行操作。下面介绍如何进入网页布局的扩展模式，在“插入”面板中，单击“布局”选项卡，如图 3.2.26 所示。

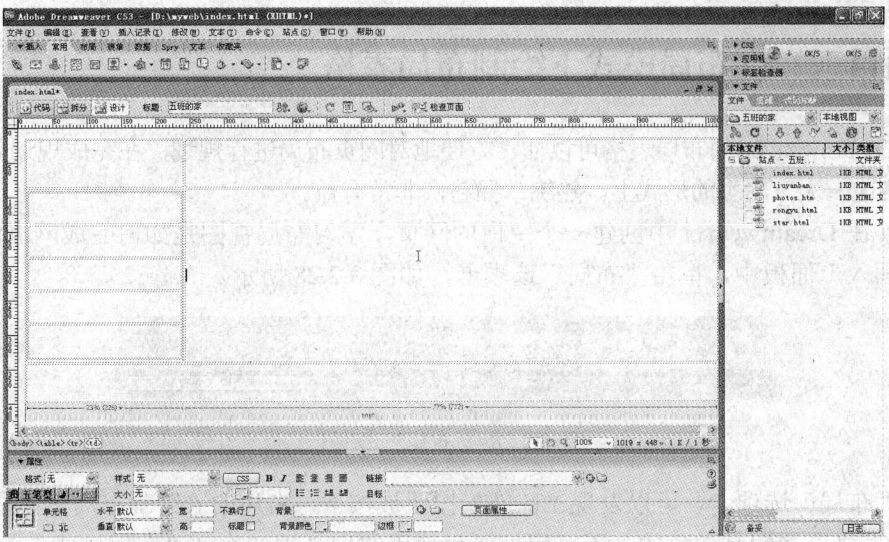

图 3.2.25　表格规划的网页布局

图 3.2.26 “布局”选项卡

观察“布局”选项卡，可以发现“标准”按钮被按下，“标准视图”就是用户设计网站的普通视图。单击右边的“扩展”按钮可以进入表格扩展模式，如图 3.2.27 所示。

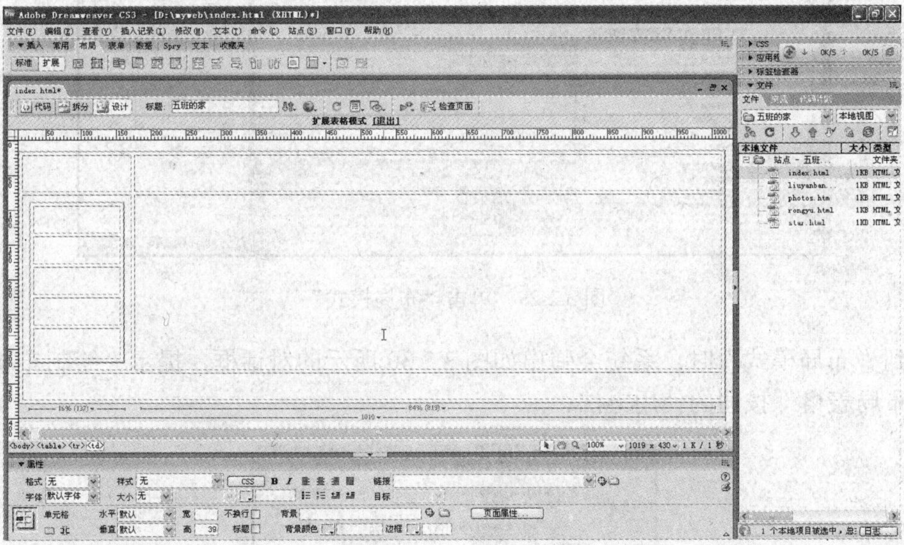

图 3.2.27　表格扩展模式

表格扩展模式并不是用户在浏览器中见到的样子，它可以清楚地显示单元格间距以及表格边框，更加便于编辑操作。在这种模式下，用户可以选择表格中的元素或者精确地放置插入点。

在“布局”选项卡中单击“标准”按钮，可以返回“标准视图”。

子项目三：在布局模式下绘制布局表格

使用 Dreamweaver 的布局表格可以非常方便地对网页布局进行规划，在完成规划后，还可以返回到表格这一大家熟悉的形式上。熟练掌握它，非常有益。

现在，在 Dreamweaver 中创建一个空白的网页，学习布局视图是如何完成网页的规划的。

在“插入”面板中，单击“布局”选项卡，如图 3.2.28 所示。

图 3.2.28 “布局”选项卡

观察“布局”选项卡，可以发现“标准”按钮被按下，右边的“绘制布局单元格”按钮和“绘制布局表格”按钮是灰色的，不可用，要想使用它们必须切换到“布局模式”。

在“布局”选项卡中没有提供“布局模式”的切换方式。单击“查看”菜单，在“表格模式”的子菜单中单击“布局模式”，如图 3.2.29 所示。

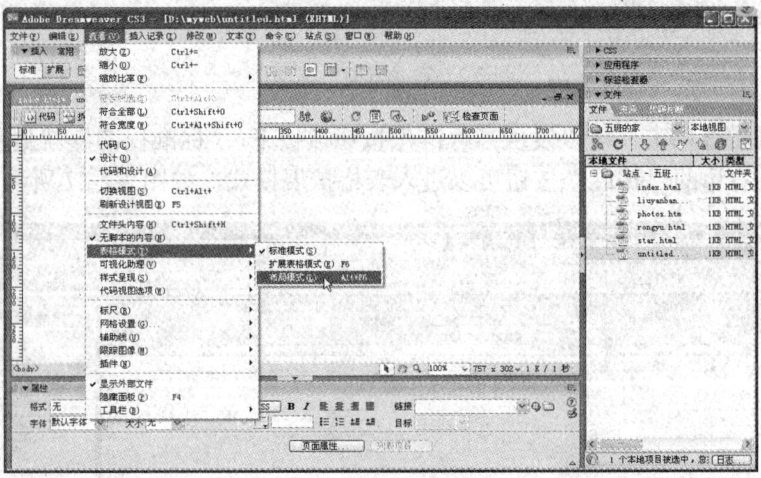

图 3.2.29 单击“布局模式”

切换到“布局模式”时，系统会弹出如图 3.2.30 所示的对话框，提示“绘制布局单元格”按钮和“布局表格”按钮的使用方法。

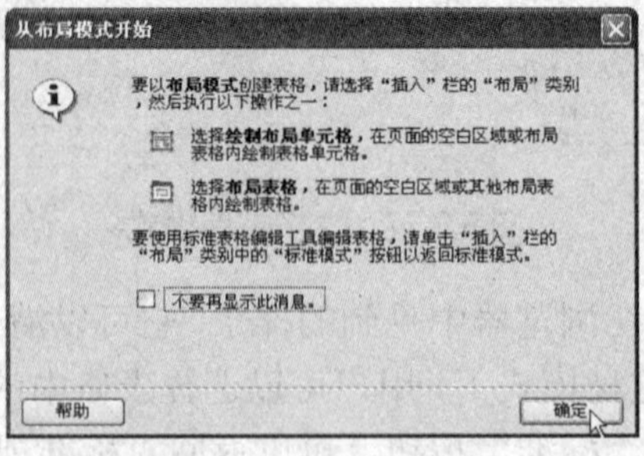

图 3.2.30 “从布局模式开始”对话框

单击“确定”按钮，可以关闭该对话框。如果不希望该对话框下次出现，可以在“不要再显示此消息。”前的复选框内单击将其选中，然后再单击“确定”按钮。这时便会发现“布局视图”右边的两个按钮已经由虚变实，可以使用了。

单击绘制“布局表格”按钮▣，移动鼠标到编辑区，指针变成＋状，按住鼠标指针拖动，画出一个绿色的表格，编辑区顶端出现“布局表格”几个字，如图 3.2.31 所示。

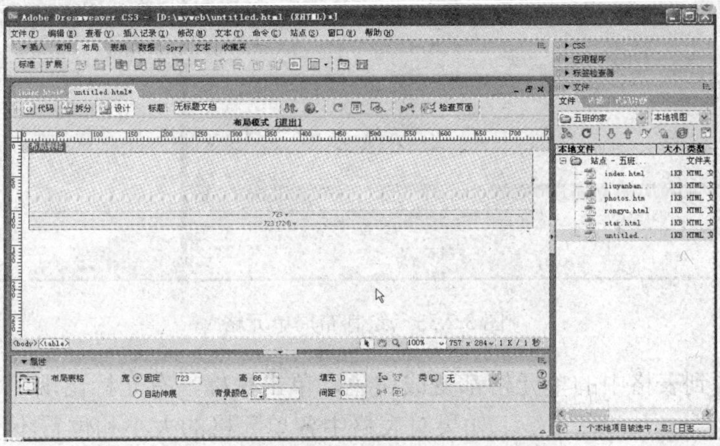

图 3.2.31　绘制布局表格

用同样的方法，在第一个表格的下面再画两个布局表格，结果如图 3.2.32 所示。

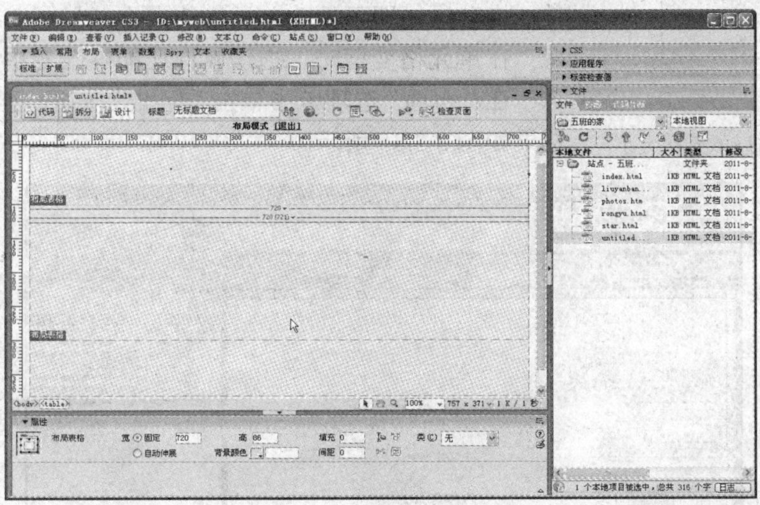

图 3.2.32　绘制 3 个布局表格

同样，在最顶端的表格中存放网站的标志图片（Logo）和其他图片，在第二个表格中存放网页的主要文本，最下面的表格存放网站版权、电话等信息。现在 3 个表格都是灰色的，这是因为表格中没有单元格的缘故。

在“布局”选项卡中单击“绘制布局单元格”按钮▣，移动鼠标指针，在顶端表格中画出一大一小两个单元格；在第二个表格中，画一大五小六个单元格；最后在下面一个表格中画出一个和表格一样大的单元格。结果如图 3.2.33 所示。

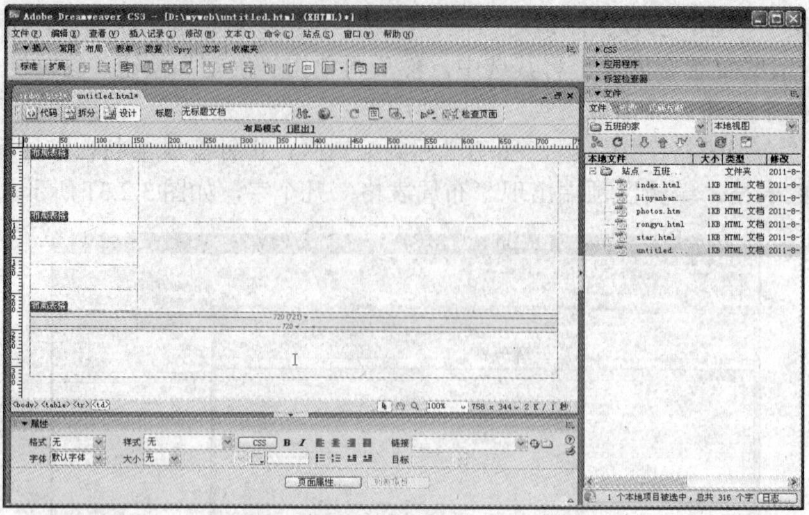

图 3.2.33　绘制布局单元格

这时，可以看到表格中的单元格都变成白色，单击鼠标，有光标出现。

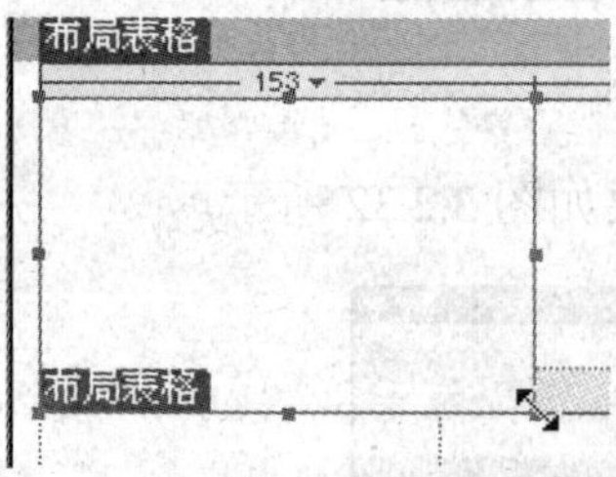

图 3.2.34　更改布局单元格大小

如果对表格中各单元格的大小和位置不满意，可以进行修改。将鼠标移动到单元格框线上，这时框线颜色由绿色变成红色，单击鼠标，单元格框线变成蓝色，并出现 8 个正方形选取块。将鼠标指针放在正方形选取块上，鼠标指针变成双向箭头时，拖动鼠标即可更改单元格的大小，如图 3.2.34 所示。

在单元格变蓝时，拖动鼠标还能够改变单元格的位置。

在“布局”选项卡中单击“标准”按钮，返回“标准视图”，结果如图 3.2.35 所示。

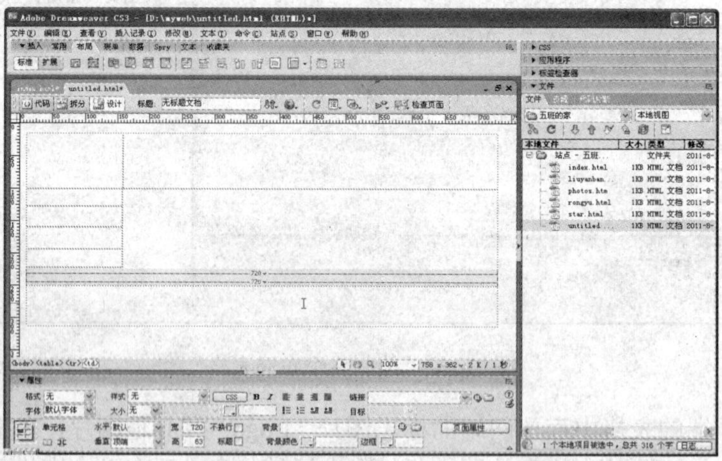

图 3.2.35　完成网页布局

表格在浏览器中显示时有一个缺点，即只有表格中所有的内容都下载完以后，表格里的内容才会显示，而不会下载一个显示一个。这样，如果表格里的内容较多的话，浏览者就要等待很长的时间才能看到网页的内容，这显然给浏览者一种网页太慢的感觉，从而影响网页的浏览率。

可以采用多表格的方法来解决这个问题。如此一来，每个表格的内容都不多，哪个表格的内容先下载，哪个表格就显示，不至于让浏览者对着空白的屏幕发呆。这也是在布局视图中画 3 个格的原因。

子项目四：使用框架规划网页布局

与表格和布局表格不同，框架是通过将页面划分为几个区域，每个区域由一个网页来显示内容，从而实现对整个页面的布局的。

框架的一个巨大优势是，当在一个框架页面中单击超链接时，可以在另一个框架页面中显示内容，而不需要将第一个框架页面中的内容再做一遍。这一点在服务性网站的页面中非常有用。

接下来，建立一个空白的网页，来练习框架的相关操作。首先将新建的空白网页打开，在“插入”面板中的“布局”选项卡中单击“框架”按钮，在弹出的下拉菜单中选择“上方和下方框架”命令，如图 3.2.36 所示。

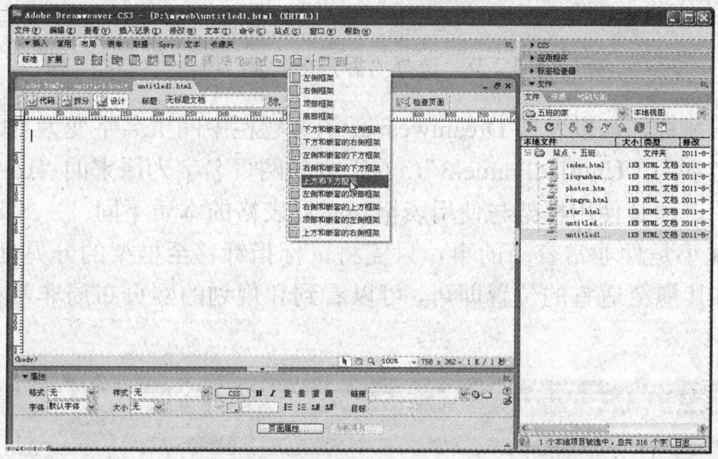

图 3.2.36 选择“上方和下方框架”命令

此时会弹出“框架标签辅助功能属性”对话框，如图 3.2.37 所示，在该对话框中可以为每一个框架编写标题，这些标题和网页是一样的。此处，可以输入诸如“网站版权”之类的文字作为底部的标题，也可以选择“取消”。

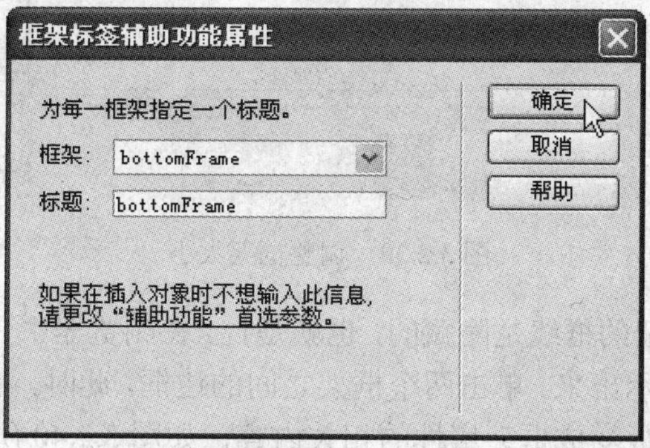

图 3.2.37 “框架标签辅助功能属性”对话框

将光标置于中间的框架文件中，单击“修改”菜单，在“框架集”的子菜单中选择“拆分左框架”命令，如图 3.2.38 所示。

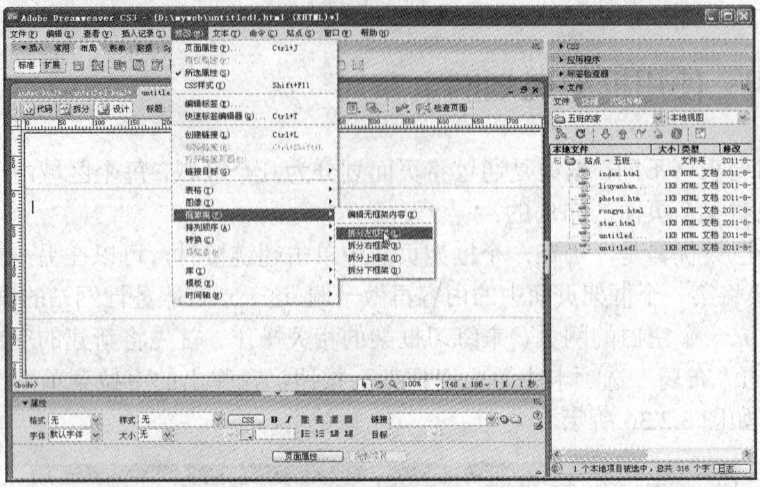

图 3.2.38 选择“拆分左框架”命令

在顶端中单击鼠标，可以发现 Dreamweaver 的标题栏中网页名字变为“UntitledFrame-2”，而左下方的网页名字为“UntitledFrame-3”，右下方的网页名字为原来的“Untitled-1”。每个部分有独立的名字，这便是使用框架与使用表格和布局表格的本质不同。

改变框架的大小是件非常容易的事，只需将鼠标指针移至框架的分界处，当鼠标指针显示发生变化时，将其拖至适宜的位置即可，可以看到和规划的网页布局非常相似，如图 3.2.39 所示。

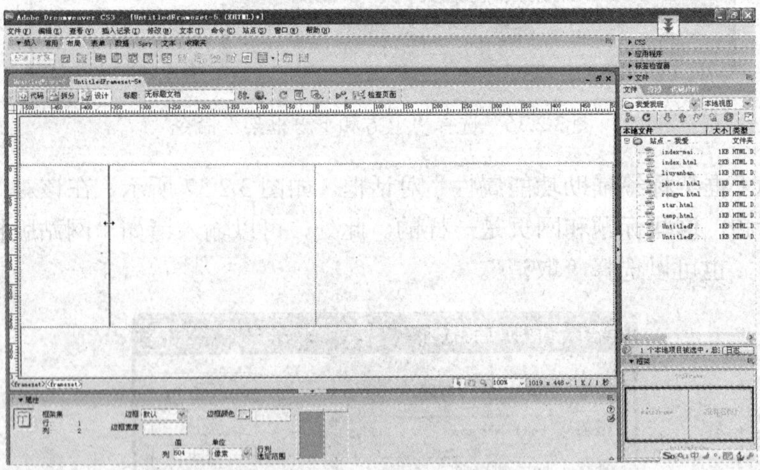

图 3.2.39 调整框架大小

在默认的情况下，框架的框线是隐藏的，也就是说，在浏览器中是根本看不到框架存在的。下面的操作可以让框线显示出来。单击两个框架之间的边框，此时，框架边框上出现一行虚线；而窗口下面的“属性”面板变成框架属性的相关内容，如图 3.2.40 所示。

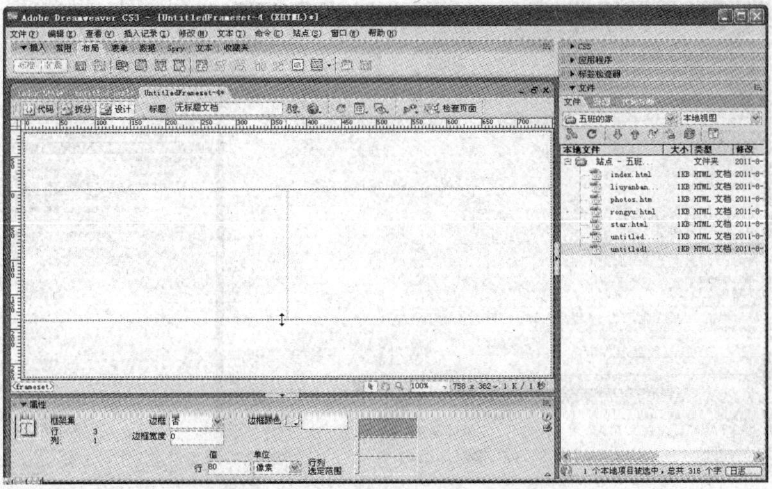

图 3.2.40　出现框架“属性”面板

在“属性”面板中，更改边框为“是”，边框宽度为“1”，如图 3.2.41 所示。

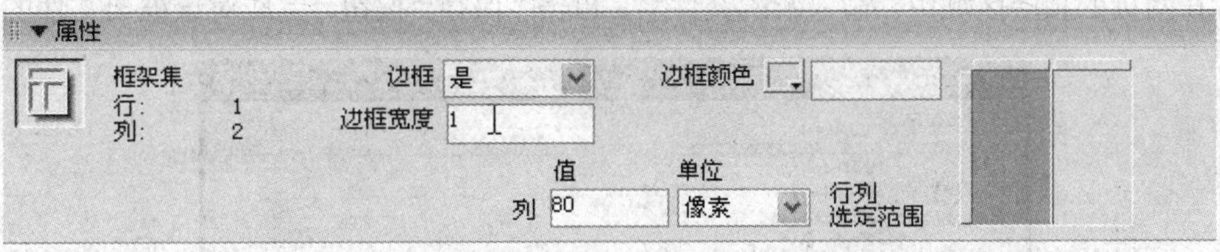

图 3.2.41　框架“属性”面板

如图 3.2.42 所示的是框架经过设置后，在 IE 浏览器中的样子。

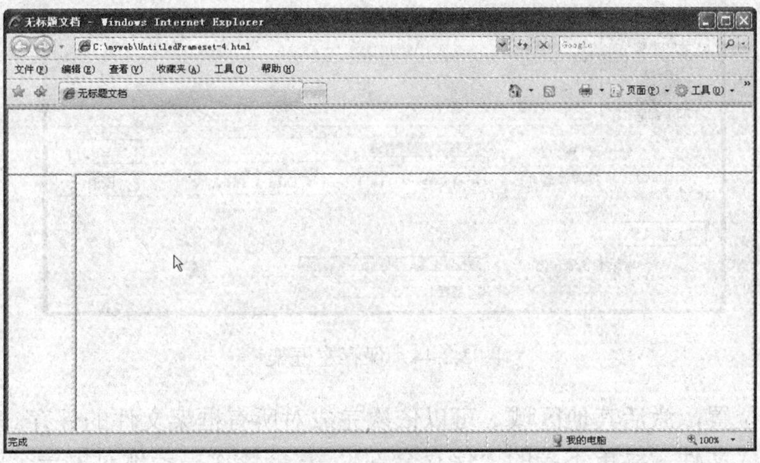

图 3.2.42　框架框线显示出来

下面我们保存这个框架文件，要注意的是，框架的保存与单个网页的保存稍有不同，Dreamweaver 为每一个框架提供一个“保存”对话框。单击菜单栏上的“文件”，可以发现“文件”菜单下的“保存”命令变成了“保存框架”和“框架另存为”等。单击“保存框架”命令，如图 3.2.43 所示，可以保存当前光标所在的网页。

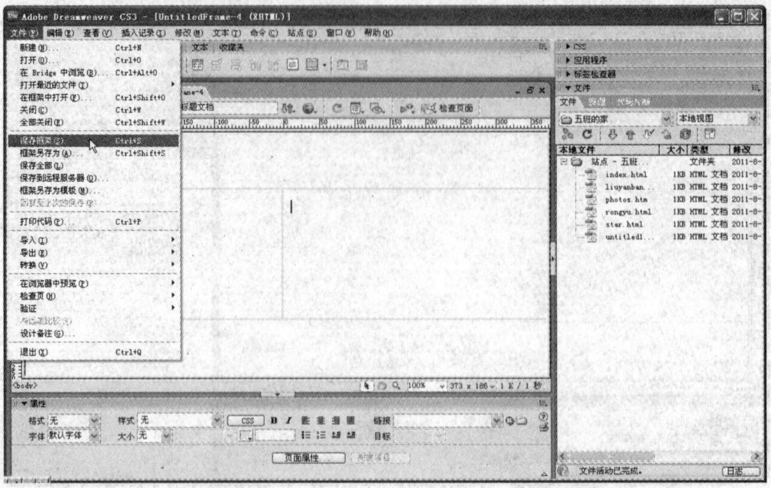

图 3.2.43 “文件”菜单

在如图 3.2.44 所示的对话框中，可以发现默认的文件名是“UntitledFrame-2”，这是因为当前光标在网页的顶端区域中。输入新的文件名，单击“保存”按钮，完成对该框架文件的保存。

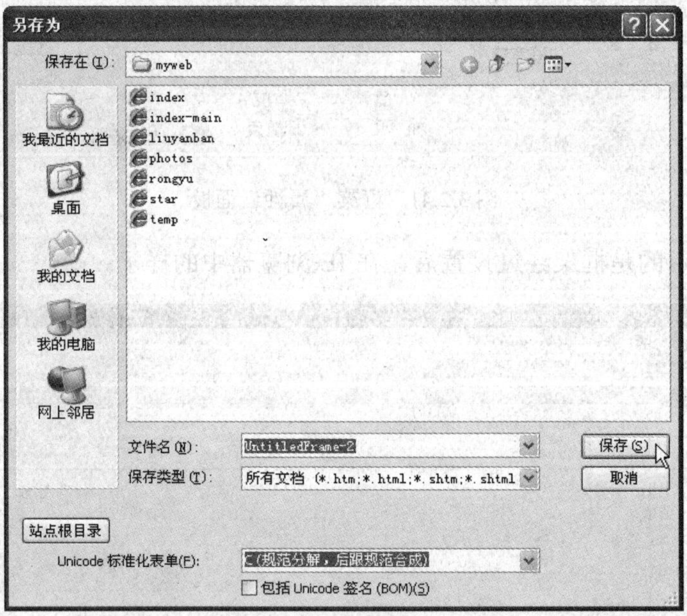

图 3.2.44 保存左框架

改变光标的位置，激活其他区域，可以依次完成对所有框架文件的保存。

也可以选择“文件”菜单下端的“保存全部”，它会依次提示你对每一个没有保存的框架文件进行保存。注意：虽然窗口被分为三部分，却要保存四次，因为除了三个框架页面需要保存外，整个框架集也需要保存。

框架具有许多优点，例如访问者的浏览器不需要为每个页面重新加载与导航相关的图形，每个框架都具有自己的滚动条等。但它具有的缺点也同样明显，比如难以实现不同框架中各元素的精确图形对齐，特别是有的浏览器不支持框架技术。目前随着宽带技术的使用，特别是网页制作技术的发展，框架的使用概率已经在变小，在后面的实例中，不再涉及框架网页的内容，而使用表格来布局网页。

习　题

一、简答题

1. 主要的网站主页布局有哪些？实际上网观察，举出每种主页布局的实例。
2. 在设计网站主页布局时，要注意哪些方面？
3. 怎样隐藏表格框线？
4. 怎样打开布局模式？
5. 使用布局模式规划网页布局有什么优点？
6. 为什么在使用表格规划布局时，一般采用多表格的形式？
7. 框架与布局表格的最大不同是什么？
8. 保存一个由三个框架组成的网页时，需要输入几次文件名？

二、操作题

1. 打开爱护牙齿的网站，参照课本上介绍的几种网页布局，选择其中的一种，画出布局草图。
2. 打开网页“index.html”，插入表格，通过设置，使表格的样子与布局表格相类似。
3. 在表格中超链接热区文字区域中输入文字，其他区域通过按 Enter 键，使得表格呈竖的矩形，与布局草图相同。
4. 将表格删除，使用“布局视图”工具完成同样的效果。

项目三　使用文字与图片

知识目标

1. 了解图片的相关知识。
2. 了解背景色和背景图片的区别；

技能目标

1. 熟练掌握在网页中输入文字，设置文字效果的方法；
2. 掌握为网页设置背景色和背景图片的方法；
3. 掌握插入图片修饰网页的方法。

项目描述

在网页中插入相关文字和图片。灵活运用在网页中输入文字，插入图片修饰网页的方法，打开网站首页，输入合适的文字，对文字的字体、字号、对齐方式等进行设置，并保存。最后在浏览器中预览网页。

在网页上浏览时可以发现，任何一个网页，不论绚丽多彩，还是简洁明了，都含有两个要素，即文字和图片。其中文字是一个网页最基本的要素，而添加适当的图片，可以令网页生色不少。

子项目一：设置文字的字体、字号与颜色

在 Dreamweaver 中打开网站，然后在浮动面板“文件”选项卡中双击网页文件“index.html”，将网页文件打开。

就像在记事本中一样，在需要输入文字的区域单击鼠标，出现光标后，输入文本即可。在输入的过程中，除非分段，否则不要按回车键换行，软件有自动换行的功能。

输入完毕，单击菜单栏上的“文件”，在下拉菜单中单击“保存”命令，保存网页上的文字，结果如图 3.3.1 所示。

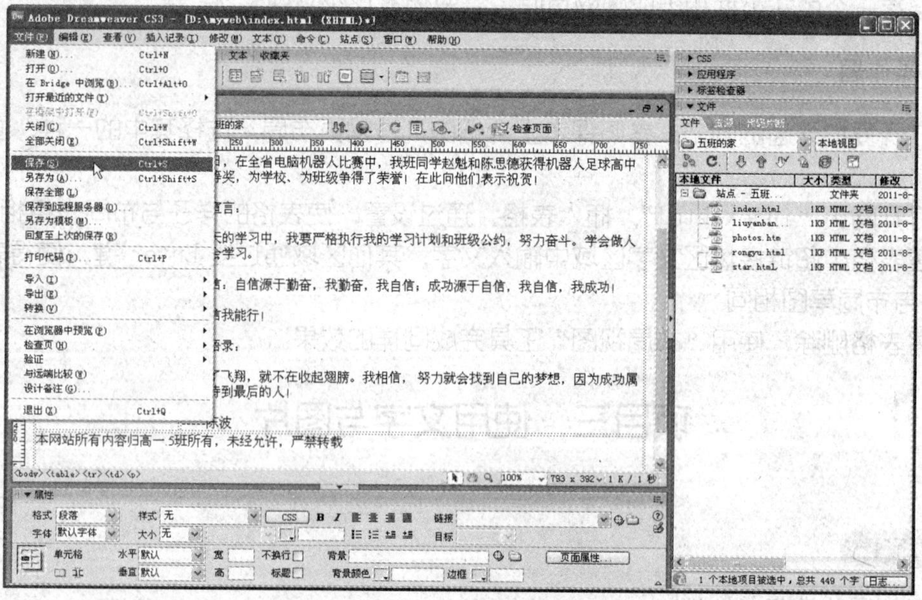

图 3.3.1　保存网页上的文字

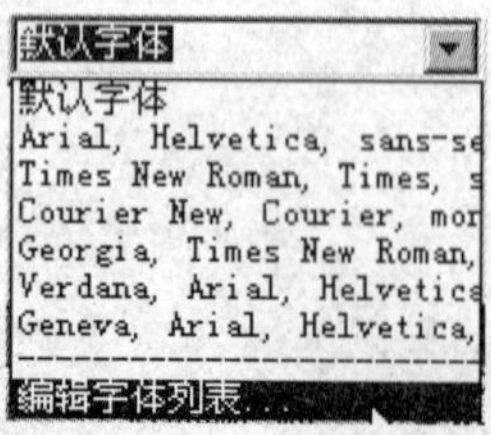

图 3.3.2　字体列表下拉菜单

下面，对输入的文字进行简单的编辑。由于 Dreamweaver 提供的默认字体中没有中文字体，所以在设置字体之前，应先将中文字体添加到“属性”面板字体下拉列表框中。

如果“属性”面板没有显示，按 Ctrl+F3 组合键或用鼠标单击窗口菜单下的“属性”命令，可以打开“属性”面板。在“属性”面板中，单击 默认字体 右端的 ▼，在下拉菜单中选择 编辑字体列表...，如图 3.3.2 所示。

如图 3.3.3 所示，在弹出的“编辑字体列表”对话框中，选中“可用字体”栏中的中文字体，本例选中“仿宋_GB2312”，单击 «，字体出现在“选择的字体”

栏中。单击“确定”按钮，“仿宋_GB2312”被加入到“属性”面板的字体列表下拉菜单中，结果如图 3.3.4 所示。

用同样的方法，将“宋体”、“黑体”、“隶书”、“楷书_GB2312”、“幼圆”等几种字体都添加到“属性”面板的字体列表下拉菜单中。注意：因为别人的系统上不一定装有与你相同的字体，所以不要将一些特殊的字体加到列表中并使用。如果确实需要用到特殊字体，可以将文字做成图片后再使用。

图 3.3.3　“编辑字体列表”对话框

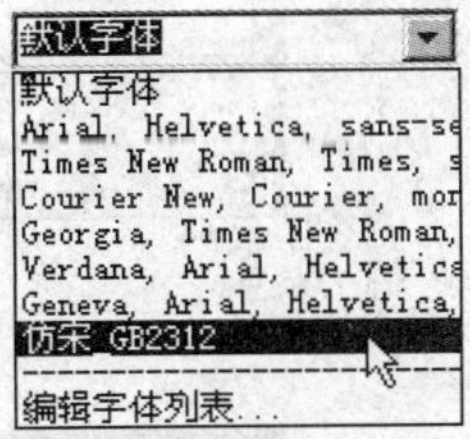

图 3.3.4　添加“仿宋_GB2312”字体

在 Dreamweaver 中选择“本网站所有内容归高一.5 班所有，未经允许，严禁转载”和“Email：gaoyi-5@163.com”几个字，然后，在“属性”面板中单击默认字体右边的▼，在下拉列表中选择“楷体 GB_2312”，将字体设为楷体；单击大小(S)无右边的▼，在下拉列表中选择“16”，将字体设为 16 号字，效果如图 3.3.5 所示。

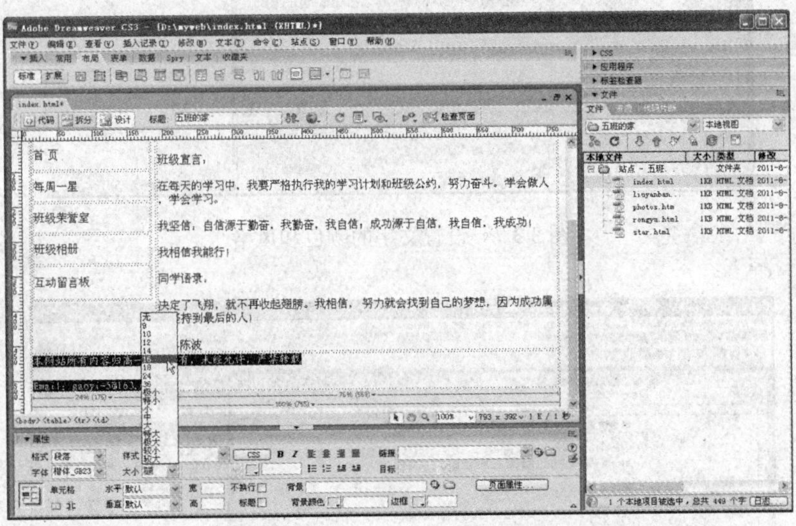

图 3.3.5　字体被设为 16 号楷体

选中“每周一星”几个字，在“属性”面板中单击▁，打开颜色面板，选择褐色色块，将文字设为褐色，如图 3.3.6 所示。

如果要使用色块以外的文字颜色，应该怎样做呢？提示：注意颜色面板中的按钮◉。

单击**B**，将文字设为加粗。用同样的方法将“班级荣誉室”、“班级相册”、“互动留言板”、均设置成褐色、加粗，效果如图 3.3.7 所示。

对主页的右边正文区域中的文字进行设置，然后将网页保存，结果如图 3.3.8 所示。

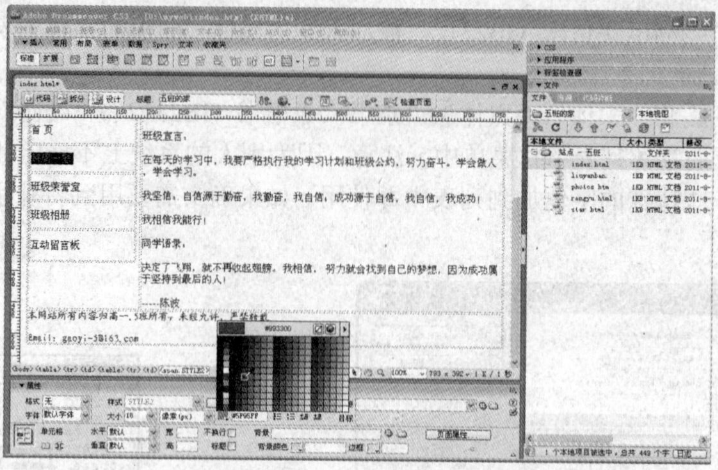

图 3.3.6　更改文字的颜色

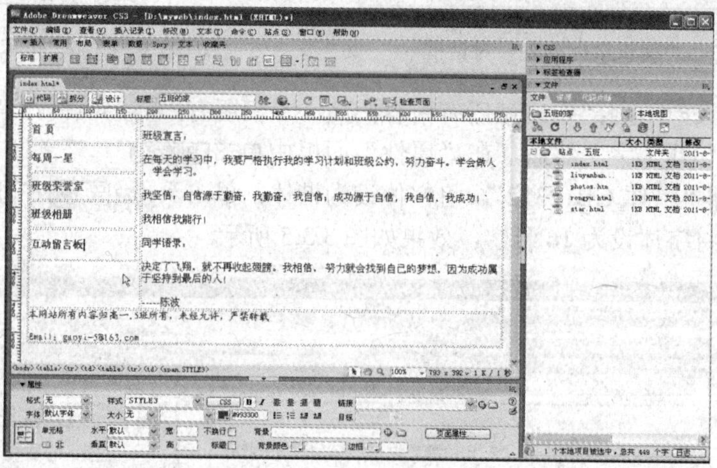

图 3.3.7　设置文字的颜色和风格

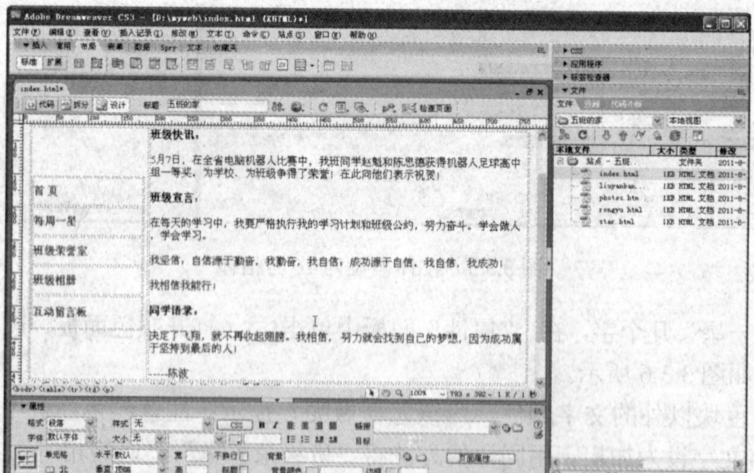

图 3.3.8　设置正文的文字

子项目二：设置对齐方式与行间距

1. 对齐方式

在默认情况下，文字均紧靠在表格框线上。这样非常影响美观，特别是当相邻单元格都有文字时，显得十分拥挤。

选中整个表格，如图 3.3.9 所示，将“属性”面板中的“填充”值更改为“10”，则表格中的文字与表格框线的距离变成 10 像素；将“间距”值更改为“10”，则各个单元格间的距离更改为 10 像素。更改后效果如图 3.3.10 所示。

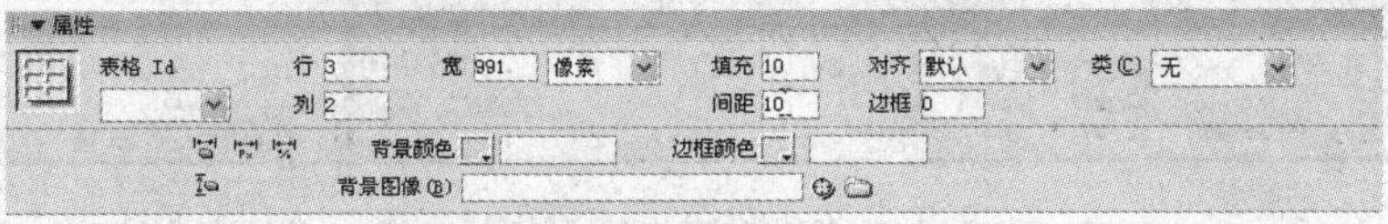

图 3.3.9　更改表格的“填充”与“间距”

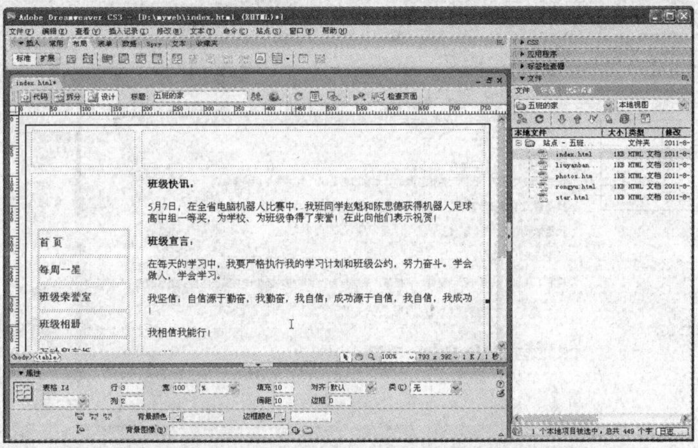

图 3.3.10　更改后的效果图

同理，调整表格中嵌套的表格设置项，特别是“填充”和“间距”的值，达到如图 3.3.11 所示的效果。

现在来看如何调整单元格内文字的对齐方式。

拖动鼠标指针，选中嵌套表格中的各个单元格，这时“属性”面板显示的是单元格设置的内容，与选中表格时略有不同。单击“水平”框右边的▾，在弹出的下拉菜单中选择“居中对齐”命令，则单元格中文字在单元格中居中显示，如图 3.3.12 所示。

再将鼠标指针移动到表格最下端的单元格中，拖动鼠标指针选中表格中的所有文字，在“属性”面板中单击“文本缩进”按钮，将文字移动到表格中央，如图 3.3.13 所示。

请想一想，为何此处不能使用“居中对齐”？

图 3.3.11　更改嵌套表格

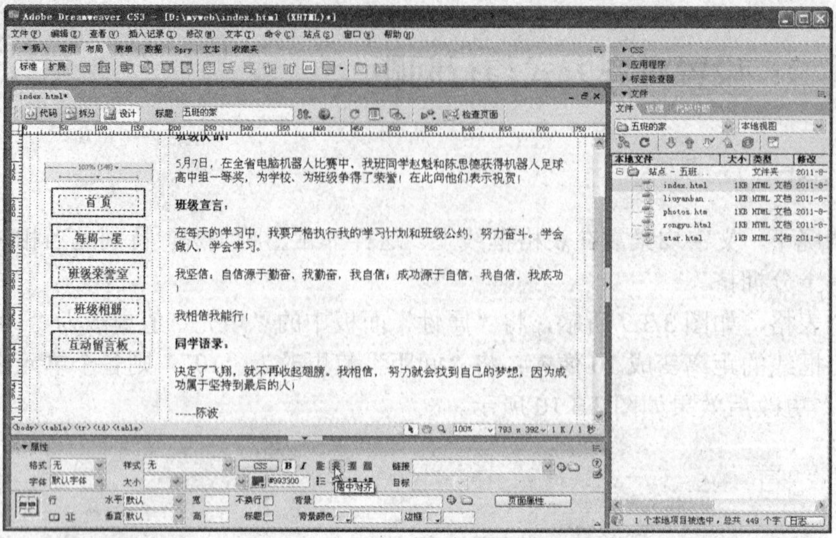

图 3.3.12　选择“居中对齐”

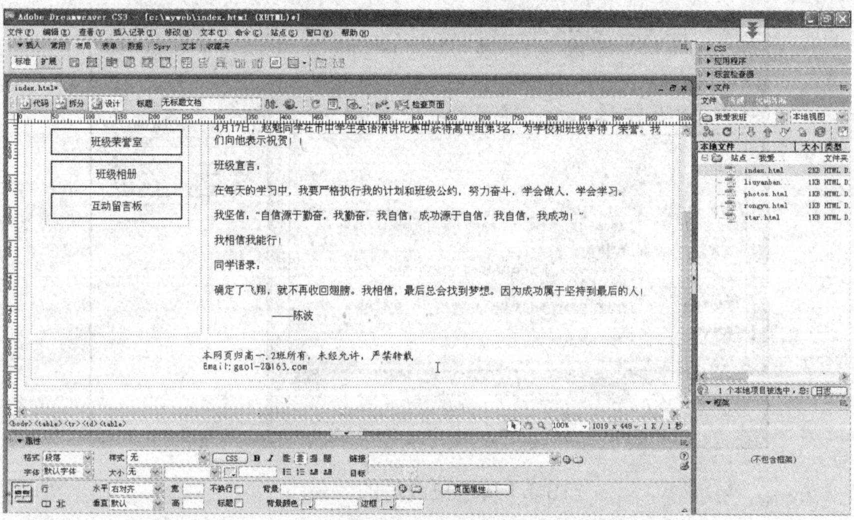

图 3.3.13　选择“文本缩进”

我们知道，按照中文的行文习惯，在段落的首行要空两个格。在操作时会发现：在 Dreamweaver 中，不能像 Word 一样拖动首行缩进按钮，也不能连续按空格，Dreamweaver 没有这个功能。要实现在段首空两个格，应该切换到代码编辑区，在段首文字前输入代码“ ”（注意不要漏掉“;”）。

注意：该代码只代表一个半角字符，要空出两个汉字，需要添加 4 个代码。这样，在浏览器中你就可以看到段首空两个格了，具体操作如下。

首先需要切换到代码编辑区。单击“查看”菜单，在下拉菜单中选择“代码和设计”命令，如图 3.3.14 所示，也可以直接单击“拆分”按钮。这时，窗口分为两部分，上面为 HTML 代码编辑区域，下面为普通编辑区域。

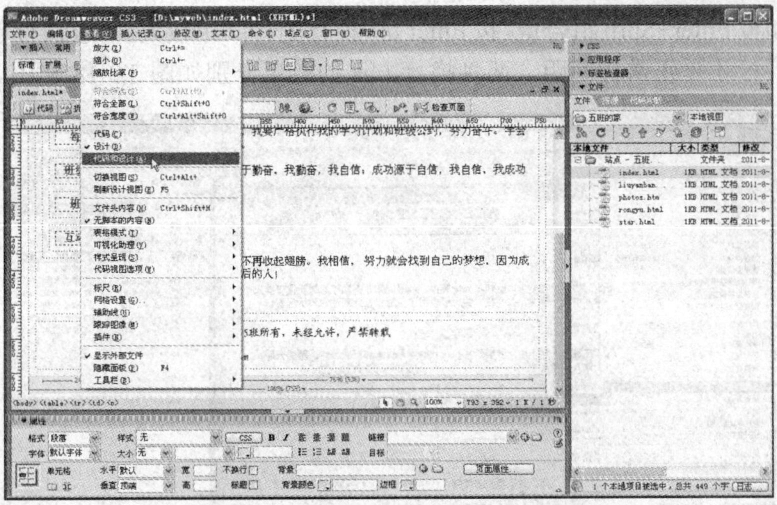

图 3.3.14　选择“代码和设计”命令

在 HTML 代码编辑区域中，找到要段首缩进的文字，在文字前插入“ ”(不包括双引号)；然后在文本编辑区单击鼠标，可以看到实际效果。注意，所有符号必须是英文字符，由于字体的不同有时要多插入几个才能空出两个汉字的区域，如图 3.3.15 所示。

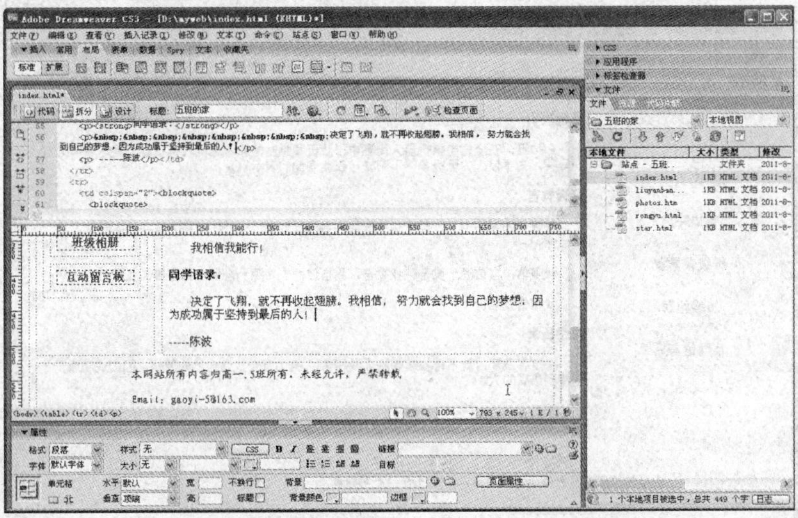

图 3.3.15　插入“ ”标记

用鼠标单击“文件”菜单，在下拉菜单中选择“保存”命令，将网页文件保存，单击“查看”菜单，在下拉菜单中选择“设计”命令，切换到设计编辑区。

单击菜单栏上的“文件”，移动鼠标指针到“在浏览器中预览”上，在其下一级菜单中单击“IExplore”，如图 3.3.16 所示；或用快捷键 F12 将网页在浏览器中打开，可以看见每一段首行已经缩进两格，如图 3.3.17 所示。

2. 设置行间距

当你按回车键换行后，你会发现默认的行间距比较大。这是因为用键盘操作换行有两种方法：按Enter键和按Enter+Shift组合键。按Enter键，换行的行间距较大；一般换行使用Enter+Shift组合键，这样换行才是正常行间距。两种换行方法的效果分别如图3.3.18和图3.3.19所示。

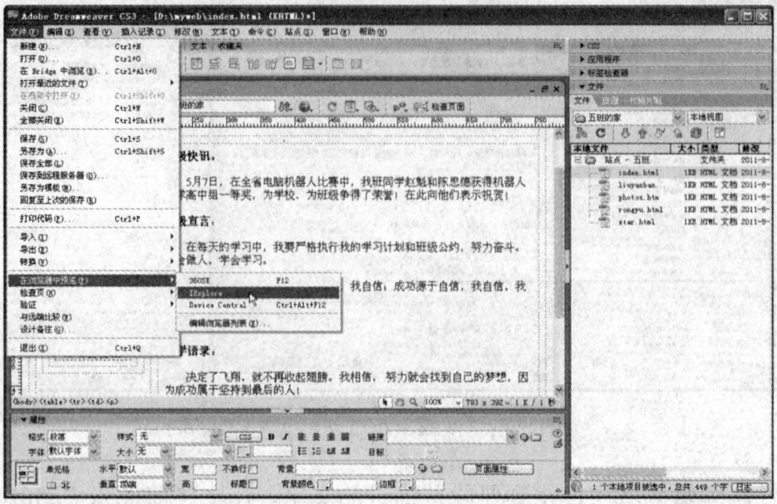

图3.3.16　选择“IExplore”命令

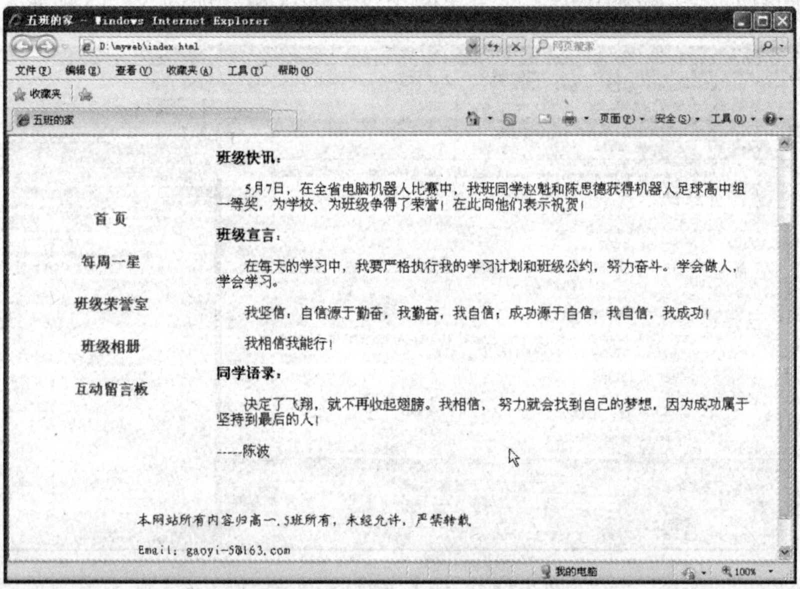

图3.3.17　在浏览器中预览网页

班级宣言：

在每天的学习中，我要严格执行我的学习计划和班级公约，努力奋斗。学会做人，学会学习。

我坚信：自信源于勤奋，我勤奋，我自信；成功源于自信，我自信，我成功！

我相信我能行！

图3.3.18 使用Enter键的效果

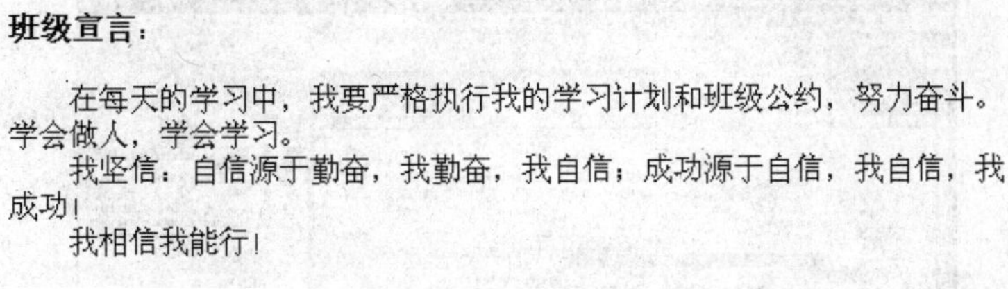

班级宣言：

在每天的学习中，我要严格执行我的学习计划和班级公约，努力奋斗。学会做人，学会学习。

我坚信：自信源于勤奋，我勤奋，我自信；成功源于自信，我自信，我成功！

我相信我能行！

图 3.3.19　使用 Enter+Shift 组合键的效果

将光标移动到段末，然后按键盘上的 Del 键，将段末符号删除，两段合并成一段。按下 Shift+Enter 组合键，重新分段，重复操作，更改所有段间距，结果如图 3.3.20 所示。

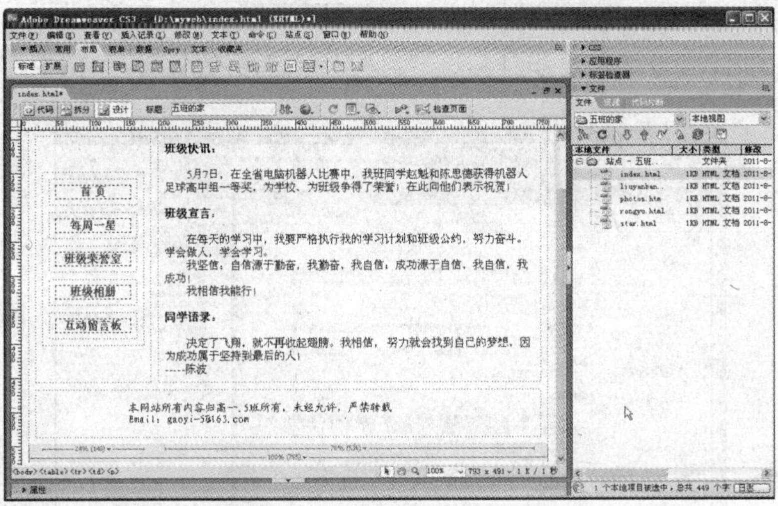

图 3.3.20　段间距已经更改

当然这样更改行间距的方法并不能随心所欲，改变行间距的方法也并不是只有这么一个，在后面的学习过程中，我们将学习如何利用样式表来更改行间距。

用鼠标单击菜单栏上的“文件”，移动鼠标指针到“在浏览器中预览”上，在其下一级菜单中单击“IExplore”；或用快捷键 F12 将网页在浏览器中打开。在 IE 浏览器中预览网页可以看到真实的效果，如果与设计有偏差，可以返回 Dreamweaver 编辑窗口中进行修改。

子项目三：插入水平线

在图 3.3.17 中可以发现，由于规划网页布局的表格框线已经隐藏，使得网页上的文字显示在一起，不能将不同区域的文字区分开。在网页中插入一条水平线，将网页底端的文字与正文分开，可以使网页段落分明。

将光标移动最下面一个单元格的行首，单击菜单栏上的“插入记录”，如图 3.3.21 所示。然后选择“HTML”子菜单下的“水平线”命令，网页上自动插入一条水平线，如图 3.3.22 所示。

当用鼠标选取水平线时，窗口下面的“属性”面板显示水平线的相关内容，在该面板中可以修改水平线的宽度和高度，以及水平线在网页中的水平对齐方式，如图 3.3.23 所示。

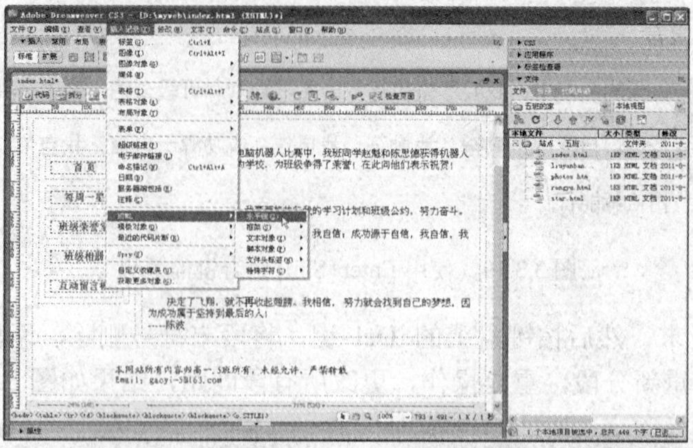

图 3.3.21　“插入记录”菜单

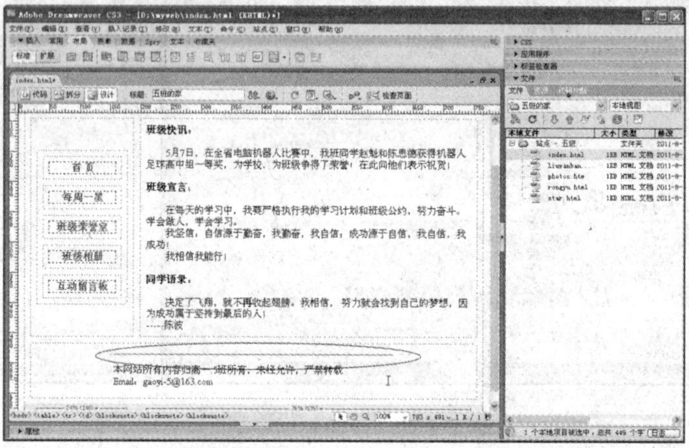

图 3.3.22　插入水平线

图 3.3.23　水平线的“属性”面板

要更改水平线的颜色，必须通过更改代码来完成。首先选中水平线，然后在水平线上单击鼠标右键，弹出如图 3.3.24 所示的快捷菜单，选择“编辑标签”命令，打开“标签编辑器”对话框。

在如图 3.3.25 所示的“标签编辑器”对话框中，在左侧窗口选择“浏览器特定的”，右侧窗口选择需要的颜色，单击“确定”按钮即可。

注意：更改水平线颜色以后，在 Dreamweaver 中不能看到水平线新的颜色，要想看到其新的颜色，必须在浏览器中预览。如图 3.3.26 所示为将水平线高度设置为 5 像素，宽度为 800 像素，颜色为蓝色的预览效果。

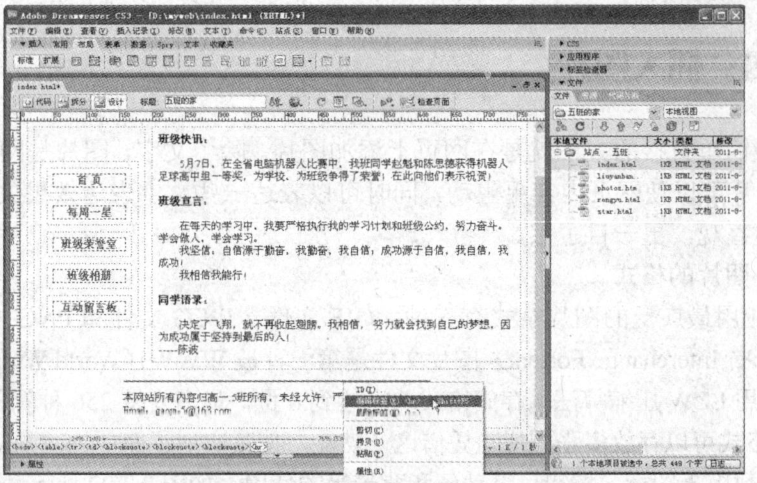

图 3.3.24　快捷菜单

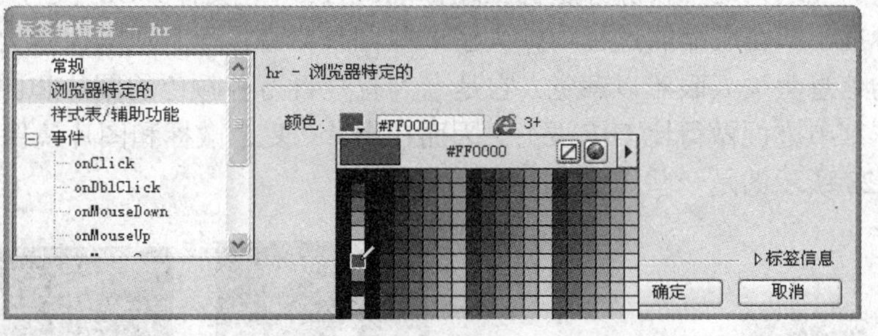

图 3.3.25　“标签编辑器”对话框

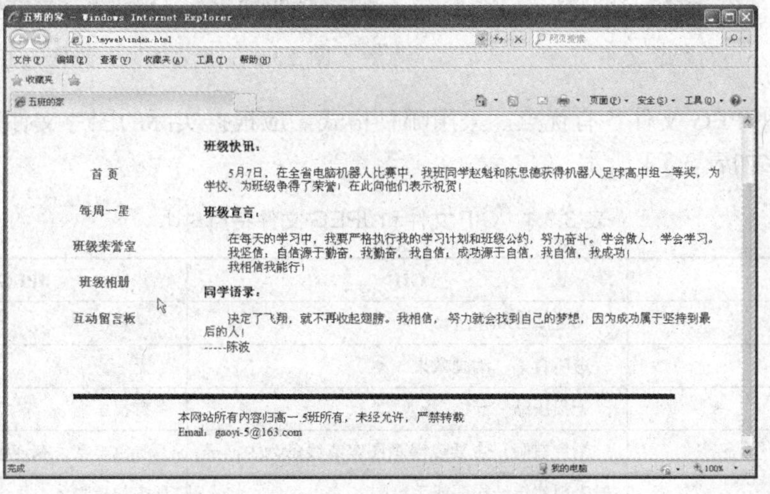

图 3.3.26　更改水平线后的效果图

在实际的应用中，一般不直接使用水平线，而是用图片代替，因为图片颜色更丰富，形象更生动。只是在没有合适图片的情况下才使用水平线。那么怎样删除水平线呢？很简单，只要选中水平线，按下键盘上的 Del 键即可。

子项目四：插入图片

美化网页最简单直接的方法就是在网页上添加图片。除了文字，图片是网页中最重要的构成元素，有了图片可以使网页内容更生动，同时可以表达一些文字表达效果欠佳的内容，使网页内容的表达更直观，更一目了然。

相关知识：图片的格式

Internet 上应用最广泛的图片格式有三种：GIF 文件、JPEG 文件和 PNG 文件。

GIF（Grappler Interchange Format）图片文件是第一种被 WWW（World Wide Web）所支持的图形文件，它采用 LZW 压缩算法，存储格式从 1 位到 8 位，最多支持 256 种颜色。另外，GIF 文件中的 GIF89a 格式可以存放多张图片，凭借这一功能，使其实现了简单的动画功能。GIF 文件相对体积较小，多数用于图标、按钮、滚动条和背景等的使用，如图 3.3.27 所示。

JPEG 或 JPG 称为联合图片专家组（Joint Photograph Expert Group）格式，它主要应用于摄影图片的存储和显示，是一种静态影像压缩标准。与 BMP 文件、GIF 文件不同，JPEG 文件采用有损压缩标准，即在压缩的过程中损失了一些图片信息，而且压缩比越大，损失越大。但这些压缩引起的信息丢失人眼难以察觉。它是专为有几百万种颜色的图片和图形设计的，它在处理颜色和图形细节方面做得比 GIF 要好，因而在图片、复杂徽标和图片镜像方面使用得更为广泛。如图 3.3.28 所示的是一些 JPEG 图片。

图 3.3.27　小巧的 GIF 文件

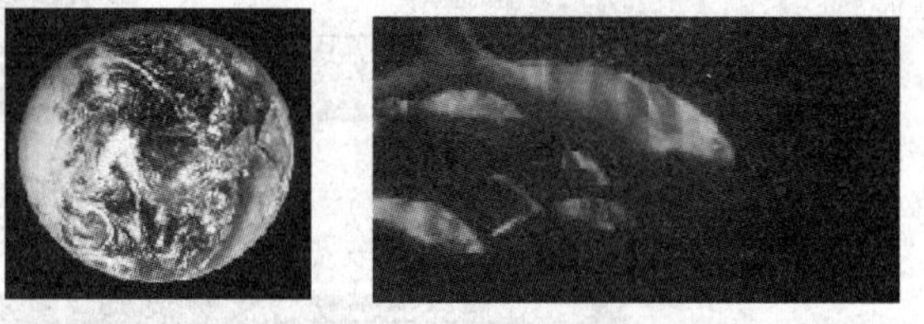

图 3.3.28　色彩饱满、鲜艳的 JPEG 文件

GIF 文件和 JPEG 文件各有优点，采用哪种格式，应根据实际的图片文件来决定。这两种文件的特点对比如表 3.3.1 所示。

表 3.3.1　GIF 文件和 JPEG 文件特点对比

	GIF	JPEG/JPG
色彩	16 色、256 色	真彩色
特殊功能	透明背景、动画效果	无
压缩是否有损失	无损压缩	有损压缩
适用面	颜色有限，主要以漫画图案或线条为主，一般表现建筑结构图或手绘图	颜色丰富，有连续的色调，一般表现真实的事物

近几年，PNG（Portable Network Graphic Format）格式文件又开始流行。它的特点是：只需下载图像的 1/64，就可以在网页上显示一个低分辨率的图片，随着图片信息的下载，图片也越来越清晰。对于网络日益拥挤的今天，这种图片格式显然更受欢迎。

项目操作步骤

下面的操作是在主页左上角的单元格中插入网站的徽标图片。首先在左上角单元格中单击鼠标，使光标显示在该单元格中。如图 3.3.29 所示，单击“插入”面板上的按钮，在弹出的菜单中选择“图像”，弹出“选择图像源文件”对话框，再单击“查找范围”右边的，在下拉菜单中选择 C 盘，如图 3.3.30 所示。

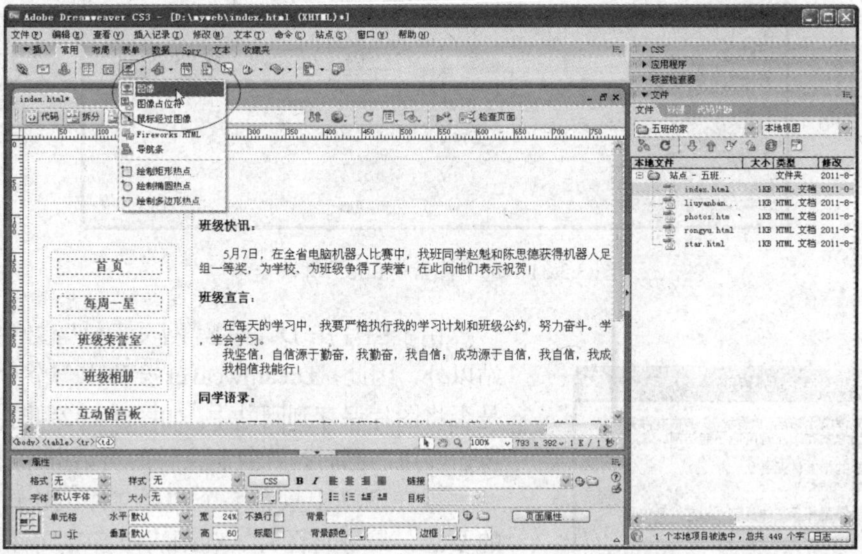

图 3.3.29　插入图像操作

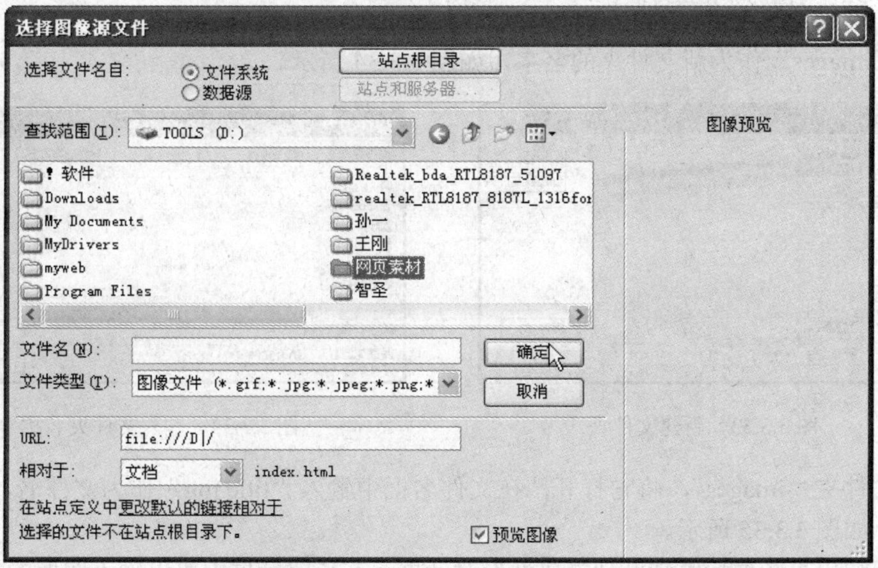

图 3.3.30　“选择图像源文件”对话框

双击文件夹“网页素材”，将它打开，接着在其中双击文件夹“图片”，在文件夹“图片”中选择文件“title”，即在对话框右边显示图片的预览图像，通过预览可以知道图片的内容。单击“确定”按钮，将图片插入网页，如图 3.3.31 所示。

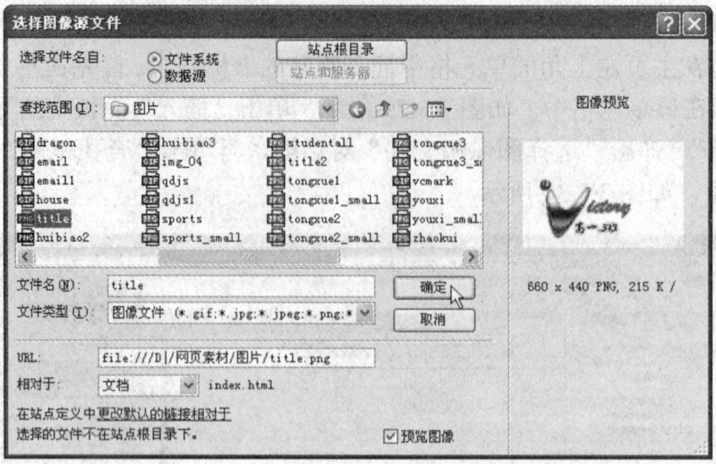

图 3.3.31　选中图片“title”并确定

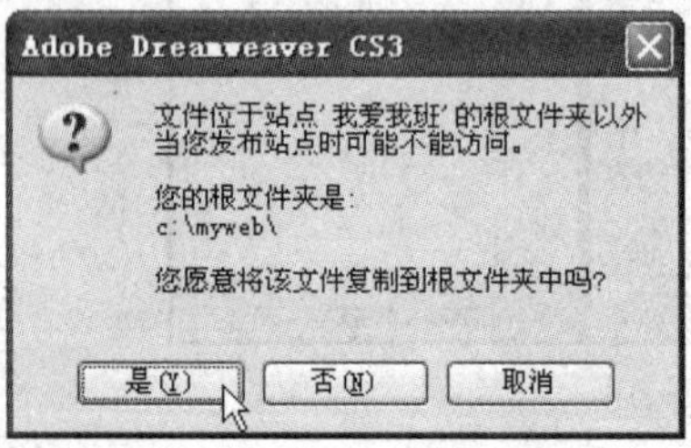

图 3.3.32　将图片保存到网站中

由于图片在 D 盘的“网页素材”文件夹中，在网站以外，因此，Dreamweaver 会弹出一个对话框，提示是否将图片保存到网站中，如图 3.3.32 所示。单击“是”按钮即可，同时打开复制文件的对话框。

现在网站中只有 5 个网页文件，出于对网站管理的要求，最好将图片、动画、声音等文件保存在另一个新的文件夹中，这样可以保持网站根目录的整洁。在“复制文件为”对话框中单击“创建新文件夹”按钮，如图 3.3.33 所示。

输入“images”作为新文件夹的名字，如图 3.3.34 所示。

图 3.3.33　新建文件夹

图 3.3.34　输入文件夹名称

双击文件夹“images”，将它打开，在文件名框中输入“title.jpg”作为文件名，单击“保存”按钮，如图 3.3.35 所示。

系统会弹出“图像标签辅助功能属性”对话框，在该对话框中可以输入图像的相关信息。单击“确定”按钮，关闭该对话框即可，如图 3.3.36 所示。

这样，可以看到图片被插入到网页中，效果如图 3.3.37 所示。用同样的方法在网页顶端右边的单元格中插入另一幅图片，如图 3.3.38 所示。

图 3.3.35　输入文件名并保存

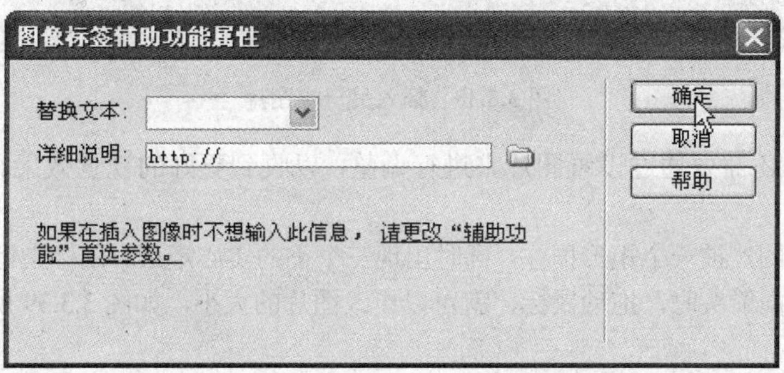

图 3.3.36　图片被插入到网页中

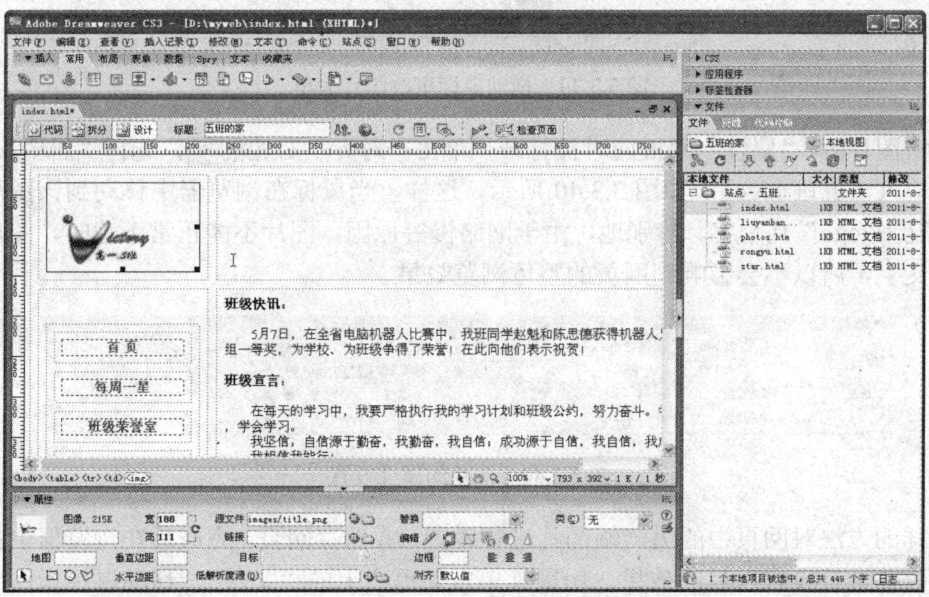

图 3.3.37　图片被插入到网页中

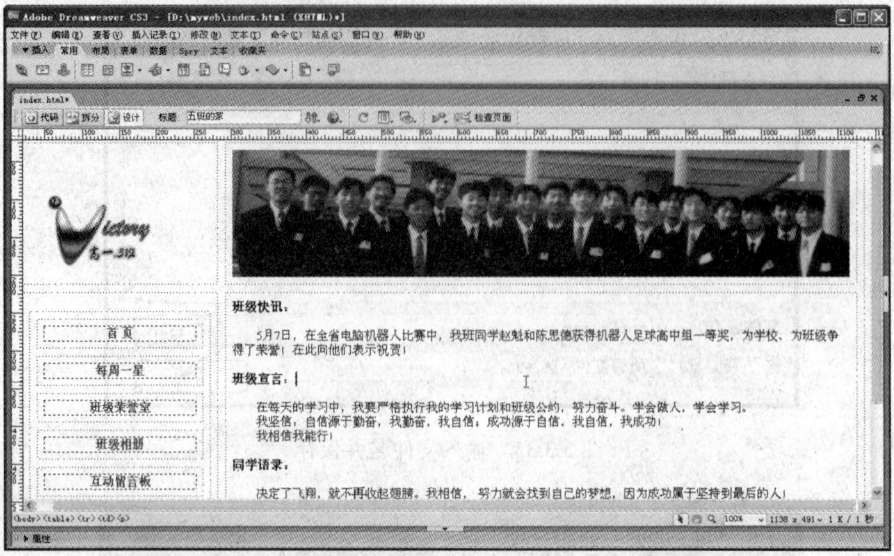

图 3.3.38　插入另一幅图片

插入图片后，还需要通过设置图片来进行调整，以收到更好的视觉效果。下面就来学习如何设置图片。

单击图片，使图片被一个矩形框住，同时出现三个小的实心矩形。鼠标指针指向图片右下角，当鼠标指针变成双向箭头时，拖动鼠标，就可以更改图片的大小，如图 3.3.39 所示。

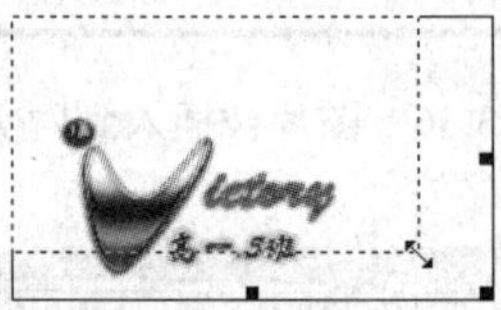

图 3.3.39　拖动鼠标更改图片大小

在单击图片时，“属性”面板同时被打开，单击“对齐”右边的▼，选择“居中”。在“替换”框中输入“五班 logo”，如图 3.3.40 所示。这样，当鼠标在浏览器中移动到该图片上时，会显示“五班 logo”几个字。特别地，由于网络慢等原因，图片不能正常下载时，图片区域会显示替代文字，所以不会影响到网页的整体浏览效果。

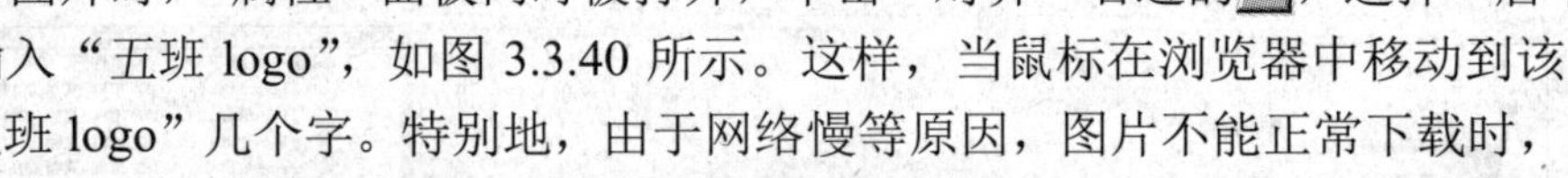

图 3.3.40　图片的属性设置

用同样的方法对网页中的另一幅图片进行设置，并保存网页。完成后在浏览器中预览网页中插入图片并进行设置以后的效果。用鼠标单击菜单栏上的“文件”，移动鼠标指针到“在浏览器中预览”上，在其下一级菜单中单击“IExplore”；或用快捷键 F12 将网页在浏览器中打开，网页显示如图 3.3.41 所示。

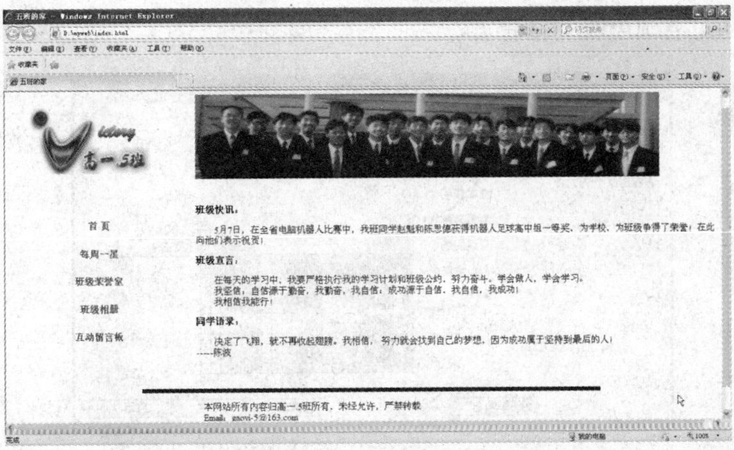

图 3.3.41　在 IE 中预览网页

子项目五：设置网页背景

图片除了可以插入到网页的特定位置，帮助文字表达网页的内容外，还可以作为背景图片，美化网页。需要注意的是，一些特殊类型的图片并不能被很好地支持，应该在使用之前通过某些图片编辑软件转换成 JPG、GIF、PNG 等格式。另外图片的体积不能过大，并要保证存放在“网页素材”文件夹中。

在编辑窗口中打开主页 index.html，用鼠标单击菜单栏上的“修改”，在下拉菜单中单击“页面属性”，打开“页面属性”对话框，操作如图 3.42 所示。

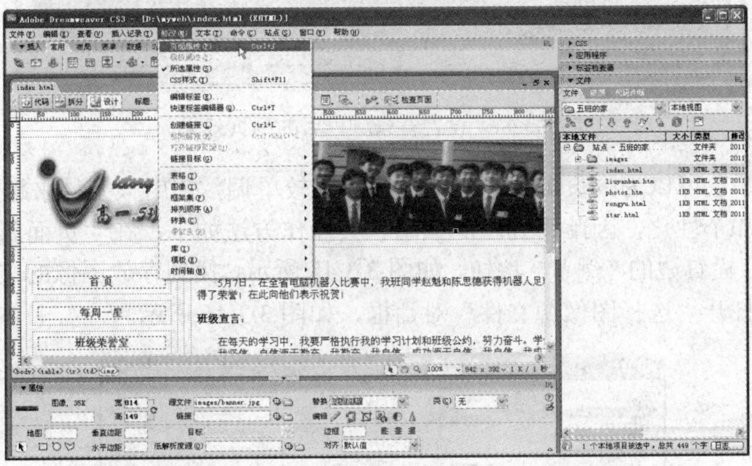

图 3.3.42　选择“页面属性”命令

如图 3.3.43 所示，在“页面属性”对话框中，可以设置文本的颜色，背景颜色等。单击“背景颜色”右边的□，选择一种颜色，将网页背景设置成该颜色。

在这里要注意，假如不对背景及文字的颜色进行设置（此时 RGB 色值显示为空），那么浏览器在显示页面的时候，就会采用系统的默认设置。但因为不同的系统其设置可能会有所不同，这样就会导致页面的显示效果也是千差万别的。为了更好地让页面体现出你的设计风格，设定页面的背景颜色及文字颜色就非常重要。

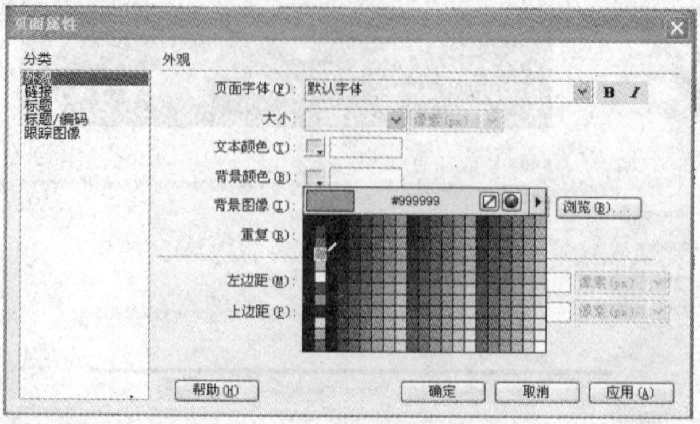

图 3.3.43　选择背景颜色

图 3.3.44 就是设置了背景颜色以后的网页效果图。

图 3.3.44　设置背景颜色后的网页效果

虽然，背景颜色可以为网页增色不少，但毕竟比较单调，使用频率越来越低。插入背景图像可以使网页更加个性化，因此得到广泛应用。其操作方法如下：在“页面属性”对话框中，单击“背景图像”栏右边的“浏览”按钮，如图 3.3.45 所示。找到存放图像的文件夹，单击“确定”按钮，再次打开“选择图像源文件”对话框，如图 3.3.46 所示。

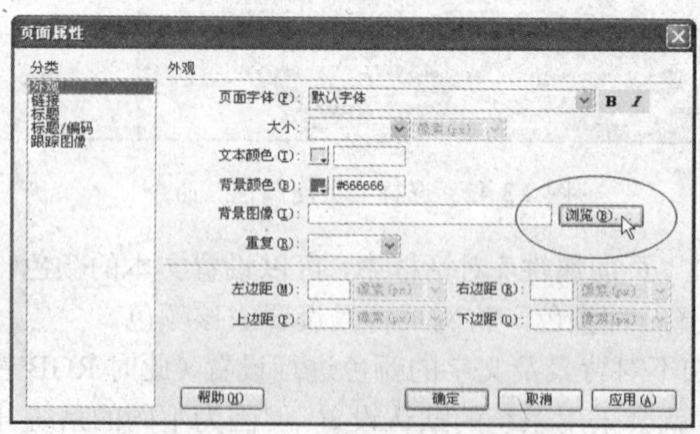

图 3.3.45　“页面属性”对话框

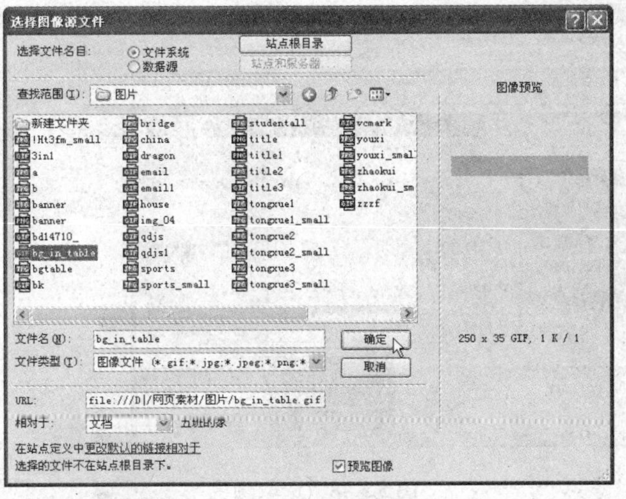

图 3.3.46　“选择图像源文件”对话框

与插入图片的操作一样，在文件夹“网页素材”的子文件夹“图片”中选中要使用的图片文件，单击“确定”按钮，然后将图片保存到网站站点的文件夹“图片”中，返回“页面属性”对话框，单击“确定”按钮，效果如图 3.3.47 所示。

在默认状态下，背景图片覆盖在背景颜色之上。所以，在设置背景图片以后，背景颜色是看不到的。

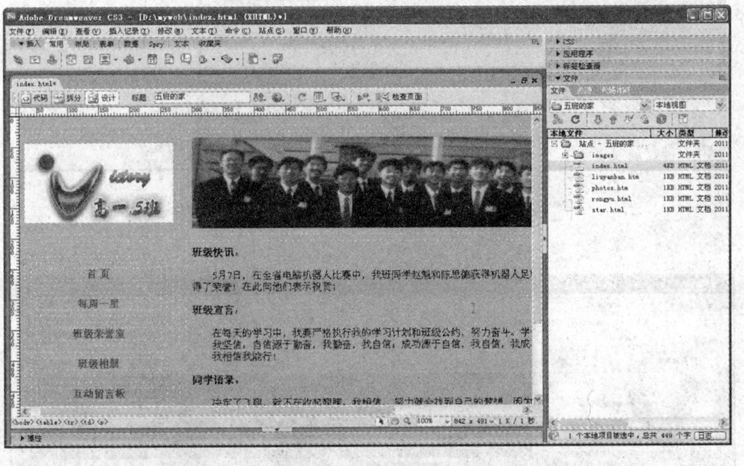

图 3.3.47　添加背景图片后的网页效果

在默认状态下，网页中表格的背景与网页的背景相同。在表格中设置背景可以将表格与网页的背景区分开，使表格的内容更突出。

在编辑窗口中拖动鼠标选中嵌套表格中的单元格，注意是选中所有单元格，不是选中整个表格。在“属性”面板上单击右下角的展开箭头，然后单击“背景颜色”后面的▢，如图 3.3.48 所示，在弹出的调色板中选择一种颜色，单元格背景颜色即被改变，效果如图 3.3.49 所示。重复上面的操作，也可以同时改变框线颜色。

按 F12 键，在 IE 浏览器中预览网页可以看到网页的真实效果，如图 3.3.50 所示。如果与设计有偏差，可以返回 Dreamweaver 编辑窗口中进行修改。

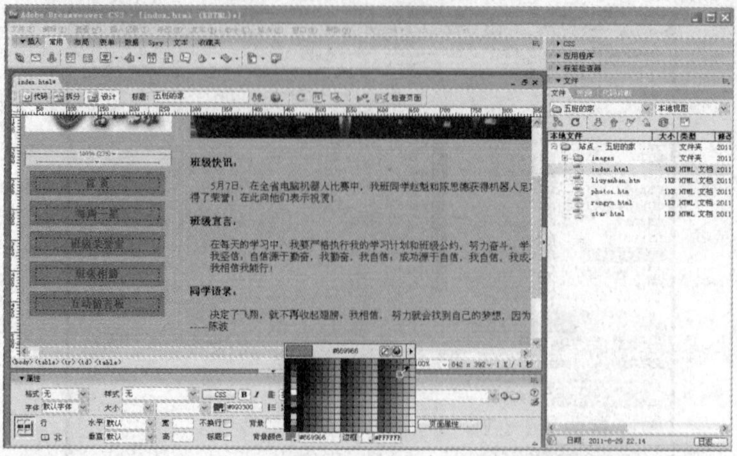

图 3.3.48　选取颜色

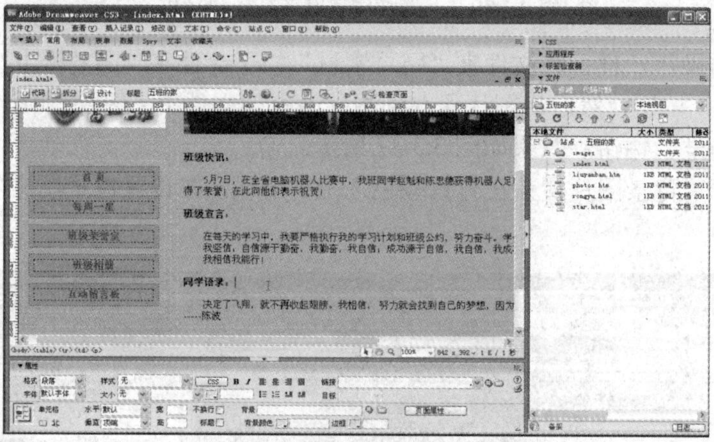

图 3.3.49　设置表格背景后的网页效果

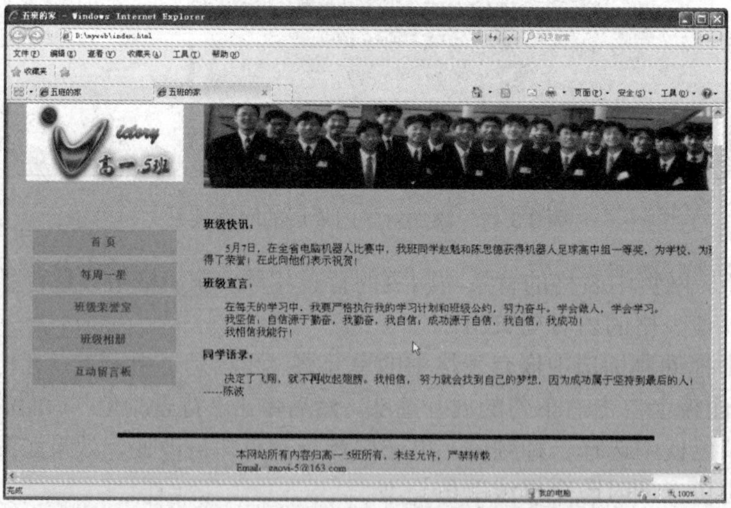

图 3.3.50　在 IE 中预览的网页效果

习　题

一、简答题

1. 文本换行时，按 Enter 键和 Shift+Enter 组合键有什么不同？
2. 怎样在 Dreamweaver 中添加中文字体？
3. 怎样打开编辑 HTML 代码的窗口？
4. 怎样在行首缩进两格？
5. 怎样更改水平线的颜色？
6. 怎样删除水平线？
7. GIF 文件与 JPEG 文件有什么不同？
8. 同时设定网页的背景颜色和背景图片，在浏览时会显示哪一种背景？

二、操作题

1. 打开爱护牙齿的网站，对网页“index.html”中的文件进行修饰，包括修改字体、字号、对齐方式、字体颜色、字体风格等，使网页更美观。
2. 通过添加代码，实现文字段首缩进两格。
3. 选择一幅颜色偏淡的图片，将其设置为网页背景。
4. 在网页下部版权信息的上端插入一条水平线，使此部分与网页正文分离，并通过设置使其与网页色调协调一致。
5. 在布局规划的相关区域中插入图片，并通过设置使图片与网页和谐统一。

项目四　创建超链接

知识目标

1. 掌握超链接的作用；
2. 理解热区文本与热区图片的含义。

技能目标

1. 熟练掌握文本超链接的建立与修改；
2. 掌握设置电子邮件超链接的方法；
3. 能够设置书签；
4. 熟练掌握设置图片超链接以及图片热区超链接的方法。

项目描述

为网页 index.html 上的文字建立超链接，使得网页被打开后，单击热区文字时，相应网页被打开。单击电子邮件的图片，可以立即进入电子邮件编辑程序。在网页“每周一星”上设置书签。在网页“班级荣誉室”上设置图像热区超链接。

根据链接的范围，超链接可以分为内部超链接、外部超链接和锚记超链接。内部超链接是指打开的超链接对象在本网站内；外部超链接是指打开的超链接对象在WWW的其他网站中；而锚记超链接可以链接到同一网页中的不同位置，类似于书签。根据建立超链接的不同对象，超链接又可以分为文本超链接和图片超链接。

子项目一：创建文本超链接

我们在浏览网页的时候，特别是浏览网络小说时，常常会看到一些蓝色带下画线的文字，将鼠标指针移动到这些文字上时，鼠标指针变成手形，单击鼠标会打开另一个网页。这个链接就是一个文本超链接，带下画线的文字称为热区文本。

创建文本超链接的一项重要工作就是选择合适的热区文本。下面我们看一下如何选择热区文本，并设置超链接。

首先，打开各个网页，输入相关内容并保存。然后在网页“index.html”中选取“每周一星”这几个字，将其作为建立超链接的热区文本。单击“属性”面板中的“浏览文件”按钮，打开“选择文件”对话框，如图3.4.1所示。

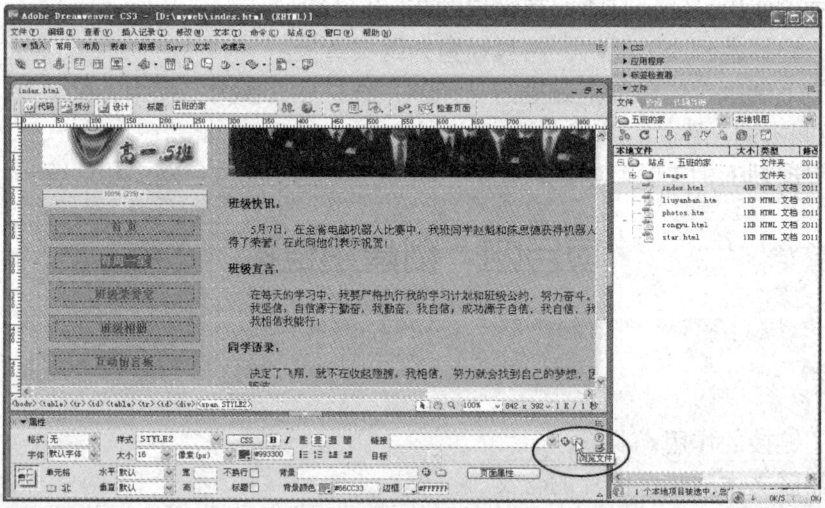

图3.4.1　单击“浏览文件”按钮

请注意：如果“属性”面板没有打开，可以使用三种方法将它打开：① 单击窗口底部的按钮；② 单击“窗口”菜单，在打开的下拉菜单中选择“属性”；③ 使用组合键Ctrl+F3。

在“选择文件”对话框中，选择网页文件“star.html”，单击“确定”按钮，如图3.4.2所示。

在编辑区域任意位置，单击鼠标，取消热区文本的选取。可以发现“每周一星”几个字变成蓝色，并出现下画线，如图3.4.3所示。

除了使用上面的方法以外，还可以使用拖曳的方法。选中热区文本以后，在“属性”面板中单击锚记标记，拖曳到右面“文件”面板中的网页“star.html”上，松开鼠标，即可完成超链接的建立，如图3.4.4所示。

图 3.4.2　选择网页文件“star.html”

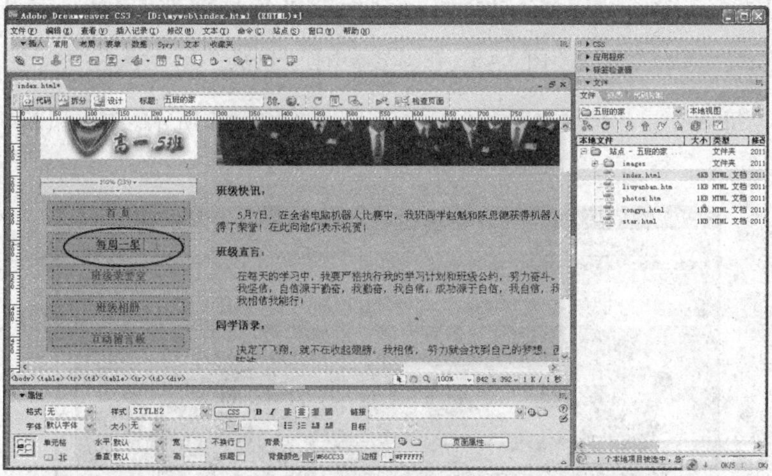

图 3.4.3　编辑后效果图

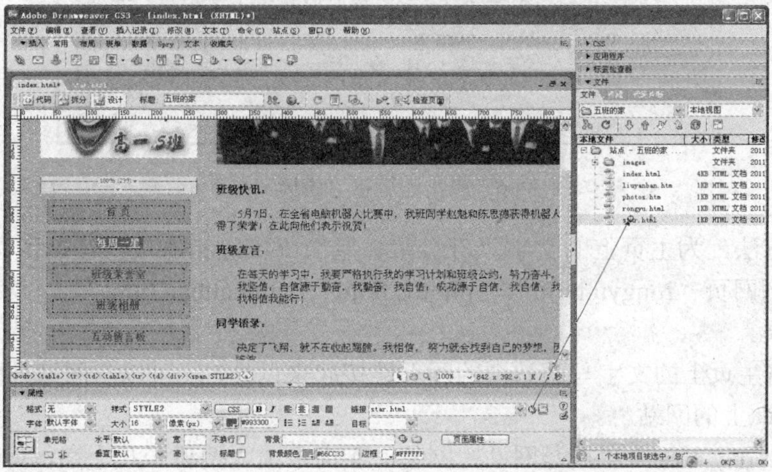

图 3.4.4　通过拖曳建立超链接

单击菜单栏上的“文件”，打开“文件”菜单，单击“保存”命令保存网页。然后再次打开“文件”菜单，移动鼠标指针到“在浏览器中预览”上，在弹出的下一级子菜单中单击“IExplore”，如图 3.4.5 所示，将网页在浏览器中打开。

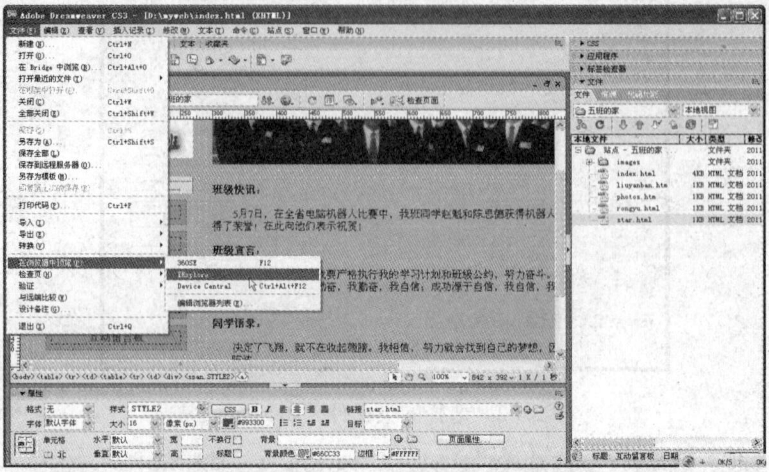

图 3.4.5　在浏览器中打开网页

移动鼠标到“每周一星”上，鼠标指针变成手形，如图 3.4.6 所示。单击鼠标，网页“star.html”被打开。

图 3.4.6　单击超链接“每周一星”

用同样的方法，为主页上的文字“班级荣誉室”、“班级相册”、“互动留言板”建立超链接，分别链接到网页“rongyu.html”、“photos.html”、“liuyanban.html”上，并在浏览器中预览超链接的效果。

除了可以将主页上的文字与网站中的网页链接起来以外，还可以与网站外的文件相连，甚至可以是 Internet 上的网站。

在主页的合适位置输入“推荐网站：网易　雅虎中国　搜狐”几个字，如图 3.4.7 所示。下面的操作将把它们与相应的网站链接起来。

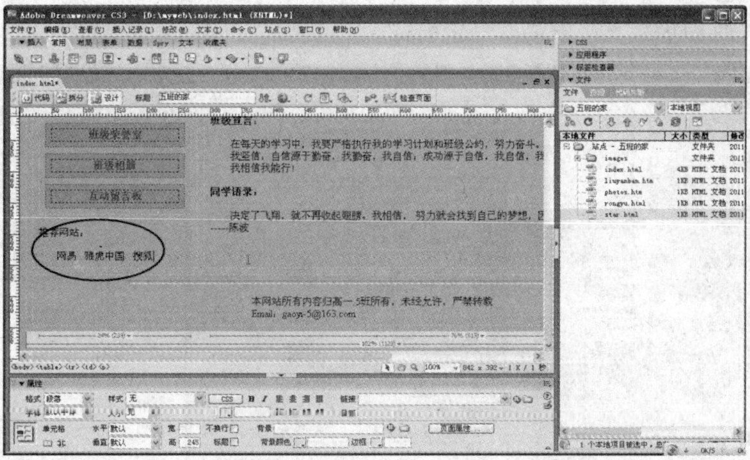

图 3.4.7　输入文字

首先选中“网易”两个字，然后在“属性”面板的“链接”栏中输入“网易”的 Internet 地址：http://www.163.com，如图 3.4.8 所示。

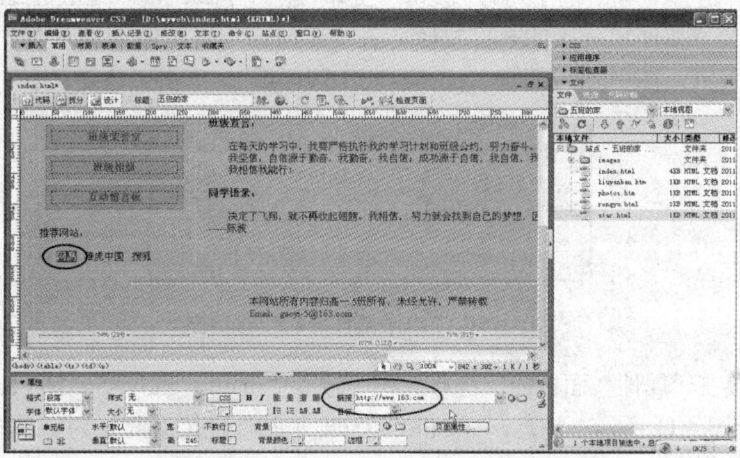

图 3.4.8　在“属性”面板中输入“网易”的网址

保存网页后，按 F12 键，在浏览器中将网页打开。将鼠标指针移动到“网易”两个字上，可以看到鼠标指针变成手形，单击鼠标，如果你已经连接到 Internet 上，则网易的主页会被打开。

重复上述操作，为“搜狐”、“百度”和“新浪”创建超链接，将它们与相应的网站链接起来。

子项目二：创建电子邮件超链接

在网页的制作过程中，要处处体现出以浏览者为中心，即处处为浏览者提供方便。电子邮件超链接是为浏览者与网页所有者之间架起的沟通的桥梁。浏览者只需单击电子邮件超链接，就可以打开电子邮件编写软件，并且自动输入电子邮件地址，非常方便。下面就来看一下如何建立电子邮件超链接。

在网页“index.html”中拖动鼠标，选择文字“Email: gaoyi-5@163.com”为热区文本。单击菜单栏上的“插入记录”菜单，在弹出的下一级子菜单中选择“电子邮件链接”命令，打开

“电子邮件链接”对话框，如图 3.4.9 所示。

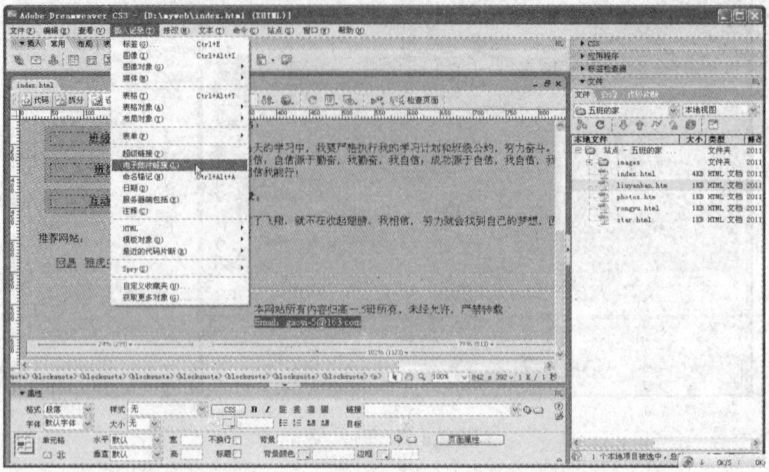

图 3.4.9　选择“电子邮件链接”命令

在“电子邮件链接”对话框中可以发现，“文本”栏中自动出现“Email: gaoyi-5@163.com”几个字，也就是电子邮件超链接的热区文字。在“E-Mail”栏中输入网页制作者的电子邮件地址，如图 3.4.10 所示，图中输入的是“gaoyi-5@163.com”，单击“确定”按钮。

图 3.4.10　“电子邮件链接”对话框

另外，若直接在“属性”面板的“链接”栏中输入“mailto: gaoyi-5@163.com”，也可以达到同样的效果，如图 3.4.11 所示。注意，“mailto:”与电子邮件地址（此处为 gaoyi-5@163.com）之间不能有空格。

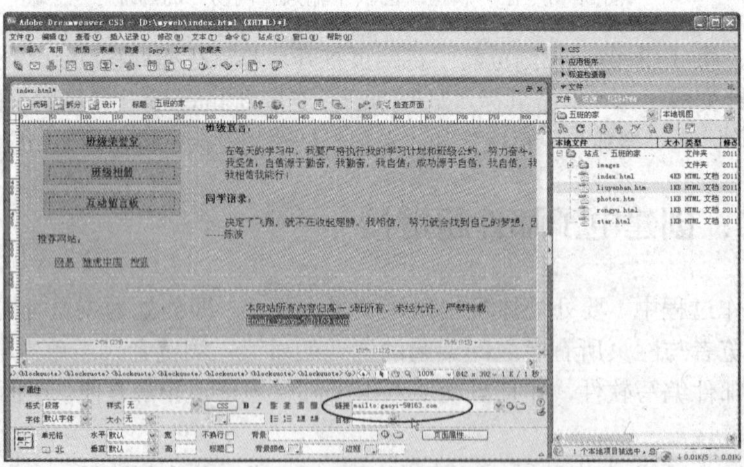

图 3.4.11　在“属性”面板中直接输入电子邮件地址

保存网页后，在浏览器中预览网页，单击“Email: gaoyi-5@163.com”，如图 3.4.12 所示。电子邮件编辑软件“Outlook Express”自动打开，同时收件人的电子邮件地址自动显示在“收件人”一栏中，如图 3.4.13 所示。

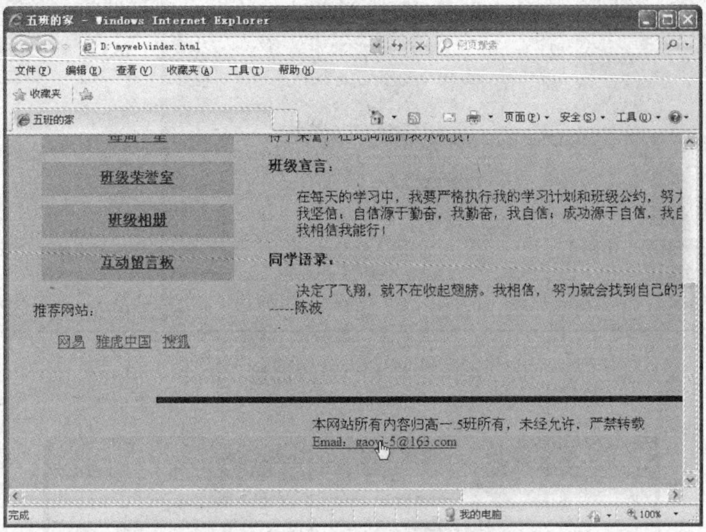

图 3.4.12 单击电子邮件超链接

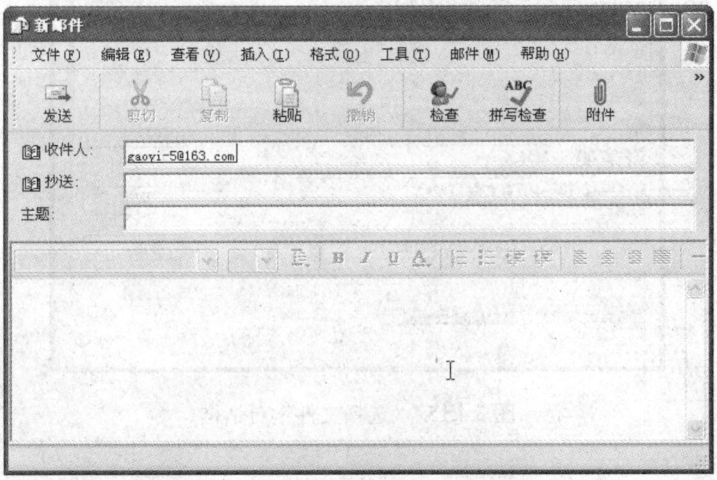

图 3.4.13 Outlook Express 自动打开

在预览过程中如果发现超链接发生错误，可以随时进行修改。

在编辑窗口中选中需要修改的超链接的热区文本，然后在“属性”面板的“链接”文本栏中便可以进行修改，修改完后用鼠标在任意区域单击即可。也可以单击“修改”菜单，在弹出的菜单中单击“更改链接”命令，如图 3.4.14 所示。

打开“选择文件”对话框，如图 3.4.15 所示，在其中重新选择需要链接的文件或输入正确的网址，单击“确定”按钮即可完成修改。

注意：每次修改完毕，都需要对修改结果进行保存，方法同前。

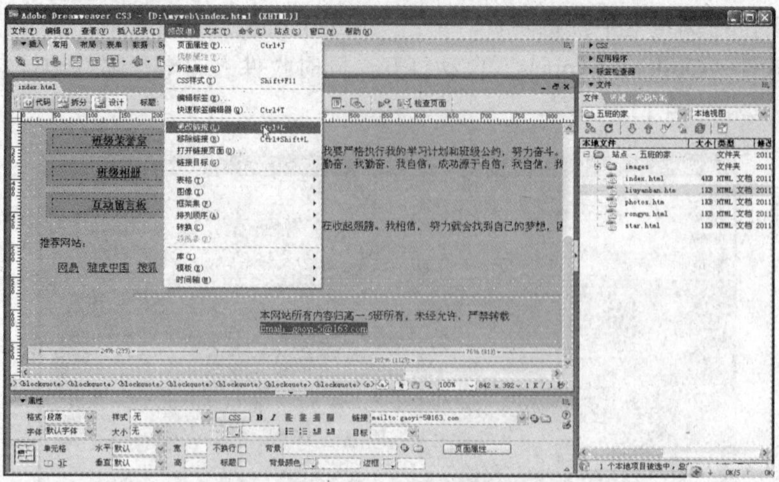

图 3.4.14　单击“更改链接”命令

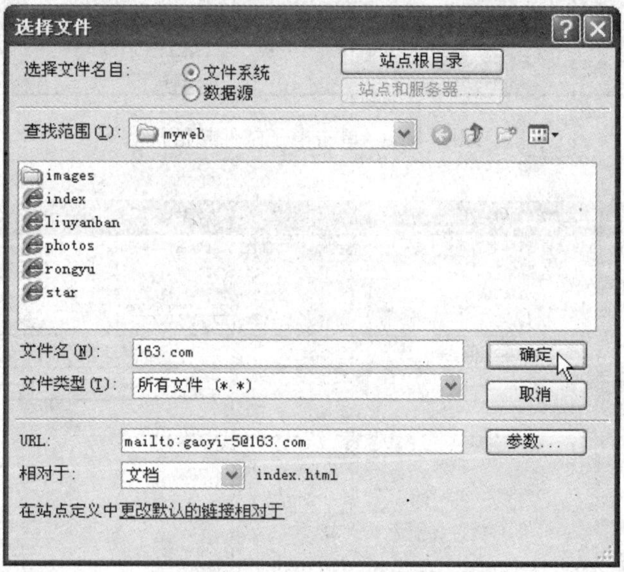

图 3.4.15　“选择文件”对话框

子项目三：创建重新打开一个窗口的超链接

我们在浏览网页的时候，常常会遇到这种情况，在打开超链接时，网页内容并没有显示在已打开的 IE 窗口中，而是重新打开一个窗口，在新开窗口中显示所链接的内容。这种形式的超链接可以使浏览者非常方便地在各个窗口间查询信息。

在编辑窗口中，建立超链接以后，选取“每周一星”，在“属性”面板中单击“目标”右边的▼，在下拉菜单中选择“_blank”，然后将网页保存，如图 3.4.16 所示。

保存网页后，在浏览器中浏览并单击超链接热区文本，可以发现所链接的网页“每周一星”在新打开的窗口中显示出来，如图 3.4.17 所示。

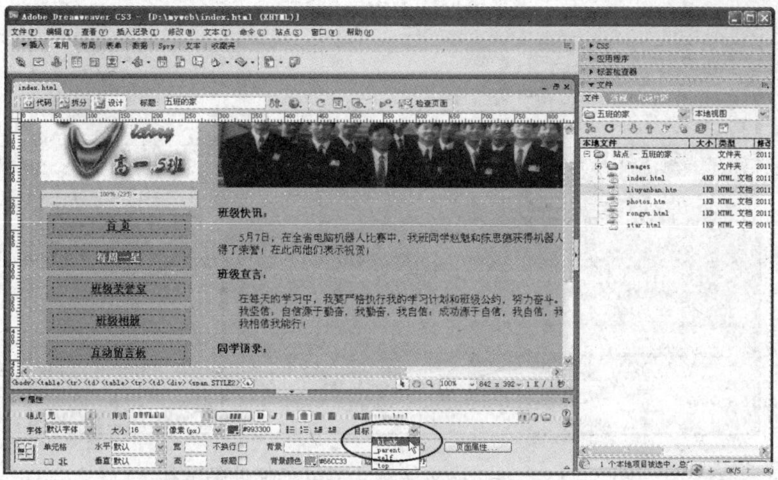

图 3.4.16　“目标”选择“_blank”

图 3.4.17　“每周一星”在新开窗口中打开

除了_blank 以外，链接目标还有三个选项，这三个选项都与框架有关。_parent 表示在显示链接的框架的父框架集中打开链接的文档，同时替换整个框架集，也就是说整个框架文件被覆盖。_self 表示在当前框架中打开链接，同时替换该框架中的内容。_top 表示在当前浏览器窗口中打开链接的文档，同时替换所有框架。

其实在使用框架时，还会显示框架的名称，这样可以选择一个命名框架以打开该框架中链接的文档。这是使用最广泛的一种方式。

子项目四：创建整个图片超链接

首先在网页“index.html”左侧插入一幅动画图片，该动画图片显示的是信件的收发过程。下面看一下如何为该图片建立电子邮件超链接。

选中主页左侧的电子邮件图片，然后在“属性”面板的“链接”栏中输入“mailto:gaoyi-5@163.com”，如图 3.4.18 所示。在网页任意位置单击鼠标，保存网页。这样就为图片文件建立了电子邮件超链接。

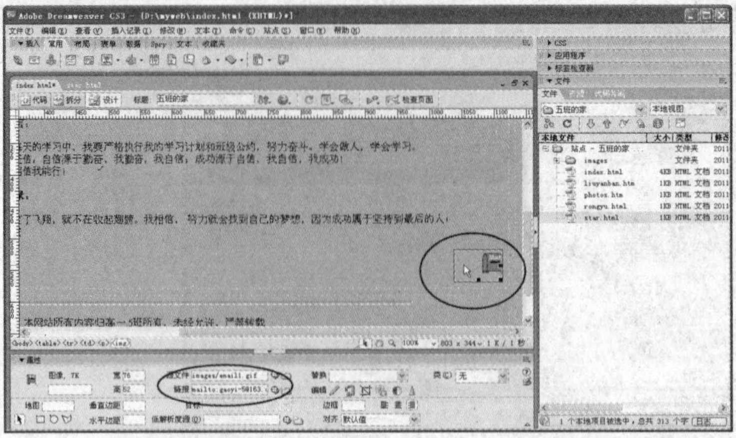

图 3.4.18　为图片文件建立了电子邮件超链接

在浏览器中预览网页，单击电子邮件图片，如图 3.4.19 所示。电子邮件编辑软件“Outlook Express”自动打开，同时收件人的电子邮件地址自动显示在“收件人”一栏中，如图 3.4.20 所示。

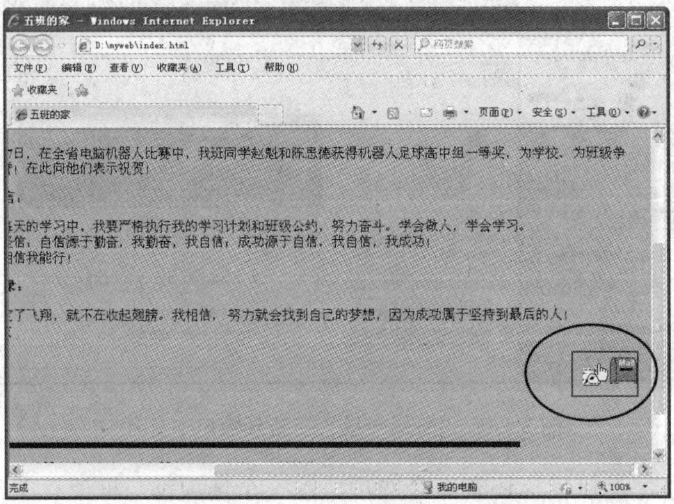

图 3.4.19　单击电子邮件图片

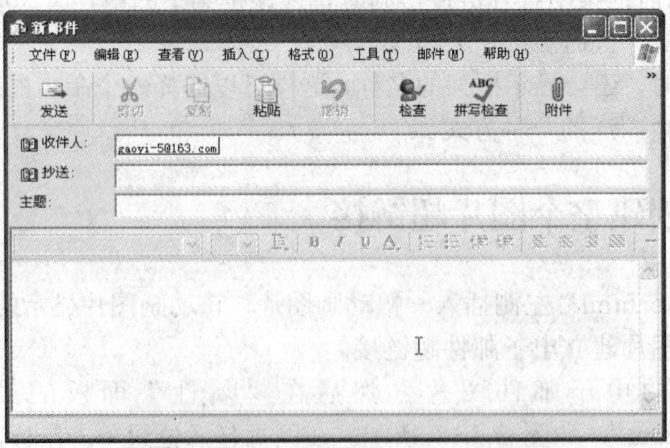

图 3.4.20　为图片文件建立了电子邮件超链接

子项目五：创建图片热区超链接

还可以利用图片热区为图片的不同位置建立不同的超链接。网页“rongyu.html”上方是一幅图片，这是全班同学的合影。下面为图片上的每一个人都建立一个电子邮件超链接，使得单击每一个人的头像，都可以给这个同学发送电子邮件。

选中整个图片，用鼠标单击“属性”面板中的“矩形热点工具”按钮，如图 3.4.21 所示。

图 3.4.21　单击“矩形热点工具”按钮

在被选中的整个图片上拖动鼠标指针，画一个虚框将一个同学的头像框中，可以发现被选区域变虚。在“属性”面板中的“链接”栏中输入该同学的电子邮件超链接，注意不要遗漏“maito:”，在“替换”栏输入该同学的名字，如图 3.4.22 所示。这样在浏览器中浏览网页时，当鼠标指针移动到刚才变虚的被选区域上时，鼠标指针会变成手形，作为有超链接的提示。

图 3.4.22　为图片热区建立超链接

保存网页后，在浏览器中预览网页，移动鼠标指针到图片上的头像时，鼠标指针变成手形，同时出现替代文字，也就是该同学的名字，如图 3.4.23 所示。单击鼠标，Outlook Express 被打开，如图 3.4.24 所示。

用同样的方法，重复上述操作，可以为图片上的不同位置建立不同的超链接。

图 3.4.23　单击图片热区超链接

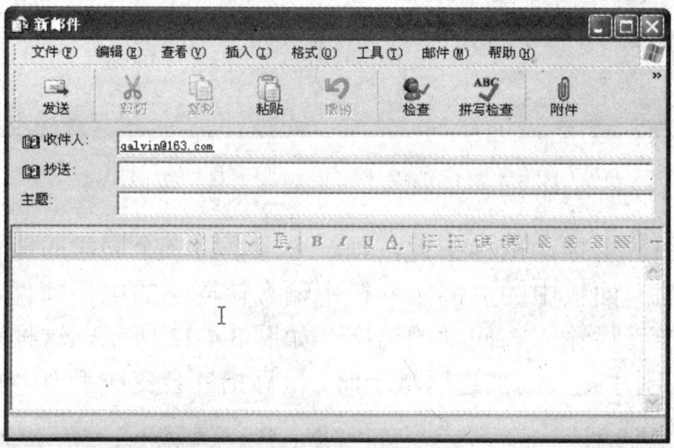

图 3.4.24　Outlook Express 被打开

子项目六：使用 Flash 动态文本超链接

在本项目中，通过操作可以用 Flash 动态文本代替超链接的热区文字，使网页增加动态的效果。

在 Dreamweaver 中打开网页“index.html”，将超链接文本“每周一星”几个字删除，并让光标出现在该单元格中。单击“插入”面板中的“媒体”，打开“媒体”下拉菜单，如图 3.4.25 所示。

在“媒体”下拉菜单中选择“Flash 文本”，打开“插入 Flash 文本”对话框，在“插入 Flash 文本”对话框的“文本”栏中，输入文字“每周一星”，如图 3.4.26 所示。

单击“字体”栏右边的▼，选择字体为“楷体_GB2312”，字体大小为“20”，如图 3.4.27 所示。

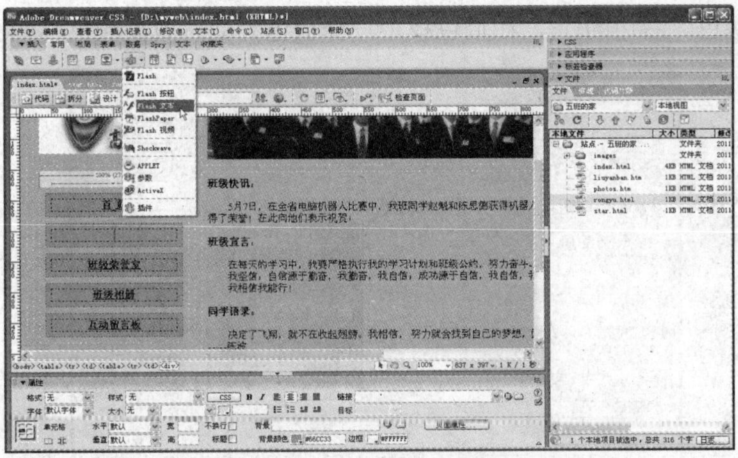

图 3.4.25　打开"媒体"下拉菜单

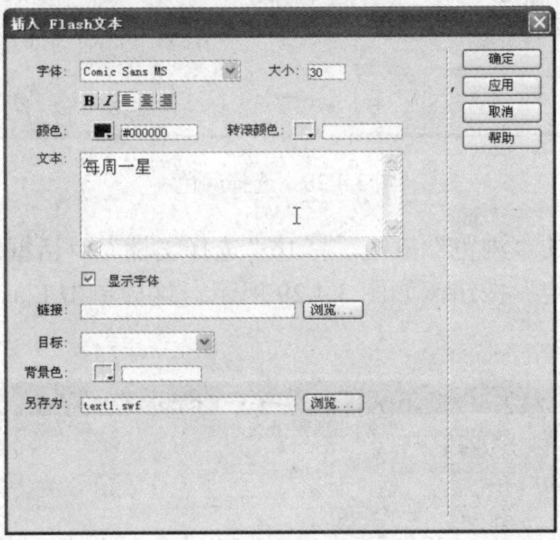

图 3.4.26　插入文字

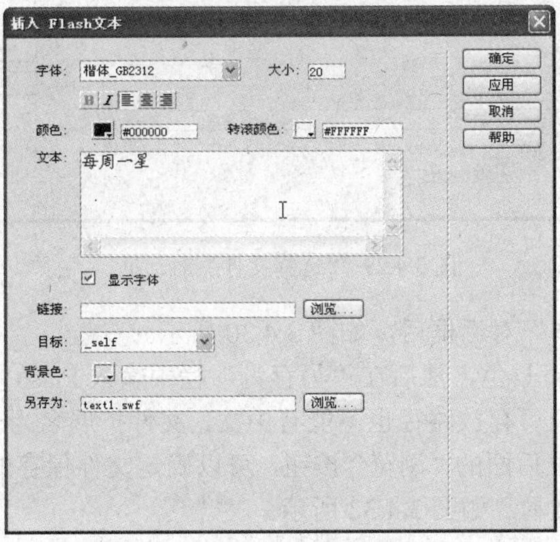

图 3.4.27　选择字体

单击“转滚颜色”右边的▢，在调色板中选择蓝色为动态效果颜色，如图 3.4.28 所示。

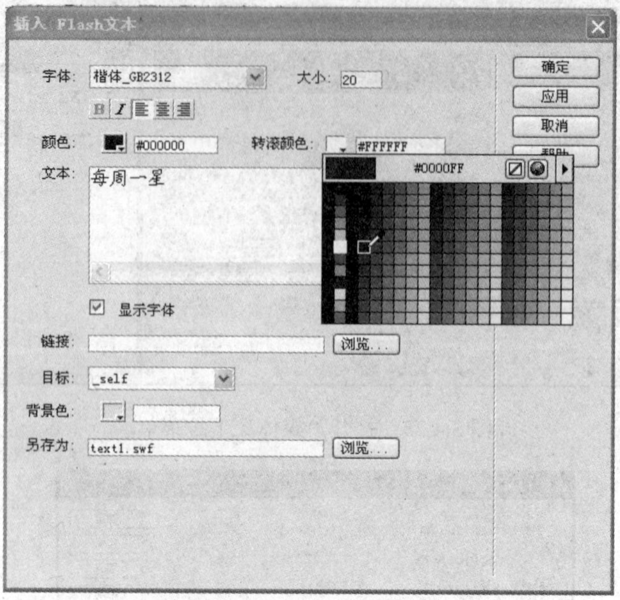

图 3.4.28　选择颜色

单击“链接”栏右边的“浏览”按钮，打开“选择文件”对话框。在该对话框中，选择文件“star.html”，单击“确定”按钮，如图 3.4.29 所示。这样单击 Flash 文本（“每周一星”）时将打开该网页。

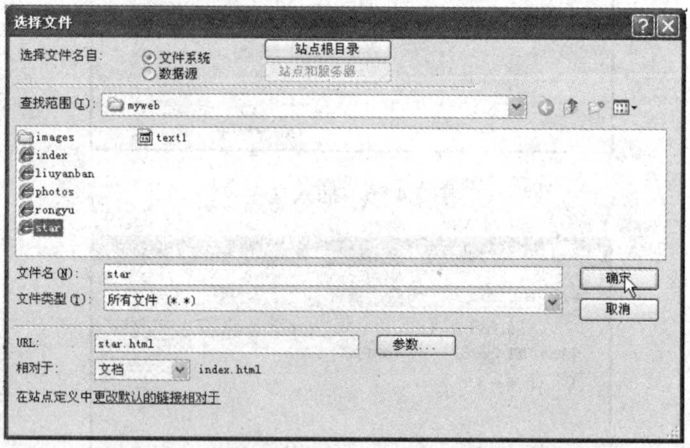

图 3.4.29　“选择文件”对话框

返回“插入 Flash 文本”对话框后，如图 3.4.30 所示。

更改背景色为网页的背景色，然后在“另存为”栏中输入 Flash 文件名称，如图 3.4.31 所示。注意文件名不能为中文，存放路径也不能有中文，文件扩展名为“.swf”，当然也可以采用默认名称。如果单击文本框后面的“浏览”按钮，可以确定文件保存的位置。最后单击“确定”按钮，网页上出现 Flash 文本，如图 3.4.32 所示。

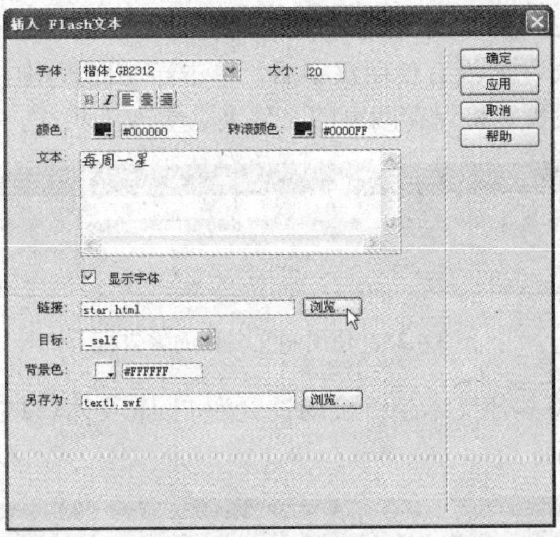

图 3.4.30 “插入 Flash 文本”对话框

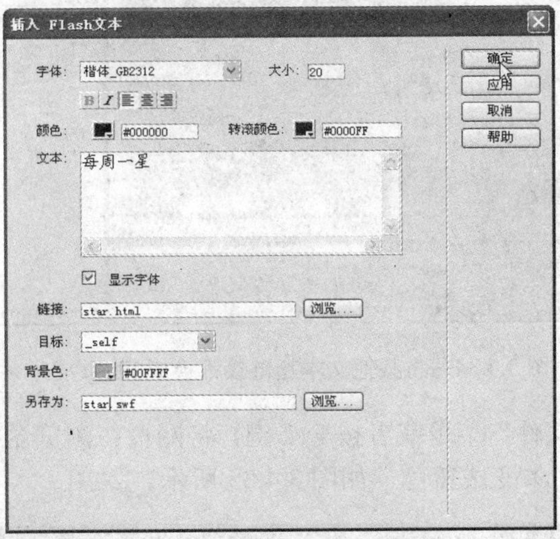

图 3.4.31 输入文件名

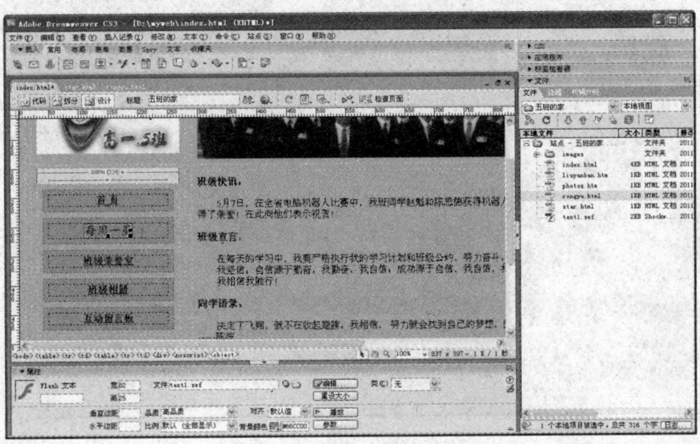

图 3.4.32 “每周一星”的 Flash 文本已经建立

注意：如果出现如图 3.4.33 所示的警告框，说明文件存放路径中有中文，Flash 文本设置无效，不能保存。在确认文件名没有使用汉字后，单击浮动面板组中“站点”菜单下的“编辑站点”命令，修改站点的设置，将保存网页的文件夹名更改为英文，可以重新设置 Flash 文本。

图 3.4.33　使用中文名称的警告框

重复上述操作步骤，将其他文本超链接均设置为 Flash 文本。取消表格背景色，调整表格大小，结果如图 3.4.34 所示。

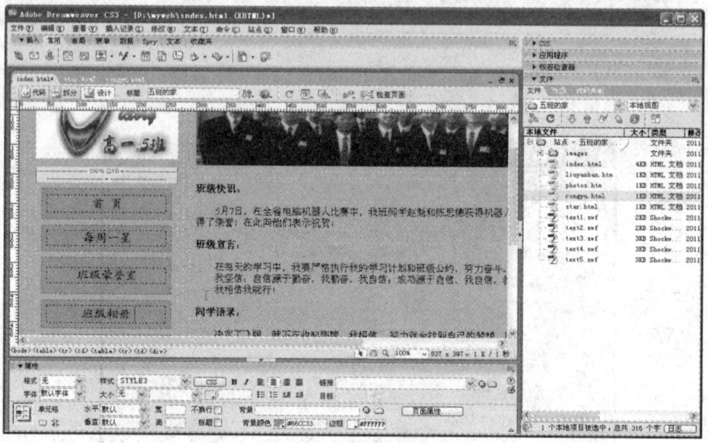

图 3.4.34　将其他文本超链接都换成 Flash 文本

保存网页后，单击“文件”菜单或者按 F12 键，将网页在浏览器中打开进行预览。移动鼠标指针到 Flash 文本上，文本变成蓝色，如图 3.4.35 所示。

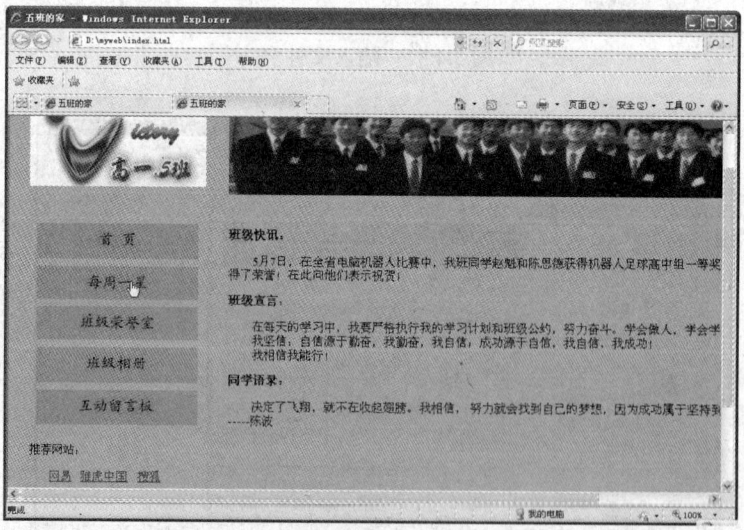

图 3.4.35　预览网页的 Flash 文本效果

子项目七：使用 Flash 按钮创建超链接

除了可以设置 Flash 文本以外，还可以将有超链接的文本换成 Flash 按钮。下面将 Flash 文本换成 Flash 按钮，并创建超链接。

在 Dreamweaver 中打开网页“index.html”，将 Flash 文本“每周一星”删除。单击“插入”面板中的“媒体”，打开“媒体”下拉菜单，在下拉菜单中选择“Flash 按钮”命令，如图 3.4.36 所示，打开“插入 Flash 按钮”对话框。

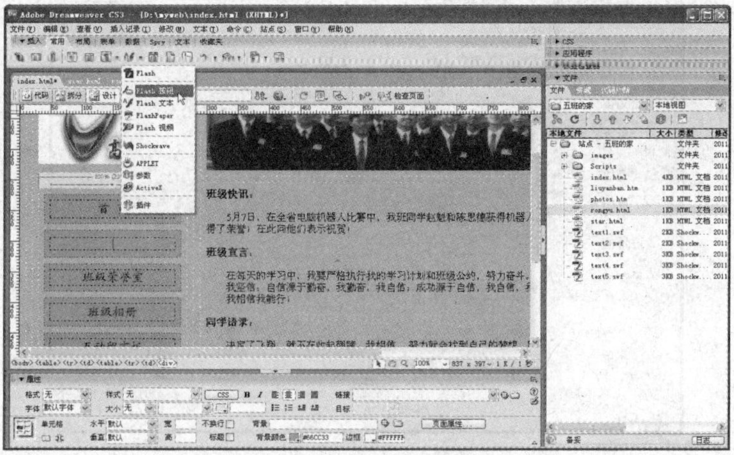

图 3.4.36　单击“Flash 按钮”

在“插入 Flash 按钮”对话框中对按钮进行设置。单击“样式”栏右边的滚动条，选择需要的按钮，则按钮形状就显示在上面“范例”一栏中，供我们参考；在“按钮文本”栏中输入按钮文本为“每周一星”；单击“字体”栏右边的▼，选择字体为“楷体_GB2312”，大小为“20”，如图 3.4.37 所示。

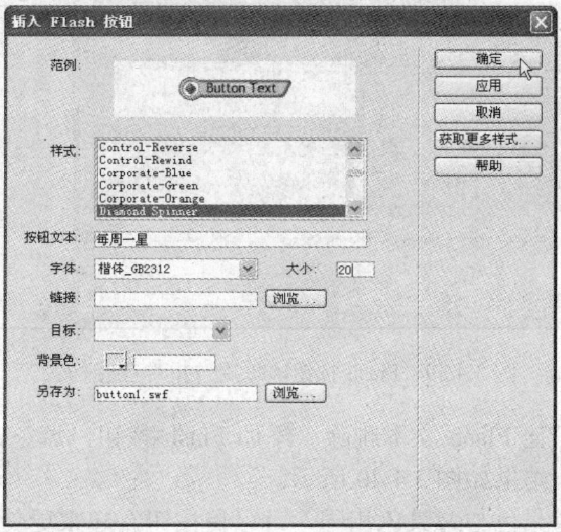

图 3.4.37　设置 Flash 按钮的文本属性

单击“链接”栏右边的“浏览”按钮，打开“选择文件”对话框。在该对话框中，选择文件“star.html”，单击“确定”按钮，在“另存为”文本栏中输入Flash文件名称。注意文件名不能为中文，存放路径也不能有中文。文件扩展名为“.swf”（也可以采用默认名称），如图3.4.38所示。最后单击“确定”按钮，网页上出现Flash按钮“每周一星”，如图3.4.39所示。

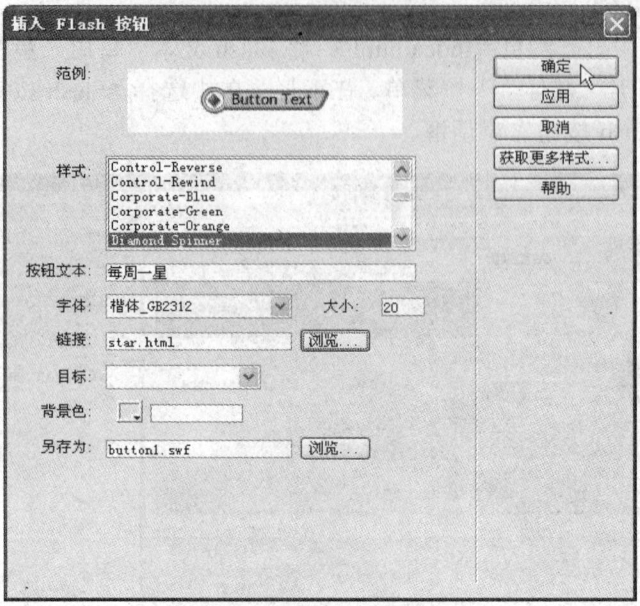

图3.4.38　设置Flash按钮的链接和文件名

图3.4.39　Flash按钮“每周一星”已经插入

重复上述操作，将其他Flash文本删除，添加Flash按钮，调整嵌套表格的背景色，使得按钮与网页更好地融合，结果如图3.4.40所示。

提示：更改按钮的背景色与背景色相同，可以使按钮看起来更美观。

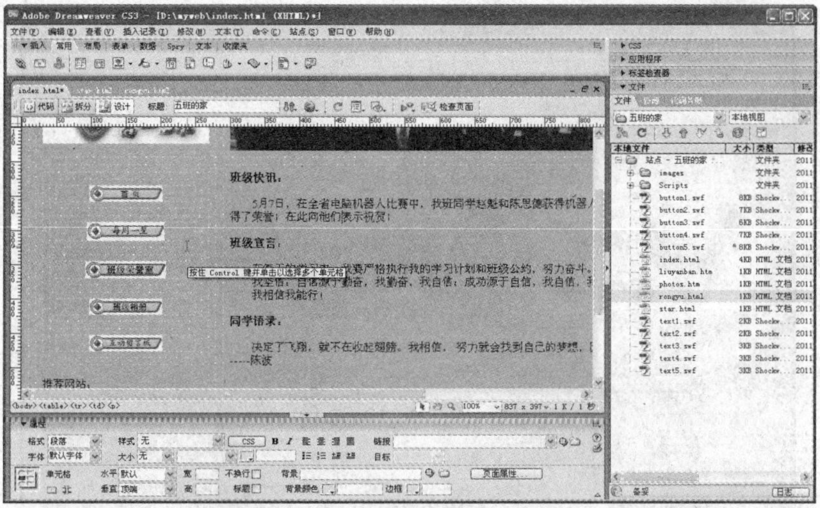

图 3.4.40 插入其他 Flash 按钮

保存网页后，单击“文件”菜单或者按 F12 键，将网页在浏览器中打开。由于使用了 Flash 的一些功能，浏览器可能会阻止这些控件的显示。在提示信息上单击鼠标右键，选择“允许阻止的内容”，可以显示 Flash 按钮，如图 3.4.41 所示。

图 3.4.41 在浏览器中预览网页

移动鼠标指针到 Flash 按钮上，单击鼠标左键，按钮发生变化，如图 3.4.42 所示。之后，链接的网站主页被打开。

图 3.4.42　预览网页最终效果

子项目八：制作网页书签

相关知识：网页书签

网页中所谓的书签，就是到达网页中某个具体位置的链接，即锚记超链接。当网页内容过长时，使用书签可以快速地浏览到所关心的信息。例如，在网页“每周一星”中共介绍了多个星期的相关信息，如果不使用滚动条，我们只能看到其中的几种。下面为每一周都建立书签，单击书签后，该周的每周一星介绍就会出现在屏幕顶端。

项目实施步骤：制作网页书签

制作网页书签，即创建锚记超链接。首先在网页的顶端输入书签说明文本，如图 3.4.43 所示。这些说明文本也是书签的热区文本。

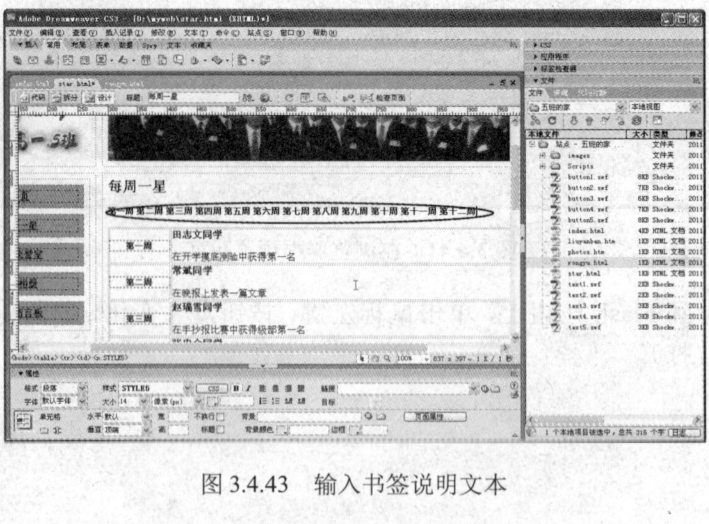

图 3.4.43　输入书签说明文本

我们以“第十周”的书签制作为例，来学习如何创建锚记超链接。拖动滚动条至网页底部，将光标置于“第十周”几个字的前面，单击菜单栏上的“插入记录”，在弹出的下拉菜单中选择“命名锚记”，如图3.4.44所示。也可以单击“插入”面板“常规”选项卡中的“命名锚记”按钮。

图3.4.44 选择“命名锚记”命令

在打开的“命名锚记”对话框中输入“第十周”作为锚记的名称，如图3.4.45所示，单击“确定”按钮。则在刚才选中的“第十周”旁边出现一个锚记的标记，如图3.4.46所示。

图3.4.45 输入锚记名称

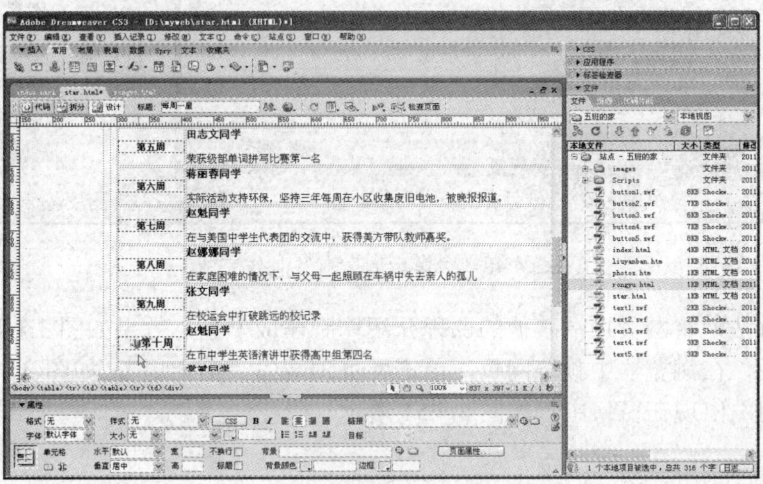

图3.4.46 锚记标记出现在“第十周”旁边

拖动滚动条到网页顶端，选中网页顶端的“第十周”几个字，用鼠标拖动“属性”面板中的⊕到正文“第十周”旁边的锚记标记上。这时，可以发现“属性”面板的“链接”栏中出现“#第十周”，如图 3.4.47 所示。松开鼠标，网页顶端的“第十周”几个字变成蓝色并带有下画线，如图 3.4.48 所示。

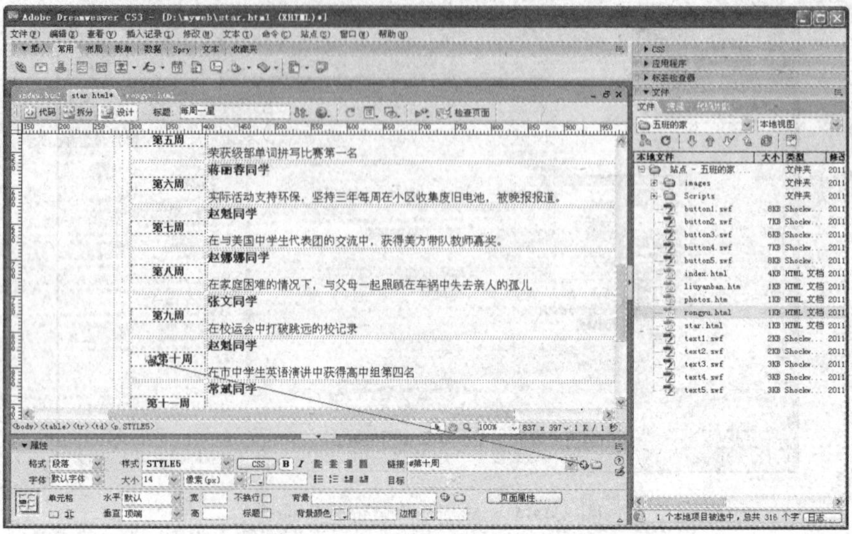

图 3.4.47　拖动锚记标记

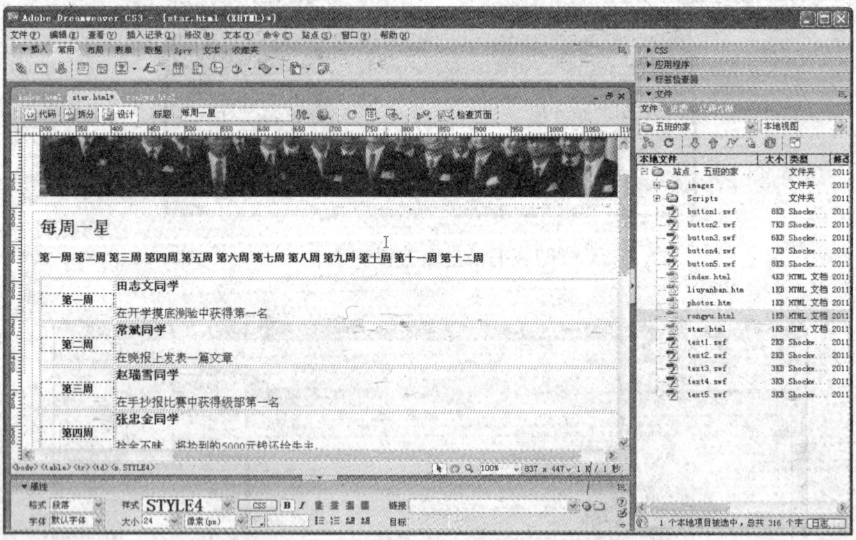

图 3.4.48　“第十周”书签制作完成

用同样的方法，将网页顶端其他的课程介绍均制作成书签，效果如图 3.4.49 所示。

保存网页后，在浏览器中预览网页，单击网页顶端的“第十周”，如图 3.4.50 所示，则正文中的“第十周”出现在窗口中，如图 3.4.51 所示。

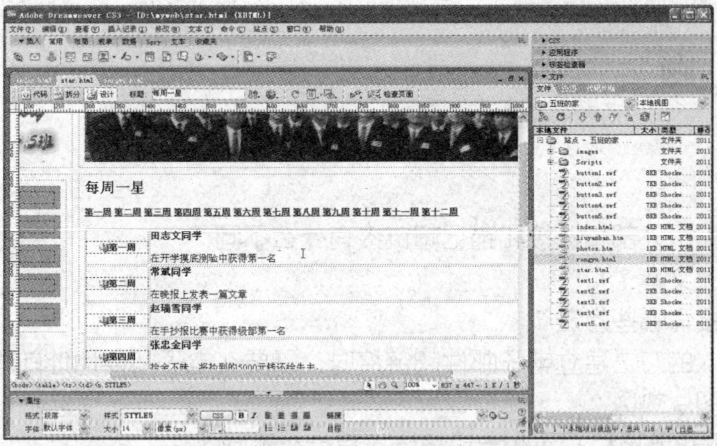

图 3.4.49 书签制作完成

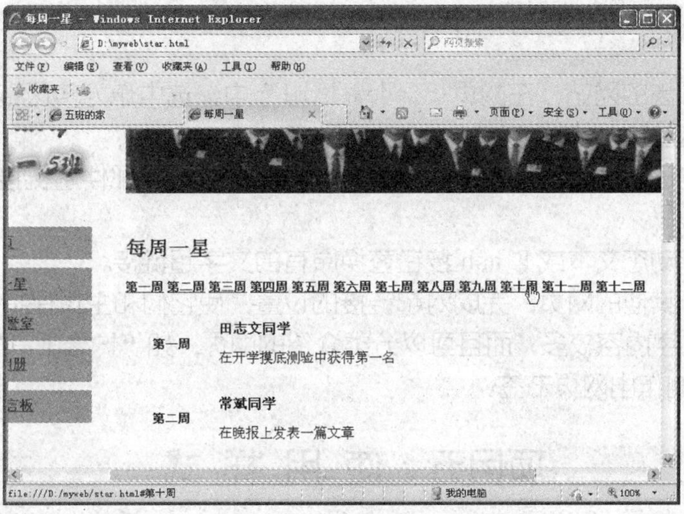

图 3.4.50 单击“第十周”

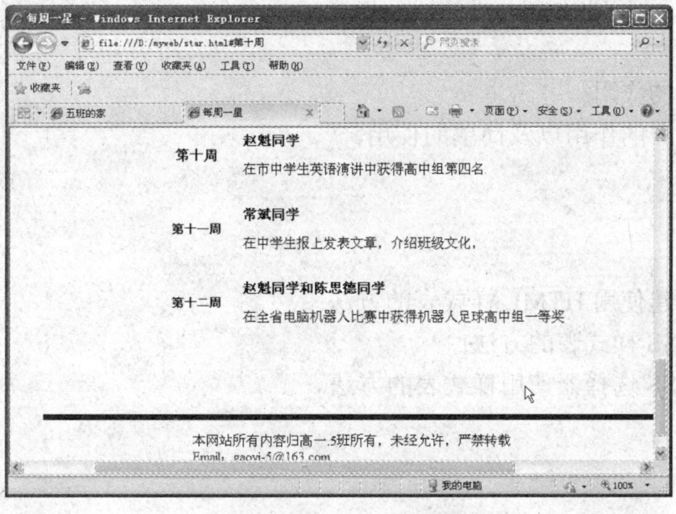

图 3.4.51 “第十周”出现在窗口中

习　题

一、简答题

1．内部超链接、外部超链接和锚记超链接有什么不同？
2．什么叫热区文本？
3．建立超链接有哪些方法？
4．用直接输入的方法建立电子邮件超链接时，需要在电子邮件地址前输入什么？
5．怎样设置图片热区？
6．Flash 文本超链接和 Flash 按钮超链接有什么不同？
7．什么叫网页书签？有什么作用？

二、操作题

1．打开爱护牙齿的网站，在网页“index.html”中，选中作为热区链接的文字，设置超链接，将它们与相应的网页链接起来。

2．选中作为电子邮件超链接的文字或图片，为其建立电子邮件超链接。电子邮件地址统一为：ya@163.com。

3．使用 Flash 动态文本或 Flash 按钮替换原有的文字超链接。

4．建立或打开其他的网页，完成对超链接的设置，使它们和主页保持一致。

5．选择一个文字内容较多，而且可以分类介绍的网页，如“护牙工具”，将相关的文本复制到该网页中，并制作出网页书签。

项目五　使用样式

知识目标

1．知道样式表的作用；
2．知道“行为”的作用以及简单的使用。

技能目标

1．熟练掌握创建使用 HTML 样式表的方法；
2．掌握创建 CSS 样式表的方法；
3．掌握使用 CSS 选择器使用样式表的方法。

项目描述

创建一个 CSS 样式，使用该样式，使网页中文字的行间距为 1.5 倍。创建一个 CSS 样式，使用该样式，将网页中的超链接热区文字的下画线去掉。

项目预备知识：样式表及其分类

样式表也称为样式，是目前网页制作中普遍应用的一项技术，它通过设置 HTML 代码标签来实现对网页文本的字体、颜色、填充、边距和字间距等进行格式化操作。在应用了样式表的网页中，如果要更改一些特定文本的样式风格，可以直接采用自定义的样式表，而不必频繁使用“属性”面板。而且，使用样式表还有一个好处，当别人浏览你的网页时，无论选择显示字体为何种大小，网页中的文字大小都不会变化。

样式表可以分为 HTML 样式表和 CSS 样式表，HTML 样式表功能比较弱，格式化文本的效率也不高，类似于 Word 中的“格式刷”。在 Dreamweaver 的早期版本中，还有 HTML 样式的控制面板，在 Dreamweaver CS 中已经看不见 HTML 样式了。

在“文本”菜单下的“样式”子菜单中可以看到一些 HTML 样式。选中文字，单击这些样式，就可以将文字变成该样式设定的样子。

CSS 是 Cascading Style Sheets（层叠样式表单）的简称。对于设计者来说它是一个非常灵活的工具，它允许设计者在 HTML 文档中加入样式，不但不必再把繁杂的样式定义编写在文档结构中，而且可以将所有关于文档的样式指定内容全部脱离出来，在行内定义，在标题中定义，甚至作为外部样式文件供 HTML 调用。CSS 是当前网页设计中不可缺少的技术，我们现在最常见的去除链接文字的下画线就是 CSS 最简单的应用。

子项目一：使用 CSS 样式增大行间距

前面学习过使用 Shift+Enter 组合键更改行间距的方法，但那种方法太呆板，无法灵活应用。使用 CSS 样式可以轻松、简单地增大行间距。

在 Dreamweaver 中打开网页“index.html”，单击窗口右边浮动面板中的“CSS”，在打开的面板中单击，在弹出的菜单中选择“新建”命令，如图 3.5.1 所示。

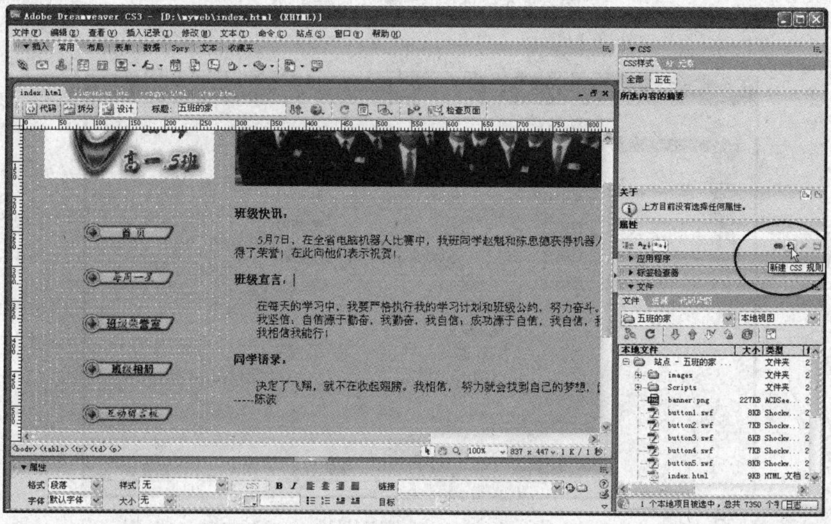

图 3.5.1　选择“新建”命令

在“新建 CSS 规则”对话框中输入：.hangjv，作为样式名称，注意前面有一个小数点，目的是避免与其他 HTML 标记混淆。选择“定义在”为“仅对该文档”，单击“确定”按钮，如图 3.5.2 所示。

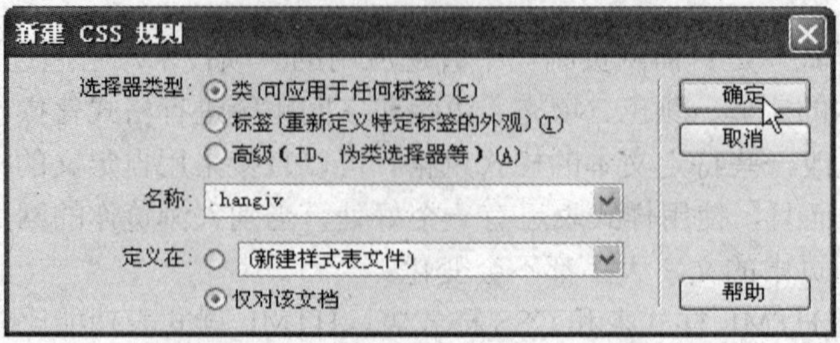

图 3.5.2 “新建 CSS 规则”对话框

在弹出的“.hangjv 的 CSS 规则定义”对话框中，单击行高右边的▼，在下拉选项中选择“(值)”，然后再将文本框中的“(值)”删掉，输入“20”，将行高值设为 20 像素，单击“确定”按钮，如图 3.5.3、图 3.5.4 所示。

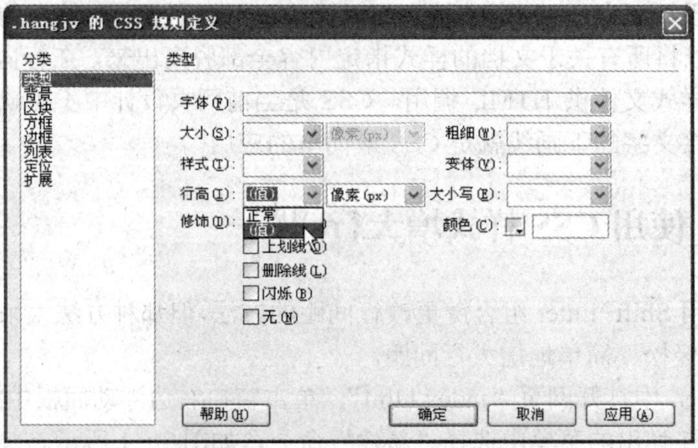

图 3.5.3 选择行高“（值）”

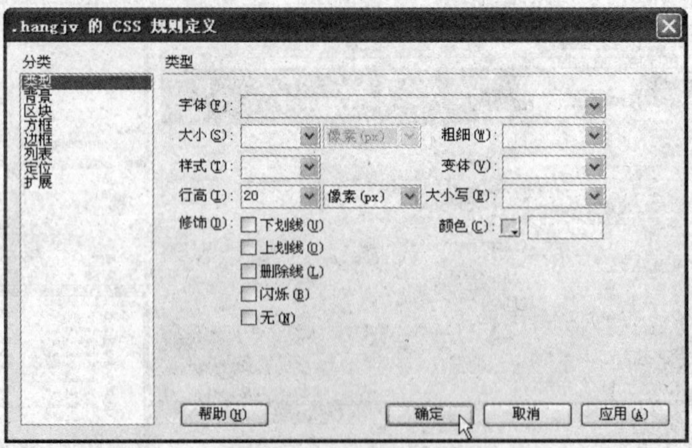

图 3.5.4 输入行高值为 20 像素

此时，在“CSS”面板中可以发现，出现了名为 huangjv.css 的一个样式，如图 3.5.5 所示。

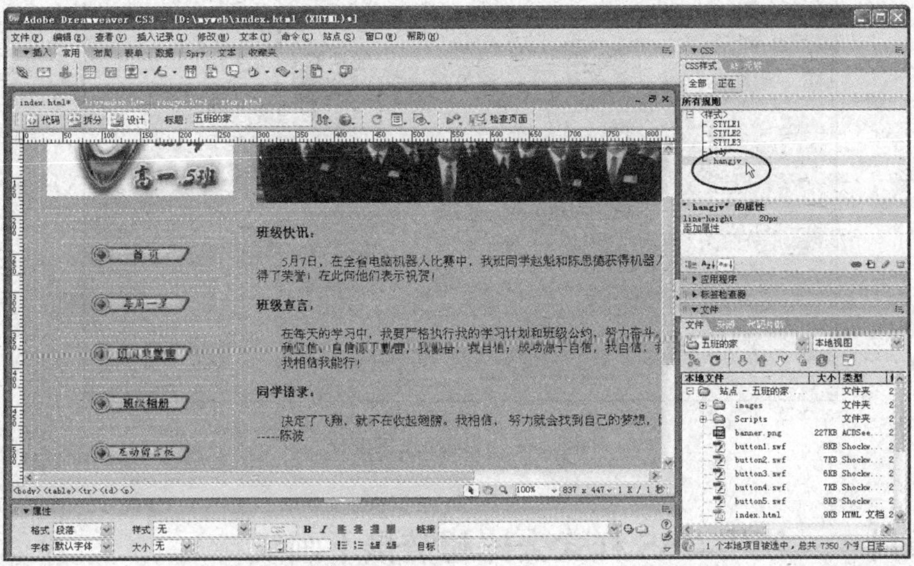

图 3.5.5　CSS 样式建立成功

在网页“index.html”中单击鼠标，使光标出现在第一段文字中，右击样式表中的样式“.hangjv”，在弹出的快捷菜单中选择“套用”，如图 3.5.6 所示，套用样式后第一段文字的行间距变成 20 像素，效果如图 3.5.7 所示。

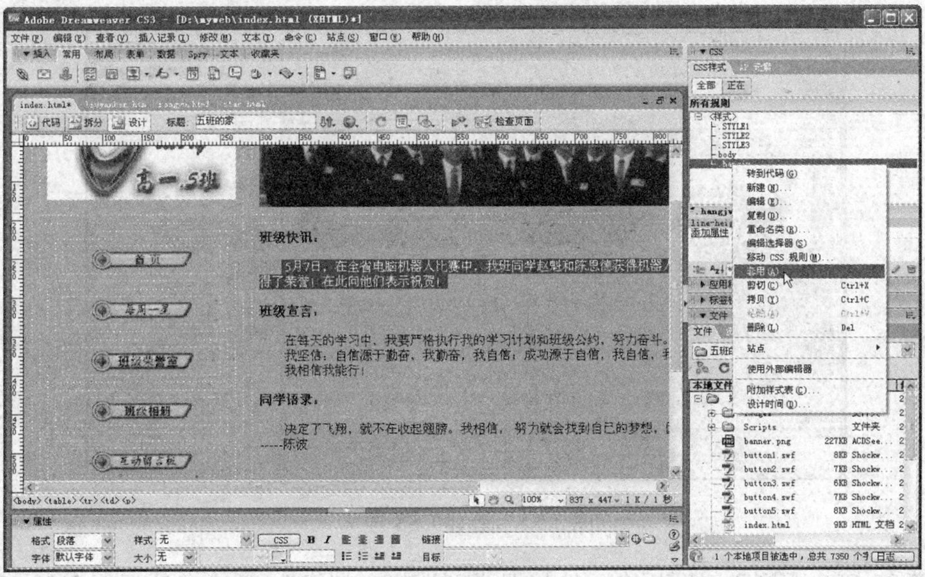

图 3.5.6　套用 CSS 样式

重复上一步操作，将网页中各段文字的行间距都更改成 20 像素的宽度，这显然比用 Shift+Enter 组合键的方法来设定行间距要灵活得多了。

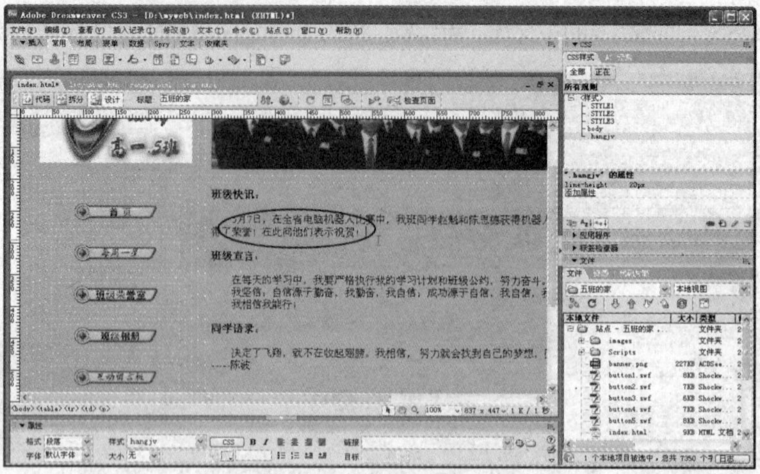

图 3.5.7　行间距发生变化

子项目二：使用 CSS 样式去掉超链接下画线

在使用文本超链接的网页中可以看到带有下画线的热区文字，虽然这些下画线对于超链接有提示作用，但往往影响美观。使用 CSS 可以非常轻松地将这些下画线隐藏。

在 Dreamweaver 中打开网页“star.html”。在窗口右边的“CSS”面板中单击▤，如图 3.5.8 所示，打开“新建 CSS 样式”对话框。

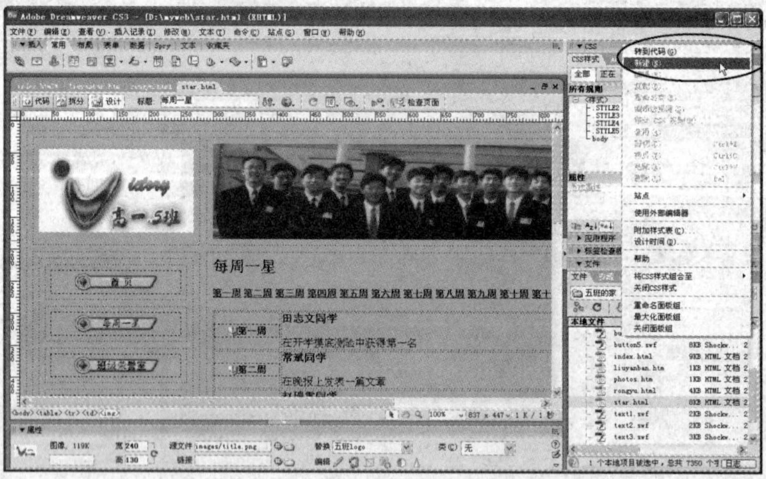

图 3.5.8　新建 CSS 样式

在“新建 CSS 规则”对话框中，选择器类型选择“高级”，单击“选择器”右边下拉框的▼，在下拉选项中选择“a:link”，这表示对超链接进行操作；如果选择“a:hover”，表示鼠标指向链接时的效果；选择“a:active”，表示链接激活时的效果；选择“a:visited”，表示已单击过的链接效果。如图 3.5.9 所示，单击“确定”按钮。

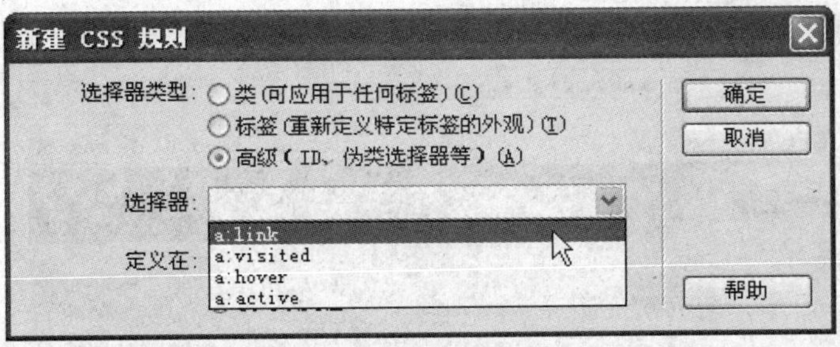

图 3.5.9 “新建 CSS 规则”对话框

在“a:link 的 CSS 规则定义”对话框中，选择“无”，如图 3.5.10 所示，单击“确定”按钮。

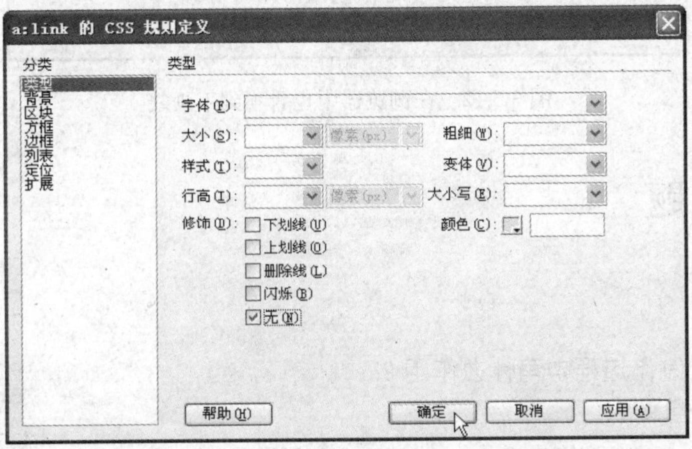

图 3.5.10　“a:link 的 CSS 规则定义”对话框

此时，可以发现网页上的超链接热区文字下的下画线已经消失，如图 3.5.11 所示。

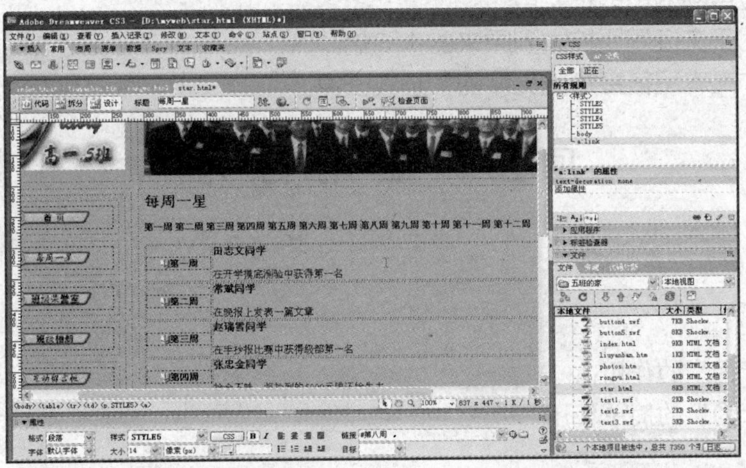

图 3.5.11　超链接热区文本下画线消失

在 IE 浏览器中将网页打开，可以发现超链接热区文本都没有下画线，如图 3.5.12 所示。

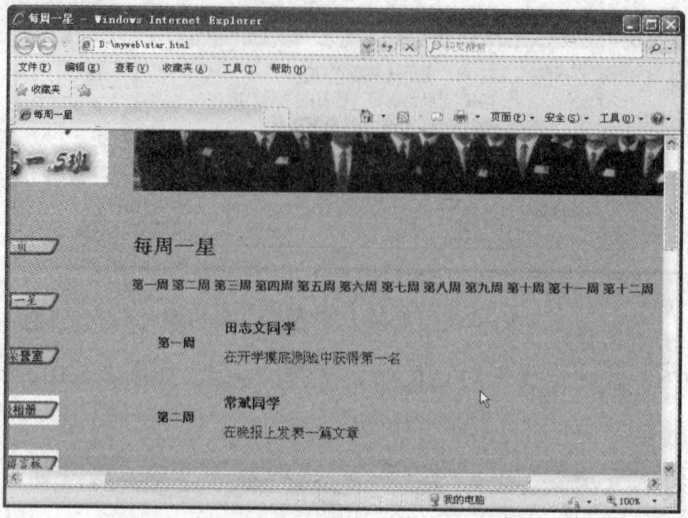

图 3.5.12　在浏览器中也看不到下画线

习　　题

一、简答题

1. 样式在网页制作过程中有什么作用？
2. CSS 是什么含义？

二、操作题

1. 打开“爱护牙齿”的网站，创建一个样式，要求字体为仿宋，其他风格自己决定。
2. 将样式应用到网页的正文中。
3. 将网页的正文行间距扩大到原来的 1.5 倍。
4. 将网页中文本超链接热区文字的下画线去掉。

项目六　使 用 行 为

知识目标

1. 知道“行为”的作用；
2. 知道“行为”的简单使用。

技能目标

1. 掌握利用行为设置网页的背景音乐的方法；
2. 掌握设置弹出网页问候语对话框的方法；

3．掌握设置弹出网页窗口的方法。

项目描述

为网页添加背景音乐，当网页被打开时音乐自动播放。为网页添加问候语，当网页被打开时，弹出写有问候语的对话框，浏览者只有关闭该对话框才能继续浏览网页。制作一个写有提示信息的网页，通过设置“行为”，当主页被打开时，弹出该网页。

子项目一：使用行为为网页添加背景音乐

相关知识：行为的概念

所谓“行为”，就是响应网页中的某一事件而采取的一个动作。当把某个行为赋予网页中的某个对象时，也就定义了一个动作，以及与之相对应的事件。事件可以是鼠标的移动，网页的打开与关闭，键盘的使用等；动作可以是弹出问候语、刷新页面、播放声音、检查用户浏览器等。例如，使用行为，可以轻松地实现背景音乐。对于该“行为”，事件是打开网页，动作是播放音乐。

在网页中添加行为即可将该行为附加到整个文档中，同时网页中的所有元素，包括链接、图像、表格以及其他的 HTML 对象都被赋予这个行为。

一个事件可以关联多个动作，每个动作执行的先后次序由浮动面板中行为的排列顺序决定。

项目实施步骤：为网页添加背景音乐

添加背景音乐可以使网页突出多媒体功能。但考虑到网络传播速度，采用的声音文件最好是 MIDI 格式的，不要用 WAV 文件。音乐也最好采用轻音乐、流水声、鸟叫声或者其他与网页内容相关的声音文件，并且声音文件要提前复制到“网页素材”文件夹中。

下面就来学习如何为网页添加背景音乐。

在 Dreamweaver 中打开网页文件“index.html”，单击窗口右下角的按钮<body>，选中整个网页，如图 3.6.1 所示。

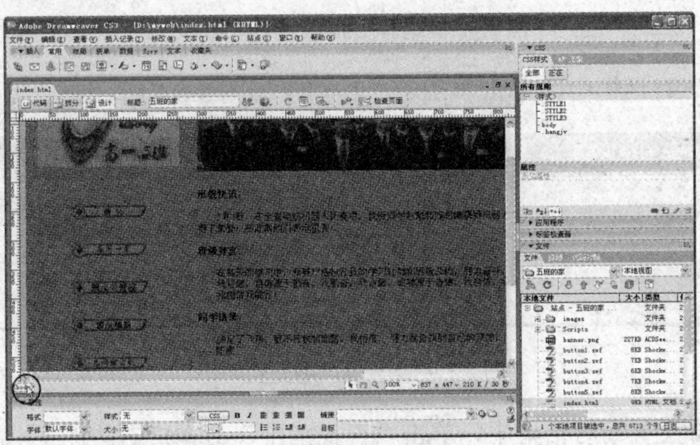

图 3.6.1　单击“<body>”

单击“窗口”菜单，在其下拉菜单中选择“行为”命令，如图 3.6.2 所示。这时右边浮动面板中的“行为”选项卡被打开。

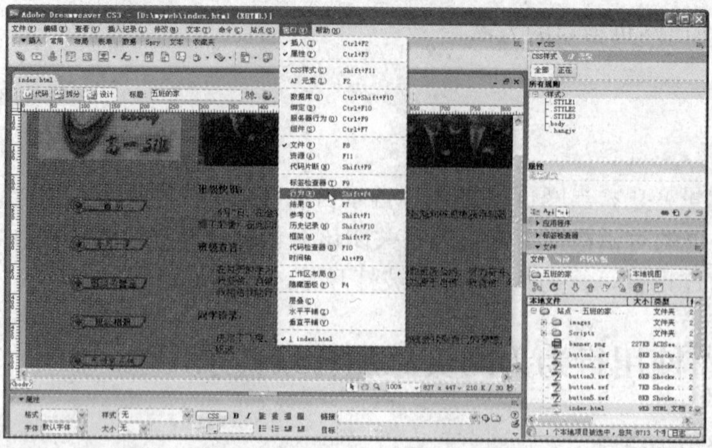

图 3.6.2　单击“行为”命令

在“行为”选项卡中单击，在弹出的菜单中选择“播放声音”，如图 3.6.3 所示，打开“播放声音”对话框。

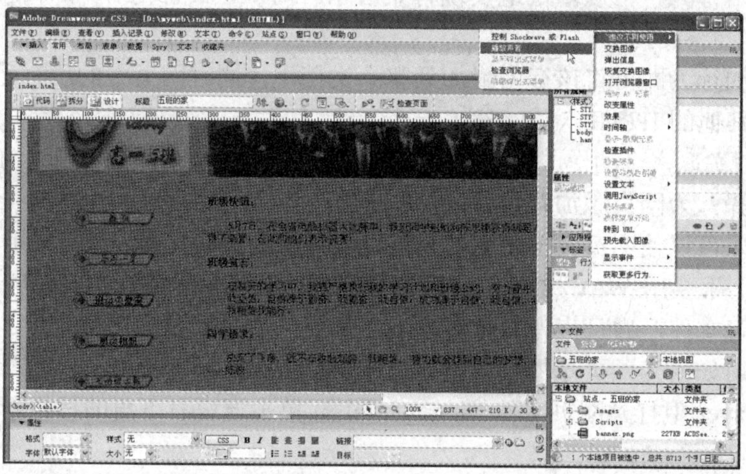

图 3.6.3　选择“播放声音”命令

在“播放声音”对话框中，单击“浏览”按钮，如图 3.6.4 所示。

图 3.6.4　单击“浏览”按钮

在弹出的“选择文件”对话框中，单击“查找范围”文本栏右边的，在下拉选项中选择 C 盘的“网页素材”文件夹并打开，选中声音文件“music.wav”，如图 3.6.5 所示，单击“确定”按钮。

由于声音文件“music.midi”不在当前的网站中，所以会弹出一个提示对话框，如图 3.6.6

所示，只需单击“是”按钮即可。

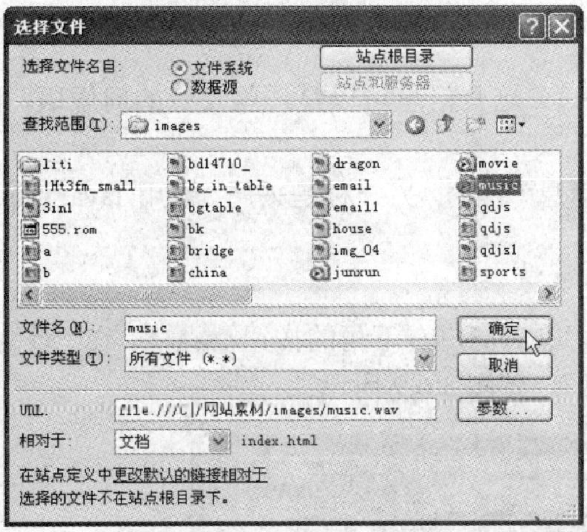

图 3.6.5　选择声音文件

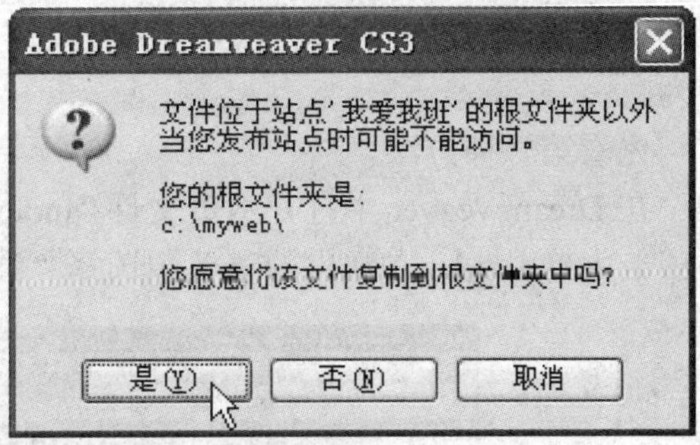

图 3.6.6　提示对话框

在弹出的“复制文件为”对话框中，双击文件夹“images”，将它打开，如图 3.6.7 所示。最后单击“保存”按钮，将声音文件保存到当前站点的文件夹“images”中。

图 3.6.7　复制文件

返回“播放声音”对话框，单击“确定”按钮，完成设置，如图 3.6.8 所示。

图 3.6.8　完成播放声音的设置

打开音箱，按 F12 键，在浏览器中将网页打开，你就可以一边预览网页一边听音乐了。值得注意的是，该功能已经被 Dreamweaver 设为“建议不再使用”的功能，因为已经有了更好的方式来取代它。

子项目二：使用行为弹出对话框

有一些网页常常自动弹出一些信息供浏览者阅读，这些信息可以是一些友好的问候语，也可以是与网页相关的提示语。

实现这一功能有两种方法，一种是采用“弹出信息”行动，另一种是采用“调用 JavaScript”行为。

先看第一种方法。

在 Dreamweaver 中打开网页文件“index.html”，单击窗口右下角的按钮<body>，在“行为”选项卡中单击+，在弹出的菜单中选择“弹出信息”，如图 3.6.9 所示。

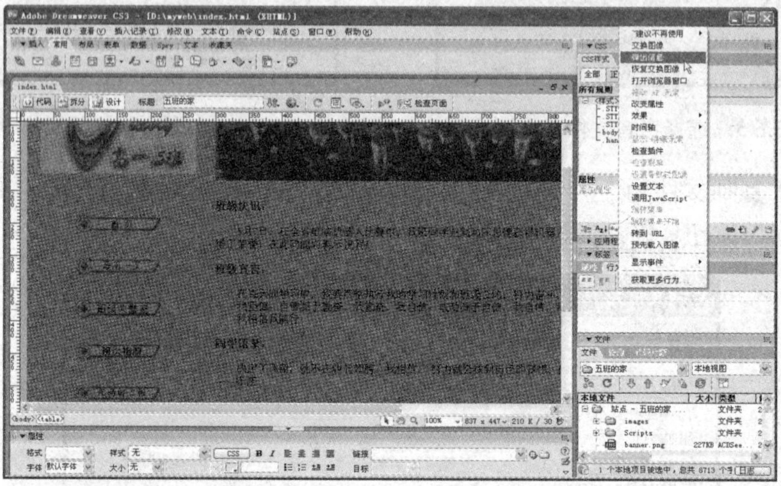

图 3.6.9　选择“弹出信息”命令

在打开的“弹出信息”对话框中，输入要显示的信息，单击“确定”按钮，如图 3.6.10 所示。

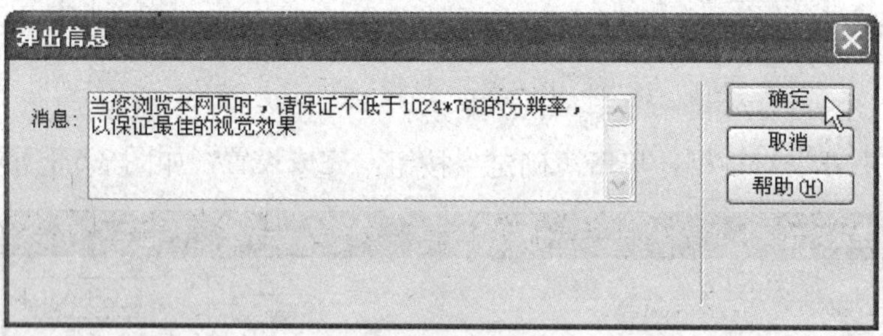

图 3.6.10　输入信息

在“行为”选项卡中可以看到“弹出信息”的行为已经被添加上了，如图 3.6.11 所示。

按 F12 键，预览网页，可以发现在浏览器上弹出一个对话框，如图 3.6.12 所示。只有单击“确定”按钮，关闭该对话框，才能继续浏览网页。

第二种方法采用“调用 JavaScript”行为也可以达到同样的效果。重复前面的操作至打开“行为”选项卡，在+的下拉菜单中选择命令“调用 JavaScript”，如图 3.6.13 所示。

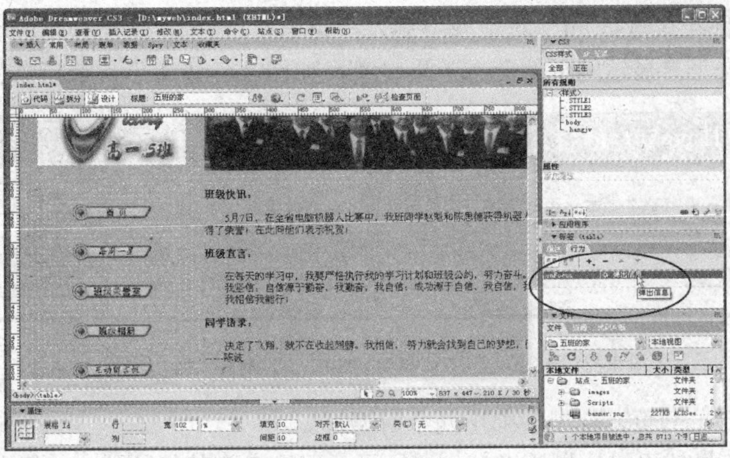

图 3.6.11　“弹出信息”行为被添加

图 3.6.12　弹出信息对话框

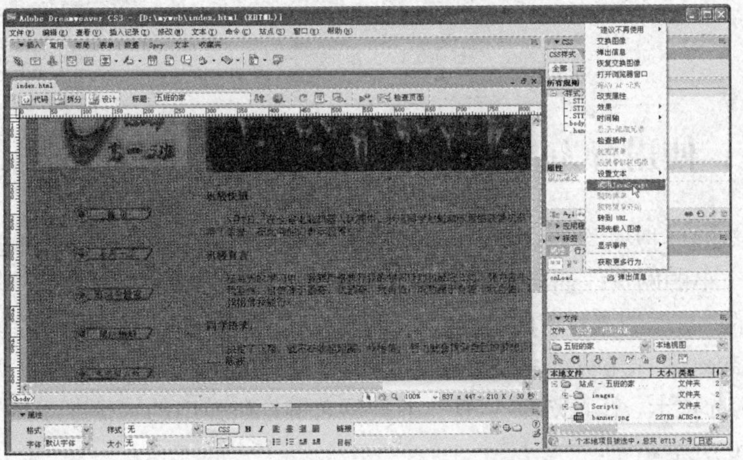

图 3.6.13　选择“调用 JavaScript”命令

在打开的“调用 JavaScript”对话框中输入：.alert（‘请确认您所使用的浏览器为 IE5.5 以上版本，否则无法正常显示网页的动态效果！’）”，如图 3.6.14 所示，最后单击“确定”按钮。

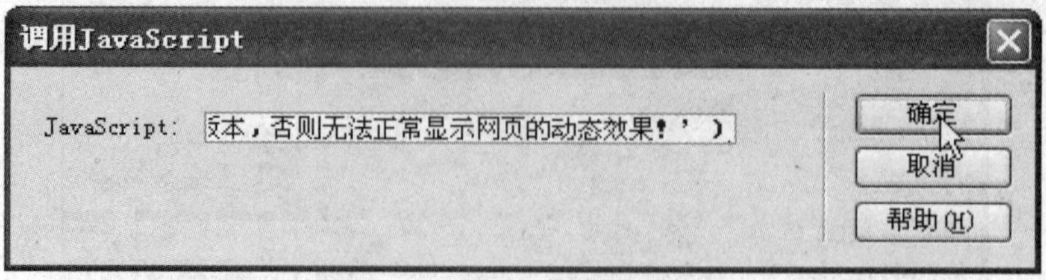

图 3.6.14　在“调用 JavaScript”对话框中输入信息

按 F12 键，预览网页，会发现弹出两个对话框。

弹出对话框，虽然可以让浏览者在浏览网页时，注意到其他的信息，但也有一些缺点。一是该方法过于呆板，不关闭对话框，就无法浏览网页；二是表现方法单一，只能是文本，效果不够生动。

在“行为”选项卡中，选中新建的行为，单击鼠标右键，在弹出的快捷菜单中选择“删除行为”命令，可以将这些行为删除，如图 3.6.15 所示。

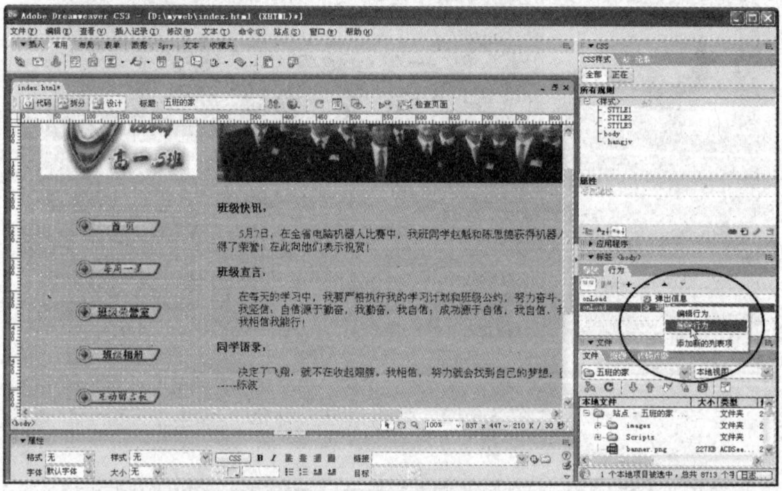

图 3.6.15　删除行为

子项目三：使用行为弹出网页窗口

我们在浏览新浪、搜狐等网站时，可以发现，在打开主页时，会自动弹出一些广告窗口，这些窗口就是一个小的网页，通常是 Flash 动画或颜色鲜艳的静态网页。

利用行为中的“打开浏览器窗口”可以实现上述功能。下面我们就来学习具体的设置方法。

在 Dreamweaver 中打开网页文件“index.html”，移动鼠标到窗口右边的“文件”浮动面板中，打开“站点”选项卡，在该选项卡中单击鼠标右键，在弹出的快捷菜单中选择“新建文件”命令，如图 3.6.16 所示。

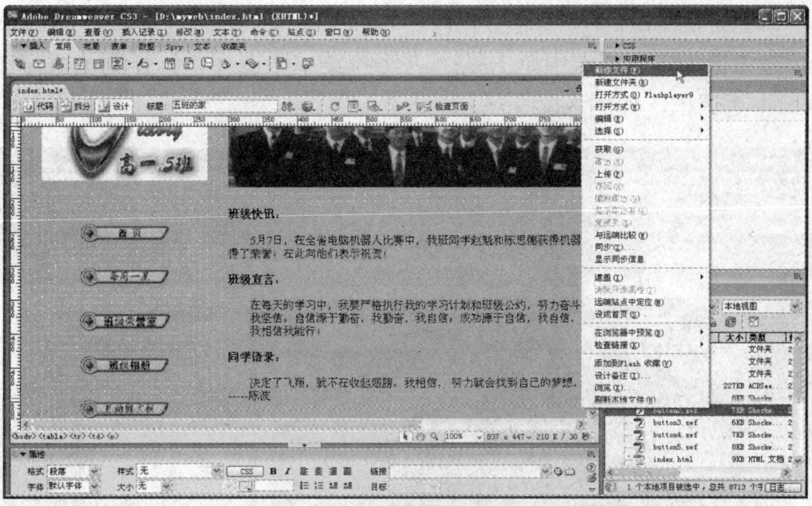

图 3.6.16　选择“新建文件”命令

将新建的网页文件改名为“hello.html”，如图 3.6.17 所示。

图 3.6.17　更改文件名

双击网页文件“hello.html”，将它打开，编辑网页的内容并保存，注意内容不要过多。结果如图 3.6.18 所示。

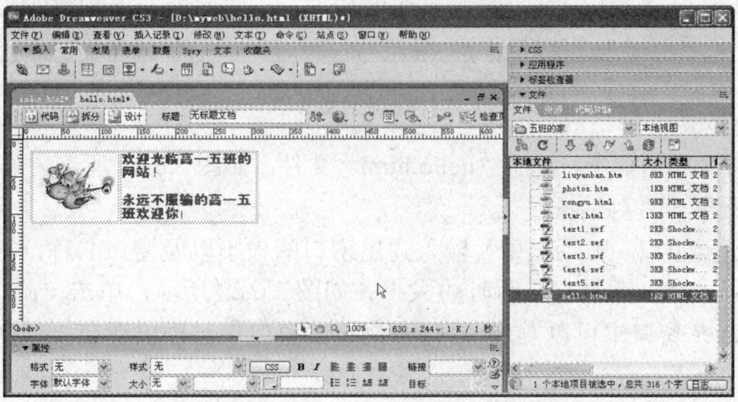

图 3.6.18　编辑网页内容

单击编辑窗口上方的 index * ，切换到网页“index.html”的编辑窗口。然后单击编辑窗口左下方的<body>，在“行为”选项卡中单击+，在下拉菜单中选择“打开浏览器窗口”命令，打开“打开浏览器窗口”对话框，如图 3.6.19 所示。

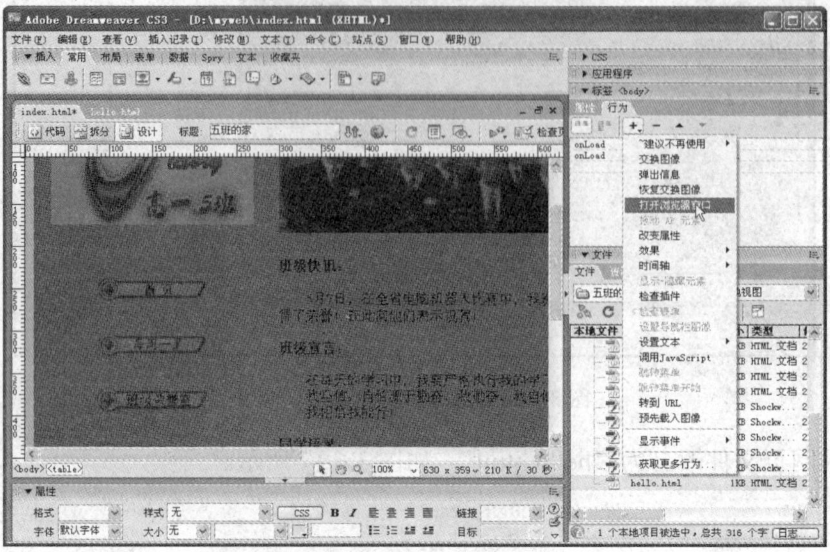

图 3.6.19　选择“打开浏览器窗口”命令

在“打开浏览器窗口”对话框中，单击“浏览”按钮，打开“选择文件”对话框，如图 3.6.20 所示。

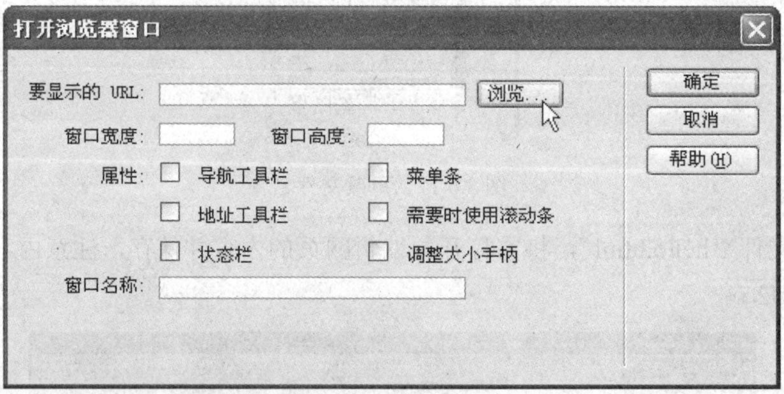

图 3.6.20　“打开浏览器窗口”对话框

在“选择文件”对话框中，选中“hello.html”文件，如图 3.6.21 所示。单击“确定”按钮，返回“打开浏览器窗口”对话框。

在“打开浏览器窗口”对话框中，输入弹出窗口的大小以及窗口名称，窗口大小的值并不是网页窗口的实际大小，而是它显示时的大小。如图 3.6.22 所示，单击“确定”按钮。

在 Dreamweaver 窗口中可以发现，“打开浏览器窗口”已经出现在“行为”选项卡中，如图 3.6.23 所示。

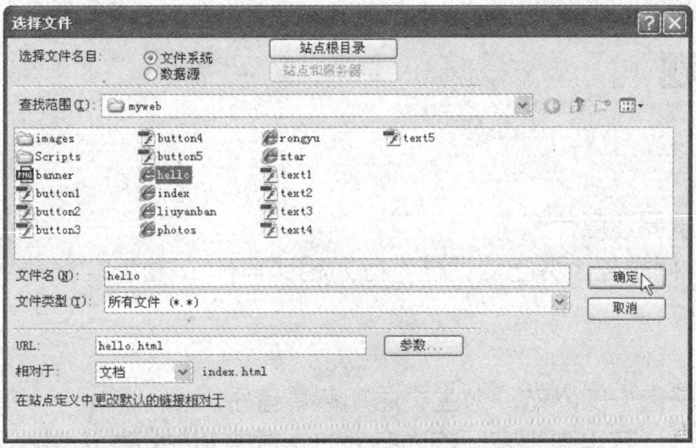

图 3.6.21　选取文件“hello”

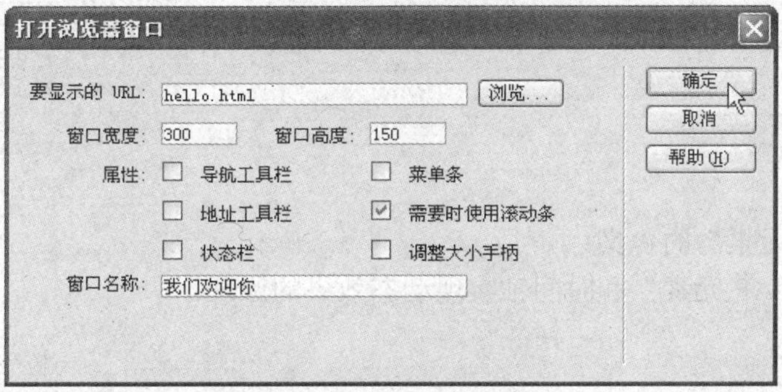

图 3.6.22　输入窗口属性

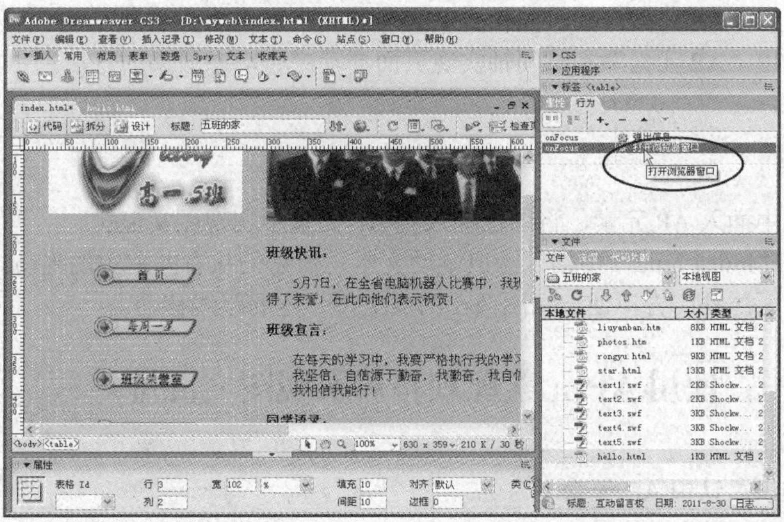

图 3.6.23　“打开浏览器窗口”行为被添加

按下 F12 键，在浏览器中预览该网页，可以看到在打开主页的同时，弹出小窗口“hello.html”。

习　　题

一、简答题

1. 选择背景音乐要注意什么？

2. “弹出窗口”行为与“弹出对话框”行为相比有什么优点？

二、操作题

1. 打开“爱护牙齿”的网站，为主页添加背景音乐。

2. 设置弹出窗口，其中弹出窗口的内容为“本周末将举行护齿讲座，欢迎参加！”，背景字体等与主页一致。

项目七　使用 AP 元素和时间轴

知识目标

1. 知道“AP 元素”的含义；
2. 知道利用“AP 元素”和时间轴实现动态效果的原理。

技能目标

1. 熟练掌握利用 AP 元素实现图文混排的方法；
2. 掌握利用“AP 元素”和时间轴实现走马灯动态效果的方法；
3. 掌握利用“AP 元素”和时间轴实现页面浮动广告动态效果的方法。

项目描述

1. 在网页中插入 AP 元素，将图像插入到 AP 元素中实现图文混排。
2. 在主页“index.html”中插入一段滚动文本，使它们从右向左实现跑马灯效果。
3. 创建页面浮动广告，使一幅图像在网页上按一定的路线移动。

子项目一：使用 AP 元素规划布局实现图文混排

1. 相关知识：认识 AP 元素

AP 元素是一种绝对定位元素。它可以包含文本、图像或其他任何可放置到 HTML 文档正文中的内容。

可以这样理解 AP 元素在网页中的作用：AP 元素就像是挂在墙壁上的油画，参观者看到的是墙壁和油画的整体，而挂画时画的位置并不受墙壁的制约，可以选择墙壁的任意位置。

我们可以将 AP 元素放置到其他 AP 元素的前面或后面，隐藏某些 AP 元素而显示其他 AP 元素。也可以在一个 AP 元素中放置背景图像，然后在该 AP 元素的前面放置另一个带有透明背景的文本的 AP 元素。通过下面的例子，读者会逐渐理解它的强大作用。

2. 项目实施步骤：使用 AP 元素规划布局实现图文混排

在网页中实现图文混排，我们已经学习了两个方法：表格和布局视图。利用 AP 元素也可以设计页面的布局，实现网页中的图文混排，并且由于各 AP 元素的位置可以任意移动，所以 AP 元素中的网页对象也可以出现在网页的任意位置。

下面以在网页“index.html”中实现图文混排的效果，来说明 AP 元素的使用方法。

首先，在 Dreamweaver 中打开网页文件“index.html”，然后在正文区域插入一幅图片。从图 3.7.1 中可以发现，文字与图片之间的位置不协调。

图 3.7.1　在网页“index.html”中插入图片

现在，通过插入 AP 元素，将图片和文字放置在不同的 AP 元素中，借此实现图文混排的效果。

在编辑区域中单击鼠标，使光标出现在编辑区中，然后按 Enter 键，在顶端空出几行。移动鼠标指针到“插入记录”菜单中，单击“布局对象”下的“AP Div”命令，如图 3.7.2 所示。

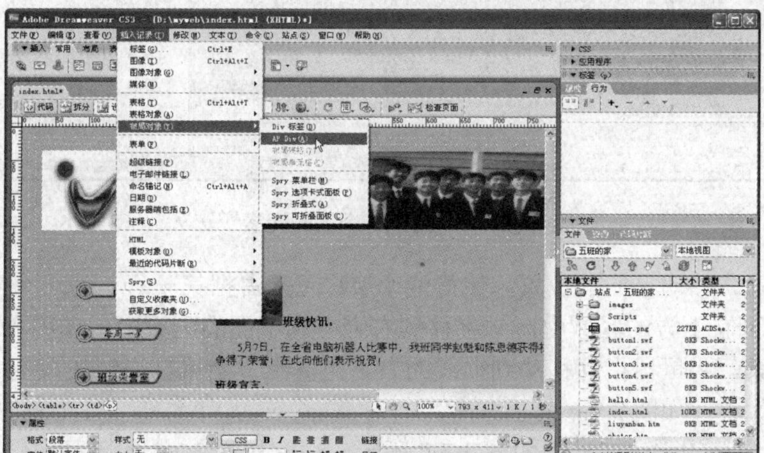

图 3.7.2　单击“AP Div”命令

此时在网页编辑区出现一个区域，如图 3.7.3 所示。

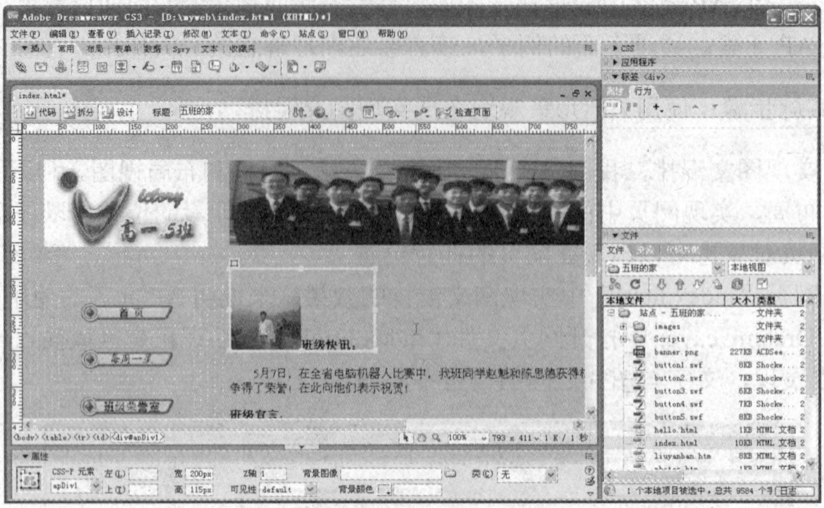

图 3.7.3　插入一个 AP Div

重复上述操作，再次插入两个新的 AP 元素区域，注意在插入时，光标不要出现在第一个 AP 元素区域中，否则就形成嵌套。这样在该单元格中共插入 3 个 AP 元素。注意，每插入一个新的 AP 元素，在浮动面板的“AP 元素”选项卡就会增加一个标记，如图 3.7.4 所示。单击该标记可以选中其所对应的 AP 元素。

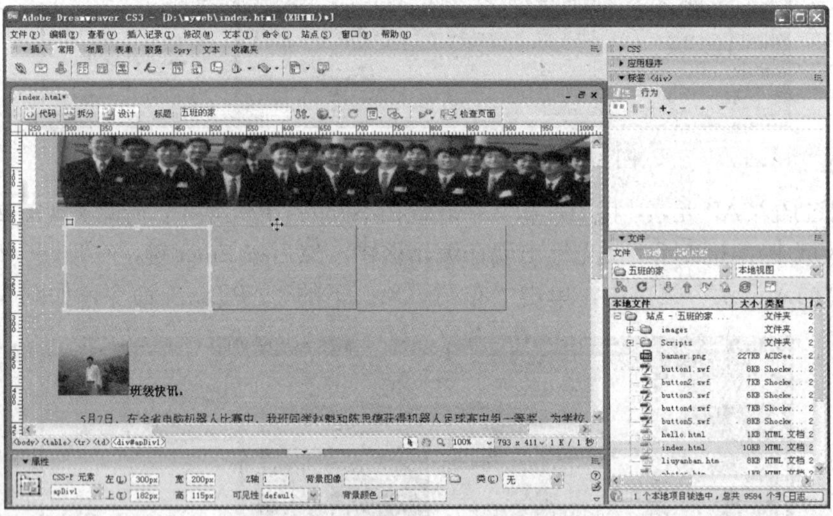

图 3.7.4　插入 3 个 AP 元素

选中 AP 元素，移动它们的位置，使得两个 AP 元素占据第一行，另一个 AP 元素占据第二行，将图片移到左上方的区域中，文字移到右上方和下面的区域中，如图 3.7.5 所示。

选中 AP 元素。将鼠标指针移动到框线的右下角■上，当鼠标指针变成↘时，拖动鼠标，更改 AP 元素的大小，如图 3.7.6 所示。

调整文字的字号和字体，结果如图 3.7.7 所示。注意与图 3.7.1 的不同。

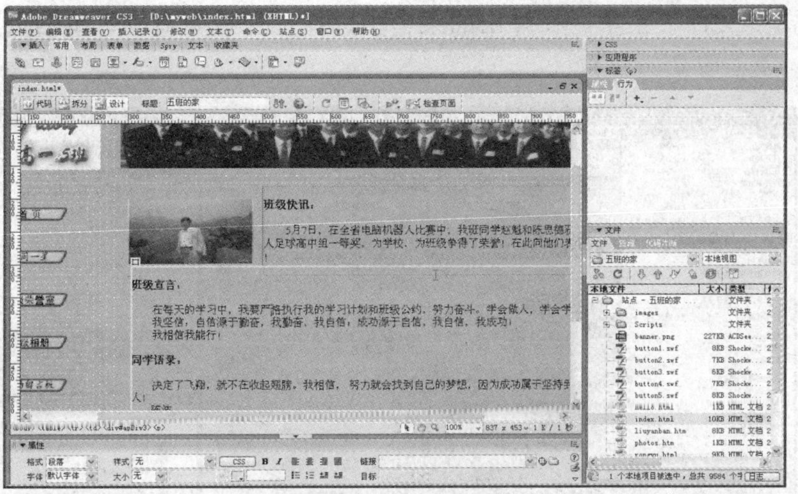

图 3.7.5 移动图片和文字

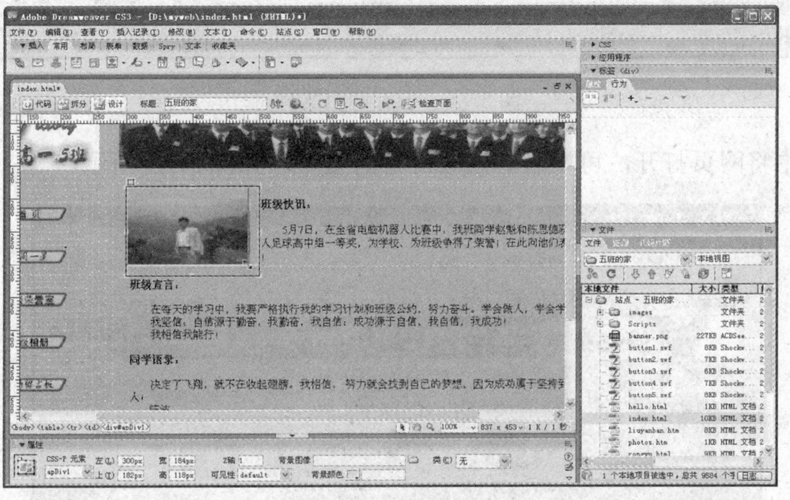

图 3.7.6 更改 AP 元素的大小

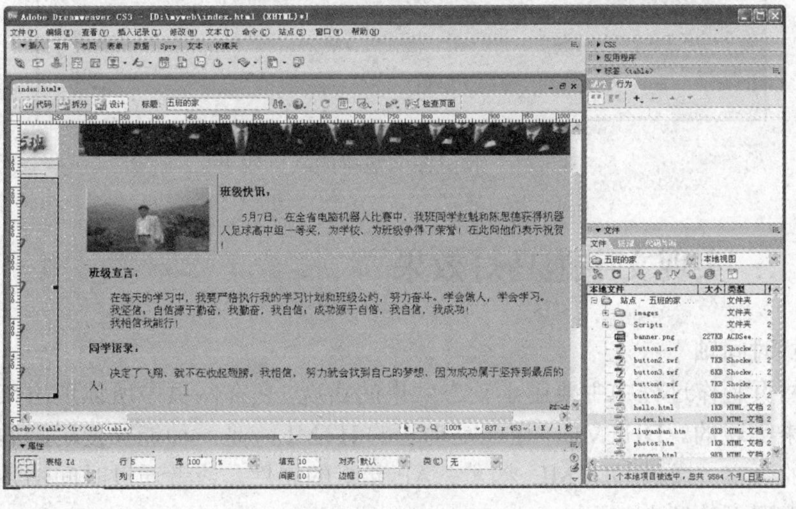

图 3.7.7 调整文字的字号和字体

用鼠标单击“文件”菜单，在弹出的菜单中选择“保存”命令，将网页文件保存，如图 3.7.8 所示。

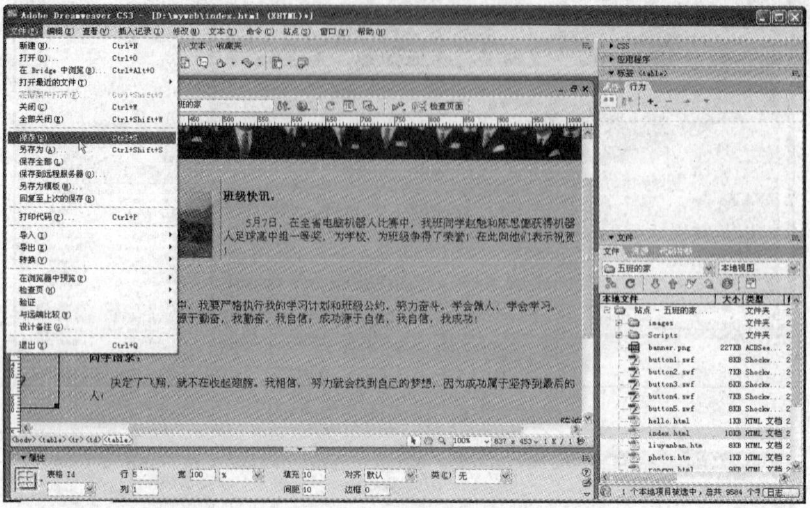

图 3.7.8　保存网页文件

在浏览器中将网页打开，可以看到图文混排的效果，如图 3.7.9 所示。

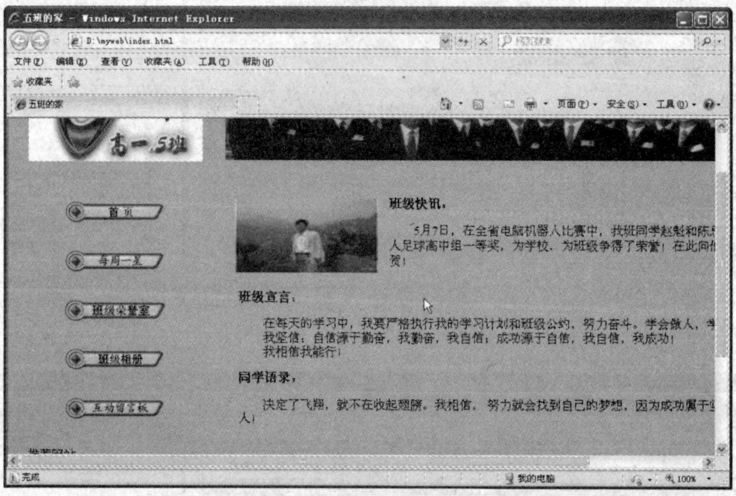

图 3.7.9　预览图文混排的网页效果

子项目二：实现文字跑马灯效果

相关知识：时间轴

时间轴在网页制作过程中主要用于动态效果的实现，它在网页中所体现出来的动态效果是利用 DHTML 来实现的。DHTML，也就是动态的 HTML，是一种能够使用脚本语言来改变网页样式或位置的语言。通过 DHTML 来改变 AP 元素的属性，或者通过时间轴各帧上的一系列图像就可以实现网页的动态效果。

利用时间轴，通过改变 AP 元素的位置、大小、可见性、重叠顺序等，可以在页面中创建出各种类型的动态效果。所以灵活使用时间轴和 AP 元素对于制作动态网页非常重要。

单击“窗口”菜单，选择“时间轴”命令，可以打开“时间轴”控制面板，如图 3.7.10、图 3.7.11 所示。

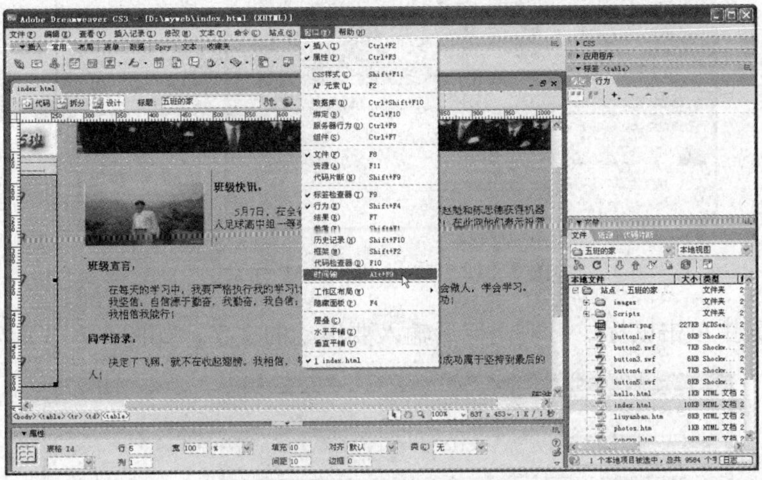

图 3.7.10　“窗口”菜单

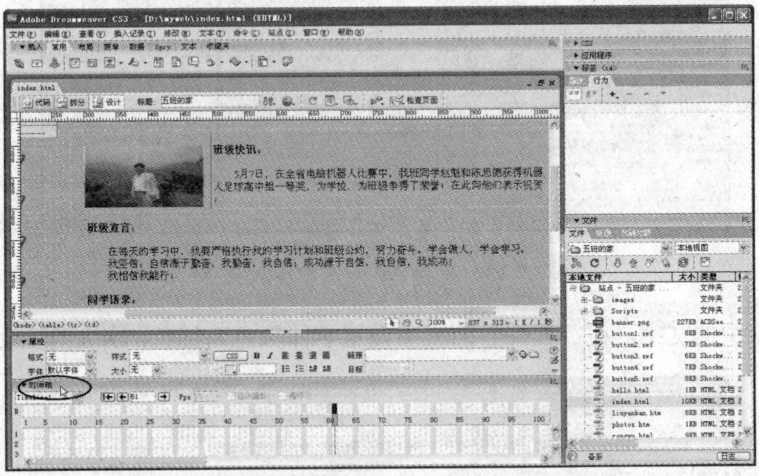

图 3.7.11　“时间轴”控制面板被打开

项目实施步骤：实现文字跑马灯效果

滚动文本是网页中比较常见的一种形式，也是比较容易实现的一种动态效果。相对于静态文字，它更容易引起浏览者的注意，通常用于显示一些提示性的文字或问候语。

要实现滚动文字，有多种方法，下面主要来学习用 AP 元素与时间轴结合的方法。

在 Dreamweaver 中打开网页文件“index.html”，调整前面插入的 3 个 AP 元素的位置，在正文部分空出一个区域，单击“插入记录”菜单，选择“布局表格”子菜单中的“AP Div”命令，此时在网页中出现一个蓝框，即插入一个新 AP 元素，如图 3.7.12 所示。

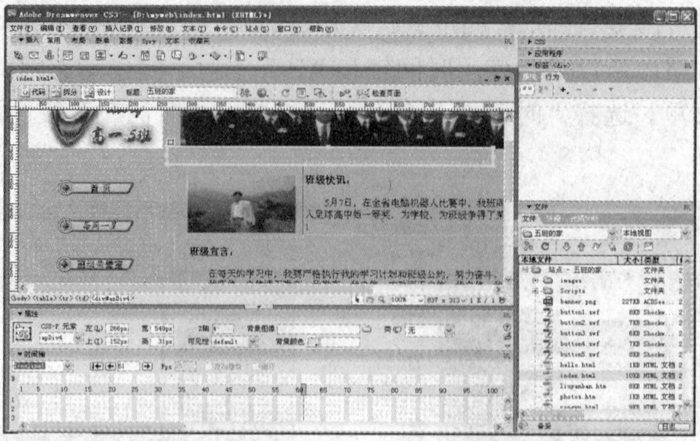

图 3.7.12　插入一个新 AP 元素

在该 AP 元素中单击鼠标，出现光标后输入要滚动的文字，如图 3.7.13 所示。

图 3.7.13　在新 AP 元素中输入文字

选中 AP 元素中的文字，在“属性”面板中设置字体颜色为红色，并加粗，如图 3.7.14 所示。

图 3.7.14　设置文字属性

如果 Dreamweaver 窗口中没有“时间轴”面板，可单击“窗口”菜单，选择“时间轴”命令，将其打开。

选中有滚动文本的 AP 元素，拖动该 AP 元素到时间轴上第一行的最左端，松开鼠标，弹出一个对话框，单击“确定”按钮即可，如图 3.7.15 所示。

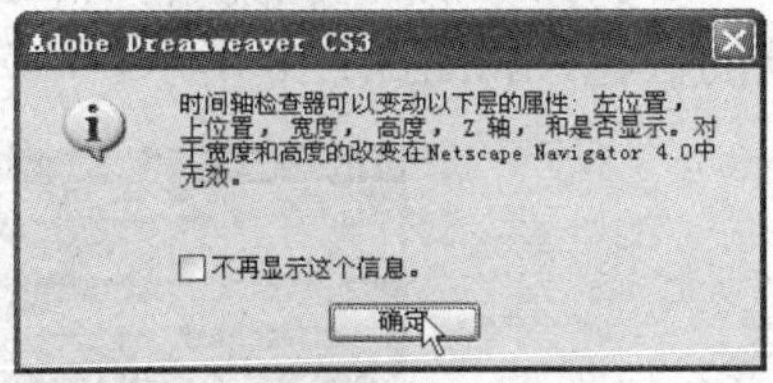

图 3.7.15　警告对话框

这时发现时间轴上第一行上出现一个紫色的长条，并写有“apdiv”的字样，表明这是一个 AP 元素。其中的每一个格称为一帧，如图 3.7.16 所示。

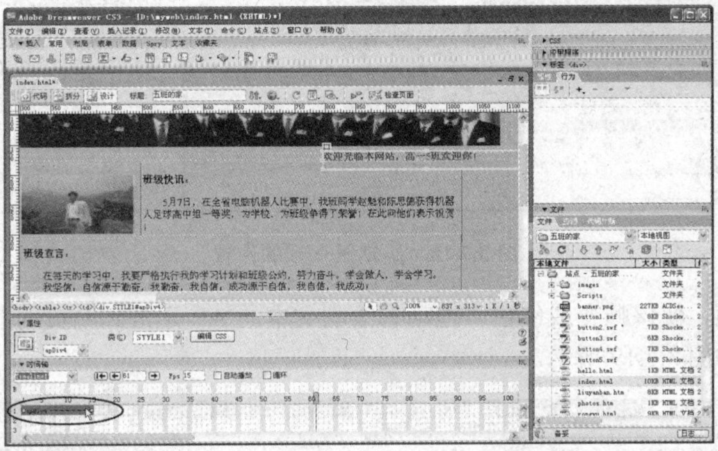

图 3.7.16　拖动 AP 元素到时间轴

动画是由一帧帧静止的图片组成的，其中重要的是关键帧，它决定了动画的走向。在本例中，第一帧画面和最后一帧画面是关键帧。一般情况下，动画由 15 帧画面组成，如果感觉动画的速度过快，可以拉大关键帧之间的距离，这样可以使动画变慢些。从图 3.7.16 中知道，“apdiv”的长度为 15 帧。

将鼠标指针移动到第 15 帧上，拖动鼠标，将第 15 帧，即最后一帧关键帧拖动到“30”处。如此就将动画长度由 15 帧变成 30 帧，如图 3.7.17 所示，这样文字的滚动速度会变慢。

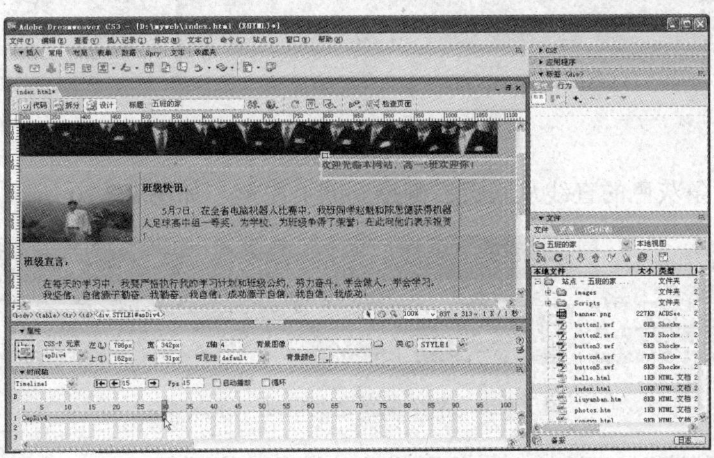

图 3.7.17　更改动画帧数

单击第一帧，使该帧变成红色。拖动有滚动文本的 AP 元素到网页的最右侧，即确定第一帧的位置，如图 3.7.18 所示。

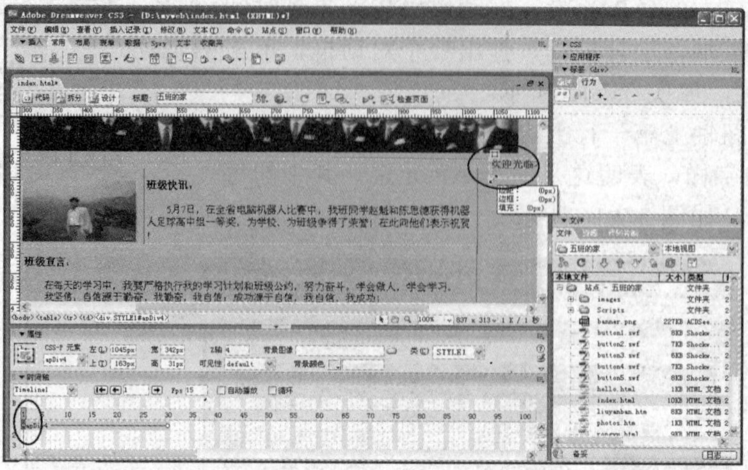

图 3.7.18　确定第一帧的位置

单击最后一帧，使该帧变成红色。拖动有滚动文本的 AP 元素到网页的最左侧，即确定最后一帧的位置，如图 3.7.19 所示。

图 3.7.19　确定最后一帧的位置

可以发现有一条灰色的直线从网页右侧指到网页左侧，如图 3.7.20 所示。

图 3.7.20　两个位置之间出现一条灰线

在时间轴上选择两个关键帧之间的任意一帧，都可以看到该 AP 元素位置的变化，如图 3.7.21 所示。

图 3.7.21　AP 元素的位置发生变化

在“时间轴”面板中选中“自动播放”和“循环”，如图 3.7.22 所示。弹出如图 3.7.23 和图 3.7.24 所示的警告对话框时，单击“确定”按钮。

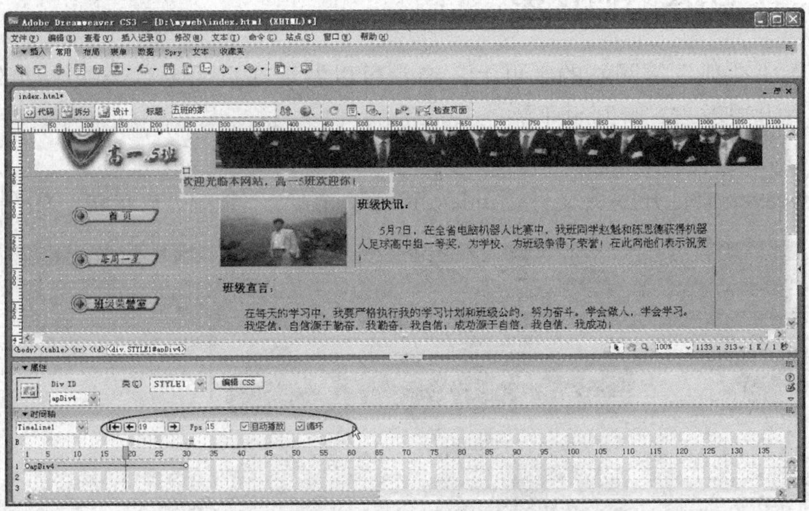

图 3.7.22　在“时间轴”上选中“自动播放”和“循环”

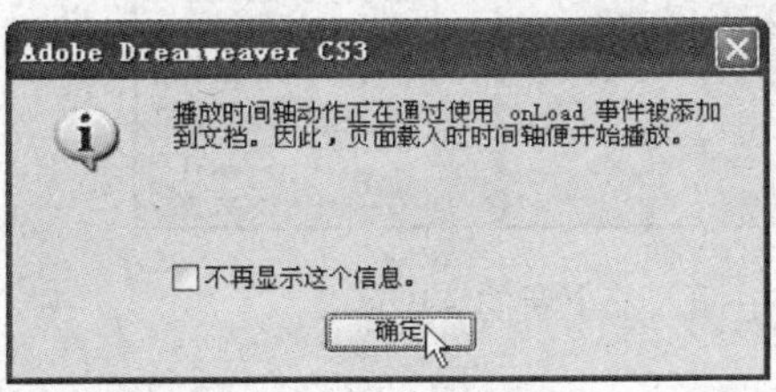

图 3.7.23　警告对话框 1

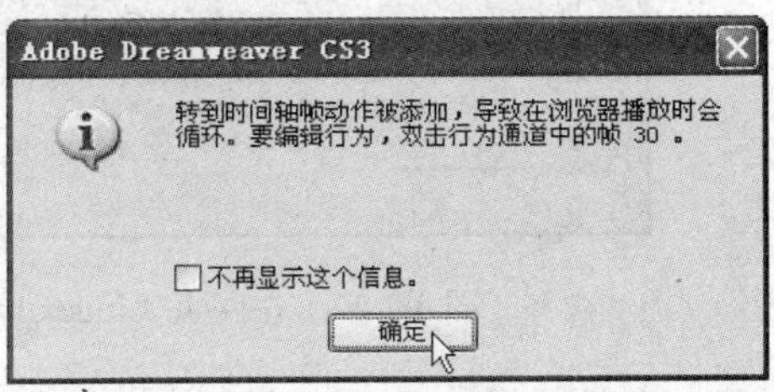

图 3.7.24　警告对话框 2

保存网页后，按下 F12 键，预览该网页，得到如图 3.7.25 所示的效果。对于滚动字幕的位置以及滚动的速度，可以返回 Dreamweaver 进行修改，直到满意为止。

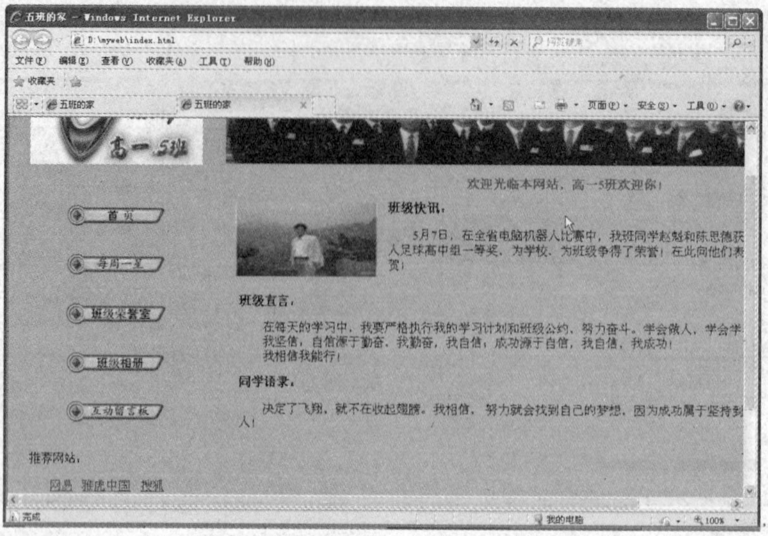

图 3.7.25　在浏览器中预览文字的滚动效果

子项目三：创建页面浮动广告

在“网易”、“搜狐”等网站的主页上，经常可以发现在页面上有一些浮动的图像或动画，它们自动在网页上漂浮着，给网页平添一些活泼的气息。这一节我们就来学习如何在主页上创建页面浮动广告。

在 Dreamweaver 中打开网页文件“index.html”，插入一个新 AP 元素，如图 3.7.26 所示。

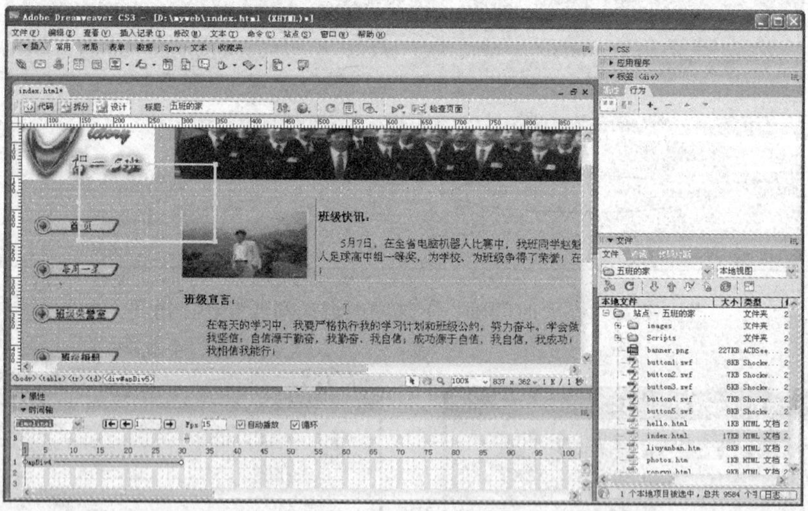

图 3.7.26　在网页“index.html”中插入一个新的 AP 元素

在新插入的 AP 元素中单击鼠标，出现光标后，单击“插入”面板上“常用”选项卡中的“插入图像”按钮。在打开的“选择图像源文件”对话框中，找到存放图片的文件夹，选中要插入的图像文件，单击“确定”按钮，如图 3.7.27 所示。最后将该图片保存到该站点的“images”文件夹中。

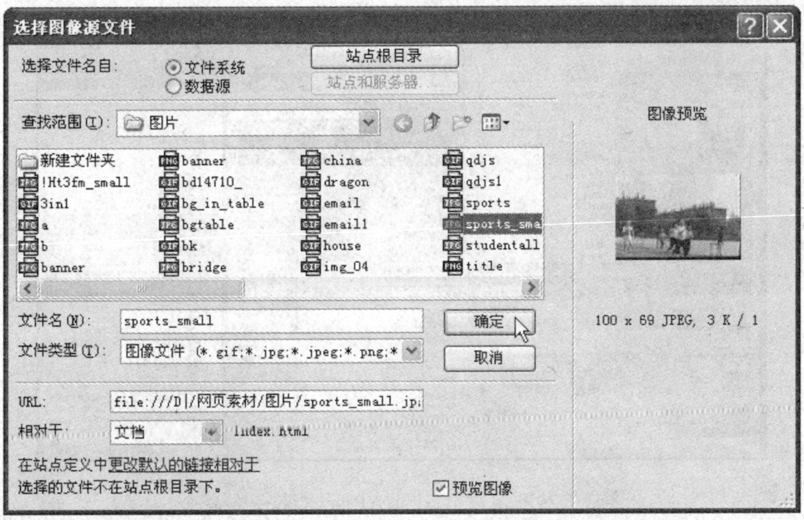

图 3.7.27　在“选择图像源文件”对话框中选择图片

拖动鼠标指针，更改 AP 元素的大小，使它与图像大小一致，如图 3.7.28 所示。

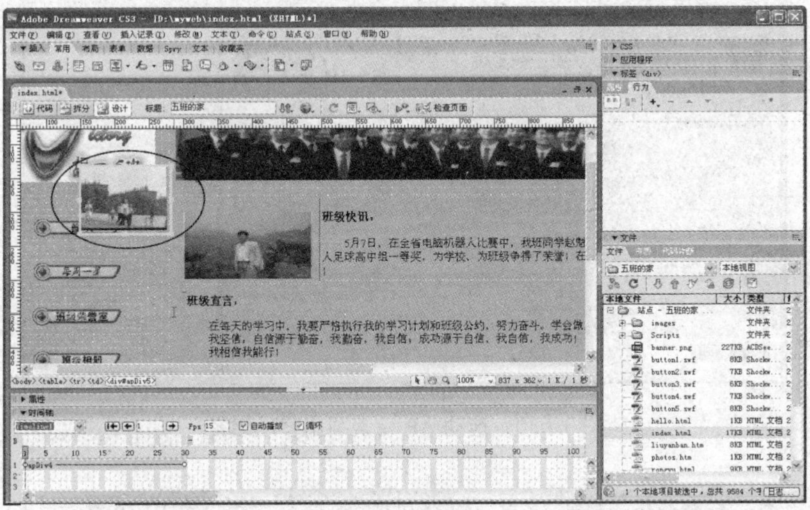

图 3.7.28　更改 AP 元素的大小为图像大小

单击菜单栏上的“窗口”，打开“时间轴”面板。拖动 AP 元素到时间轴，将 AP 元素添加到时间轴中，然后选中 AP 元素，单击菜单栏上的“修改”，移动鼠标指针到下拉菜单的“时间轴”上，单击下一级菜单中的“记录 AP 元素路径”命令，如图 3.7.29 所示。

选中 AP 元素，按照希望移动的路径拖动鼠标，可以看到一条粗灰线，如图 3.7.30 所示。

将 AP 元素拖动到合适的位置，松开鼠标，可以看见沿刚才拖动鼠标的路径出现一条细线。最后在“时间轴”面板上选中“自动播放”和“循环”，如图 3.7.31 所示。

保存网页后，按 F12 键，在浏览器中预览该网页，可以看到图片在网页上按照事先画出的路径移动。

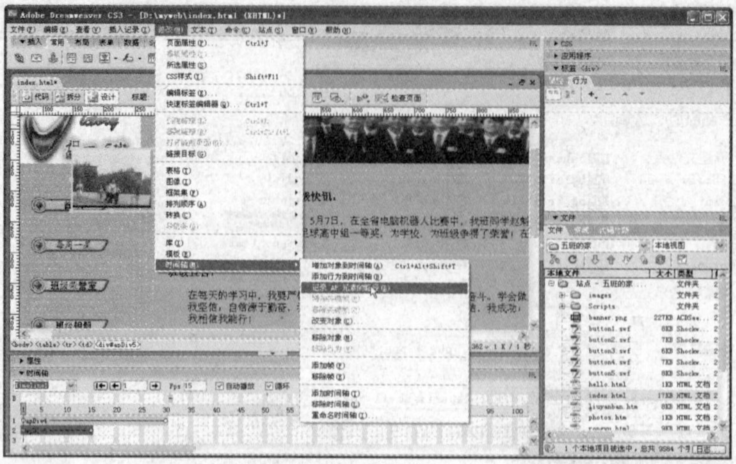

图 3.7.29　单击“记录 AP 元素路径”命令

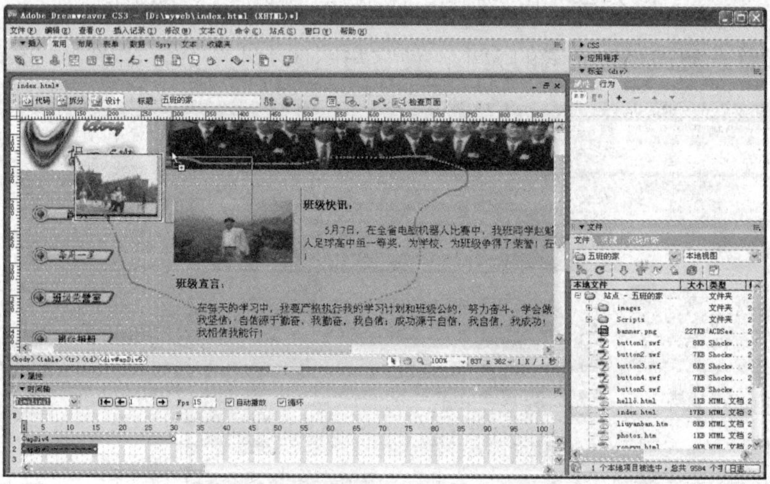

图 3.7.30　拖动 AP 元素画出移动路径

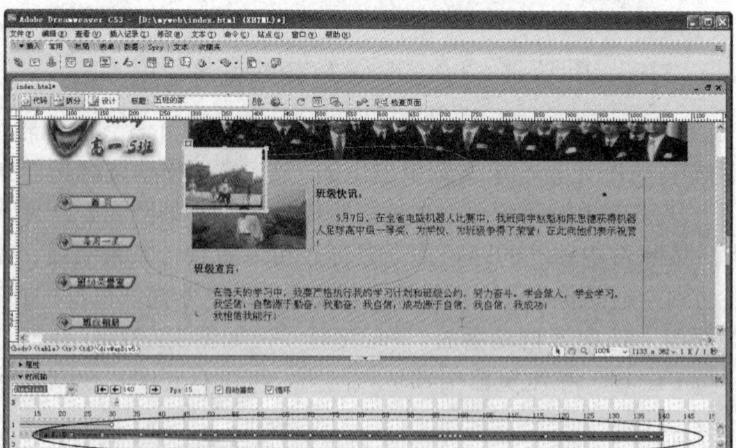

图 3.7.31　在“时间轴”上选中“自动播放”和“循环”

习　　题

一、简答题

1．AP 元素有什么作用？
2．怎样显示或隐藏时间轴？
3．关键帧在动画中的作用是什么？

二、操作题

1．打开“爱护牙齿”的网站，按照事先规划，在需要的网页正义中插入图片或动画，然后设置成图文混排。
2．在主页上添加滚动字幕，字幕中的文字自拟。
3．在主页上创建浮动图片公益广告，内容为与“爱护牙齿”相关的动画。

项目八　使 用 表 单

知识目标

1．知道表单域的含义；
2．知道发送表单结果的多种方法。

技能目标

1．熟练掌握各种表单栏目的插入与设置；
2．能够综合使用各种表单栏目制作留言簿；
3．掌握验证表单的方法。

项目描述

留言簿等功能可以采用表单来实现。表单是用来收集站点访问者信息的域集，可实现网页与浏览者间的交互，达到收集浏览者输入信息的目的。它往往采用单选按钮、复选框、下拉选项按钮等方式，这样不仅减少了浏览者的文本输入，而且有利于数据的收集和反馈，能够尽可能地为浏览者提供方便。

创建一个留言簿，要求浏览者输入昵称、来自城市、电子邮件地址及留言内容。留言内容通过电子邮件的方式传送给网页制作者。为表单添加验证功能，使浏览者不能提交空的留言，并且不能输入无效的电子邮件地址。

子项目一：创建留言簿

简单地说，表单就是用户可以在网页中填写信息的表格，它的作用是接收用户信息并将其提交给 Web 服务器上特定的程序进行处理。表单域，也称表单控件，是表单上的基本组成元素，用户通过表单中的表单域输入信息或选择项目。

在建立表单网页之前，首先要建立一个表单域。Dreamweaver 提供了大量的表单标签，在"插入"面板上选择"表单"选项卡，就能够看到各种表单标签，使用这些表单标签便可以制作一个简单的表单网页。

在 Dreamweaver 中打开网页"liuyanbu.html"，单击"插入"面板中的"表单"选项卡，将其打开，如图 3.8.1 所示。

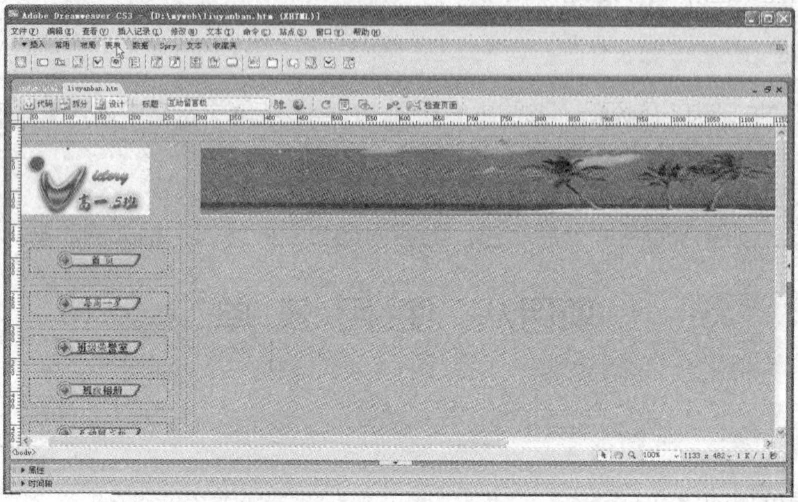

图 3.8.1　打开"表单"选项卡

1. 表单域

单击"插入"面板中的"表单"标签，可以发现在网页中出现一个红色的虚线框，框中的区域称为表单域。此后所有的表单标签都要插入到这个虚线框中，这样所有的信息将一起得到处理，如图 3.8.2 所示。

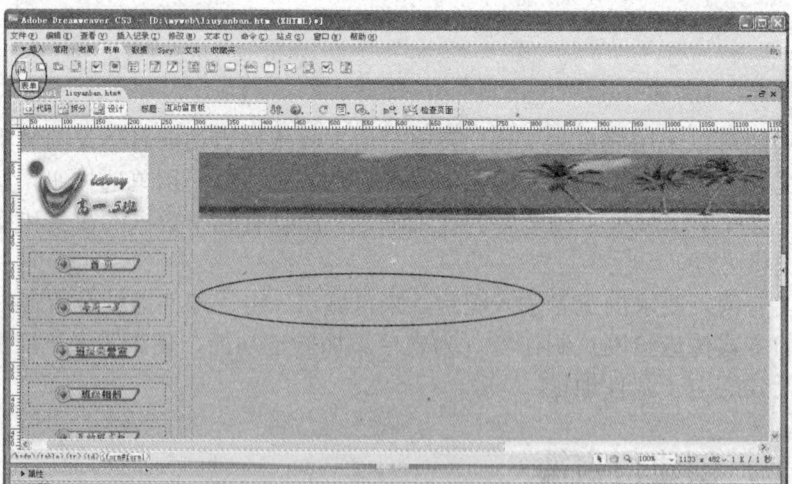

图 3.8.2　插入表单域

2. 单行文本框

单行文本框只有一行栏位供浏览者填写，我们可以通过设置来决定栏位中最多可以输入的字数。

在上图的虚线框中输入“请输入您的网名：”，然后单击“插入”面板中的“文本字段”标签，可以发现在文字后面出现一个文本框，如图 3.8.3 所示。如果同时弹出一个警告信息对话框，把它关闭即可。

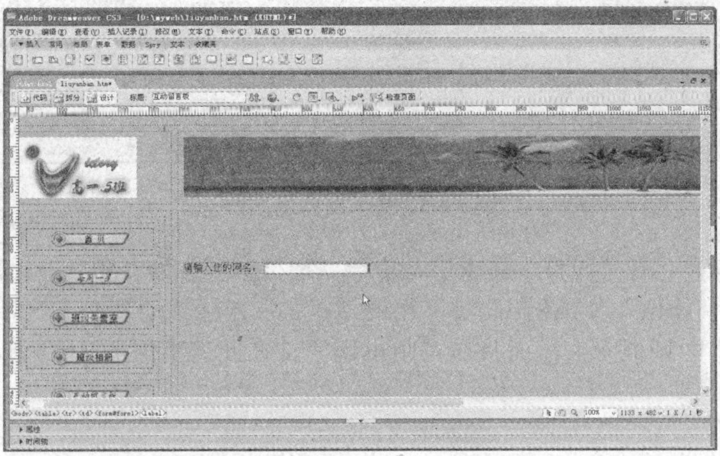

图 3.8.3　插入文本字段框

选中插入的文本框，在“属性”面板中更改“字符宽度”为“20”，这样允许浏览者输入昵称的长度为 20 个字符，即 10 个汉字，如图 3.8.4 所示。

3. 多行文本框

有时需要输入多行文字，而且在输入栏的右侧和下方都出现滚动条。这需要将文本设置成多行文本框。在虚线框中另起一行，输入“留言内容：”，然后单击“插入”面板中的“文本区域”标签，可以发现在文字后面出现一个文本框，如图 3.8.5 所示。

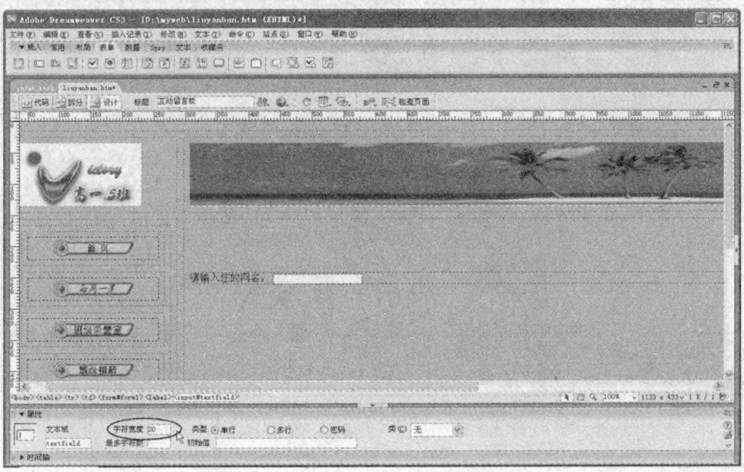

图 3.8.4　更改文本字段框属性

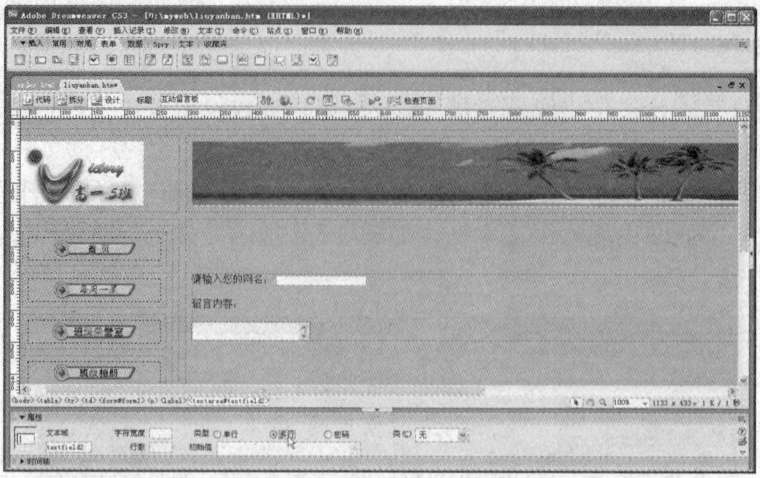

图 3.8.5　插入文本区域框

选中文本区域框，在“属性”面板中，更改“字符宽度”为“50”，“行数”为“10”，“类型”为“多行”，“初始值”为“请在此留下您的话：”。将光标移动到文本区域框左侧，按 Enter 键，可以发现文本区域框变大，而且在其中出现“请在此留下您的话：”几个字，如图 3.8.6 所示。

4. 单选按钮

单选按钮就像单选题，浏览者只能在各种选项中选择一种。单选按钮用处十分广泛，下面以建立性别栏为例，说明如何建立单选按钮。

首先，将光标移动到“留言内容”左端，按 Enter 键，在表单域中空出一行。再将光标移到要插入单选按钮的地方，然后单击“插入”面板中的“单选按钮”标签，可以发现光标所在处出现一个单选按钮。再插入一个单选按钮，并在适当的位置输入文字“性别:”、“男”、“女”，如图 3.8.7 所示。

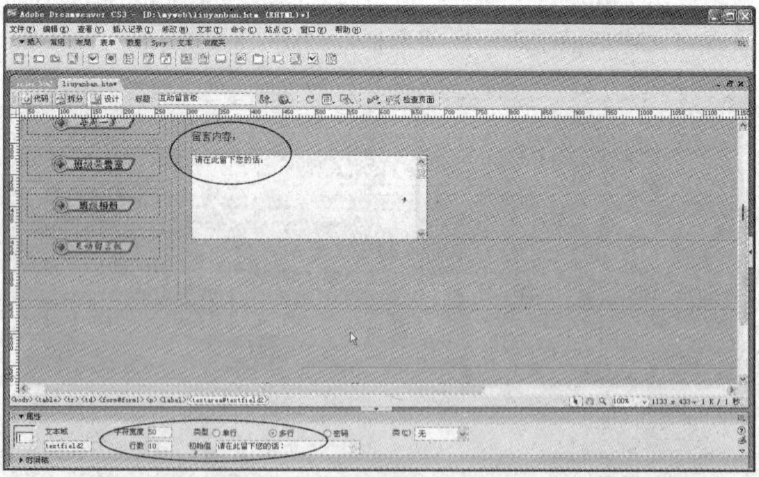

图 3.8.6　更改文本区域框属性

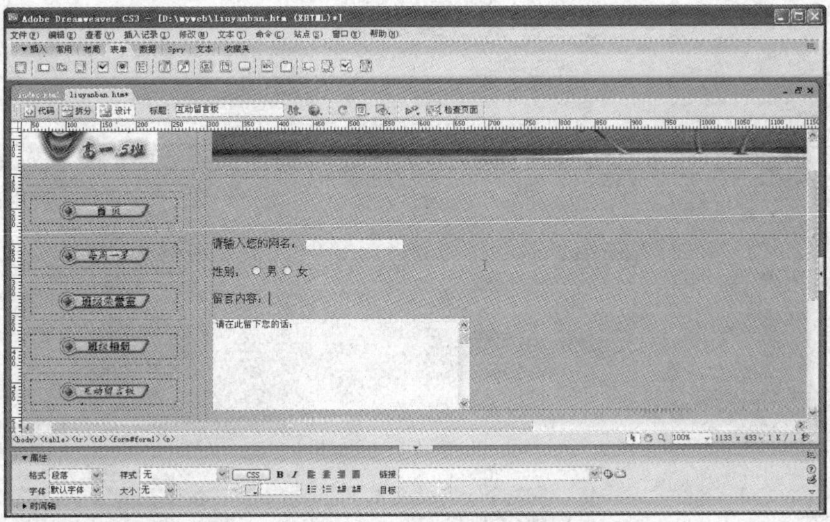

图 3.8.7　插入单选按钮并输入文字

单击“男”前面的按钮，在“属性”面板中将“初始状态”改为“已勾选”。这时可以发现“男”前面的按钮中出现一个黑点，如图 3.8.8 所示。

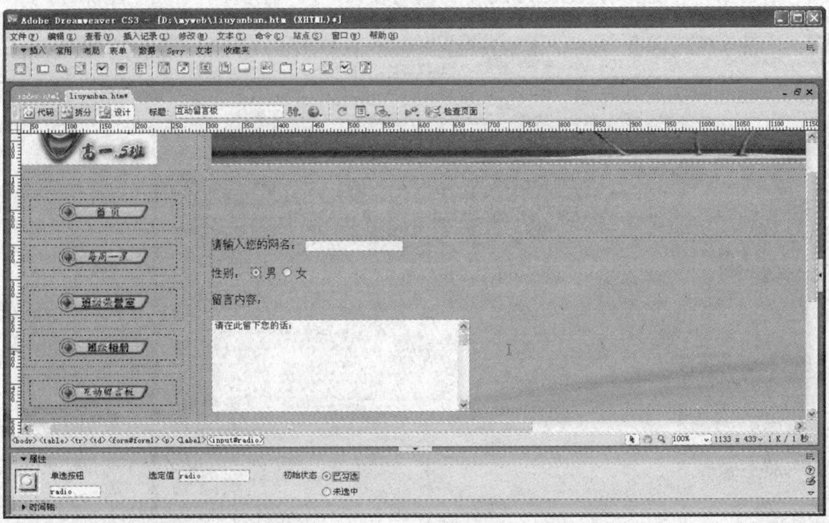

图 3.8.8　更改单选按钮属性

当然也可以将“女”后面的按钮设置为“已勾选”。需要注意的是，在一个表单域中只允许一个单选按钮被选中。如果有多组单选按钮，需要插入多个表单域，则在每一个表单域中插入一组单选按钮。

5. 复选框

复选框可供浏览者同时选取一至多个选项，设置方法与单选按钮类似。在“留言内容”前按 Enter 键，在表单域中空出一行。再将光标移到空出的地方，然后单击“插入”面板中的“复选框”标签，可以发现在文字后面出现一个复选框，如图 3.8.9 所示。

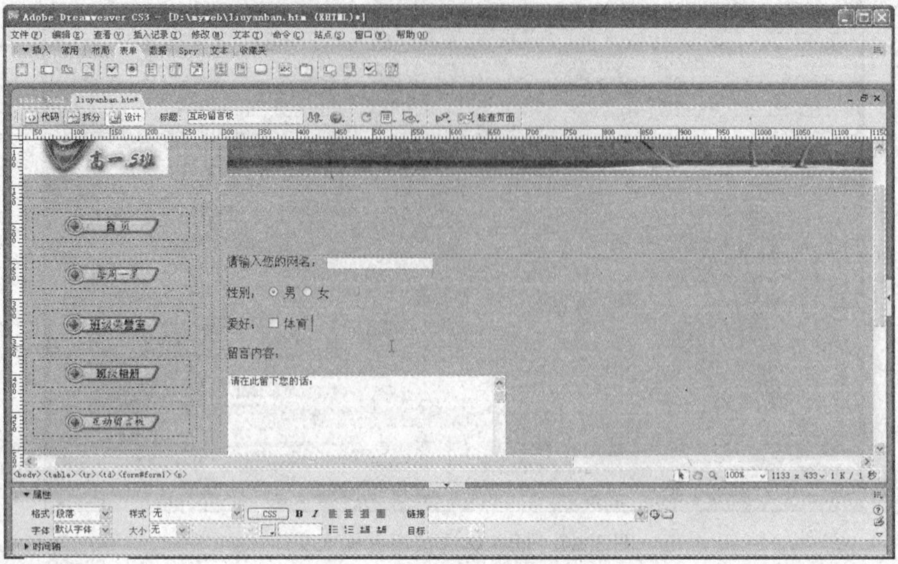

图 3.8.9　插入复选框

再插入几个复选框，并输入相关的文字，如图 3.8.10 所示。

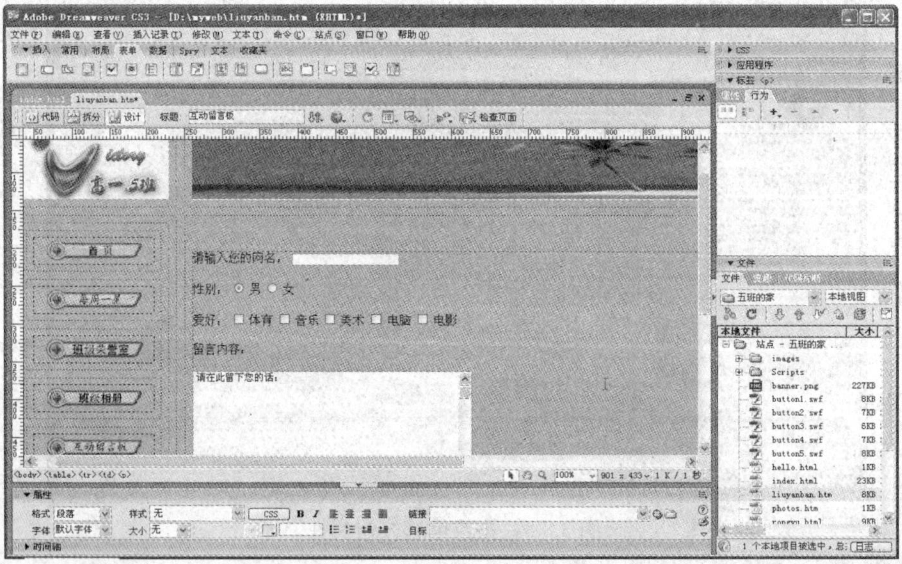

图 3.8.10　插入复选框并输入相关的文字

6. 下拉列表

下拉列表可以显示选项列表，既为留言者提供方便，又便于管理员对留言内容进行管理。它在登记表上比较常用，例如询问国家、省份、受教育程度时常常见到下拉列表。

在“爱好”前另起一行，输入“来自:”，单击“插入”面板中的“列表/菜单”标签，可以看到在文字后面出现一个列表框，如图 3.8.11 所示。

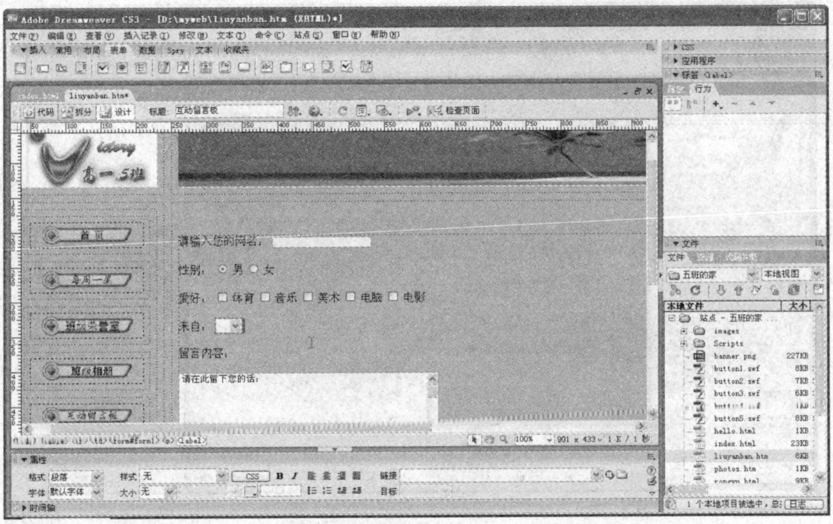

图 3.8.11 插入下拉列表框

选中下拉列表框，在“属性”面板中选择“类型”为“列表”，单击“列表值”按钮，如图 3.8.12 所示。

图 3.8.12 设置下拉列表框属性

在弹出的“列表值”对话框中输入“北京”，单击左上角的+按钮，如图 3.8.13 所示。

重复上一步，输入其他各个城市和省份，最后单击“确定”按钮，返回网页编辑窗口，如图 3.8.14 所示。

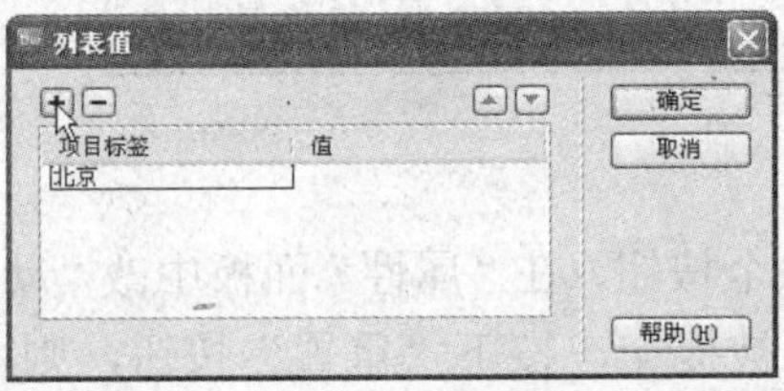

图 3.8.13 输入列表值

图 3.8.14 输入其他列表值

选中下拉列表框，在“属性”面板的“初始化时选定”栏中，选中“北京”，于是表单域里“来自：”右边的栏中出现“北京”，可以为北京的浏览者提供方便，如图 3.8.15 所示。

7. 按钮

在留言内容栏右边单击鼠标，显示出光标后，按 Enter 键另起一行。然后单击“插入”面板中的“按钮”标签，即在留言内容栏下插入了一个按钮，如图 3.8.16 所示。

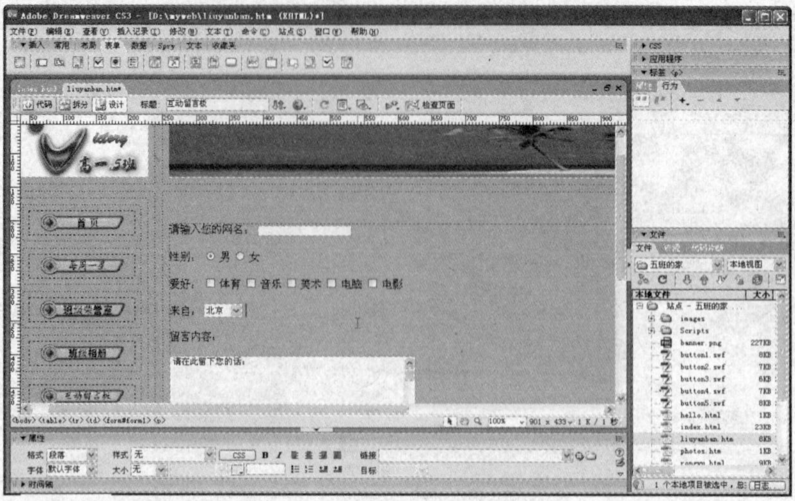

图 3.8.15　设置初始化时选定值

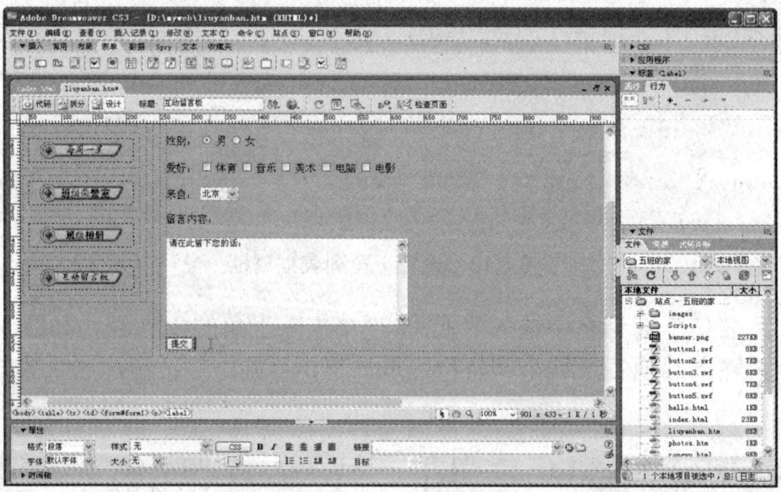

图 3.8.16　插入按钮

重复上面的操作，再插入一个按钮，选中第二个按钮，在“属性”面板中改“动作”为“重设表单”。这样当按下“提交”按钮时，表单内容被提交，按下“重置”按钮，则所有填写内容被清空，等待重新填写，如图 3.8.17 所示。

按钮共有 3 种类型：“提交”按钮将表单资料传送到相应位置；“重置”按钮将表单资料全部清除，等待重新输入；“普通”按钮可以与别的程序相连，作为启动其他程序的按钮。

作为留言簿，包含的内容应该有针对性，另外应该让浏览者输入电子邮件地址，以备以后与他们联系。

另起一行，输入“电子邮件地址：”几个字，然后插入一个文本框，在“属性”面板中更改“字符宽度”为“25”，如图 3.8.18 所示。

保存网页，按 F12 键，将网页在浏览器中打开，预览表单在浏览器中的效果，如图 3.8.19 所示。

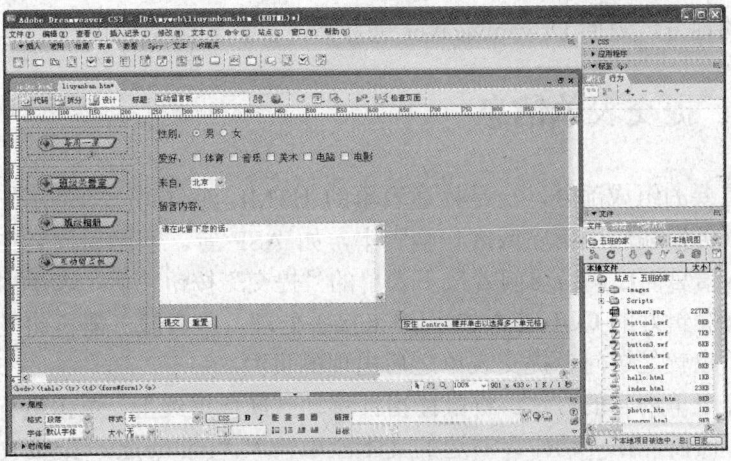

图 3.8.17　更改按钮动作类型

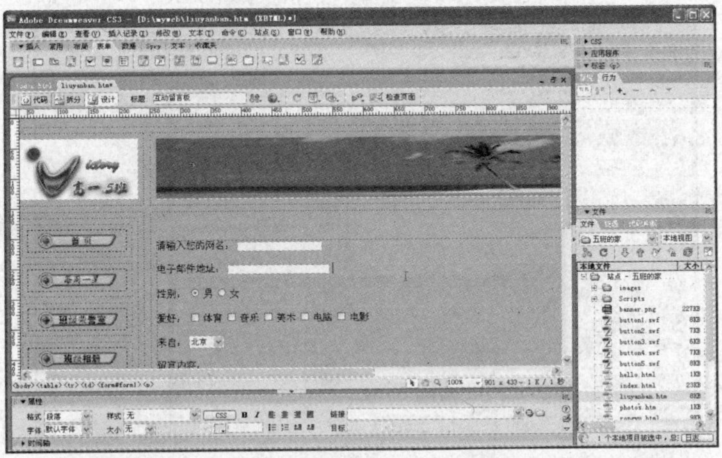

图 3.8.18　插入电子邮件地址栏

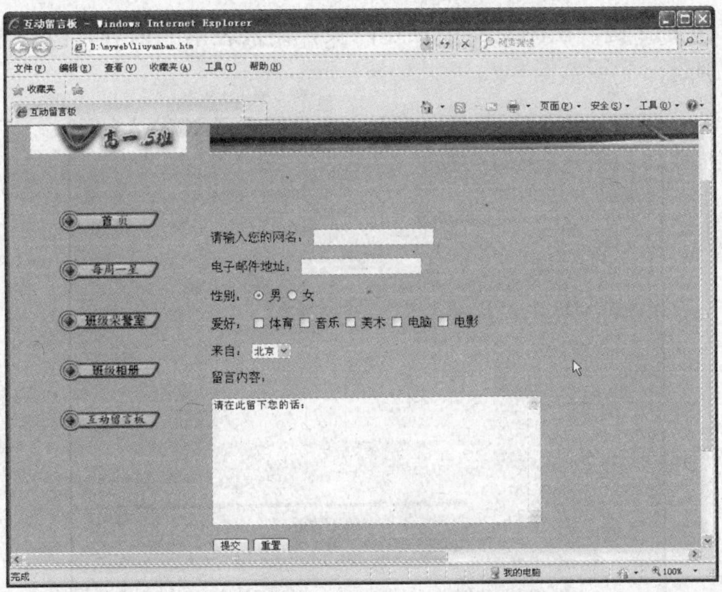

图 3.8.19　输入留言

对于不满意的地方，返回 Drwamweaver 进行修改，直到满意为止。

子项目二：提交表单信息

表单有两个重要的组成部分，一是描述表单的 HTML 源代码，二是用于处理用户在表单域中输入信息的服务器端应用程序或客户端脚本，如 ASP 等。网站访问者在页面上看到的表单元素，仅供输入信息而已。当访问者按下表单的“提交”按钮之后，表单内容会上传到服务器上，并且由事先编辑好的 CGI 或 ASP 程序来接手处理，最后服务器再将处理结果发送到访问者的浏览器中，也就是访问者提交表单之后出现的页面。

下面设置提交表单内容的方法。将鼠标指针移动到红色虚线上，单击鼠标，选中整个表单域，打开“属性”面板，在“动作”右边的文本栏中输入“mailto:gaoyi-5@163.com”，表示表单的内容将以电子邮件的形式发送给 gaoyi-5@163.com，如图 3.8.20 所示。

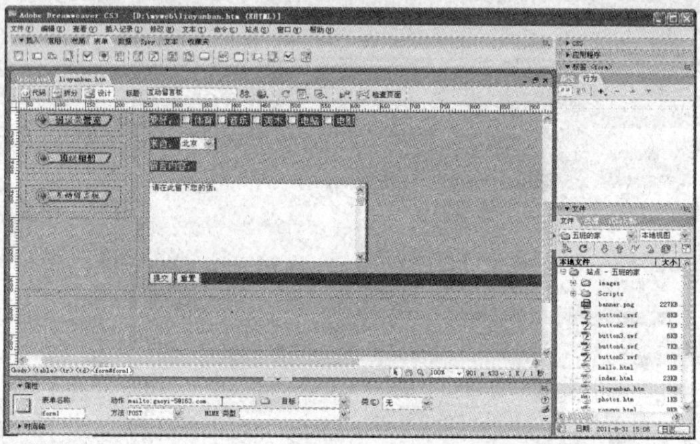

图 3.8.20　设置表单内容的提交方法

保存网页后，按 F12 键，在浏览器中预览网页，输入表单的内容，检查表单标签设置是否合适，如图 3.8.21 所示。

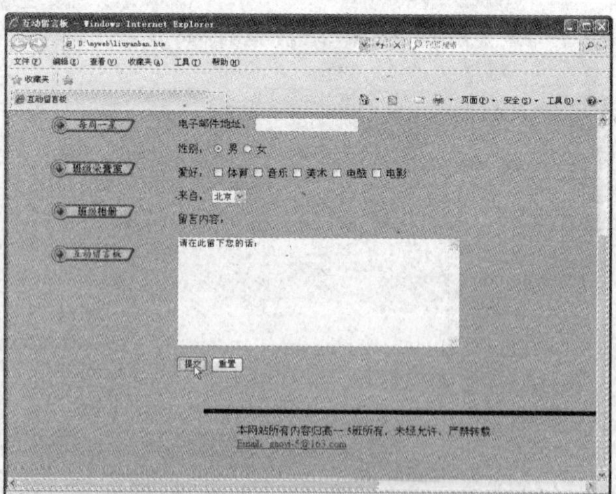

图 3.8.21　输入留言内容并提交

输入完毕，单击“提交”按钮，弹出警告信息对话框，如图 3.8.22 所示。单击“确定”按钮，表单内容被发送给 gaoyi-5@163.com。注意，如果读者在单机上测试，可能会发送失败，将站点连接到服务器上就可以解决这个问题。

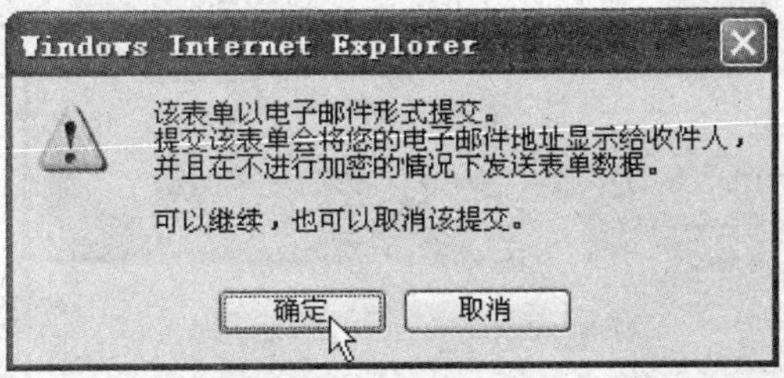

图 3.8.22　警告信息对话框

在实际的网站中，留言簿的内容通常并不是通过电子邮件来传递的，而是通过后台数据库的支持，存放到相应的数据库文件中。作为基础教程，本书没有相关内容，大家可以学习数据库的相关知识，阅读 ASP 相关书籍，　完成相应的设置。

子项目三：验证表单内容

留言簿是浏览者与网页所有者间的桥梁，通过它可以大大缩短两者之间的距离，但在得到浏览者提供信息的同时，也要防止无效信息和错误信息的输入。“验证表单”可以在一定程度上防止空信息和错误信息的发生。

首先，确定有哪些表单对象需要验证。下面的操作将设定“网名”、“电子邮件地址”、“留言内容”是必填项。其中“电子邮件地址”需要验证输入的格式是否为合法格式，其余两者需要验证是否为空。然后确定每一个需验证表单对象的名字，以免发生混淆。

选中需要输入“网名”的文本框，在“属性”面板中更改“文本域”下面的名称为“name”，将它与其他的文本框区分出来，如图 3.8.23 所示。

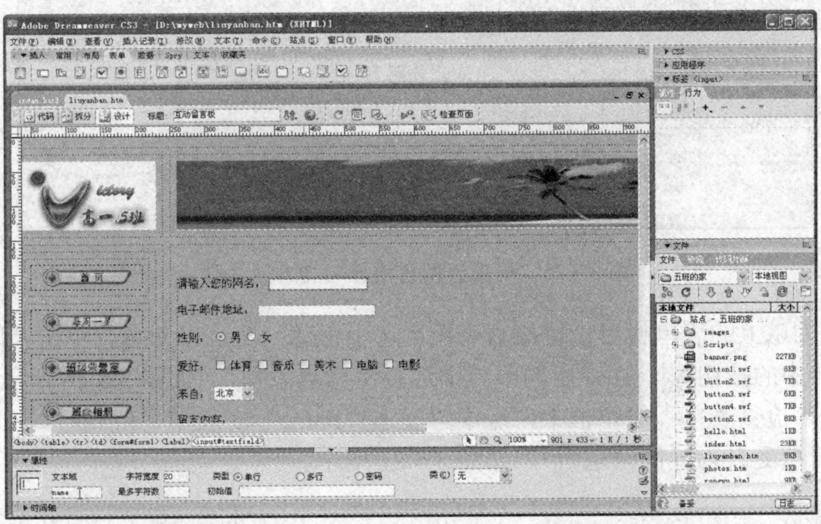

图 3.8.23　更改“网名”文本域名称

重复上述步骤，选中“电子邮件地址”文本框，将“属性”面板中“文本域”下面的名称改为“email”，如图 3.8.24 所示。

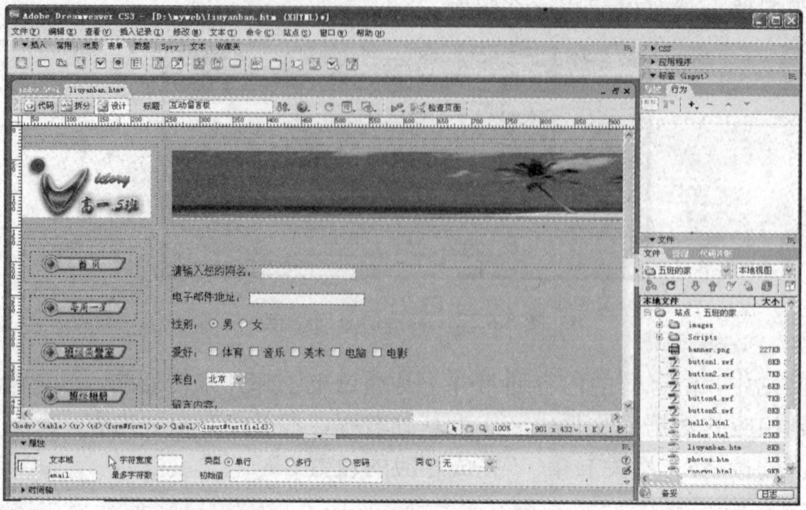

图 3.8.24　更改“电子邮件”文本域名称

重复上述步骤，选中“留言内容”多行文本框，将“属性”面板中“文本域”下面的名称改为“liuyan”，如图 3.8.25 所示。

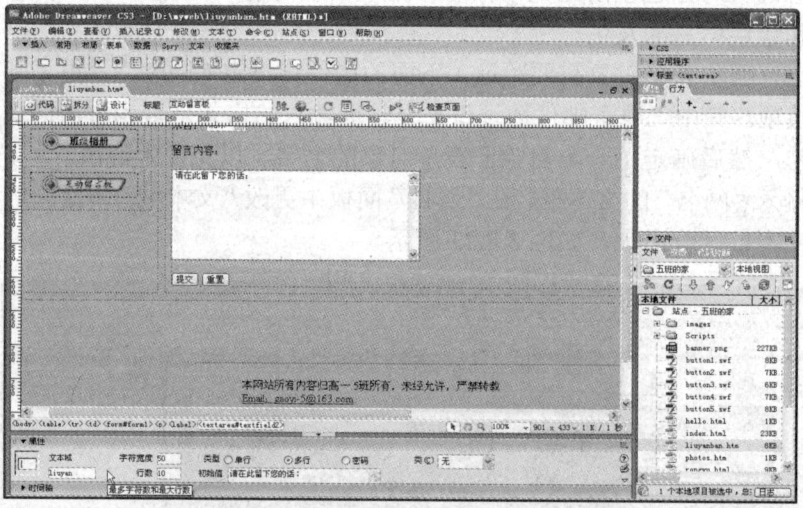

图 3.8.25　更改“留言内容”文本域名称

接下来就为以上的表单栏目设置检查表单。选中任意一个表单对象，单击“设计”面板下“行为”选项卡中的按钮+，在弹出的菜单中选择“检查表单”，如图 3.8.26 所示。

在打开的“检查表单”对话框中，选中“文本‘name’在表单‘form1’”，选中“值”为“必需的”，“可接受”为“任何东西”，如图 3.8.27 所示。

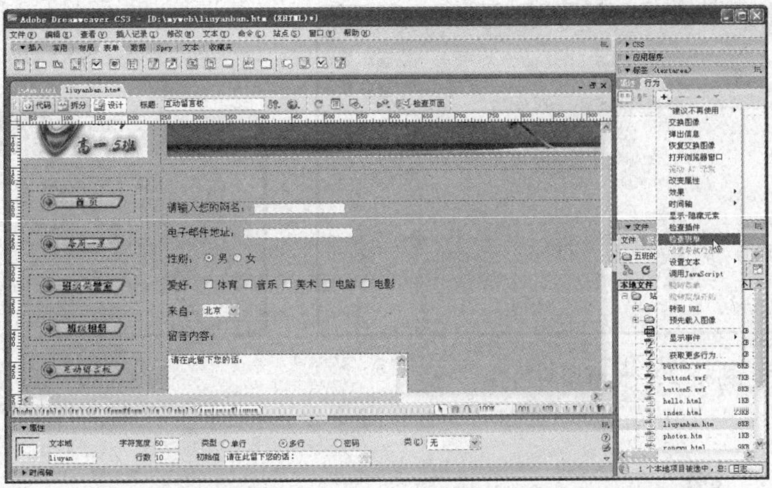

图 3.8.26　选择“检查表单”命令

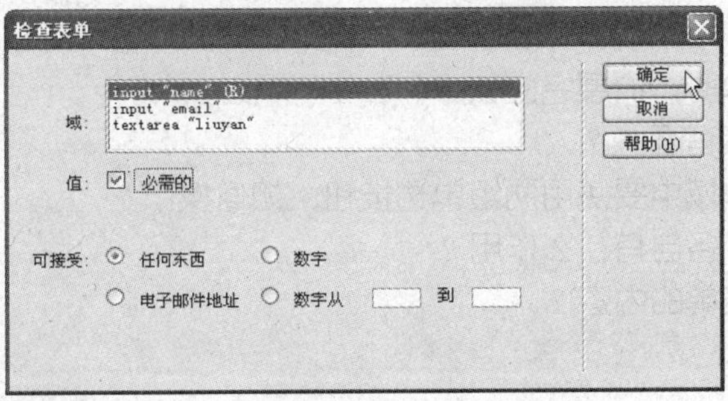

图 3.8.27　检查网名

在“检查表单”对话框中，选中“文本‘email’在表单‘form1’”，选中“值”为“必需的”，“可接受”为“电子邮件地址”，如图 3.8.28 所示。

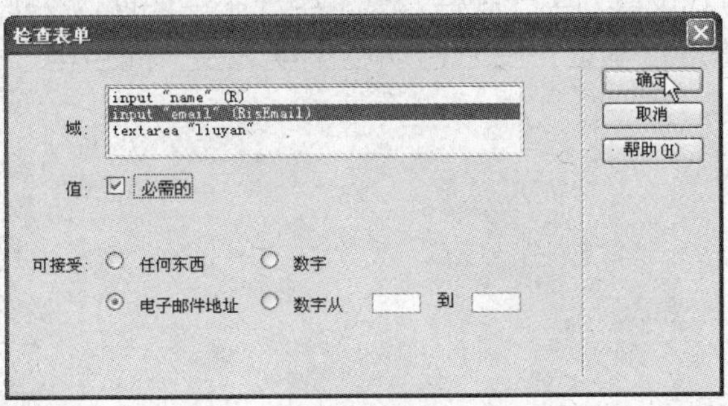

图 3.8.28　检查电子邮件地址

在“检查表单”对话框中，选中“文本‘liuyan’在表单‘form1’”，选中“值”为“必需的”，“可接受”为“任何东西”，单击“确定”按钮，如图 3.8.29 所示。

保存网页后，按下 F12 键，在浏览器中预览网页。不填写任何内容，提交表单后得到如图 3.8.30 所示的错误提示框，重新填入各项信息，提交后，则一切正常。

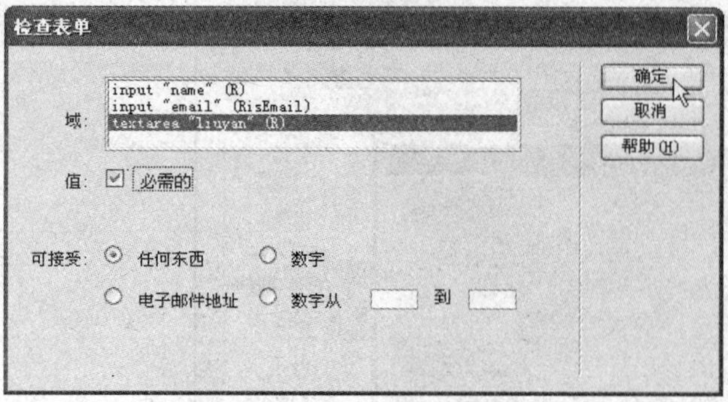

图 3.8.29　检查留言内容

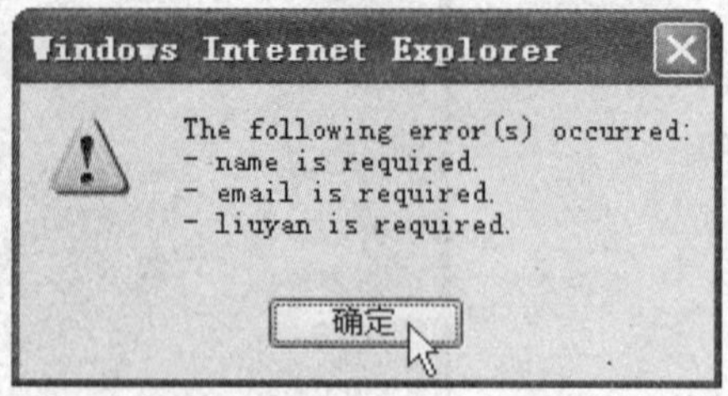

图 3.8.30　错误提示框

习　　题

一、简答题

1．当网页使用表单时，扩展名应该是什么？
2．常见的表单元素有哪些？
3．如果在一个表单域中要使用两组单选按钮，如何操作？
4．按钮有哪三种？各自有什么作用？
5．为什么要验证表单的内容？

二、操作题

1．安装 IIS 服务器，将网站“网站练习”设置为默认的站点。

2．打开“爱护牙齿”的网站，在网页“交流园地”中插入表单，将该网页制作成一个留言簿。

3．将表单的提交方式设置为电子邮件方式，电子邮件地址为 ya@163.net。

4．对表单提交信息进行验证，要求各项目不能为空，而且电子邮件地址必须符合相应格式。

第4章

管理与发布网站

项目一　管理网站的文件

知识目标

1．知道网页下载时间的含义；
2．知道超链接的正确性的含义；
3．了解不同浏览器中网页效果不同的原因；
4．知道网站域名的申请机构。

技能目标

1．掌握检查网页下载时间的方法；
2．掌握检查超链接的正确性的方法；
3．掌握检查不同浏览器中网页实际效果的方法；
4．掌握网站域名的申请方法；
5．掌握网站空间的申请方法。

项目描述

检查网站中单个网页下载时间是否过大；检查网页中的超链接是否正确；检查站点中的所有网页的外观与效果是否符合当初的设计。

在相关机构申请网站的域名和存储空间，为下一个项目上传网页做好准备。

子项目一：对网站中的文件进行操作

在网站的制作过程中，每建立一个网页，或者导入一个文件到网站中，都要涉及网页管理的内容。例如将图片文件保存到“images”文件夹中，将视频、声音等相关文件保存到相应的文件夹中，这些操作在网站的制作过程中虽然只是举手之劳，但却可以避免使网站根目录上的文件出现混乱，从而保证网页的可读性和可维护性。

网站制作完毕，难免有多余的文件，或需要改变文件的位置，因此需要对文件进行整理。

在 Dreamweaver 中打开站点，不要打开网页，也就是保证它们都不在编辑状态下。在窗口右边的“站点”选项卡中可以完成对文件的改名、复制、移动、删除等操作，与 Windows 98 资源管理器中的操作非常相似。

1. 文件的删除

将鼠标指针移到想要删除的文件上，单击鼠标右键，在弹出的快捷菜单中选择“编辑”→“删除”命令即可，如图 4.1.1 所示。

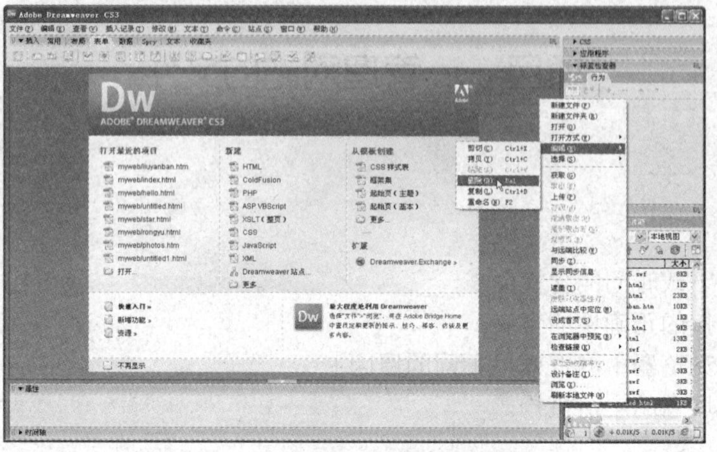

图 4.1.1　使用快捷菜单删除文件

2. 文件的改名

将鼠标指针移到想要改名的文件上，单击鼠标右键，在弹出的快捷菜单中选择“重命名”命令。这时文件名处于待编辑状态，输入新的文件名即可。也可以用鼠标间断地单击文件名两次，使文件名处于待编辑状态，输入新的文件名即可。

3. 文件的复制

将鼠标指针移到想要复制的文件上，单击鼠标右键，在弹出的快捷菜单中选择“复制”命令，或直接单击工具栏上的“复制”按钮，然后打开目标文件夹，单击工具栏上的“粘贴”按钮即可。

4. 文件的移动

将鼠标指针移到想要移动的文件上，单击鼠标右键，在弹出的快捷菜单中选择“剪切”命令，或直接单击工具栏上的“剪切”按钮，然后打开目标文件夹，单击工具栏上的“粘贴”按钮即可。

子项目二：管理网页文件

在管理网页文件的工作中，有以下 3 点需要引起大家的注意：① 每一个网页都不能过大，网页中图片过多会增大网页的体积，使该网页的下载时间过长，影响浏览者的浏览速度；② 检查网页中是否有无效的超链接，或者超链接有效，但链接的目标有误，这一点非常重要；③ 考虑到浏览者可能使用不同的浏览器，或者不同的版本，因此在上传之前要保证在不同的浏览器中网页的效果基本相同。

下面，我们就依次来检查网站中网页的这三项设置。

1. 检查网页下载时间

在 Dreamweaver 中打开网页“index.html”，在编辑窗口的右下角可以看到“222k/32 秒”，如图 4.1.2 所示，表示网页的大小为 222kbps，传输时间为 32 秒。显然没有人愿意为打开一个网页愿意等待 32 秒，是因为在网页中插入太多图片的缘故吗？其实这个数据是不准的，因为这是为使用 56kbps 调制解调器所预计的时间，现在的网络传输速率已经达到 512kbps 以上，真实的下载时间会缩短许多。

下面看一下，在 512kbps 的速度下，网页的下载时间。单击“编辑”菜单，在下拉菜单中选择“首选参数”命令，如图 4.1.2 所示。

图 4.1.2 选择“首选参数”命令

在打开的“首选参数”对话框中，选择“分类”列表框中的“状态栏”选项，在右边窗口中选择窗口的大小，再单击“连接速度”栏右边的文本框，输入“512”，单击“确定”按钮，如图 4.1.3 所示。

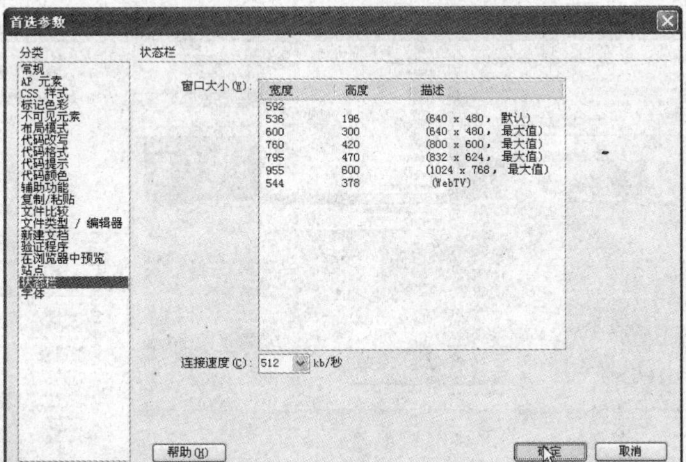

图 4.1.3 设置参数

这时，可以发现下载的时间已经变成 4 秒，如图 4.1.4 所示。如果你觉得 4 秒还是太慢，可以更改网页中的内容，比如优化图片，删除不必要的图片等，直到速度满意为止。

图 4.1.4　下载时间被更改

打开其他的网页，检查它们的下载速度。在 512kbps 的情况下，最好让所有的网页都控制在 10 秒以内。

2. 检查网页链接的有效性

在网站的建设过程中，最容易发生的错误就是超链接的错误。发生超链接错误的原因有很多，如建立超链接时误操作可能发生超链接错误；网页或其他文件的名字发生更改可能发生超链接错误；删除无效的网页文件后也可能发生超链接错误。

在网页页面上的文字或者图片发生错误，可以直观地发现，及时进行更改。但超链接错误是隐性的，无法直接从网页上看出来，只能在浏览器中通过单击超链接来检验。如果真的这样做，那将是一项非常复杂、枯燥的工作，而且也没必要。Dreamweaver 提供了一项功能，可以轻松地完成对超链接的检查。

单击菜单栏上的“站点”菜单，移动鼠标选择菜单中的“检查站点范围的链接”命令，如图 4.1.5 所示。

图 4.1.5　选择“检查站点范围的链接”命令

此时，在窗口的下端“结果”选项卡被打开，网站中出现“断掉的连接”项目中有问题的内容，如图 4.1.6 所示。如果有网页链接错误，打开网页更改错误的链接就可以了。

图 4.1.6　设置检查链接的属性

更改网页中的错误并保存，现在重新检查。在打开的“结果”面板的“链接检查器”选项卡中，单击按钮▷，在弹出的菜单中选择“检查整个当前本地站点的链接”命令，确保网页的错误已经得到更正，如图 4.1.7 所示。

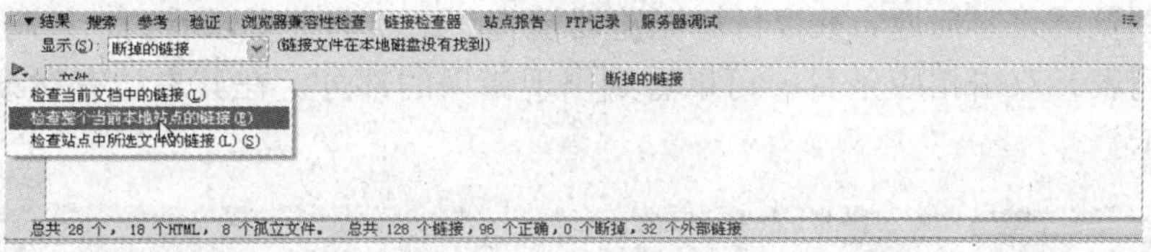

图 4.1.7　检查超链接

单击“显示”栏右边的下拉按钮▼，分别选择“断掉的链接”、“外部链接”、“孤立文件”，相应的文件描述显示在窗口中，如图 4.1.8 所示。

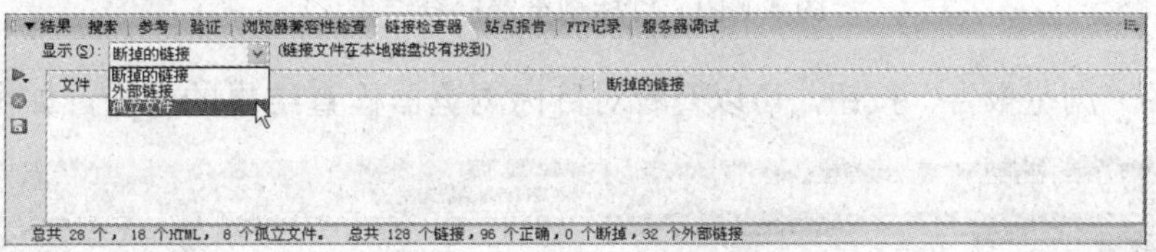

图 4.1.8　查找错误超链接

打开存在错误链接的网页，对错误的超链接进行修改，然后重复刚才的操作步骤，直到没有错误超链接为止。

3. 检查网页在不同浏览器中的效果

下面检查浏览器的兼容性。由于无法预料网页浏览者使用何种浏览器，以及所使用浏览器的版本，而如果制作的网页在某种常见的浏览器版本中浏览时发生问题，就会影响到整个网站的信誉，所以，验证网页在常见的浏览器版本中的显示效果就非常重要。

Dreamweaver 提供检查功能，可以验证网页在常见的浏览器版本中的效果，非常实用，而且使用方法简单。

在打开的“结果”面板的“目标浏览器检查”选项卡中，单击按钮 ，在弹出的菜单中选择“检查浏览器兼容性”命令，如图 4.1.9 所示。

图 4.1.9　选择“检查浏览器兼容性”命令

如果存在浏览器兼容问题，在“目标浏览器检查”选项卡中可以看到一些与浏览器兼容存在问题的网页列表。双击相应条目，可以看到出现错误的部分，在其右边有对该问题的解释，如图 4.1.10 所示。

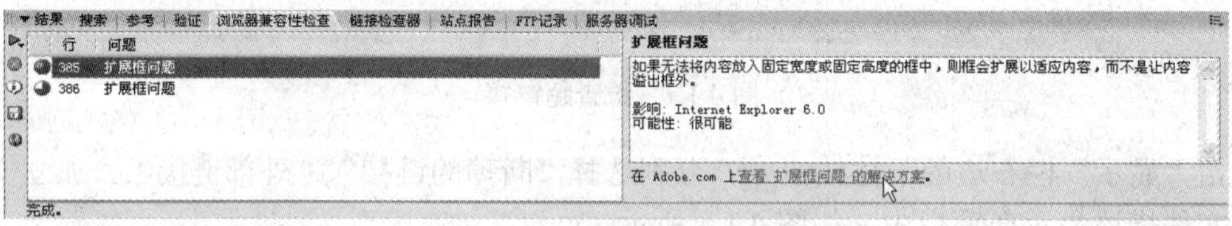

图 4.1.10　目标浏览器检查结果

单击左侧的“浏览报告”按钮，可以查看对目标浏览器检查结果的报告，如图 4.1.11 所示。

图 4.1.11　单击“浏览报告”按钮

认真阅读系统生成的目标浏览器检查报告，对网页中的错误进行修改。对于一些特殊的设置，可以向网络管理员咨询，通过调整使网页能够在浏览器中正确显示，如图 4.1.12 所示。

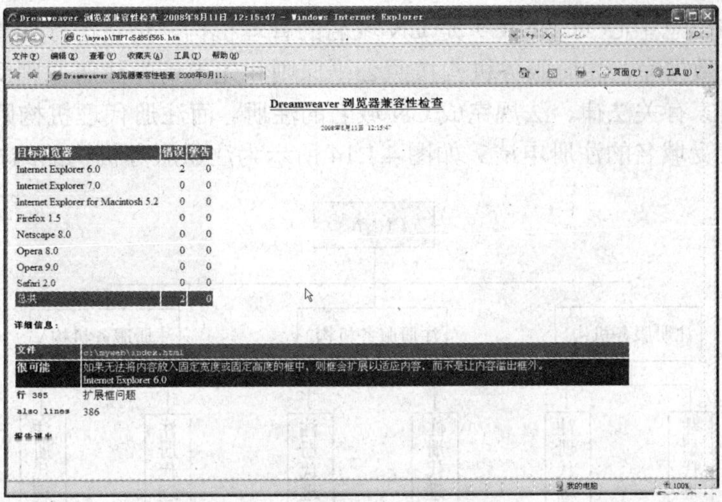

图 4.1.12　目标浏览器检查报告

重复上述步骤，检查网页在其他常见浏览器中的显示效果，一直到合格为止。至此，站点的检查完毕。

子项目三：注册域名

相关知识：域名注册机构

域名类似于因特网上的门牌号码，用于识别和定位因特网上计算机的层次结构式字符标志，与该计算机的互联网协议（IP）地址相对应。但相对于 IP 地址而言，它更便于使用者理解和记忆。域名属于因特网上的基础服务，域名可以提供 WWW、EMAIL、FTP 等应用服务。

域名注册分为国际域名注册和国内域名注册两种。国内域名注册由中国互联网络信息中心（CNNIC）授权其代理进行；国际域名注册通过互联网络信息中心 INTERNIC 授权其代理进行。如图 4.1.13 所示为中国互联网络信息中心（http://www.cnnic.com.cn）的主页。

图 4.1.13　中国互联网络信息中心的主页

中国互联网络信息中心（CNNIC）是 CN 域名的管理机构，负责运行和管理相应的 CN 域名系统，维护中央数据库。注册服务机构按照公平原则和先申请先注册原则受理 CN 域名的注册申请，并根据国家有关法律、法规完成 CN 域名的注册。而注册代理机构则负责在注册服务机构授权范围内接受域名的注册申请。如图 4.1.14 所示为注册服务机构的结构图。

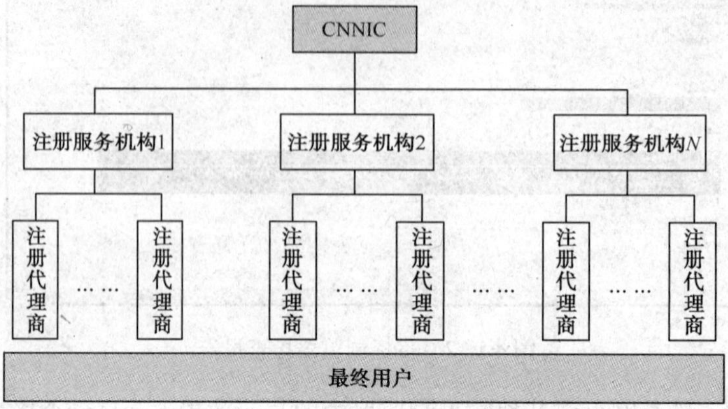

图 4.1.14　注册服务机构的结构图

项目实施步骤：注册域名

下面以访问东方网景，注册一个名为“http://www.qdgao15.com”的域名为例，简述注册域名的步骤。

首先在 IE 浏览器中输入网址“http://www.east.net”，将网页在浏览器中打开，如图 4.1.15 所示。

图 4.1.15　东方网景网

单击“域名服务”，在下拉菜单中选择“英文域名”命令，如图 4.1.16 所示。

如果要想完成域名注册，必须先注册为该网站的会员。单击“用户注册”按钮，进行会员注册。这个注册仅仅成为东方网景网的用户，所以是免费的。

如图 4.1.17 所示，在用户注册页面上输入姓名、电子邮件地址、登录密码等，单击“确定”按钮。此时，系统开始检查账号是否符合规定、是否重名等。

图 4.1.16　选择“英文域名”命令

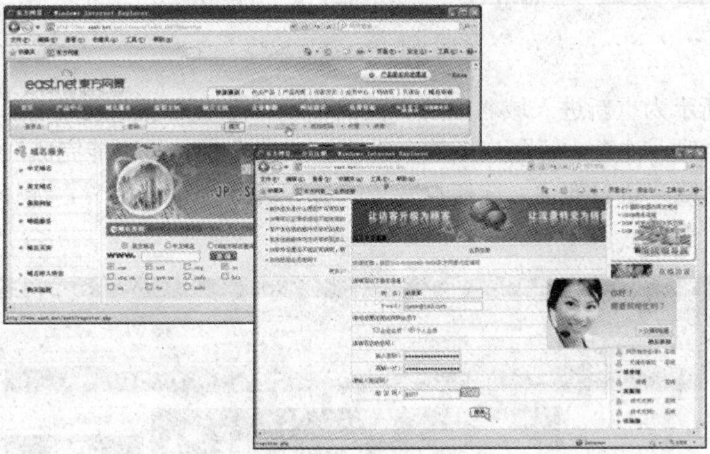

图 4.1.17　输入账号

在账号通过检查以后，需要输入个人资料，其中带“*”号的必须填写，其他的项目可以有选择地填写。填写完毕单击“注册”按钮，如图 4.1.18 所示。

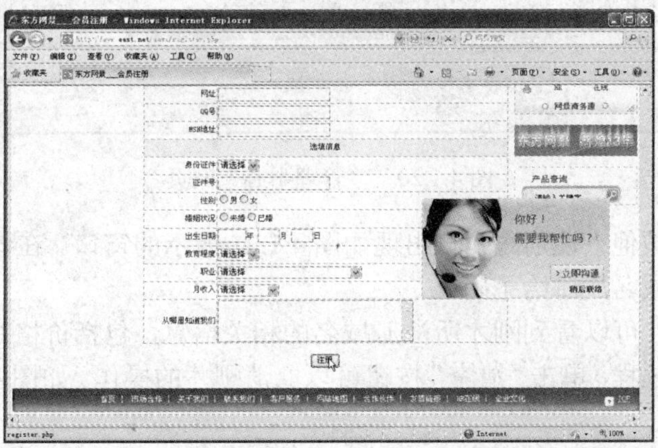

图 4.1.18　输入个人资料

注册完毕，弹出注册成功页面，如图 4.1.19 所示。

图 4.1.19　注册成功

如图 4.1.20 所示为重新进入域名注册界面的情况，可以发现登录成功后，网页上出现用户名以及账户上的金额。注意，若账户上的金额不够交费金额，是不能完成注册的，到该网站所在机构交费可以对账户进行充值。选择“英文域名”，输入“qdgao15”，选择“com”，单击“查询”按钮。

图 4.1.20　“管理中心”网页

如果该域名没有被他人注册过，将出现如图 4.1.21 所示的窗口。在该窗口中单击“放入购物车”按钮，对本次域名注册给予确认。

在弹出的窗口中，可以看到刚才所注册域名的相关信息，包括价格等。单击“结算”按钮可以完成购买账号的过程，单击“清空”按钮可以取消刚才的操作。如图 4.1.22 所示为单击“结算”按钮的操作。

图 4.1.21　单击“放入购物车”按钮

图 4.1.22　单击“结算”按钮

这时，系统将查看账户上的金额，在扣除相应金额后，24 小时内，域名将开通。

注册域名后，需要每年向注册服务机构交纳域名运行管理费用。年域名续费截止日和申请日相同。对于续费截止日内未完成续费的域名，将暂停服务。暂停服务 15 日仍未完成续费的域名，将予以删除。另外，如果注册信息发生变化，应当及时通知域名注册服务机构加以变更，同时注意保存注册服务机构提供给用户的用于更改信息的密码和用于转移注册服务机构的密码。

子项目四：选择存放网站的服务商

1. 相关知识：虚拟主机与主机托管

要将网站存放在因特网上，除了需要注册域名以外，还要选择一个合适的服务商。目前各服务商提供两种方式来存放网站文件，一种是虚拟主机，另一种是主机托管。

虚拟主机是使用特殊的软、硬件技术，把一台主机分成一台台“虚拟”的主机，每一台虚拟主机都具有独立的域名和共享的 IP 地址。虚拟主机属于企业在网络营销中比较简单的应用，适合个人或初级建站的中小型企事业单位。这种建站方式，适合用于发布简单的信息。

主机托管是将自己的服务器放在通信部分的专用托管服务器机房，利用数据中心的线路、端口、机房设备为信息平台建立自己的宣传基地和窗口。主机托管可为对运行环境有专门要求的高级网络运营提供托管服务，并可为用户提供实时带宽监测与报告。托管用户具有对设备的拥有权和配置权，并可根据用户的需求为用户预留足够的发展空间。对于企业，一般采用主机托管，不但节约成本，用户还可以根据需要灵活选择数据中心提供的线路、端口以及增值服务，而且不会因为共享主机而引起主机负载过重，导致服务器性能下降。

2. 项目实施步骤：注册一个虚拟主机服务

下面以访问东方网景网，注册一个虚拟主机服务为例，介绍虚拟主机的注册步骤。

在 IE 浏览器中输入东方网景网的网址“http://www.east.net”，将网页在浏览器中打开。输入用户名和密码，登录到网站，如图 4.1.23 所示。

图 4.1.23　登录网站

然后单击网页顶端的“虚拟主机”，在下拉菜单中单击“虚拟主机”选项，如图 4.1.24 所示。

图 4.1.24　单击“虚拟主机”

在网页“虚拟主机”中可以看到，有多种形式的虚拟主机服务。选择其中的一种，单击“立即购买”按钮，如图 4.1.25 所示。

图 4.1.25　选择一种虚拟主机服务

在弹出的窗口中，可以看到提供虚拟主机服务的硬件信息，输入 FTP 账号、密码，以及域名，单击“确认”按钮，如图 4.1.26 所示。

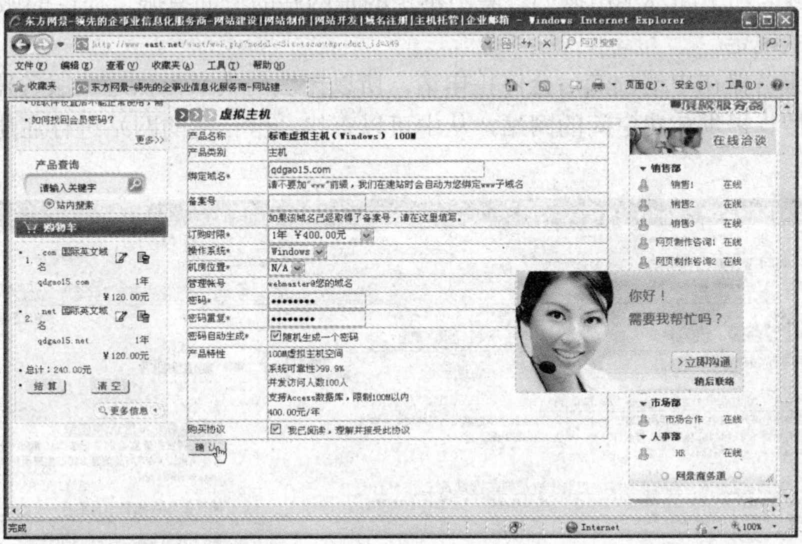

图 4.1.26　注册虚拟主机服务

如图 4.1.27 所示，该项购买交易已经被放入购物车。在屏幕左端单击“结算”按钮，系统将查看账户上的金额，在扣除相应金额后，24 小时内，服务将开通。

虚拟主机服务开通之后，通过使用 FTP 账号和密码可以将网站上传到服务中提供的空间上，输入登记的域名就可以将网页打开。

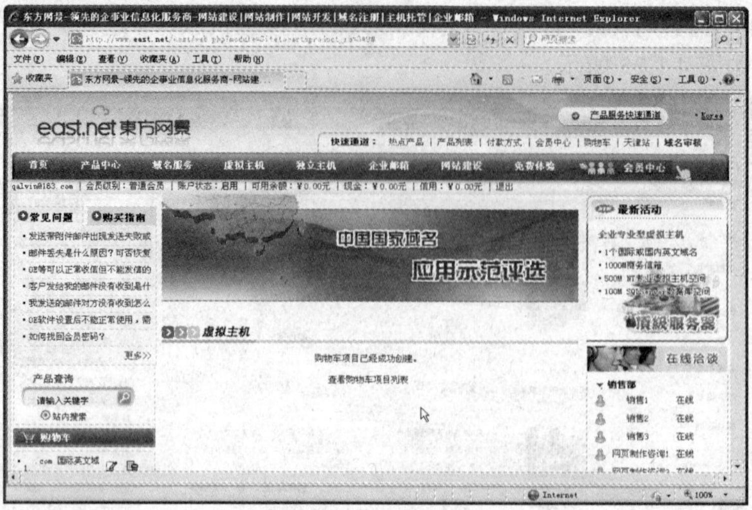

图 4.1.27　交易成功

子项目五：申请免费网页空间

对于学生来说，支付域名费用，选择虚拟主机，甚至主机托管是不现实的。不用担心，提供免费主页空间的服务器有很多，用户只需向其提出申请，在得到答复后，按照说明上传主页即可。主页的域名和空间都不用操心。美中不足的是网站的空间有限，提供的服务一般，域名更不能随心所欲地定。

由于多数服务器在申请额满后会停止申请，所以无法向大家提供这些服务器的准确网址。在百度上可以搜集提供免费空间的网站，从中可以查找一个合适的网站进行注册，如图 4.1.28 所示。

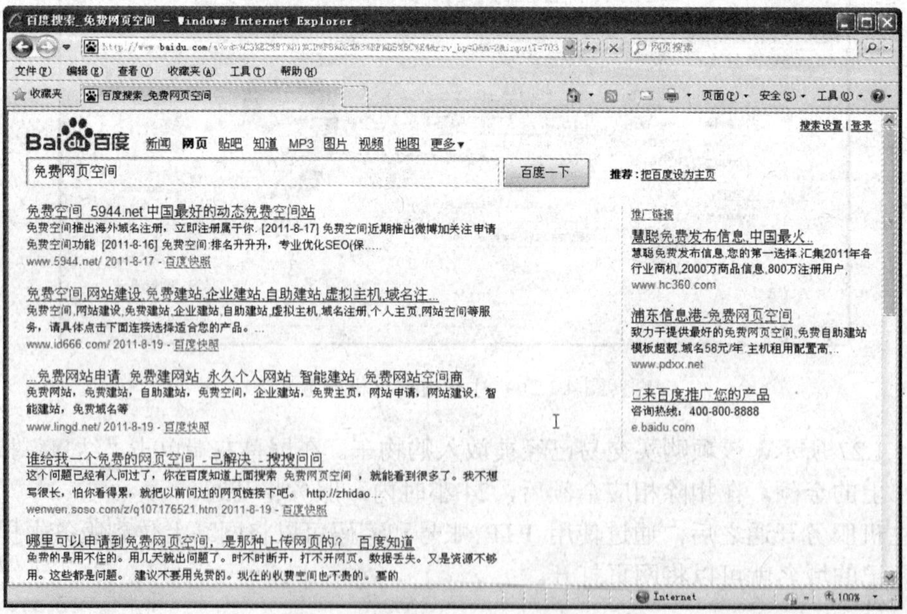

图 4.1.28　在百度搜索“免费网页空间”的结果

值得注意的是，现在提供 FTP 空间的网站比较少，而且许多是在国外。如果用户的英文好，可以去国外的服务器申请，参照“金山词霸”的帮助，成功注册应该不成问题。当然，用户也可以将主页上传到学校的服务器上。

各个网站的申请过程略有不同，但大同小异。有的网站会要求用户在网页顶端插入广告图片；有的网站会要求用户在论坛发帖，挣取虚拟币，支付使用空间的费用；有的网站会在用户的网站打开时弹出广告窗口等，如果有兴趣的话，可以试一试。

习　　题

1. 简答题

(1) 网站管理包括哪两方面的内容？
(2) 网页下载时间是什么意思？
(3) 怎样将网页下载时间更换成 512kbps 速率下的数值？
(4) 目前常见的目标浏览器有哪几种？
(5) 除了自己建立服务器以外，目前提供网站空间的方式主要有哪两种？
(6) 既然有免费网页空间，为什么还有人申请虚拟主机或主机托管服务？

2. 操作题

(1) 打开第 3 章习题编辑过的网站，对网站中的文件进行管理，删除无用的文件，将相关文件放入相应的文件夹。
(2) 检查各个网页的网页下载时间、超链接的正确性以及在不同浏览器中的浏览效果。
(3) 在搜狐上搜索关于免费主页空间的信息，登录其中的一个网站，注册并申请一个免费主页空间。

项目二　上 传 网 站

知识目标

1．知道 Web 服务器 IIS 的作用；
2．了解上传网站的几种方法；
3．了解 FTP 软件的作用。

技能目标

1．掌握配置 IIS 服务器的方法；
2．掌握在 Dreamweaver 中上传网页的方法；
3．掌握使用 FTP 软件上传网站的方法。

任务描述

制作网页的最终目的是将网页发布到 Internet 上，让需要的人浏览。所以上传网页是网页制作中的最后一步，也是最重要的一步。

在本项目中，首先设置 Web 服务器，然后将网站发布在本机上，浏览网页的实际结果，对有问题的网页进行修改。

最后，将制作的网页上传到服务器上，并进行浏览。

子项目一：设置 Web 服务器

相关知识：Web 服务器概述

网页中有一些特殊的效果只有在 Web 服务器的支持下才能很好地实现，换句话说，只有在 Web 服务器的帮助下，我们才能完成对网页调试的整个过程。所以，学习安装、调试个人 Web 服务器还是必要的。

Web 服务器的构件需要两个必不可少的基础平台，即网络硬件平台和网络软件平台。只有完成这两个平台的建设，才可以建设 Web 服务器。

（1）网络硬件平台的搭建。通常采用局域网互联技术，建设 Web 服务器所需的局域网，然后再将局域网与 Internet 相连，从而为实现 Web 服务器与 Internet 相连提供硬件基础。

（2）网络软件平台的搭建。由于网页信息均通过 HTML 格式进行 Web 发布，所以欲建的 Web 软件平台必须以 TCP/IP 协议为基础，并提供和支持 HTTP 传输协议。

一般来说，以 Microsoft 的 Windows 2000 或 Windows XP 操作系统建立网络平台后，再在这个平台上使用 IIS 组件搭建 Web 服务器就比较容易了。

项目实施步骤：设置 IIS

IIS 即 Internet 信息服务，在 Windows XP 中集成的是 5.0 的版本。它包含 WWW 服务器、FTP 服务器、个人 Web 服务器等许多功能软件。因为在 Windows XP 专业版中，IIS 不是默认安装的，所以在使用之前，必须先进行安装。

首先，打开“控制面板”窗口，在“控制面板”窗口中双击“添加或删除程序”图标，如图 4.2.1 所示，打开“添加或删除程序”窗口。

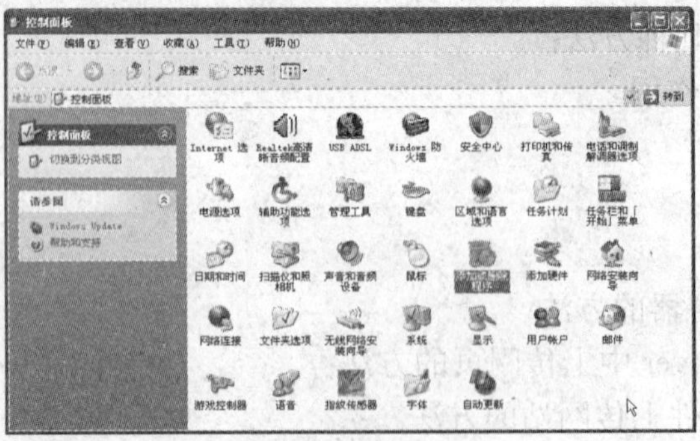

图 4.2.1 “控制面板”窗口

在“添加或删除程序”窗口中，单击“添加/删除 Windows 组件”按钮，如图 4.2.2 所示。

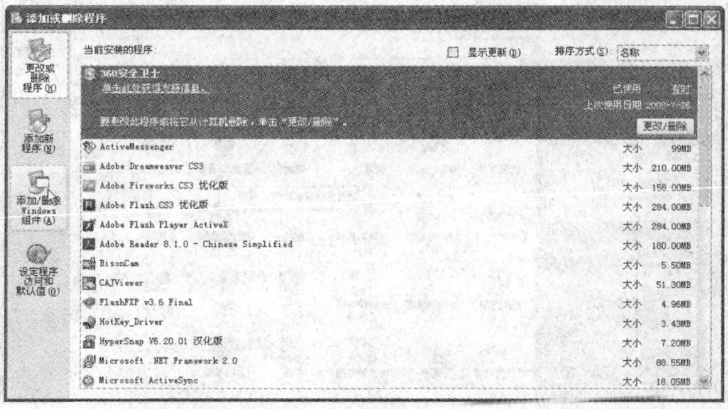

图 4.2.2　“添加或删除程序”窗口

在“Windows 组件向导”对话框中，选中“Internet 信息服务（IIS）”，单击“下一步”按钮，开始安装 IIS，如图 4.2.3 所示。注意：用户必须保证 Windows XP 安装光盘在光驱中。

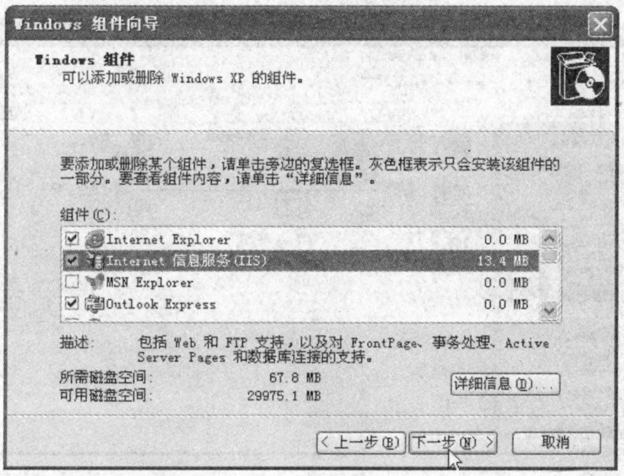

图 4.2.3　“Windows 组件向导”对话框

安装完成以后（如图 4.2.4 所示），在“控制面板”窗口中，双击“管理工具”图标，如图 4.2.5 所示，打开“管理工具”窗口。

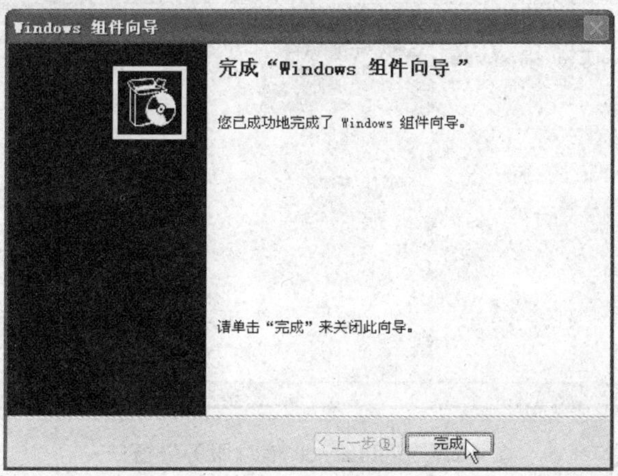

图 4.2.4　安装完成

图 4.2.5 “控制面板”窗口

在“管理工具”窗口中，双击“Internet 信息服务”图标，如图 4.2.6 所示，打开个人“Internet 信息服务”窗口，如图 4.2.7 所示。

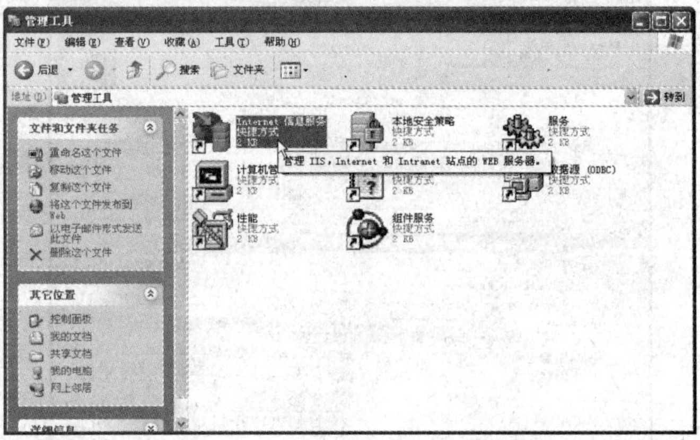

图 4.2.6 “管理工具”窗口

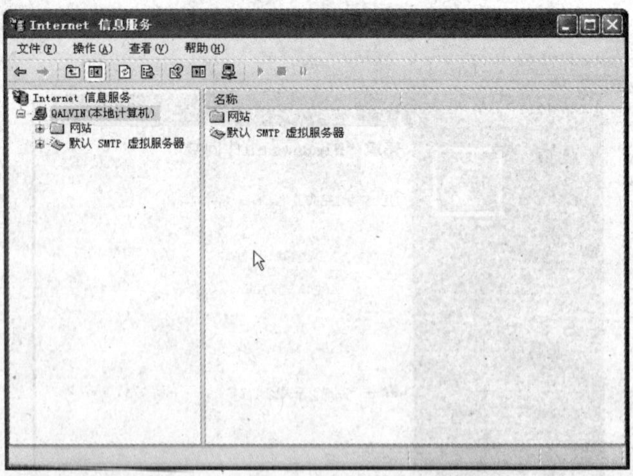

图 4.2.7 “Internet 信息服务”窗口

在“Internet 信息服务”窗口的左半部分选择“网站”，在右半部分选择“默认网站”，单击鼠标右键，在弹出的快捷菜单中选择“属性”命令，如图 4.2.8 所示。

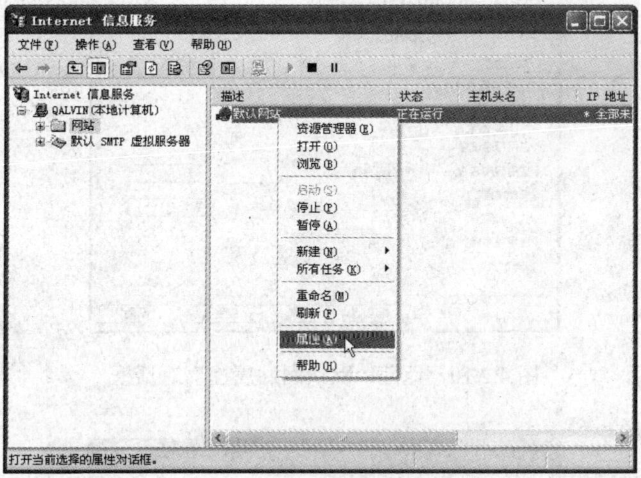

图 4.2.8　选择“属性”命令

在弹出的“默认网站 属性”对话框中，打开“主目录”选项卡，单击“浏览”按钮，选择网站所在的位置，如图 4.2.9 所示。

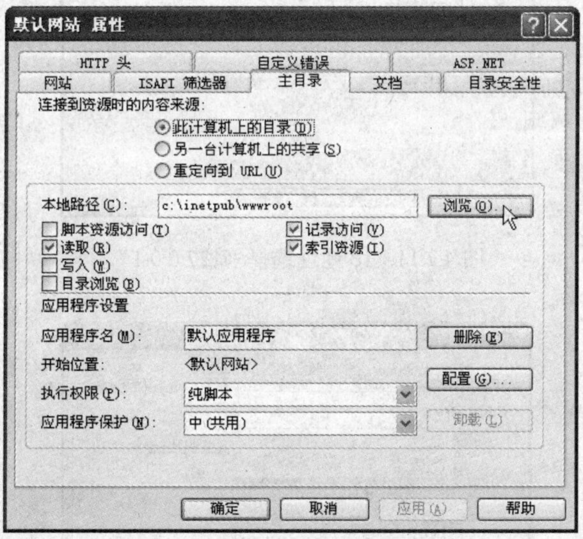

图 4.2.9　单击“浏览”按钮

选择 D 盘的 Myweb 文件夹，单击“确定”按钮，返回“默认网站 属性”对话框，如图 4.2.10 所示。

打开“网站”选项卡，单击“IP 地址”右面的文本框，在弹出的菜单中选择“127.0.0.1”，也就是本机，如图 4.2.11 所示。

打开“文档”选项卡，单击“添加”按钮，输入“index.html”作为网站的默认文档。单击“确定”按钮，完成设置，如图 4.2.12 所示。

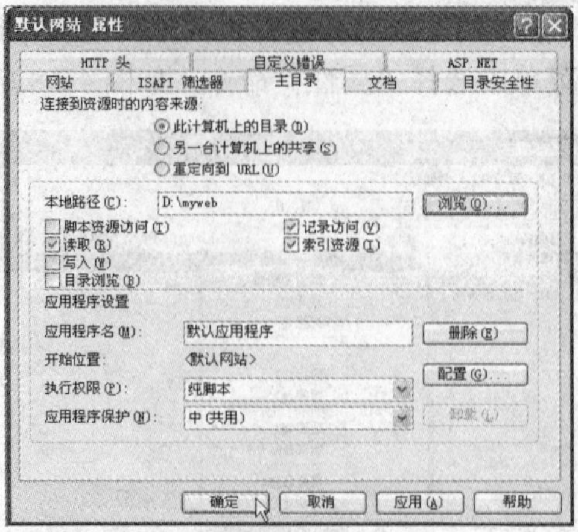

图 4.2.10　返回“默认网站属性”对话框

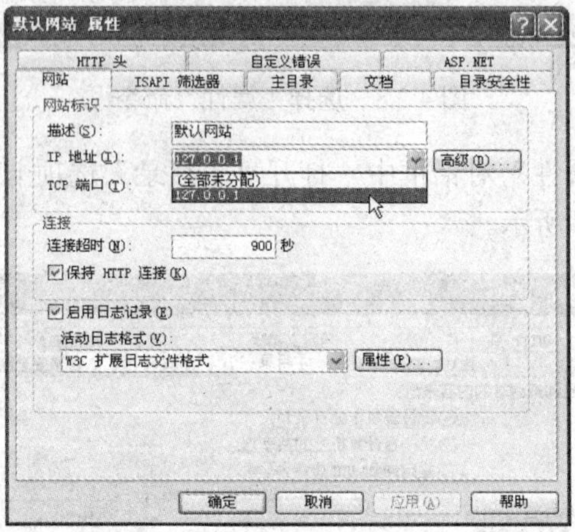

图 4.2.11　IP 地址选择“127.0.0.1”

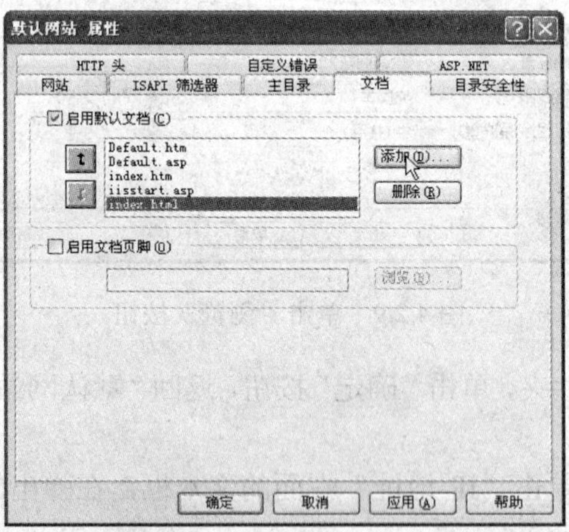

图 4.2.12　“文档”选项卡

打开 IE 浏览器，在地址栏中输入网址“http://127.0.0.1”，按回车键后，网站首页被打开，如图 4.2.13 所示。

图 4.2.13 打开网站首页

子项目二：在 Dreamweaver 中上传网页

可以将网页上传到预先申请好空间的服务器上，也可以上传到学校的服务器上。无论上传到哪个服务器上，都应事先知道该服务器管理员提供的用户名和密码，否则上传请求将被服务器拒绝。即需要事先完成配置工作。

首先，在 Dreamweaver 中配置服务器的信息。打开站点后，单击“站点”菜单，在下拉菜单中选择“管理站点”命令，如图 4.2.14 所示。

图 4.2.14 选择“管理站点”命令

在“管理站点”对话框中，选中需要编辑的站点，单击“编辑”按钮，如图 4.2.15 所示。

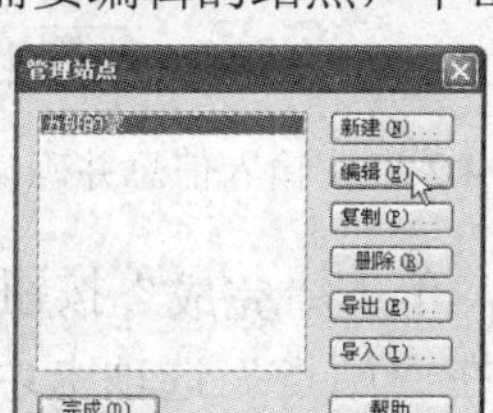

图 4.2.15 选择要编辑的站点

在弹出的对话框中，打开“高级”选项卡。在左侧的“分类”区域选择“远程信息”，在右侧的“远程信息”区域，单击“访问”右边的按钮，在下拉选项中选择“FTP”命令，如图 4.2.16 所示。

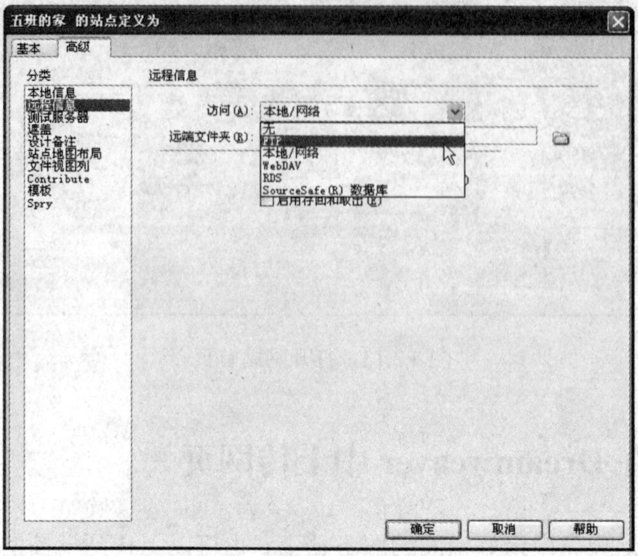

图 4.2.16 在“访问”文本栏中选择“FTP”命令

在“FTP 主机”文本栏中输入服务器的 IP 地址；在“登录”文本栏中输入服务器提供的用户名；在“密码”文本栏中输入服务器提供的密码。最后，单击“确定”按钮，如图 4.2.17 所示。

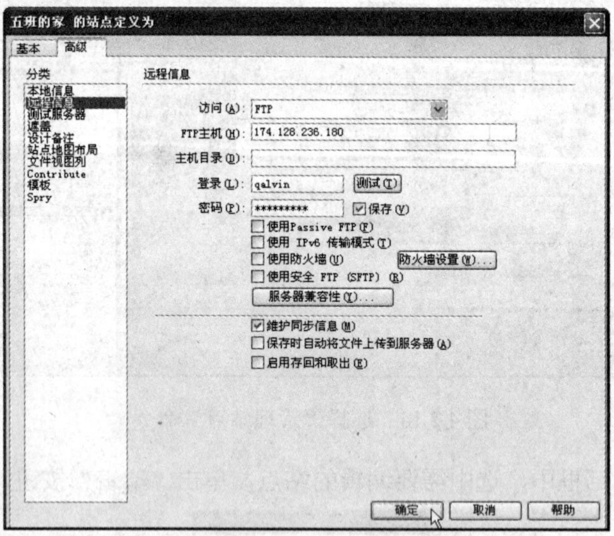

图 4.2.17 输入信息并确认

在返回的“管理站点”对话框中，单击“完成”按钮，如图 4.2.18 所示。

完成配置，就可以上传网页了。在“站点”选项卡中选中站点中的所有文件，单击按钮，开始上传，如图 4.2.19 所示。

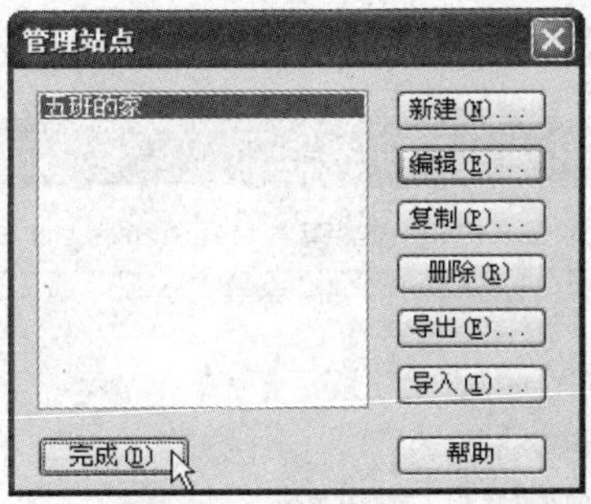

图 4.2.18 单击“完成”按钮

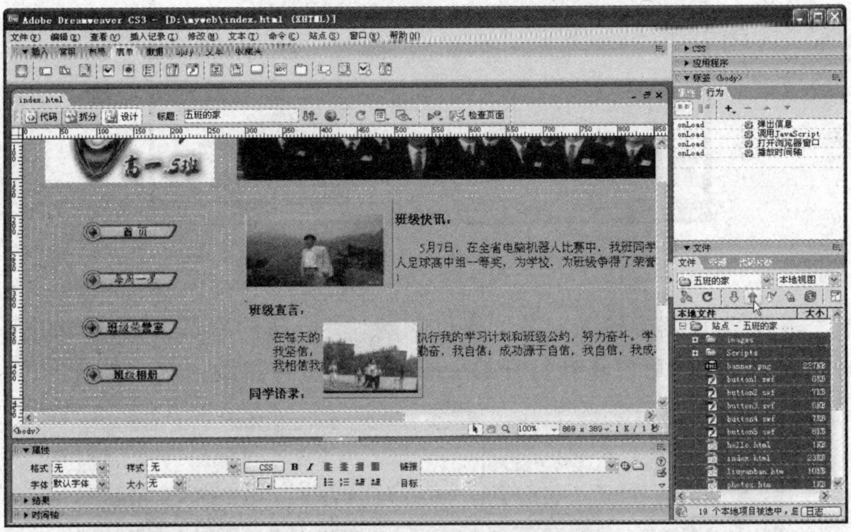

图 4.2.19 选择文件，单击上传按钮

Dreamweaver 开始查找主机，并连接，如图 4.2.20 所示。

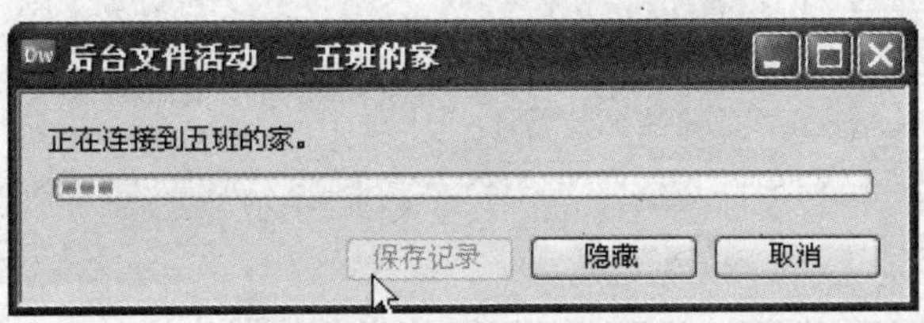

图 4.2.20 查找主机

Dreamweaver 首先对文件进行排序，然后开始上传文件，如图 4.2.21 所示。

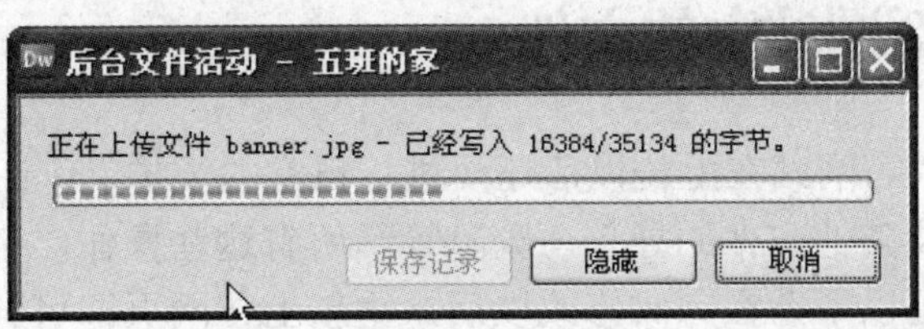

图 4.2.21 将文件排序

单击“详细” 看到上传文件的详细清单，如图 4.2.22 所示。

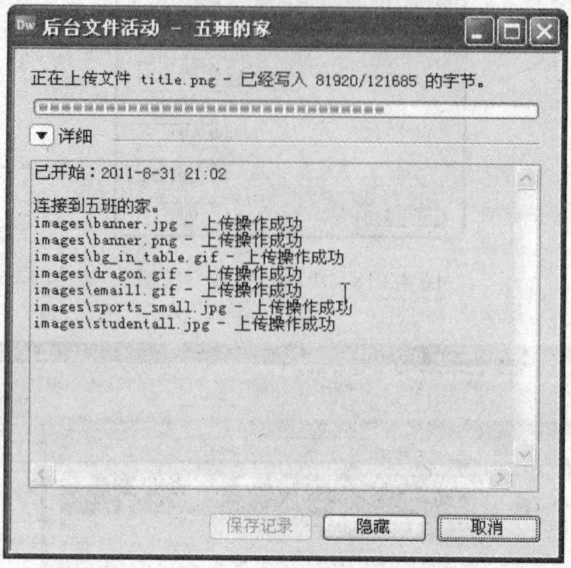

图 4.2.22　上传文件

上传完毕，在 IE 浏览器中输入服务器提供的网址，上传的网页被打开，如图 4.2.23 所示。如果对网页的内容不满意，可以重新打开 Dreamweaver 进行修改，然后重新上传。

图 4.2.23　浏览上传的网页

子项目三：更新网站中的文件

为保证网站的实效性，网站在上传以后还要进行日常的维护，包括网页内容的更改，网页文件的更新与删除，以及其他文件的导入与删除等。所有这些操作，都不必连接到 Internet 上进行，在本机上操作就可以了，在完成修改以后，重新上传网页即可。

由于日常维护网站仅仅对网站中的内容进行小的修改，所以不必将所有的文件都重新上传一遍。Dreamweaver 提供了“同步”命令，该命令会自动检查本地计算机上网站的内容与 Internet 上网站的内容是否一致，然后用完成时间较近的文件覆盖 Internet 上的同名文件，上传 Internet 上缺少的文件，并将无用的文件删除。

在“站点”选项卡中单击“站点”菜单，在下拉菜单中选择“同步站点范围”命令，如图 4.2.24 所示，打开“同步文件”对话框。

图 4.2.24　选择“同步站点范围”命令

如图 4.2.25 所示，在“同步文件”对话框中的“同步”文本栏中选择“整个‘五班的家’站点”选项，单击“方向”栏中的按钮，在弹出的下拉列表框中选择“放置较新的文件到远程”选项，单击“预览”按钮。

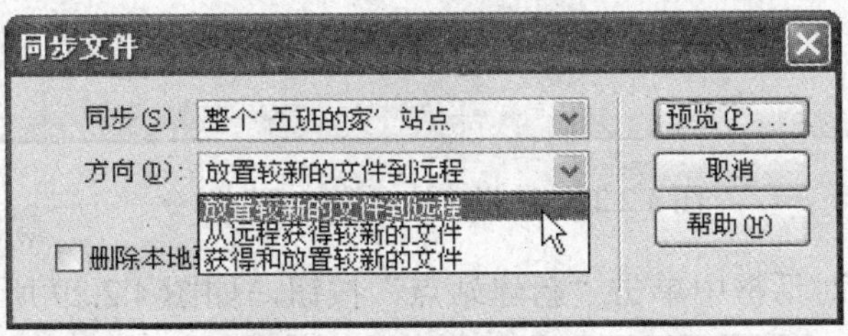

图 4.2.25　设置同步文件的属性

此时，Dreamweaver 开始自动更新，如果本地文件有改动，会弹出一个将被更新的文件对话框，在对话框中单击“确定”按钮就可以完成更新，如图 4.2.26 所示。如果没有本地文件与服务器上的文件一致，Dreamweaver 会弹出如图 4.2.27 所示的没有必要更新的警告框。

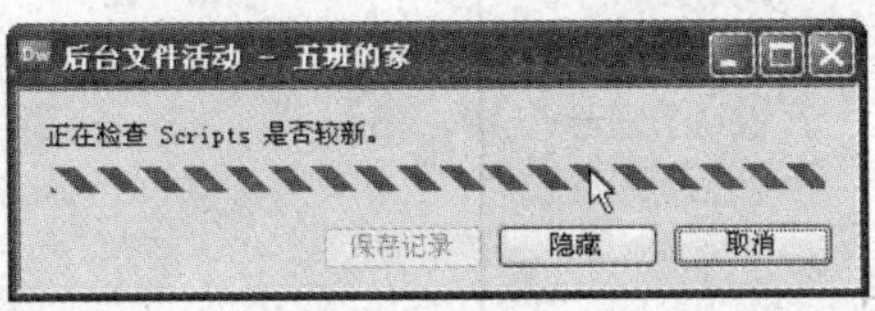

图 4.2.26　正在与服务器联系

图 4.2.27　Dreamweaver 警告框

子项目四：使用 FTP 软件上传网页

使用 Dreamweaver 可以直接将制作完成的网页上传到 Internet 服务器上。但有一定的局限性，例如它们的上传功能都不支持续传功能，当由于网络原因而导致上传网页的操作被意外终止时，在下次上传时，还需要将计算机上的网站文件与 Internet 服务器上的网站文件进行比较，浪费了一定的时间和资源。并且，在上传网页的过程中，不能直观地看到服务器上的文件以及文件夹的情况。

下面以使用 FlashFXP 为例，介绍使用 FTP 软件上传网页的方法。FlashFXP 是一款比较优秀的 FTP 软件，使用它不仅可以将 Internet 上的文件下载到计算机上，还可以将网页文件上传到 Internet 中的服务器上。

在桌面上双击 FlashFXP 图标，就可以启动该软件。在上传网页前，应该先将存放网页的 Internet 服务器的相关信息配置一下。

单击“站点”，在其下拉菜单中选择“站点管理器”命令，如图 4.2.28 所示。

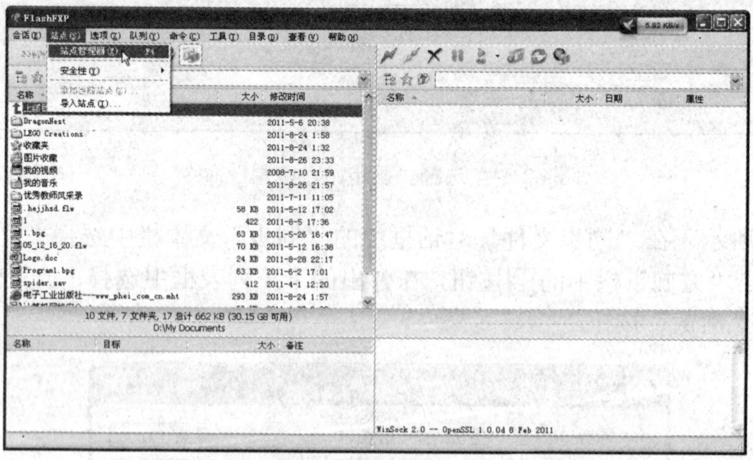

图 4.2.28　选择“站点管理器”命令

在“站点管理器”对话框中单击“新建站点”按钮，如图 4.2.29 所示。

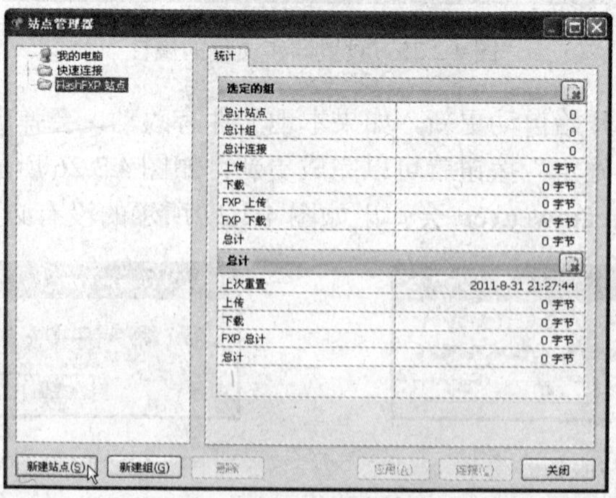

图 4.2.29　单击“新建站点”按钮

在打开的“创建新的站点”对话框中输入站点名称“五班的家”，单击“确定”按钮，如图 4.2.30 所示。

在“站点管理器”对话框中输入 FTP 服务器的地址以及用户名称和密码等，最后单击“应用”按钮，完成配置，如图 4.2.31 所示。

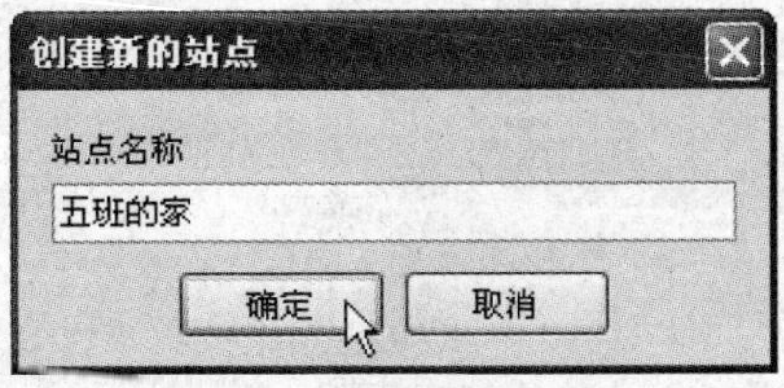

图 4.2.30　输入站点名称

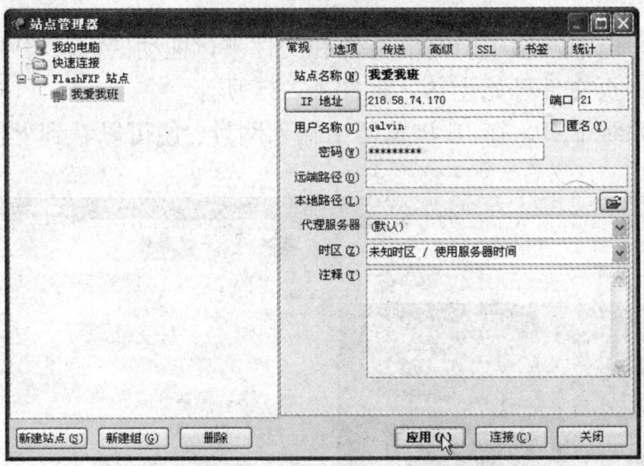

图 4.2.31　输入 FTP 相关信息

如图 4.2.32 所示，单击工具栏上的“连接”按钮，在下拉菜单中选择 FTP 站点连接名称“五班的家”，该站点在验证用户名和密码以后会显示连接成功的信息，如图 4.2.33 所示。连接成功后，窗口左边为本地硬盘上的文件，右边为 FTP 服务器上的文件，将左边窗口中的文件拖动到右边窗口就是上传文件；而将右边窗口中的文件拖动到左边窗口就是下载文件。

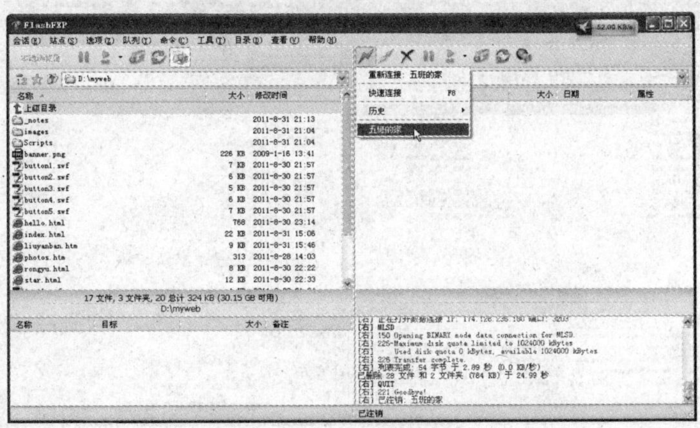

图 4.2.32　连接 FTP 站点

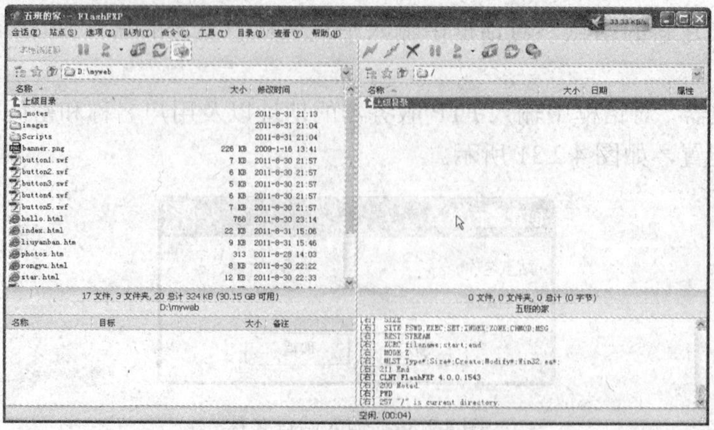

图 4.2.33　连接成功

如图 4.2.34 所示，选中网站中所有的文件和文件夹，拖动鼠标，将网站文件拖动到右边的窗口中，松开鼠标，网页文件开始上传，如图 4.2.35 所示。

上传完毕，关闭 FlashFXP。在 IE 浏览器中输入网址，便可以看到上传的网页，如图 4.2.36 所示。

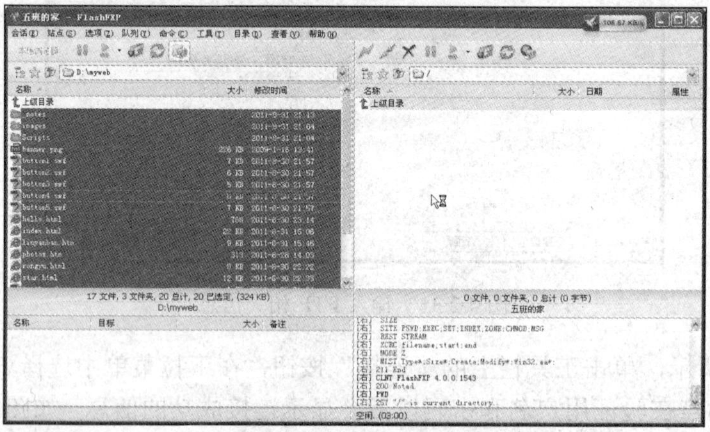

图 4.2.34　拖动文件到右边窗口

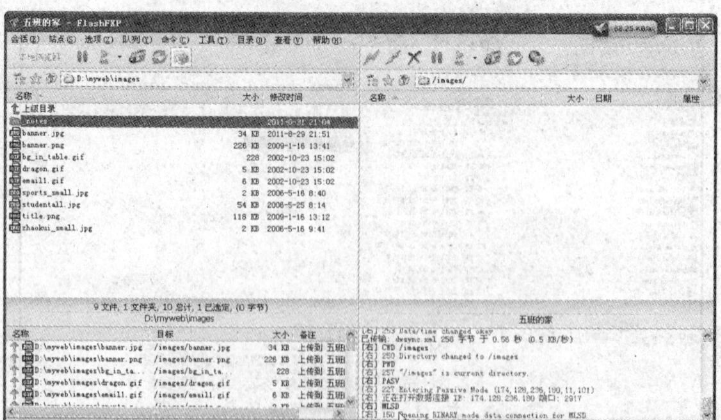

图 4.2.35　文件开始上传

图 4.2.36　在浏览器中预览上传的网页

如果网页在上传的过程中出现问题，致使网页无法正确上传到 Internet 上时，下一次启动 FlashFXP，就会弹出如图 4.2.37 所示的“恢复队列”对话框，单击“加载”按钮将任务载入到程序中。

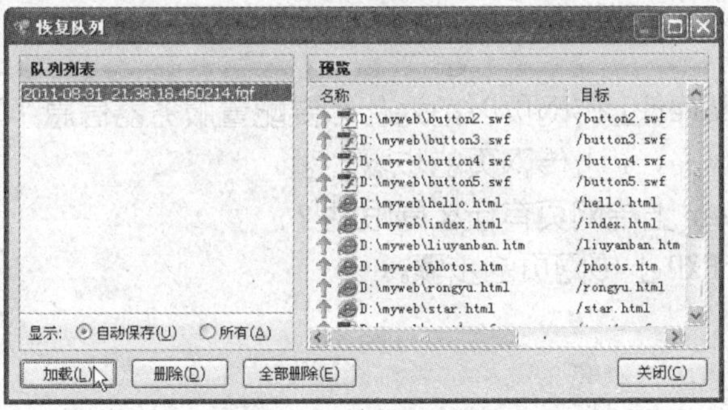

图 4.2.37　“恢复队列”对话框

然后在窗口左下角上传任务栏中单击鼠标右键，在弹出的快捷菜单中选择“传输”命令，文件即开始续传，如图 4.2.38 和图 4.2.39 所示。

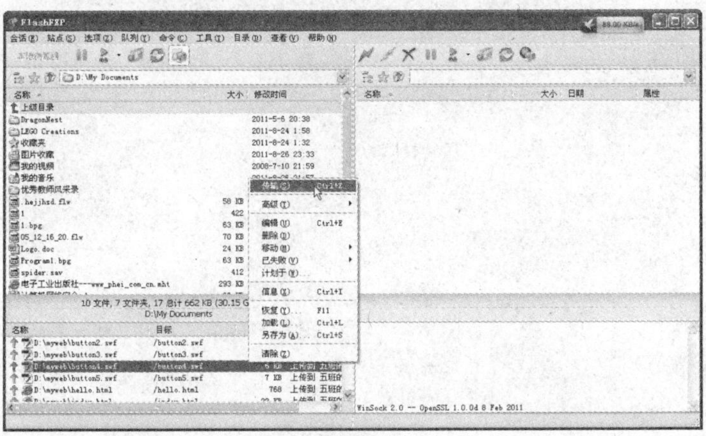

图 4.2.38　在快捷菜单中选择“传输”命令

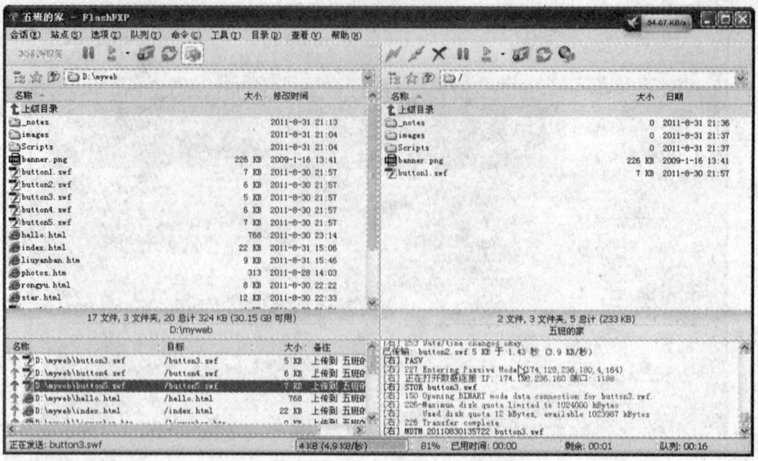

图 4.2.39　文件开始续传

习　　题

一、简答题

1. 在使用 Dreamweaver 上传网页以前为什么要配置服务器信息？
2. 简述使用 Dreamweaver 上传网页的步骤。
3. 使用 Dreamweaver 上传网页有什么局限性？
4. 简述使用 FlashFXP 上传网页的步骤。

二、操作题

1. 使用 Dreamweaver 将前面几章习题中制作的网页上传到服务器上。

2. 使用 FTP 软件将前面几章习题中制作的网页上传到服务器上，注意服务器关于覆盖文件的提示信息。